Un irlandais, St Desle, fonda Lure, près de Besançon.
Seigneur de Besançon, St Donat, y fonda St Paul.
Pour les femmes, il a fonda Jussa-Moutier, d'après les règles de St CÉSAIRE [que Ste Radegonde a adoptées.]
Celle-ci est auj une caserne.

Le frère de St Donat ~~fonda~~ a rétabli Romain-Moutier.
[Elle est consacrée par pape Etienne II. Devient Cluny.]

Bèze.

Cusance.

St Ursanne, à Bâle.
St Germain de Grandval.

St Vandrille et reine Bathilde batissent Fontenelle.
Ses amis sont : Archevêque Ouën et Philibert de Jumièges.
St Phil fonda encore Noirmoutier en Poitou et Montivillers de Caux pour femmes.

Trois frères [illegible]
1° Adon — Jo[illegible]
2° Radon — Re[illegible]
3° Dadon, c'est [illegible] que de Rouen.
Fondateur de Rebais, dont [illegible] de Luxeuil.

Ste Fare, de Meaux, a été béni par St Col. Elle fonda Faremoutier [illegible]
L'Irlandais, St Fursy : Lagny-sur-Marne.
St Frobert : Moutier-la-Celle, près Troyes.
Berchaire : Hautvillers et Moutier-en-Der.
Ste Salaberge à Laon.

Luxeuil maritime à Leuconaus, à l'embouchure de Somme.
C'est St Valéry. Ses reliques furent translatées par Richard-Cœur-de-Lion à St Valéry-en-Caux.

（一）

"建筑是石头的史书"，"建筑是艺术的最高峰"。十九世纪，这两句话在欧洲很流行，已经很难确凿地说是哪位聪明人先想出来的了。总之，十九世纪，欧洲人已经认识了建筑在人类文化中的地位了。

建筑在文化中的地位，决定于它的性质、作用和它达到的高度，技术的和艺术的高度。它不是"建筑物"而是"纪念碑"，它是Monument，这就是它的性质。

从黄土地上的窑洞，到小女孩温馨的闺房，到豪华的宫殿，到金字塔、圣母教堂、万神庙、万里长城，建筑性质的多样和变化的跨度之大，包容了整个的人类文化。人类没有第二种作品，有建筑这样的气魄，丰富、豪华、精致，有性格、有感情。

建筑是人类历史的文化档案。它记录着人类为创造生活而付出的一切，也真实、生动、准确地记录着人类文明的发展和成就

陈 志 华 文 集

【卷八】

中国乡土建筑

陈志华 著

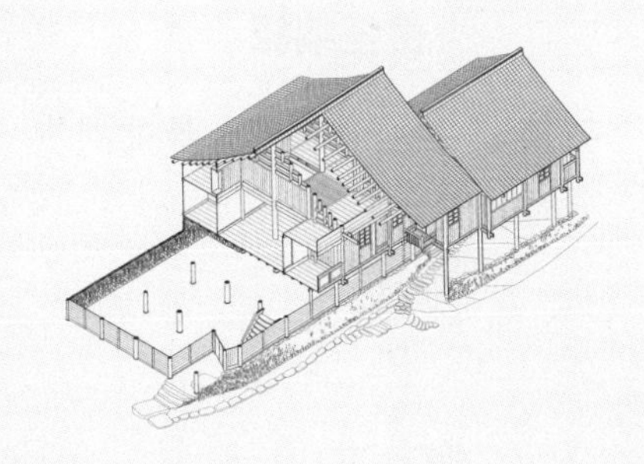

商務印書館
创于1897 The Commercial Press

出版说明

2004—2008年，生活·读书·新知三联书店出版了以清华大学乡土研究组十五年的工作成果之一——测绘图为主体的“乡土瑰宝系列”丛书，其中，在《庙宇》《宗祠》《住宅》《文教建筑》《村落》的第一部分，陈志华较为系统地总结了自己在乡土建筑研究中的理论认识和实践体会，并勾勒了中国乡土建筑的研究框架。这一部分内容后收入2012年10月出版的《中国乡土建筑初探》（清华大学出版社）中。

本书以生活·读书·新知三联书店版各册第一部分为基础，采用了《中国乡土建筑初探》的“序”和“后记”，并收入1991—1998年作者在《读书》《建筑师》上发表的有关乡土建筑研究的背景、对象、目的、意义、方法等方面的四篇文章，作为附录，供读者参考。

受作者陈志华本人授权，本书作为卷八，收入《陈志华文集》，由商务印书馆出版。

商务印书馆编辑部

2020年12月

目 录

序

这部书是二十多年乡土建筑调查研究的阶段性小结。

中国有一期非常漫长的农业文明的历史，中国的农民至今还占着人口的大多数。传统的中华文明，基本上是农业文明。农业文明的基础是乡村的社会生活。在广阔的乡土社会里，以农民为主，加上小手工业者、小商贩、在乡知识分子和少数退休还乡的官吏，一起创造了像海洋般深厚瑰丽的乡土文化。庙堂文化、士大夫文化和市井文化虽然给乡土文化以巨大的影响，但它们的根扎在乡土文化里。比起庙堂文化、士大夫文化和市井文化来，乡土文化是最大多数人创造的文化，为最大多数人服务。它最朴实、最真率、最生活化，因此最富有人情味。乡土文化依赖于土地，是一种地域性文化，它不像庙堂文化、士大夫文化和市井文化那样有强烈的趋同性，它千变万化，丰富多彩，是中华民族文化遗产中还没有被充分开发的宝藏。没有乡土文化的中国文化史是残缺不全的，不研究乡土文化就不能真正了解我们这个民族。

乡土建筑是乡土生活的舞台和物质环境，它是乡土文化中最普遍存在的、信息含量最大的组成部分。它的综合度最高，紧密联系着许多其他乡土文化要素或者甚至是它们重要的载体。不研究乡土建筑就不能完整地认识乡土文化。甚至可以说，乡土建筑研究是乡土文化系统研究的基础。

乡土建筑当然也是中国传统建筑最朴实、最真率、最生活化、最富有人情味的一部分。它们不仅有很高的历史文化的认识价值，对建筑工作者来说，还可能有一些直接的借鉴价值。没有乡土建筑的中国建筑史也是残缺不全的。

有一个漫长的历史时期，中国的经济、文化中心在农村。农村里建筑品类之多样胜过一般的城市，连书院、藏书楼、寺庙也大多在农村，更不必提路亭、磨坊、水碓、畜舍之类的了。雕梁画栋、琐窗朱户，至少也并不次于城里。其实，城市里的建筑，从大木作到细木作，工匠也都来自农村。他们农忙在乡，农闲就背上工具进城，连皇宫都出自他们之手。

但是，乡土建筑优秀遗产的价值远远没有被正确而充分地认识。一个物种的灭绝是巨大的损失，一种文化的灭绝岂不是更大的损失？大熊猫、金丝猴的保护已经是全人类关注的大事，我们的乡土建筑却正在以极快的速度、极大的规模被愚昧而专横地破坏着。我们正无可奈何地失去它们。

我们无力回天。但是我们决心用全部的精力立即抢救性地做些乡土建筑的研究工作。

我们的乡土建筑研究从聚落下手。这是因为，绝大多数的乡民生活在特定的封建宗法制的社区中，所以，乡土建筑的基本存在方式是形成聚落。和乡民们社会生活的各个侧面相对应，作为它们的物质条件，聚落中的乡土建筑包含着许多种类，有居住建筑，有礼制建筑，有寺庙建筑，有商业建筑，有公益建筑，也有文教建筑，等等。当然更有农业、手工业所必需的建筑，例如磨坊、水碓、染房、畜舍、粮仓之类。几乎每一类建筑都形成一个系统。例如宗庙，有总祠、房祠、支祠、香火堂和祖屋；例如文教建筑，有家塾、义塾、书院、文昌（奎星）阁、文峰塔、进士牌楼、戏台等。这些建筑系统在聚落中形成一个有机的大系统，这个大系统奠定了聚落的结构，使它成为功能完备的整体，满足一定社会历史条件下乡民们物质的和精神的生活需求，以及社会的制度性需求。打个比方，聚落好像物质的分子，分子是具备了某种物质全部性质的最小的单元，聚落是社会的这种单元。我们因此以完整的聚落作为研究乡土建筑的对象。

乡土生活赋予乡土建筑丰富的文化内涵，我们力求把乡土建筑与乡土生活联系起来研究，因此便是把乡土建筑当作乡土文化的基本部分来研究。聚落的建筑大系统是一个有机整体，我们力求把研究的重点放在聚落的整体上，放在各种建筑与整体的关系以及它们之间的相互关系上，放在聚落整体以及它的各个部分与自然环境和文化环境的关系上。乡土文化不是孤立的，它是庙堂文化、士大夫文化、市井文化的共同基础，和它们都有千丝万缕的关系。乡土生活也不是完全封闭的，它和一个时代整个社会的各个生活领域也都有千丝万缕的关系。我们力求在这些关系中研究乡土建筑。例如明代初年"九边"的乡土建筑随军事形势的张弛而变化，例如江南和晋中的乡土建筑在明代末年随着商品经济的发展而有很大的变化，等等。聚落是在一个比较长的时期里成形的，这个发展过程蕴涵着丰富的历史文化内容，我们也希望有足够的资料可以让我们对聚落做动态的研究。方法的综合性是由乡土社会和建筑固有的复杂性和外部联系的多方位性决定的。

因为我们的研究是抢救性的，所以我们不选已经名闻天下的聚落作研究课题，而去发掘一些默默无闻但很有历史价值的聚落。这样的选题很难：聚落要发育得成熟一些，建筑类型比较完全，建筑质量好，还得有家谱、碑铭之类的文献资料。当然，聚落要保存得相当完整，老的没有太大的损坏，新的又没有太多的增加。从一个系列化的研究来说，更希望聚落在各个层次上都有类型性的变化：有纯农业村，有从农业向商业、手工业转化的村；有窑洞村，有雕梁画栋的村；有山头村，有河边村；有马头墙参差的，也有吊脚楼错落的；还有不同地区不同民族的；等等。这样才能一步步接近中国乡土建筑的全貌，虽然这个路程非常漫长。在区分各个层次上的类别和选择典型的时候，我们使用了细致的比较法，要找出各个聚落的特征性因子，这些因子相互之间要有可比性，要在聚落内部有本质性，要在类型之间或类型内部有普遍性。但是，近半个世纪以来，许多极精致的或者极有典型性的村子已大量被破坏，而且我们选择的自由度很小，有经费原因，有交通原因，甚至还会遇到一些有意的阻挠。我们只能尽心竭力而已。

我们尽量减少选题之间的重复，很注意课题的特色。特色主要来自聚落本身，在研究过程中，我们再加深发掘。其次来自我们的写法，不仅尽可能选取不同的角度和重点，还力求写出每个聚落的特殊性，而不是去把它纳入一般化的模子里。只有写题材的特殊性，才能多少写出一点点中国乡土建筑的丰富性和多样性。所以，挖掘题材的特殊性，是我们着手研究的切入点，必须下比较大的功夫。类型性和个体性的挖掘，也都要靠比较的方法。

每一个课题的写作时间都很短。因为，第一，不敢在一个题材里多耽搁，怕的是这里花工夫精雕细刻，那里已拆毁了多少个极有价值的村子。为了和拆毁比速度，我们只好贪快贪多，抢一个是一个。第二，头十几年，因为我们的工作没有固定的经费，只能靠出版商的预支稿费工作。跟他们订的合同就是一年交一份稿子才能拿下一年的工作经费。我们只好咬牙。如果精雕细刻地干，那就会弄不到一文钱的费用，连差旅费都没有，怎么干法？工作有点粗糙，但我们还是认真地做了工作的，我们绝不草率从事。

虽然我们只能从汪洋大海中取得小小一勺水，这勺水毕竟带着海洋的全部滋味。希望本书能够引起读者们对乡土建筑的兴趣，有更多的人乐于也来研究它们，进而能有选择地保护其中最有价值的一部分，使它们免于被彻底干净地毁灭。

现在，乡土组的情况发生了很大的变化，有人老了，有人不像以往那样强劲了。望山，还那么高；望海，还那么深。我们对乡土建筑的研究，依然不过是一撮土，一滴水。我们自知势单力薄，而人生不再，就不得不先把做过的一点点工作总结一下，自怜而已。

虽然理解乡土建筑价值的人在增多，但毁灭乡土建筑的力量增加得更快，我们无力回天。

抗日战争时期，我在山沟沟里的中学读书，语文课的王冥鸿老师在我的作文本上题过两句诗，我已经在前几年写的一篇散文中引用过了，现在再引用一次，那是：

“杜鹃夜半犹啼血，
不信东风唤不回！”
啼罢、啼罢，那血，它是热的！

陈志华
1998年春初稿
2011年春改定

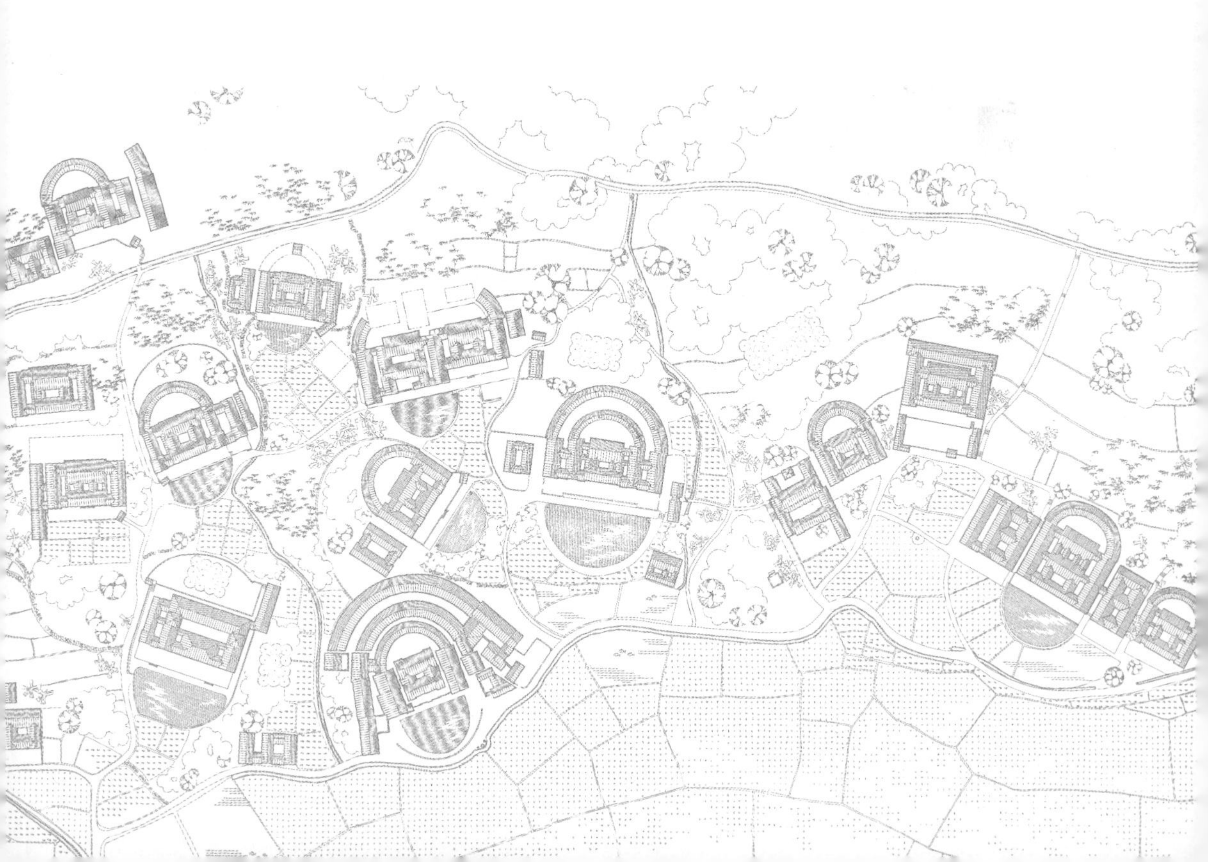

江西省乐安县流坑村龙湖晨景

一、村落

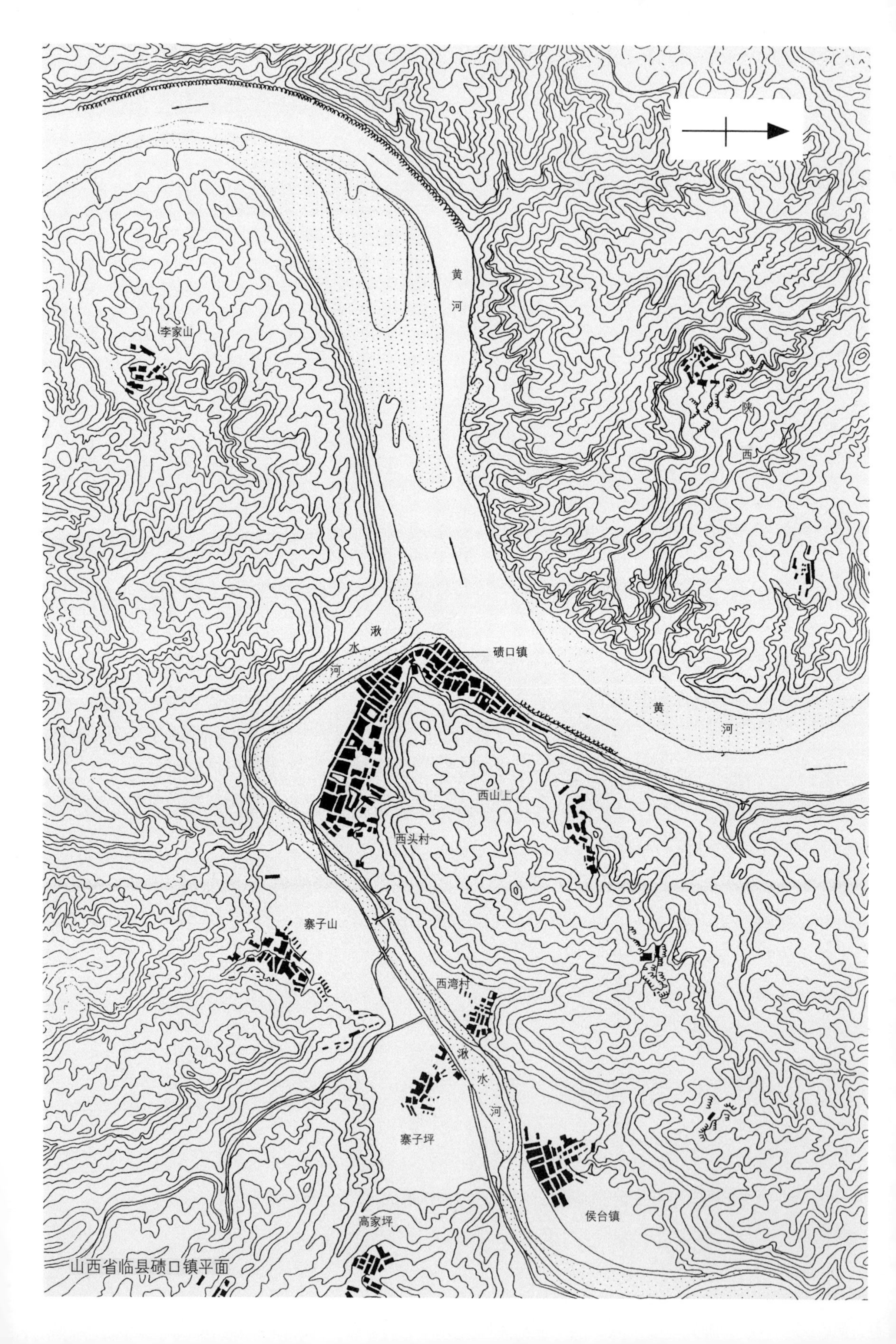

山西省临县碛口镇平面

引子

在中国大部分农业地区，乡土建筑的存在方式是形成聚落。

聚落是一个有机体，它是一个活的系统，各种各样的建筑是这个有机系统的一个成分，具有系统功能。聚落失去了它原有的某一种建筑，它的系统性便会遭到破坏，某一种建筑脱离了聚落，它的功能便会受到损失。

聚落的整体又好比为一篇文章，而个别的建筑则好比字、词、句。只有聚落的整体才能记载历史和文化，表达思想和感情，蕴含完整的可以理解的意义，从而具有最大的价值。

因此，乡土建筑的研究，基本的方法是以完整的聚落作为研究的单位，在某些情况下，以线形的、网络形的或者团块形的聚落群作为研究的单位。当研究的思考集中在某一类或某一幢建筑上的时候，研究者也要时刻把它们放在聚落之中，不要孤立它们。

中国的乡土聚落，基本上是形成于也存在于农业文明时代，那是个发展极其缓慢、社会生活比较单调的时代。即使如此，乡土聚落的类型和形态还是很丰富多彩的。对于这样一门内容复杂的学科来说，分类学是非常必要的，就像植物分类、图书分类和学术分类一样。但是，到目前为止，从事乡土聚落研究的人数还很少，从业的时间还很短，以致调查的覆盖面还十分狭窄，并且因为条件的限制，工作不能按照理想的方式和规模进行。所以，乡土聚落的分类研究还很不成熟，有待于继续进行大量细致深入的工作。可是，中国的乡土聚落正以极快的速度在破坏着，甚至消失着，完整的还保存着原生态的聚落已经十分难得。我们将不可能完成对中国乡土聚落比较系统、比较全面的分类研究，而只能从断金碎玉中抢救一些零星的信息而已。

这本书写的是乡土聚落，仍然从聚落的类型写起，以下再写聚落的选址、结构和管理机制。

乡土聚落的类型

在漫长的农业文明时代，农民占人口的绝大多数，他们的居住方式主要是聚集在大大小小的村落里，既为了节约土地和基础设施，也为了守望相助，便于共同的社会文化生活，甚至共同进行一些生产经济活动。因此，大多乡土聚落就是一个生活圈，一个文化圈，在自然经济条件下，它又是一个基本完整的经济圈，总之，它是一个活生生的小社会。它的内涵非常复杂，环境千变万化。乡土社会里各种各样的建筑也几乎全都存在于村落里，服务于乡村的社会、经济、文化、家庭生活，并且适应着自然环境，形成村落有机的整体，因此，即使在发展十分缓慢的农业文明时代，乡土聚落的类型也很丰富。

形成村落类型特征的因素很多，主要是社会文化的原因、自然环境的原因、生产经济的原因，还有建筑形态的原因，每个原因里都包含着许多内容。这些复杂的原因不是单独起作用，而是同时综合地起着作用的。它们相互契合，共同决定村落的类型特征，这就使聚落的类型性特征千变万化。

社会文化原因中最基本的是：村人是哪个民族的，信仰什么宗教？在汉族社会里，它是血缘村落还是杂姓村落？它是商人占强势的村落还是以农民为主的村落？是贫富分化严重的村落还是基本和谐的村落？是科甲连登、官宦辈出的村落还是文风衰沉、千年白丁的村落？此外，还

四川省合江县福宝场

有地方性的风俗传统等等。

例如，有些血缘村落的结构组织和宗族的房派、支派的结构组织相对应，房派、支派成员的住宅以房祠、支祠和香火堂为中心组成团块，再以大宗祠为核心（不一定在中心）形成整个村落的布局。村落由宗族管理，往往有一个大致的规划，除了宗祠和住宅之外，天门、水口、水渠、街巷、广场、书塾、义仓、牌坊、庙宇等也都基本安排有序。

杂姓村落的基层组织是“社”，每社十余户或几十户，由“社首”管理。有些杂姓村的布局是无序的，有些则明确地以社为基本单元，每个单元里有社庙，有井，有学塾。杂姓村里最常见的庙宇之一是“三义庙”，供奉刘备、关羽和张飞，象征异姓居民间兄弟般的团结友好。早期比较大的移民村落里会有以各种庙宇为名的“会馆”，一座会馆是一方移民的联谊场所和依靠。

仕宦辈出的村落，书院、功名牌坊、“桅”、文会（文馆）、文昌

山西省离石市陈家墕村

阁、文峰塔成为重要的标志性建筑，甚至可能有一条街或一个广场来集中建造一部分这类建筑，尤其是牌坊。这类村落比较重视公共性的建设和整体的面貌，大多有“八景”“十景”之类。慢忽功名的村落，则较少这类文化建筑，村落的管理也比较差，大多杂乱不堪。

自然环境对村落的影响一般清晰可见，往往通过对生产经济和房屋形制的影响而作用于村落的结构。干旱寒冷的北方村落和温暖多雨的南方村落不同。同为北方，草原上的和黄土沟壑地区的村落也不相同。同为南方，河网地区和丘陵山地的村落也不相同。北方草原上，人们多住毡帐，逐水草而居，没有定型的村落；黄土沟壑地区，多以窑洞为主要建筑，沿崖壁分布，很疏散。南方河网地区，有些村落临河建屋，顺河为街，以舟代车；丘陵地区，房屋多轻巧的木构，有些坡地用吊脚楼，沿等高线布局，村落零乱分散。平原或盆地中央，土地珍贵，房屋密集，小巷逼仄，几乎没有隙地。南方燠热，为防夏季阳光逼晒，这些小巷也比较阴凉。北方旱作地区，村庄内多有晒场，或公用，或在宽阔的农家院内；南方稻作地区，更珍惜土地，晒谷多在收割后的稻田内铺竹簟，甚至在溪河上临时搭木架子，铺上竹簟成为“簟坪”。北方运输多用驴、骡，重物在左右；南方运输多用人挑，重物在前后，所以北方小巷宽而南方的比较窄。因此，北方村落比较疏松而南方村落更紧凑。北方常患蝗灾，村落多虮蜡庙、刘猛将军庙之类；南方多水患和瘟疫，村落常建三官庙、痘花娘娘庙，等等。

生产经济在农业中有旱作和稻作之别，有粮食和经济作物之别，有纯农业和兼营手工业、养殖业等之别。还有的农村也做些过往交通的生意，这里面又有坐地开食宿店、做小买卖和经营批零、过载行业的区别，等等。兼营手工业的农村又有林、牧、农产品加工和窑业等的差别。造纸业从沤料、漂料、捞纸、晾纸到抄纸都要有不小的场地和设施，可能形成作坊，制靛也类似。窑业从闷泥、捣（碓）泥、制坯、晾坯、入窑烧制，到成品贮存，再加上原料和燃料的堆放，所用场地和设施更多。这些场地和设施有一部分可能在村外，也有一部分会在村内，甚至和住房混杂，对村落结构和形态影响更大。手工业村落多有行业神的庙宇，如烧窑的有老君庙，制靛的有梅葛庙，造纸的有蔡公庙，等等。还可能有宗祠或者社庙。

商业街市的有无当然是影响村落类型的一大因素。定期举行集市贸易的“街”，店铺五花八门，凡日常生活生产所需的物件大都有相当的店铺制作并出售，还会有茶馆、酒肆、药店和寺庙之类，甚至有戏台，街市结构紧凑。有骆驼队或骡马队过路的北方村落，则必有草料店、蹄铁店、干粮店，也会有过载店或货栈。

建筑形态对村落总体形态也起很大的作用。对外封闭的内院型住宅能互相紧邻，导致村落建筑密度很高，村子的景观以小巷为主，仿佛整个村子是由巷子组成的，住宅个体消失在没有个性的绵长高墙之后，只有门头作为点缀。外向型的住宅，如山区和一些少数民族地区，则必须相互间保持必要的距离，建筑物能够完整地呈现，聚落的面貌就比较开朗、活泼。南方有些大型的家族聚居性围屋，虽然十分封闭内向，由于有不断扩展的机制，周边必须预留空地，相互间也不能靠近，少数特大型的围屋甚至一幢就是一村。北方窑洞村落也有多种，以靠崖窑为主的，多沿黄土断壁挖窑洞，错错落落，稀稀疏疏；以人工垒拱而成的箍窑为主的村子可能比较整齐，甚至有院子。以地坑院为主的村子，院落在地表以下，塬上只见炊烟缠绕树梢而不见房舍。

此外，村落的类型还很多。例如，由边防堡寨转变而来的村落或由戍兵解甲务农而聚居的村落，由民间神灵崇拜而形成的村落，世代习武以更夫、镖师为业的村落或组班演戏的专业村落等，都各有自己的特殊结构。

但村落的类型特征并不是单一的，而通常是几种类型特征同时并存共同起作用的。于是，就可能有“南方河网地区种植水稻兼产竹木制品和蚕丝以合院式住宅为主的血缘村落”“黄土高原旱作农业地区兼营骡马运输以靠山窑为主的杂姓村落”“西南高海拔地区林粮狩猎兼作以吊脚楼为主的苗族村落”“东部海滨前海防哨卡转化的以捕鱼为主兼产商品渔具的杂姓村落”等。关于村落类型的比较完整的界定相当复杂。

如此综合界定，村落的类型就会很多，而且这些类型性特征都会在村落的结构形态上有所表现。在这些长长的界定词中，还没有加入前面提到过的例如读书、科名、仕进情况，也没有加入矿产、作坊手工业等。

中国农村类型的复杂与多样，部分地反映着农村经济、社会、文化的复杂与多样。它们早就不是只有单纯的农业经济，它的社会关系早就不是只有土地占有关系，它的文化教育也不是由极少数人完全垄断。

这些情况都会反映在村落的选址、村落的结构、村落的建设和管理之中。

村落选址和经济活动

除了“逐水草而居”的游牧部落和广东珠江三角洲以舟为宅的疍民，绝大多数农耕时代乡土社会中的人们，总是或长或短地定居在一个地方。由他们聚居生息而逐渐形成的村落，长期处于一个固定的环境之中，弃村而迁的事情并非没有，但十分稀少，而且大多发生在早期。因此，一个村落的“始迁祖”“太公”，在当初择地而居的时候，是非常慎重的。选址定居最基本的考虑便是要使自己和子孙后代能有效地、可靠地、方便地从事生产劳动和经济活动，能健康地、安全地、富足地生活。简单地说，便是村址一要有利于生存，二要有利于发展。选址的得失关系十分重大，所以，血缘村落里宗祠拜殿的楹联上和宗族的家谱上，常常会有很热烈的词句感谢、颂扬先人当初择居的成功。例如，前徽州六邑之一的婺源县有个清华镇，《清华胡仁德堂续修世谱》里记载，唐末文德元年（888），胡氏始迁祖胡学来到这里，“见其地清溪外抱，形若环璧，群峰叠起，势嶂参天，曰：‘住此后世子孙必有振起者。’”后来清华胡氏终成巨族。

什么类型的村落出现在什么地方，什么地方出现什么类型的村落，往往决定于许多因素的综合，不是由某一个单独因素决定的，尤其不是巫术化的风水迷信所能决定的。这些因素大致包括地理的、气候的、地质的、经济的、文化的、历史的、建筑的多种因素以及相邻村落的影响

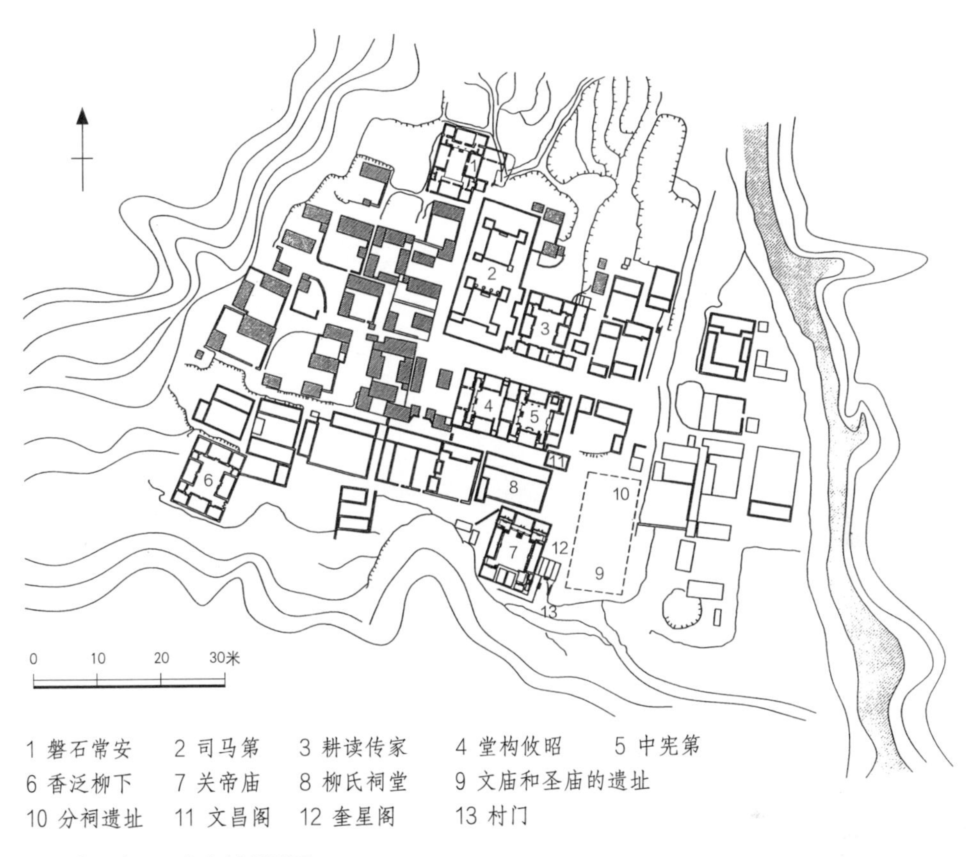

山西省沁水县西文兴村总平面

山西省吕梁市陈家塬村门

浙衢江峽陽基之圖

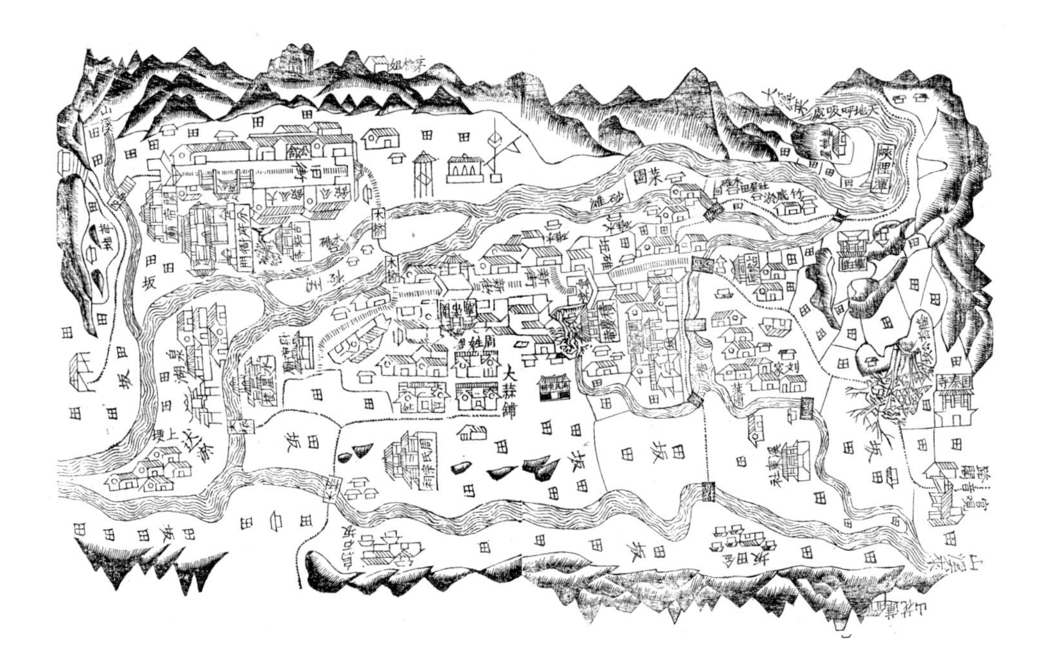

浙江省江山市峡口镇，《江峡周氏宗谱·阳基图》

等等。不同类型的村落对不同的具体条件的反应会有所侧重。

在漫长的农业文明时期，中国的农村绝大多数是农业村落，有一些商业、手工业、运输业比较发达的村落或科甲连登、显宦辈出的村落，也多是从农业村落演变过来的。而且，在各项副业和科举功名发达之后，村里的居民大多仍然并没有完全脱离农业。连全国最强大的徽商和晋商，家乡宗族也有规矩：外出经商者不许携带眷属，也不许在外面再婚和纳妾。目的便是迫使他们把财产带回老家买田地，无田地可买时便起造精致的住宅。不但商人，连有了功名外出当过官的人，告老之后大多也要回到农村颐养。所以，农耕时代中国村落的选址，都首先着眼于农业生产的条件和环境。农业是人们生存和发展的最稳定的保障，农村是人们植“根”的土壤。

农业村落的选址原则，以浙江省兰溪市永昌村（镇）赵氏于明代万历年间编的《永昌赵氏宗谱·序》里叙说得最完整。它说，当年“太公”看到这块地方：

> 地无旷土，坦坦平夷，泗泽交流，滔滔不绝……山可樵，水可渔，岩可登，泉可汲……

这样的地理条件，于农业生产是最理想的，于是定居下来。以后经过数代开发，便“田连阡陌”，以致“村成市镇，商贾往来……寺可游，亭可观，田可耕，市可易，四时之景备也”。不但发展了农业，也发展了商业，甚至还适当满足了当时的文化需要。

村落的这种选址原则，在农耕文明时代显然是被普遍采用的。如浙江省永嘉县渠口村坐落在一个四面环山的盆地里，光绪《渠川叶氏宗谱》写道：“其外有大溪环之，中穿一渠……有径可通四处。田高下横遂，布列如画挂然。泉流涓涓，声与耳谋。地僻非僻，山贫不贫，有樵可采，有秫可种，有美可茹，有鲜可食，桑麻蔽野，禾稼连畦。”这里说到了渠口村梯田密布、水源丰沛，可以种粮食、菜蔬，可以牧羊、养蚕，山上又富有柴木。而且村子交通便利，背靠山岭可以挡住冬季凛冽的北风，前临溪流，夏季东南熏风可以逆流而上，带来充足的雨量。所以，《叶氏宗谱》说：“渠口，吾祖光宗公发祥之所也。阅世三十有三，历年千百有余，围绕者数百家。”直到现在，渠口村仍是永嘉全县最富庶的农业村子之一。

渠口村和永昌镇的始迁祖当初都以有利于农业生产为基本的择地原则。

除了对大范围的自然条件做全面的考察之外，有些细心的卜居者还要验证当地土壤的肥瘠。常用的办法是看土壤的颜色，品土壤的滋味，还要紧紧捏一把土壤，从而判断它是不是能保水。更可靠的办法是初步选定新村址之后，春天去撒下五谷种子，秋天再去看它们籽粒的多寡和大小，最慎重的人会这样连续观察三年。

充足的日照和地温，也是既利于农业生产又利于人们健康的重要条件。江浙一带农村常拿它们作为村址选择的指标，通常采用的办法是隆冬去看哪里的霜雪最薄，初春看哪里的山花先开，盛夏看哪里的野草茂盛，深秋再看哪里的树叶后凋。刘宋时谢灵运曾在浙江永嘉任太守，岭南遇害之后，次子扶柩归永嘉。到了北宋，后人迁塘下村，有一天“雪后登山，望见兰台山前积雪先融，遂定居焉，后果繁昌”（见《鹤垟谢氏宗谱》）。这兰台山下的新村就在楠溪江中游，叫鹤垟村。鹤垟村在一个三面被溪水环绕的高地上，兰台山在它的北侧，冬季从朝至暮在村子里都可见到阳光罩满山的南坡，正是“三阳高照”，所以“积雪先融”。

对纯农业村落来说，永昌、渠口和鹤垟的选址原则有普遍意义。于是，有些地方，例如福建省闽东地区，把理想的农村环境简化为一个“富”字。宝盖下的短横代表村落，宝盖代表浅山从三面护卫村落，山上长着林木，可樵可猎。宝盖上的一点是主峰，作为村落的依靠。位于北半球的中国，住宅和村落都以向南为好朝向，“靠山”正以“三阳高照”的南坡对着村落，既挡住了凛冽的北风，又免于把阴影投向村落。短横下的口字，便是村落前的一方水塘。无论村民的生活或农业生产，都需要充足的水源。口字下面便是田字，水塘前的田地生长庄稼，出产粮食，保证村民的生存。位于这种地理环境中的农业村落，焉得不富？村民说，“富”字就是如此这般创造出来的。

这个“富”字模式的村落选址流传于东南丘陵浅山地区，但它不仅适用于这个地区。无论在南方还是北方，水和土地都是农业村落存在的决定因素。不但庄稼生长要水，水也是人类生命所必需。江河的水可供舟楫行驶，溪涧的水可放流竹木，还能推动水碓。因此，村落的分布便先求有水。但河少，近处无河的村落就兴水利筑坝开渠引水灌溉。光绪《嘉应州志·水利》说：“嘉应无平原广陌，其田多在山谷间，高者恒苦旱，下者恒苦涝……故必讲水利。”嘉应州就是广东梅县，它的南口镇有一个山谷小村，叫塘肚。山谷原来没有河流，不论生活用水还是生产用水都很困难。明代，附近小村里有个姓郑的人，在距塘肚村大约二十里开外的地方，主持造了一道拦水坝，开盘山渠把水引到塘肚村，叫“高圳”，赋予这个谷地以生命，使它成为可以生息的地方。后人尊奉这位姓郑的人为“仙人”，给他造了一座庙，叫“郑仙宫”。光绪《嘉应州志·水利》载：“郑仙高圳在南口堡，源出七娘峰河，流十余里，溉田数千亩，相传明代郑某开筑，今其故居号曰郑仙窝。又有郑仙宫，每年议拨巡圳十人，计亩敛谷，岁终报赛于此。”郑仙宫在郑仙窝以北一里左右，在塘肚以东也约一里。宫不大，只有一开间，和同样只有一间的观音庙并肩屹立在小小的山丘顶上，很远就能看见。观音菩萨大慈大悲救苦救难，那是人们虚妄的愿望，而郑仙人则是实实在在做了有利于人们的大好事，所以，历尽沧桑，小庙至今修护得很好，且有香火。村人每年年底疏浚高圳一次，事毕都去祭祀郑仙人。

引水不便而有地下水可开发的地方，则多打井。《世本》说伯益发明了凿井取水，有了这个技术，人们便可以更自由地择地居住。聚落和井的关系十分密切，所以产生了“乡井”“市井”这样的词，辞家外出叫“背井离乡”，想家的人常常说起的是“俺村的甜水井”。大多数的井和泉眼是全村公用的，也有少数富裕人家自己打井。浙江省东阳市农村流行的父母为女儿择婿的标准是男方要有“自家门头自家井”，父母给女儿最好的陪嫁亦是到女婿家打一口井。

干旱的河北省蔚县，有村子三百个左右，都很分散，相互望不到炊烟，但是凡涧水和泉水丰沛处，就会有两个甚至三个村堡挨在一起。例如西古堡、中小堡和北官堡三个村子紧紧相邻，就因为那里有一股比较大的泉水。三个村子组成了全县最大的镇子，就叫暖泉镇，很繁华，店铺夹道，泉边有一座书院，叫王敏书院，借朱熹“源头活水”的诗意。

山西省临县的碛口镇，是黄河秦晋大峡谷里最大的水旱转运码头，从内蒙古河套地区和陕北三边地区用船筏运来的农副产品在这里起岸，再用牲口驮运到晋中平原。驮队离碛口后不远进入湫水河的一条支流切

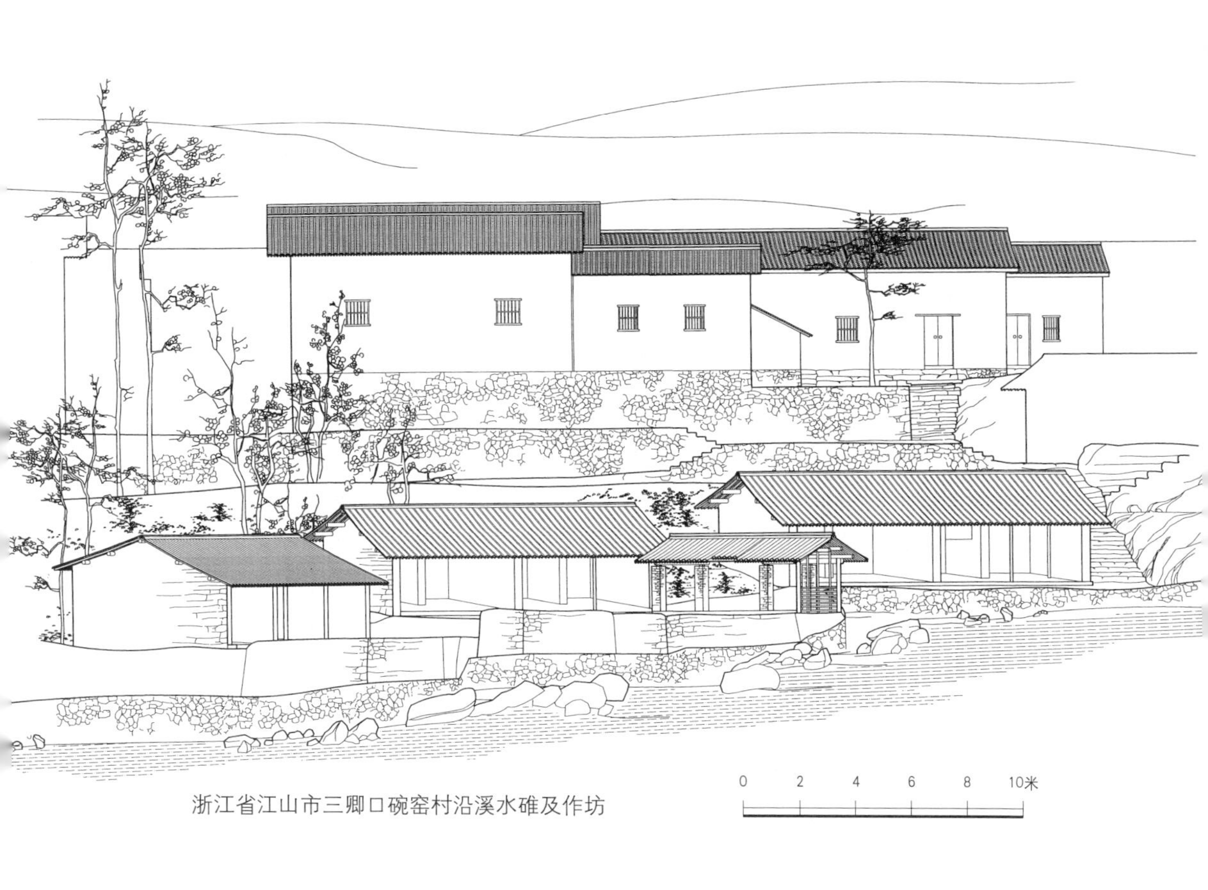

浙江省江山市三卿口碗窑村沿溪水碓及作坊

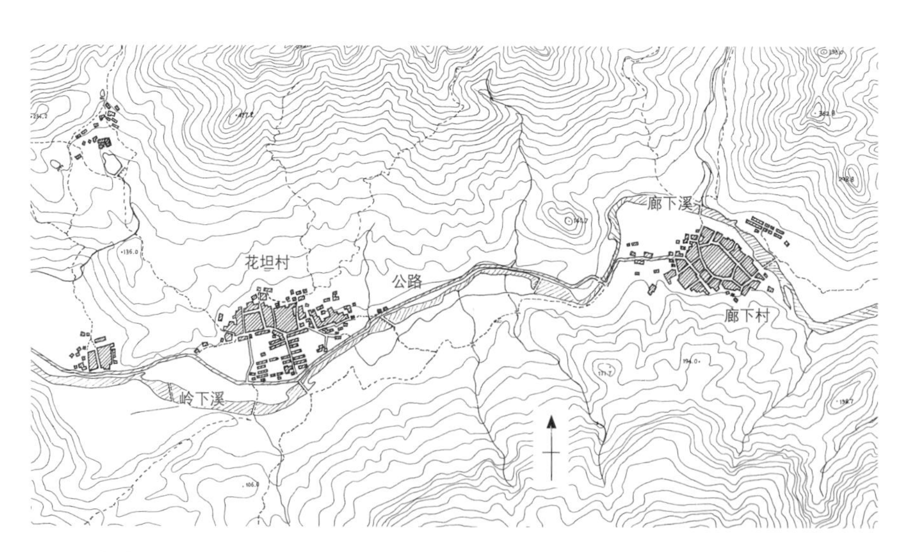

浙江省永嘉县花坦村、廊下村地形图

割出来的山沟，走几十里出沟便到离石城。选择这条路是因为沿沟有樊家沟、南沟、梁家岔等一连串有水源的村子，驮队可以打尖，可以夜宿。而走塬面上，路虽平但缺水，荒无人烟，会有许多困难。

被认为风水术第一经典的郭璞《葬经》写道：有了水，才能使“内气萌生，外气形成，内外相乘，风水自成”。玄而又玄，其实说的不过是人的生活离不开水而已。

耕田和水，是农业村落存在和发展的根本性因素，它们的广狭丰歉决定一块地方对人口的承载量。北方地旷人稀，人口承载量限于水，南方地啬人稠，人口承载量限于田。所以，村子的规模不能无制约地扩大。一个村子，经过若干代人的聚集或繁殖，人口量到了这块地方承载能力的边缘，便要有一些人迁出去另觅新址定居。浙江省永嘉县内，从鹤垟村分出来的谢姓村落将近三十座，远的到了嵊县；诸暨县的施姓一族，在全县有14个村落。但在大部分地区，现在村落选址的自然过程已经不再能继续了。

在农耕文明时代，中国的农村已经有了很发达的手工业，如纺织、缫丝、编篾、造纸、烧陶瓷、制木器、炼靛青、榨油、建筑和造船筏等，直至刻版印书。其中有些是季节性的劳作，只在农闲时候做一做，因为技术简单，并不需要大型的设备或工具，而且所用原料大多是农副产品，这些手工业一般不会影响村落的选址。

但有些手工业发展到一定程度是会对村落的选址起决定作用的，例如烧制瓷器，尽管制瓷人并不一定完全脱离农业。制瓷需要瓷土和釉土，需要加工瓷土的动力，需要水，需要窑，需要燃料。制成品需要市场，而去市场便需要运输，等等。这些需要不是一般的纯农业村落都能满足的，因此，为了从事窑业，创业者往往要另找一处合适的地方。浙江省江山市三卿口有一座瓷窑村，它的原址是一位姓黄的广东窑匠长途跋涉，到处寻寻觅觅，终于选定的。据咸丰九年（1859）编的《须江窑村黄氏族谱·序》说：清代乾隆年间，“圣先祖大运公迁移浙衢江邑紫灵庵地方，山明水秀，可以生理，邀同正信公、正忠公、大仪公开窑创业成家”。这是一个很狭小的山沟，没有可耕的土地，但是，后山坡产瓷土，就近取用很方便；沟里有两条长年不断的流水，落差大，水流湍急，可以建水碓捣瓷土；四周山坡长满松树，是烧窑的好燃料，而且能供应不竭；出山沟不远有个峡口镇，位置在从钱塘江上游的最后一个船埠江山市清湖镇到福建省闽江上游第一个码头浦城县的中点，有古驿道连接两处，出窑的产品可以方便地运销到闽北、赣东和浙江衢州一带销售，而瓷窑村所需要的粮食和其他用品可以在峡口市集上买到。

山西省临县也有一群大约十几个烧瓷的村落，麇集在招贤镇的一条黄土沟壑里。沟里出产瓷土和釉土，也出产可以用来烧窑的煤，不远处的南沟村更以出产优质煤闻名。有不深的地下水可以供制坯之用，捣熟瓷土则靠牲口畜力。产品用骡子或者骆驼驮到黄河岸边的碛口镇，刚好是一天的脚程。过河可运到陕北的三边地区，顺河向上可运到河套。

中国的“瓷都”景德镇，尽管总规模远非江山市和临县的瓷窑可比，它所具有的条件是和那两个小村相似的，无非是原料、动力、燃料、市场、运输等。粉碎和捣熟瓷土用的是水碓，烧窑的燃料是松柴，运输靠河道，这三点和江山的瓷窑相同。而且，景德镇的瓷窑，其实也大量分布在附近的小村子里。不过，它的瓷土品位高、贮量大；它的水路交通，向南经赣江抵五岭，过五岭便是广东，向北入长江转上下游各城市，还可以经运河直达北京，这些优越的地理条件成就了它作为“瓷都”的地位。

四川省自贡市和它周围地区盛产井盐，于是就形成了不少以采盐为专业的村子，还有许多直接间接为盐业服务的村子。有些村民挑担或者驾船运盐，有些村民种竹，并用竹篾编缆绳、盐筐等工具和用具。

河北省曲阳县出产优质汉白玉石，有许多村子的村民以采石和雕刻艺术品为生，形成了专业村。

这一类手工业村落的产生主要依靠矿物资源，但它们的发展同样也离不开市场，而市场又离不开交通。

遍布全国的水陆交通线是一条一条的命脉，它不仅仅运输商品和生活物资，也供人民往来、军队调动、政府联络之用。晋商和徽商挟着包裹、提着雨伞，一步一步从农村走向关外朔漠，走向江淮城市；年轻人书箧一副、笔墨一盒，背负着宗族的期望，向县城省城，去投考功名。

福建省南靖县田螺坑土楼群

山西省离石市陈家墕窑洞村落

交通线上活跃着希望，因此，一些人向交通线迁移，寻找机会，形成村子。

最容易形成村子的地方是官驿道上的驿站和递铺。驿道上来往人多，驿站和递铺间隔有适当的距离，所以来谋生的人就多。山西、陕西这些地方，人口稀少，很难利用现成的村落建驿站和递铺，因此建官驿道的时候大多沿路设铺建站。从县治出来，有五里铺、十里铺、三十里铺等等，后来渐渐形成村子，至今还有些这类村子保留着原来的名字。安徽省黟县的西递村，原本就是一座递铺。清代黟县大朴学家俞正燮写道："西递在府西，旧为递铺所，因以得名。"明代，村人投入徽商的大流之中，以经营钱庄、典当为主，到清代乾隆、嘉庆年间，全村有宅院六百多座，街巷99条，水井九十余口。江西省广昌县驿前村，在抚江上游而近源头，便因为位于官驿站之前得名。它从一个普通的农业村落变成了一个地区的商业中心、大大的集散市场，融入了江右商帮之中，曾经拥有二十多座祠堂、三十多座庙宇和一条有七八十家店铺的商业街，

山西省吕梁山地区黄土高原的深沟大壑

还有一座文昌阁和一座很大的文馆，濒江延伸。江对岸则是一望无际的白莲花。在古代，驿站对经济的推动作用可以从西递和驿前得到极有说服力的证明。

浙江省兰溪市也因交通而大大繁荣起来。光绪《兰溪市志·田赋》里说："邑当山乡，罕平原广野，涧溪之水易涨易涸，往往苦旱，厥田惟黄壤，厥赋中下。"可见原来兰溪市境内的自然条件不利于农业，人民并不富裕。然而，县志里又有一篇元代邑人王奎写的《重建州治记》说："然其地当水陆要冲，南出闽广，北拒吴会，乘传之骑，漕输之楫，往往蹄相劘而舳相衔也。"交通的便利才使县城成为巨聚，同时也成为一个文化发达的州治。兰溪涵养过杰出的学者、思想家和文艺家，如元代的金仁山、明代的胡应麟和清代的李渔。

在地方性的交通线两侧形成的村落，发展余地不大，无非供应不多的食宿而已，但也会对村子的经济结构发生影响。明代正德进士浙江兰溪人章懋在兰溪平渡镇渡口留下了一篇《待渡亭碑记》，里面写道："凡四方车马之经行，负担之往来，日以数千，居民数百家，咸以货殖为业。"安徽省的祁门县到黟县中途有个关麓村，浙江省从宣平县到武义县中途有个俞源村，它们都在路途的中点，到两头的县治各有半天的脚程，来往的短途旅客，正好在这两个村子里歇脚打尖。于是，过境道路在穿村的段落形成了商业街。关麓村的那两段叫官路口和绕垄街，俞源村的那两段叫树桥头和两河街，街上有些小饭店和杂货店，也各有一家不大的宿店，可以容留偶尔需要歇夜的过境客。因为过客不多，所以商业街并没有很大的发展，但交通线使本来闭塞的村民开阔了眼界、活泼了思想，以致关麓村人投入到徽商的洪流中去，生意做到了长江沿岸，俞源村人则以经营靛蓝和木材等各种山货致富。不过两村都受到农耕时代宗法制度的制约，赚了钱便广收田亩、大建房舍，终于在商场没有很大的作为。

水路运输也能影响村落的选址和发展。

浙江省永嘉县楠溪江上游的上坳村，位置在一座陡峭的高山北麓，一年四季从早到晚都笼罩在阴影里，见不到阳光。它面对黄山溪，地段极为狭窄，村里勉强造了一排住宅，大多为压缩宽度而变了形，内院几乎成了一段缝隙。农田少而分散，出息不大。但村民从明代到这里定居，一直坚守了几百年。这是因为，黄山溪上游竹木丰盛，但溪水小，不能流放，而溪身到了上坳村前，却形成了一个宽阔而平静的大湾，从这里往下便可以长年流放竹木。于是，上游的山民便把竹木用人力背到这个大湾边，上坳人把它们买下来，放到湾子里扎成排子，再流放到楠溪江中游沙溪镇的大竹木市场出售，可以赚不少钱。由于这个利益，上坳村人便在黄山溪的湾子边住下，建了村子。浙江省平阳县的顺溪村，陈氏先人也是因为类似的便利而定居下来的。始迁祖陈育球本是做木材生意出身，乾隆《顺溪陈氏家谱·增修家乘序》里说：明代隆庆年间，他“经营四方，客游顺溪，相土宜而觇物产，遂创山业田园，挈家室而居矣”。这“物产”就是林木，而顺溪也恰是木材扎筏下放的起点。后来顺溪陈氏成为瓯江、飞云江、鳌江这浙南三江地区的木业巨擘。

云南省丽江市玉湖村石头建筑

水陆运输线的交点——水陆码头，总是容易形成村镇的地方。浙江省仙居县的皤滩镇，江西省婺源县的清华镇和汪口镇，福建省永安县的贡川镇，山西省临县的碛口镇，都是以水陆转运而兴起的。

浙江和福建两省之间横亘着一道仙霞岭，岭北为钱塘江水系，岭南为闽江水系。溯钱塘江而南，通航的尽头是江山县的清湖镇，溯闽江

浙江省建德市新叶村及周围环境

而北，通航的尽头是浦城县的南浦镇。从清湖到南浦，就要翻越仙霞岭了。浙闽两省间的物资交流，很大一部分需通过清湖和南浦两地的水陆运输的转换，因此两地就发展成了大镇。清初顾祖禹撰《读史方舆纪要》说：“清湖镇为闽浙要会，闽行者自此舍舟而陆，浙行者自此舍陆而舟。”嘉庆、道光年间的刘侃《渡清湖》诗有句：“十里城南路，舟车自此纷。”到晚清、民国年间，镇上有码头17个，区分专业，计有盐码头、竹木码头、米蛋肉禽烟酒杂货码头等。镇上有街巷数十条，其中有大的商业街4条，号称有“六场三缸、八坊九行、十匠百店”，涵盖一百多种商业、服务业和手工业门类。镇区内又有祠堂、会馆（有徽商、闽商、江右商、宁绍商等商帮的会馆）、庙宇、书院、社庙等公共建筑，以及泗州堂（为兵汛之所，属浙闽枫岭营）、水马驿、厘金局、清湖公馆等政府用建筑。大量建筑物中直接为水陆转运业服务的是过载行和各类物品仓库。过载行受货主委托代办转运业务，雇用挑夫和船只，并代客储存货物。20世纪30年代，铁路和公路沟通了浙闽之间的往来之后，由水陆转运而勃兴的清湖镇便失去了经济支持，从而衰败。①

清湖镇和浦城之间，沿路还有几个由穿越仙霞岭和枫岭的山路运输而繁荣的村镇，有的村民直接参与挑担运输，有的生产瓷器、染料、桐油、茶叶、笋干等以供远销，有的是军队和行政衙门驻地。它们大致形成了一个线状组合的村镇群。

① 据2003年出版的《清湖镇志》，今该镇尚有人口约六千八百。

山西省临县的碛口镇则带动了附近许多村落的兴起，形成一个网状村落群。碛口位于秦晋大峡谷东岸，长约七百公里的大峡谷两岸俱是悬崖陡壁，绝少隘口，切断了甘肃、宁夏、内蒙古、陕北到晋中以及更远的华北各地的交通。而临县却有一条湫水河切开山峦，注入黄河，形成极为难得的隘口。湫水河挟带的石砾堆积在注入口的下游一侧成为险滩，险滩又使上游一侧蓄水成为宽阔的水面。一个隘口、一个险滩，造就了黄河秦晋大峡谷东岸难得的水陆转运码头碛口，而碛口正巧又是晋商老家晋中盆地距离黄河最近的码头。晋商以及山西移民是开发内蒙古黄河河套地区经济的主力，到清代，河套的农牧业和盐池是晋中地区粮食、油料、中药、食盐、畜产品等的主要来源。由蒙古来的商品从黄河上用船或筏子运到碛口，上岸之后，再用骆驼和骡马横越吕梁山脉运到晋中，有一部分甚至运到北京、天津、济南和郑州。返程则运去洋布、洋烛、洋油之类，供应“三边”和河套地区。碛口成了一个水旱转运的大码头，十分兴旺繁荣，被称为“小都会”。

碛口镇西部紧贴黄河，沿岸主要是连绵的仓储行和过载行。东部紧贴湫水河，沿河以骆驼店、骡马店为主。东、西两部之间，是批发业、零售业和餐饮业繁荣的地带，还有一些农副产品的加工业和手工业。巡检衙门、厘金局、商会也在这个中心地带里。围绕着碛口的许多村庄，以碛口为核心，发展了自己的类型性特色。例如，从碛口沿黄河向北，西岸的陕西村子，有许多“养船户”，会造船，会使船；东岸的山西村子，大批青壮年多会绑扎皮筏子，驾驭皮筏子。紧靠碛口黄河码头的悬崖顶上有个西山上村，那里的青壮年多在碛口码头当搬运工。碛口镇东侧的西湾村和侯台镇，有许多仓储货栈。每天几百峰骆驼和上百匹骡马从碛口出发沿樊家沟走向离石县经吴城出吕梁山奔晋中盆地，一路上有些村子专门经营为这些运输队服务的行业，如宿店、草料店、蹄铁店、干粮店之类。其中最大的是离石县吴城镇，它的过载店竟并肩绵延二三里长。从碛口沿黄河往南，经济上和它关系密切的有孟门和军渡。碛口镇周围的山上，农地贫瘠而稀少，但村子不少。那些村子，有些大量饲养骆驼和骡子，青壮年以赶脚为生，如寨子山；有的村子居民多习武，练出一身好拳脚给商队当镖师或到镇上当更夫，如麻墕；还有村子如李家山，村民有不少以演戏为业，因为为了娱乐外地滞留碛口的大量客商，街上几乎天天有戏，有时可同时演好几台戏。还有些村子，村民以赶碛口的集市谋生，甚至专门设赌摊。武家沟的铜器和招贤的瓷器也因为有个碛口市场而发展起来，经过转口，产品远销陕北和内蒙。碛口镇是在悬崖下一条很窄的荒滩上形成的，它早期的经营者和开发者都来自附近的村子，如寨子坪、西头、西湾、高家坪、寨子山、侯台镇、彩家庄等，那里后来因碛口的繁荣而富庶，造了很精致的房子。离石县的彩家庄李家甚至是碛口镇上几乎整个二道街店铺的东家。这些网络状分布的村子在经济上和文化上不同类型特征的形成，都是因为围绕着水旱转运码头碛口镇，而碛口镇之成为水旱码头，是因为大范围里的历史和地理环境，最直接的还是交通条件。这是一个典型的网状聚落群。

水陆交通便利还有利于形成农业地区一定范围内的集贸中心，也就是市集。例如，四川省在明末多战乱，以至出现清代初年四川地广人稀的局面，政府不得不鼓励甚至组织湖广一带农民迁移到四川去。移民可以得到大量土地，因此，农户多在自己拥有的土地内建房居住，并不聚而成村落。这种情况不利于互通有无，渐渐地，有些地方便产生了专门作为农副产品聚散地的市集，四川人叫作“场”或“街”。市集分布的密度大致是山民半天脚程的范围内必有一个，合乎“日中为市”的习惯，便于赶场的人一天来回。四川省合江县的福宝场是一个不大的市集，它位于浦江河岸边，是溯江而上的舟楫交通的终点，从福宝场却可以驾舟直下长江。出重庆过娄山关去贵州遵义的山路和过铜鼓岭去贵州赤水的山路都穿过这个丛山中的小坝子。它有九条山路连接附近各处的山居，这种地理形势被称为“九龙夺珠”。因此在清代初年，大约是乾隆朝，它就成了一个市集，十天两市。

合江县另一个有名的市集叫尧坝，它正好位于从长江边的泸州到赤水去的中途。同时，它有一座规模很大的东岳庙，附近山民都来礼拜，山民把赶场和进香一次性完成。

单纯的民俗崇祀活动也能促成村落的形成，浙江省永康市的方岩村就是因胡公大帝的崇拜而形成的。胡公大帝名则，北宋时进士，老家为婺州永康。《宋史·列传五十八》称他“果敢有材气”。曾任右谏议大夫、太常少卿、工部侍郎、集贤院学士等职，以主持钱、粮、盐等为多。《宋史》并没有写他有多大作为，甚至说“则无廉名”。但浙江、江西、福建等省百姓认为他曾在某个灾年豁免了三省的钱粮，救活了许多人，因此尊他为“大帝”，传颂他的许多灵异故事。永康乡下有一丛丹霞地貌的山峦，其中一座东侧面悬崖峭壁方方正正，就叫方岩山，山顶上有不大的一块平地，胡公大帝的庙宇就造在这里。每年秋收之后到来年春耕之前，浙江、江西、福建三省各地朝山进香的队伍络绎不绝地到来，几个月里小小山谷被香客挤得满满的。于是，这里形成了一条二三里长的街，都是客店和香烛店，以山取名，叫岩下街。客店院落宽敞，雕梁画栋，绮窗绣户，十分精致。街西端有回龙桥，过桥上山，在罗汉洞侧登天梯，穿天门，到山上便是天街，街前有天池，胡公庙就在池边。在庙里上香之后，从后山下来，进入一个深邃的峡谷，四周罗列着奇峰。岩壁前倾，有水帘下挂，帘后幽洞里，是南宋事功派理学大师陈亮设席讲学的五峰书院。书院门前，矗立着上世纪40年代初期建成、后来被破毁、近期大致依原样重建的浙江省抗日阵亡将士纪念碑。这一座庙、一条街、一座书院和一座碑，加上奇瑰的丹霞峰峦，形成的聚落正是自然造化和历史人文结合得绝妙的建筑群。

村落选址和居住安全

村落的选址，要有土地、水源、矿产、交通等条件，但只有这些条件还不够，还要考虑到居住的安全。居住的安全大致有三个方面：一是自然环境的安全，二是社会环境的安全，三是心理的安全。

自然环境的安全，考虑的主要是提防洪水和其他灾害性地理因素。提防的办法：一是避开，不在有危险的地方建村；二是抵御，构筑可靠的抗灾工程。

断崖之下、裂谷之侧不可以居住，这是常识，怕的是再度发生山崩、地陷、泥石流。河谷两岸历年水线以下不可以居住，这也是常识。洪水是农村最熟悉的自然灾害，一旦暴发，庐舍尽毁，人畜丧生，中国和西方的古代史都是以洪水为开篇的。中国人最崇拜的古帝之一——禹，他最大的功绩便是治洪水，他的治水是和发展农业相结合的，孔子在《论语·泰伯》里说禹“卑宫室而尽力乎沟洫”，把水利工程看得比给万民之上的自己造房子重要。而治沟洫是为了让普通百姓种水稻，如《史记·夏本纪》所说，禹“开九州，通九道，陂九泽，度九山。令益予众庶稻，可种卑湿”。长期以来，中国的农民就是用这样的原则和方法与洪水斗争的。浙江省永嘉县豫章村的外宅部分贴近小楠溪南岸，清代康熙年间，一场洪水把它冲得片瓦不存，后来豫章村人在离开江岸一里多的山脚下的高地上发展，而把江边改成了阡陌纵横的水田。

山西省临县彩家庄远望

河流都有转弯处，大体呈弧形，弧的外侧，一般易受河水冲蚀，叫冲蚀岸。河水挟带的泥沙易在弧的内侧沉积，则内侧是沉积岸。村子选址，多在沉积岸一边，而避开冲蚀岸，怕的是冲蚀岸一侧土地不断减少，甚至会危及村落。江西省乐安县流坑村，位于赣江支流乌江中游的一个盆地里，乌江由东南来，到盆地东北端急转向西，遇山又转而向北流出盆地。五代南唐时始迁祖初来，定居在乌江东北岸的白泥塘地方，但白泥塘局促狭窄，而且处于冲蚀岸，不利于长期的居住发展，不久便搬迁到江南岸的白茅洲。这里是沉积岸，安全而有领域感，但是地势太低，潮湿并仍不免水患。于是略向南再度搬迁，到乌江西岸的一处台地上，这里不怕干旱也不怕水淹，高爽安全，于是人们一直定居至今。

如果河湾外侧的地质是岩石的，则江河水虽然冲击它却难以侵蚀它，所以也可以建村，例如浙江省永嘉县的蓬溪村。不过，村民们为了心理上的安全，还是在岸边造了一座不小的关帝庙，关羽是万能的伏魔大帝，有了他便“百无禁忌”，可以放心安居。

江西省婺源县理坑村水口建筑群（赖德霖摹自1930年代照片）

江西省婺源县清华镇（见清光绪《清华镇全图》）

但避开可能的灾难并不总是唯一决定性的考虑，在某些情况下，经过利弊斟酌权衡，也可能用人力来对抗自然。如永嘉县的廊下村和上坳村，都有水患，但廊下村所在的盆地土地十分肥沃，上坳村则有经营竹木运输之利，于是，两村便采取工程的方法来抵御洪水，沿溪用石块建造了高大坚实的防洪墙，村门也经过缜密的设计。一般的洪水，它们可以挡住，特大的洪水仍能进村，但水的冲击力大大降低，不致毁坏房舍。山洪来得猛，去得也快，损失不致很大。原徽属六邑之一江西省的婺源县有个凤山村，位于大约百米宽的浙水北岸的反弯处，也就是位于冲蚀岸。但它的始迁祖于北宋初年选定这个村址，是因为有收购和转运木材、茶叶的方便，后人不舍得放弃这个好处，便沿河岸修筑了两百多米长的石堰，高而厚，结结实实地抵抗了河水的冲蚀。它经历了几百年，一直没有受灾的记录。

干旱的黄土高原上虽然少有溪流江河，却也要防地表雨水径流的侵蚀。雨水在黄土地上冲蚀出一条条又宽又深的沟壑，沟壑的陡崖上是村民开凿窑洞作为居处的好地方。但黄土高原的土层是垂直肌理的，很容易被地表径流竖向一片一片地剥落，不但会危及窑洞，也会危及村落。因此，地表水的导引排泄和沟边的保护就是很需要注意的问题，如山西省离石县的彩家庄，排水

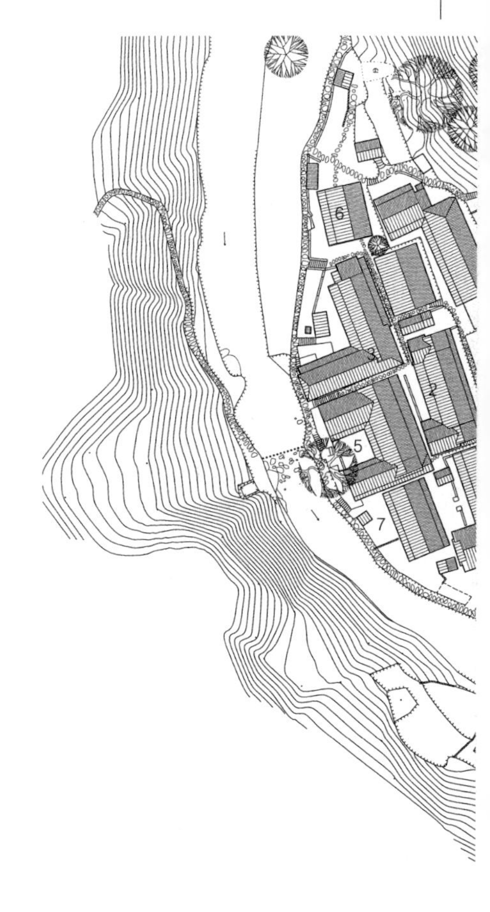

测绘建筑：
1 季氏祠堂
2 沿溪路零至六十三号
3 沿溪路四十八至五十六号
4 中路二十二至二十六号
5 沿溪路四十三至四十七号
6 沿溪路五十七至五十八号
7 沿溪路四十至四十二号
8 村口庙、桥

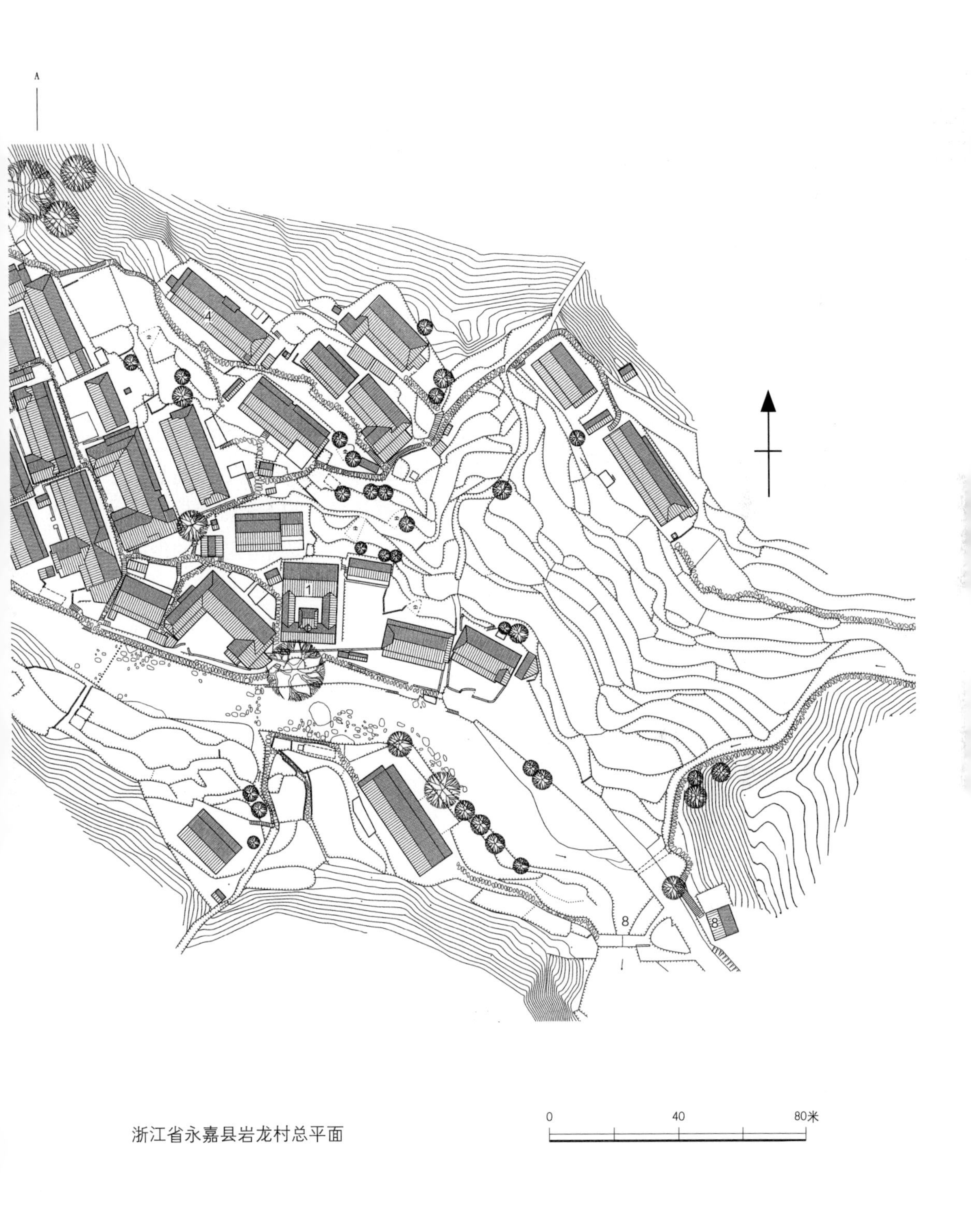

浙江省永嘉县岩龙村总平面

护土工程就做得很仔细。

村落选址也要考虑社会的安全，主要是避乱。

浙江省永嘉县的楠溪江流域，村落星罗棋布，居民大多是唐代以后从外地迁来的。渠口村始迁祖在唐末为避黄巢之乱而来，豫章村始迁祖是随宋室南渡而来，还有些村子的先人是五代闽国内乱时从福建迁来的。清代乾隆《永嘉县志·疆域》引旧《浙江通志》说："楠溪太平险要，扼绝江，绕郡城，东与海会，斗山错立，寇不能入。"楠溪江流域水土丰厚，固然是吸引外来移民的重要条件，而"寇不能入"显然也很重要，尤其对于因战乱而不得不远离故土、播迁异乡的人来说，更是最重要的。"安居乐业"，不能不避人祸，尤其要看重"易守难攻"的生活环境。楠溪中游下园村的《瞿氏宗谱》记载："晚唐时，黄巢乱，宁波刺史瞿时媚避乱来此，鉴于天险奇峰，旷洞清幽，乃定居。"下园村局促在芙蓉峰山脚下，农耕条件并不很好，当时楠溪江中游人口还不稠密，可耕之地尚广，显然在这位卸任刺史看来，利于防御的"天险奇峰"具有更高的甚至决定性的意义。

安徽省徽州各地，不少从北方避祸流亡过来的人们，是因为可以借当地自然屏障"依山阻险以自安"而定居下来的。新安昌溪《吴氏族谱》说，徽州"万山巑岏，径路陡绝，自汉迄明，虽间遭兵革，而世家大族窜匿山谷者，犹能保其先世之所藏，非若金陵南北，土地平衍，一经离乱，公私扫地，其势然也"。原徽州六邑之一的今江西省婺源县有一个甲路村，康熙《徽州府志·流寓》说唐代"张彻，浙西人，黄巢之乱，避地歙之篁墩，卜居婺源甲道"。这甲道便是现在的甲路。①

不过，时过境迁，当初确实借山险水阻而偏安于邃谷之中、危岩之

① 但这甲路后来环境变化，因为处在"徽饶通道"上，也就是婺源赴景德镇的大路上，交通方便，很快繁荣起来，成为富村。以致光绪《婺源县志》有一首讹传为岳飞过境时留下的诗："上下街连五里遥，青帘酒肆接花桥。十年争战风光别，满地芊芊草色娇。"五里长街，酒肆比肩，可见它的商业之盛。

下的村子，如浙江省武义市的山下鲍和郭洞村、永嘉县的岭上村和岩龙村，都因为过于偏僻而在农业经济上难以发展。

我国的一些少数民族，如苗族和侗族，本来生活在中原地区，因为受到强势民族的压力，一退再退，最后蛰居在贵州一带的崇山峻岭之中，这也是一种为求社会性安全而不得已的情况。但这样的情况大大阻滞了他们的发展。

安全不一定有利于进步。

至于心理的安全，主要是希望住在一个可以借视觉直观而有明确的领域感的地方，尤其是背后有山可靠，面前有水环绕，并且视野可及的环境。这样一个环境能给人以安全感，首先因为周围一切都是可以直接观察、直接度量，甚至可以亲历的，没有不可捉摸的神秘性；其次因为四面山环水抱仿佛有屏障可倚，不会像在一个十分广阔的大尺度环境里觉得八方凭虚，无依无靠。这两方面是每个孤身人处于一个大空间里都有的心理状态。

明确的领域感有利于酝酿村落居民的内聚力，村民会产生大家共处同一个环境而命运相似需要互相依靠的亲切感。这一点无论对血缘村落还是杂姓村落都很重要。

古代中国人口大多分布在丘陵区和浅山区。这种地区很容易找到山环水抱宜于建村的地点。东南诸省流行以“富”字作为聚落环境的理想格局，就说明了领域感的重要性。它以山脉包围村落的三面，把村落安置在一个盆地里，村落要后退而背靠比较高的主山，这就造成一个安全的态势。同时，村落这样的位置，可以让出盆地当中灌溉条件最好、最平坦而肥沃的土地作为农田，这是保住了命脉。山西省沁水县的西文兴村、福建省福安县的楼下村以及广东省梅县的寺前排村、高田村和塘肚村，都让出土壤肥厚的盆地中央而退到边缘丘陵脚下稍高的台地上，背靠山坡。这样既有利于生产，也有利于居住，不论心理上还是生活上，都很安全。

贵州省黎平县肇兴镇堂安村廊桥

西文兴村居民为柳姓，所在的盆地不大，盆地里只有它一个村落，台地在盆地西侧，比较高，村落在盆地里的主导作用很强。梅县三村以潘姓为主，并肩展开在北侧的山脚，迤逦很长，不过盆地长而不十分宽阔，近山也不很高，所以景观还够饱满。楼下村所在的盆地面积比较大，村落贴在它的南缘，面对北方，四围的山很高，好在盆地中央有一个小丘，东西向延长，长满老树并有一座小庙，所以盆地景观还不觉空旷。村落环境景观饱满而不空旷，村落在一定范围里占主导地位，这样的环境能加强村民心理的安全感。

村落环境的领域感还可以依靠河流获得。缘河湾的村落多选址在弧形的内侧，这固然因为内侧是沉积岸，可避免河水的冲蚀，但同时也因为在这一侧具有领域感，所以一般多称颂“山环水抱”的地形。不过，实际上，在河湾外侧的村落也不很少。例如，江西省乐安县从流坑村到牛田镇十余公里的乌江畔，位于沉积岸一边的村子有五座，位于冲蚀岸一边的还有三座。决定村落选址的毕竟是各种条件因素的综合而不是单一的。

造成村落环境安全感的重要因素之一是人和环境的和谐感。美是和谐，所以环境中自然风光的美也是村落选址的考虑之一，虽然并不是唯一决定性的因素。岩石破碎的峰峦下依例不可建村，虽然主要是怕山体滑坡生成泥石流，但形状怪怖也是一个原因。

浙江省武义市的俞源村，1958年前属宣平县，清代乾隆《宣平县志》里说："宣邑山水惟俞源为最，自九龙发脉，如屏，如障，如堂，如防，六峰耸其南，双涧绕其北，回环秀丽如绘也。"清代道光辛丑年（1841）重编俞源《俞氏宗谱·后序》里写道："贾子曰：贪夫徇利，烈士徇名；史公曰：熙熙攘攘，为利来往，然则名利关头真能看破者鲜矣。乃若俞氏之先则不然，盖其始祖处约府君德者，生当宋季文明之世，以儒业文章为时所推，擢为松阳儒学教谕。……乃府君独不汲汲于是而雅爱山水之奇，数游览括婺间，见婺界有所谓九龙山者，其下溪山秀丽，风气回环，欣然有卜居之想矣。"当然，俞德数度从松阳到九龙山下游览，不能不见到这里正处于括州和婺州的交通要道上，而且农产和山产都很丰富，这是更根本性的优点。而后人更喜欢始迁祖俞德的情趣，同治《俞氏宗谱》里载村人传说，俞德逝世后，他儿子庭坚扶柩还金华浦口老家，途经九龙山下双涧交会的地点，停留一宿，次晨棺上竟长满紫藤，棺木不得移动，于是庭坚便把俞德的灵柩葬在当地，这儿便发展成了俞源村。可见俞氏子孙虽然编造了传奇故事来论证俞源村选址的合理性，但宁愿把先祖奉为一位雅爱山水的儒者，而不是堪舆家。

如这般因山水之美而卜居的记载寻常可见。如安徽省歙县金山村《金山洪氏宗谱·金山洪氏续修宗谱序》里写道，金山村的环境是"山磅礴而深秀，水澄澈而潆洄，土地沃衍，风俗敦朴"，金山洪氏始迁祖洪显恩“避喧就肃，择胜寻幽，始居于此”。[1]安徽省绩溪县盘川王氏在宗谱的序里写道：盘川“狮山拱峙，澄水潆洄，古木参天，良田盈野”，于是“族众繁衍，合村而居，敬业乐群，雍雍睦睦”。[2]浙江省江山市三卿口村民国丙丁年（1936）重修《三川王氏宗谱》里有一篇清代雍正十二年（1734）的《三川王氏分派小台谱序》，说小台始祖安珠公“素喜闲静，雅爱林泉，隐居嵩溪，怡然自适”。又一篇光绪十四年（1888）的《重修嵩溪王氏宗谱序》里说：安珠公“生平喜清净，雅爱山水，行见小台之境，列岫回环，地僻而可以栖迟，甘泉舒流，景胜而足以恬适，公遂歌乐土而就庄于此焉”。文士们主要是从审美看自然的，大多并不涉及风水术数。水清土肥的地方，必定草木蓊郁，所以自然之美，大多和农林的丰盈相联系。而农林丰盈，则民众大多能安居乐业、和睦共处。

类似郭洞村那样因祖上棺柩不能移动而不得不住下来的故事也不少。如福建省永安县垟头村，传说便是始迁祖池某在山道上“赶石佛”，赶到这里，石佛忽然再也不动了，于是便在这里定居建村。四川省自贡市的仙市镇也有几乎完全相同的“赶石佛”的故事。

中国文化里素有雅爱自然的传统，孔子说过“智者乐水，仁者乐山”（《论语·雍也》），两千多年来，这个山水情结一直强烈地影响着农耕时代的中国知识分子。明代文震亨所著《长物志·室庐》中说：“居山水之间为上，村居次之，郊区又次之。” 所以始迁祖们或者代先祖立言的人们都要标榜既乐山又乐水的情怀，以致光绪《婺源县志·风俗》中夸耀婺源“山峻而水清，以故贤才间出，士大夫多尚高行奇节”。山村人家，也会在大门头横额上写“群峰聚翠”“岚光凝秀”这样几个字。门联则多“松茂竹苞君子宅，云蒸霞蔚吉人居”，或“金屋玉堂竹松挺秀，德门仁里兰桂增芳”等，表达一种雅爱自然的德性。许多村落，都有“十景”“八景”的刻意经营，并且写了许多优美的诗来歌咏它们。

---

① 转引自朱永春：《徽州建筑》，安徽人民出版社，2005年，5页。

② 同上书，2005年，6页。

被认为理想居住环境的“富”字模式，也有很强的审美意义。富字，是完全对称的，村落的选址和朝向确实很重视左右山丘的对称布局。对称的形体是最简洁、最有条理、最易于认识的结构，体现出一种和谐感，所以它具有审美价值。

在长期的农业文明时代，中国流行着一种相地术，叫堪舆或风水术。这是一种迷信的巫术，但它一直在人们似信非信而又不妨姑妄听之的状态下在阴宅和阳宅的选址中起着作用。堪舆风水术的基本理念是认为阴宅、阳宅所处的以自然为主的环境形态可以影响甚至决定有关人们的吉凶祸福。阴宅就是坟墓，阳宅包括住宅和村落。

吉凶祸福在人们生活中不断地发生着，人们无不乐于趋吉祈福、避凶免祸。但是在漫长的蒙昧时期里，有许多吉凶祸福的因果得失是人们无力理解的，因此就产生了一些猜想，一些疑忌，一些祈求，一些避讳。这些心理是普遍、长久存在的，于是便形成了一种巫术。

漫长的农耕生活教会了人们意识到一些简单事情之间存在着因果关系，种瓜得瓜，种豆得豆，养鸡下蛋，养猪下崽。于是人们认为吉凶祸福也是如此。“善有善报、恶有恶报”，“积善之家庆有余”，是一种道德教戒，但是复杂的社会生活使人们并不真心相信这些话，因为因果关系并非如此简单易明，直截了当。在那个时期，倒是一些模糊的、或许可能却又无法验证的玄想的因果关系更能使人产生“宁信其有”的心理。这些因果关系的主宰，必是“伟大而值得敬畏的”，“神秘而不可捉摸的”，上有日月星辰、年月日时，下有山陵丘壑、河川道路。于是就有了占星术和相地术。

相地之术也大致可以分为两个层次。上焉者是一些文人，说的无非是“水秀山明常出仁智，地灵人杰永传声名”而已，比较泛泛。如浙江省永嘉县棠川村《棠川郑氏宗谱·重修棠川郑氏宗谱序》记载，始迁祖初来选址，“至其地，见夫奇峰突兀，怪石峥嵘，面临雷壁，背枕天岩。九峰围屏，共巽山而拱秀；双溪环带，合曲涧而流芬。福地鄉嬛奚多让乎？”这些人大多也精通堪舆，有时不免多说几句，如永嘉县蓬溪村《蓬溪谢氏宗谱·同治甲子重修族谱序》描绘谢灵运后人的这个村址道：“楠溪形局，惟遂川最奇。迎逆流四十余里，过堂潆洄荡漾，潴而后泄。守水口者，则有若狮、象、龟、鱼，突怒峭竖，险恶畏人。又有文笔峰撑寿星岩，镇屏山对列嬴屿。横临诸如观音坐莲、美女梳妆、鹰捕蛇、狮捉象、仰天湖、瀑布泉、将军仙人、牛鼻虎头、燕巢鸡冠等胜，亦皆秀异可观。余足迹所及，历数之，未有过于此者也。”如此好的“形局”，也不过说一句“宜禀其气以生者，富寿康强，文武具备”罢了。最后为安抚子孙，又模模糊糊地说了一句：“迄今螽斯蛰蛰，未始非地气使然。”并没有“寻龙先生”那些具体肯定或烦琐模糊的箝语。

下焉者则是寻龙先生，或者叫地理师，他们把地理环境对人间穷通荣辱、吉凶祸福的因果关系说得神乎其神，既具体又肯定。文士们的风水观含有审美的因素，地理师们的风水则纯乎是迷信。不过二者界限并不判若黑白，文士们常常会堕入到地理师们的行列中去。更欺人的是地理师们作为一种职业者，对各种风水形局中的不利方面都有禳解之法。如村落面对“火形山”，有回禄之忧，可在宗祠门前掘水池；如村子巽位不足，村民科甲不发，可在村子的巽位上建文笔或文峰塔；等等。因为村落的选址，都决定于许多实际的生活、生产等条件，而且先人初来时也请不起地理师旷日持久地堪天舆地，所以地理师被请来看村落的风水，大多在村人早已定居之后，因此地理师们的真正“工作”其实不是选址，而是禳解他们“发现”的村址风水形局的不吉之处。而真山真水大地理环境造成的“不吉”，可以用一口水塘、一座砖塔、一块石碑或把大门朝向扭转一点，便能“化凶为吉”，正足以证明堪舆术的欺骗性。

例如，浙江省平阳县顺溪村陈氏于清代乾隆时编的宗谱里那一篇序（《增修家乘·序》），分明说的是太公从“土宜、物产”而认识这地方宜于“山业田园”，也就是宜于林业和农业，因而定居的，后人却渐渐

福建省连城市培田村，《培田吴氏族谱》

附会出许多风水说法来。说顺溪村像只船，有船头，有桅杆，所以水口众水汇聚而不能搭桥，怕压住船身，村里也不能凿井，怕凿漏了船底。一个说法是：正因为几百年来守住了这两条，顺溪村陈氏便很兴旺。

不过，在风水迷信中可以看出宗法制度下中国农民最关心的是两件事：第一，人丁兴旺；第二，科甲连捷。风水的好坏，主要看地理形局对这两方面的“影响”。丁口和举业关系到宗族的生存和发展，因此，堪舆之术也以这两项为“主攻方向”。这是它得以长久存在的原因之一。

有识的文人历代都有，他们记得孔夫子不语“怪力乱神”，所以“儒者不言堪舆”。有时候他们会不客气地批评风水术。浙江省永嘉县豫章村，宋代有“一门三世登进士者五”，明代又出了一位文渊阁大学士、中书舍人，清代《重修豫章胡氏宗谱·序》里说："人咸曰豫章山川秀甲两源所由致此。予曰：允若兹，今何不古若也？岂山川灵淑之气独钟于昔而不钟于今耶？虽本朝康熙年间地被水坏，而人事尽则天心可回，诚能起而读孔圣书，法周公礼，犹可易否为泰，转剥为复焉。"江西省是风水术里形势宗的发源之地，乐安县流坑村据传又是经形势宗祖师杨筠松和曾文辿亲自看了风水的，明代重建董氏大宗祠的时候专门添加了一座报功堂奉祀这两位风水大师。阳明学后人聂豹应邀给明代万历十年的董氏宗谱写了一篇《董氏重修祠堂记》，里面竟毫不客气地说："杨、曾物土遍天下，乃江南卜兆，妇姑子父如董氏者岂少哉，而荣禄文献之盛不一再见，岂堪舆之术独神于流坑也耶？君子弗之讳也。"这两篇文章对堪舆风水之说的质疑方式都一样，可见对这种巫术的批判已经很普遍。

明万历二十年进士、工部郎中谢肇淛在《五杂俎》里更尖锐地批判了阴宅风水之为谬说。他指出最著名的风水"大师"郭璞"不免刑戮于其身"，黄拨沙、厉伯招之后"子孙何寥寥也"？"其他如吴景鸾、徐善继等，或不得令终，或后嗣灭绝。若有地而不能择，是术未至也，若曰天以福地留与福人，则何必择乎"？说的是阴宅的事，道理和阳宅是一样的。

风水术其实是宗法社会里用来凝聚宗族的一种手段。它论证村落风水之好，或者虽有欠缺但可以禳解，"化凶为吉"，从而说服宗族成员对一方土地有信心，乐于居住下去。浙江省建德市的新叶村，本来有三个大姓，早来的汪姓和夏姓觉得当地环境不好，迁走了，叶姓坚持挖渠引水，平整土地，改良土壤，终于在当地发达了起来，迁走的两姓在他乡并没有起色。宗族成员乐于在一方土地上居住下去，是宗族稳定和发展的必要前提，宗族的稳定又是宗法制度和宗法社会稳定的前提。所以说，风水术是宗法社会的意识形态。

村子的结构和布局（上）

凡正常发育的村子大多有一定的内在结构。各种类型村子的结构有它们自己形成的根据和规律。村落结构主要决定于它们的生态，有经济的，有自然的，有社会的，有文化的。更常见的是这些方面生态的综合作用决定了村落的结构，非常复杂，而不是单一的原因。因此，解释和叙述村落的结构布局就头绪纷繁。

尤其是，村落的位置是固定的，它的土地是没有弹性的，而村落本身却会在漫长的存在时期里不断地发展，人口会增长，经济会转型，交通会便利，水源会枯竭，也会有灾难和战争的大破坏，这些都可能影响到村落的结构。所以，它们的结构形态是动态的而不是固定不变的，而且在必不可免的变动之中，不少村子的结构可能被破坏，显得杂乱无章、面目不清。也有一些村子会发生重大的改造。这就更增加了研究的难度以及解释和叙述的纷繁头绪。

我国东南各省的农业村落大多是血缘村落，其他各地也有少量的血缘村落。在漫长的农业文明时期里，宗族往往是这些村落中类政权的组织力量，对村落各个方面的控制、管理都很严密，很有力量。村民们的宗族观念也很强，因此村落的结构便打上了宗族关系鲜明的烙印，甚至反映了宗族本身的结构。

一个血缘村落有一位始迁祖（太公），他是第一位携眷在这里选址定居下来的，或者是最早迁来的若干人里辈分最高、年龄最长的。始迁祖的后裔在一个村落里逐渐繁衍，经过几个世代，形成稳定的宗族，建立宗祠。宗族的天然结构因素是辈分，后辈要尊重长上，前辈死后也受到礼拜。但按传为朱熹所撰的《家礼》的规定，“君子之泽五世而斩”，因为五世以上，子孙都不曾亲见，所以“无恩”。每家的祖先供奉只限于高、曾、祖、祢四代，以上的便不再亲祭，而把他们的神位“祧”到大宗祠里去。于是，一个宗族里，过了五代，就可以分立房派，建房祠。房派里，满了三代的可以分立支派，建支祠。房祠和支祠通常叫“厅”和“小厅”。当然，如果人丁不旺，财力不足，不立房派、支派也可以，不过某人属某房某支是很清楚的。这是宗族的血缘结构。村落在发展的早期，居住状态还不很密集，房派和支派成员一般都自然地以厅和小厅为中心聚集在一起，形成房支的居住团块，而以大宗祠作为全村的核心。这是村落的血缘结构。正如风水典籍《宅谱指要》所说，宗祠“自古立于大宗子之处，族人阳宇四面围住，以便男女共祀其先”。村落的这种结构布局在东南各省很普遍。不过大宗祠虽居村落结构的核心，却未必在中央而被族人阳宇四面围住，位置在长房团块里的或紧邻长房团块的确是比较多。

浙江省建德市新叶村的叶氏外宅派，到明代宣德年间，即15世纪中叶，第八世崇字行已经有了百十户人家，六百口人左右。这时叶氏发生了一次大分支。据《玉华叶氏宗谱·崇仁堂记》记载：“八世祖崇字行并克恢宏，接踵建厅，各聚其族属，凡十有一焉。”“接踵建厅”就是建分祠，“各聚其族属”就是以分祠为中心形成各房住宅的团块，一下子就有了11个团块。其中比较大的是崇仁堂、崇义堂、崇礼堂、崇智堂和崇信堂。经过几百年的发展，房派居住团块增大到相互密接，房派居住团块之间的巷子比较宽，巷子的卵石路面中央顺向铺一溜儿条形石板，房派团块内部的巷子比较窄小而且不铺石板，只用大卵石铺面。全村所有铺有石板的大巷子都通向外宅派大宗祠有序堂，而小巷子则只能通向团块中心的房祠和支祠。房祠和支祠门前大多有一口泮池、一块空场、一片绿地。泮池可供日常洗涤，有改善小气候、防火等功用；空场是节日舞龙灯、踩高跷和其他各种群众活动的场所；绿地则用来改善生态环境和景观。新叶村的几座书院和花园都在这些空场周边。由于分祠的分布比较均匀，泮池、空场和绿地对美化村落的环境、提高村落的居住舒适度起了很好的作用。夏夜纳凉，冬日负曝，空场上总是男女老幼各得其所，充满了欢悦和亲情。但随着人口的增长，后来这些空场中大多数终于被“小厅”和住宅占用了。

离新叶村不远，兰溪市的诸葛村，在明代初年分为孟、仲、季三房。长房孟分按例就围住在纪念诸葛亮的大公堂和大宗祠丞相祠堂周边，房祠叫崇信堂；仲分聚居在村子的北部，房祠叫雍睦堂；季分则大多住在西南部，房祠叫尚礼堂。在一个相当长的时间里，三大房的团块都有余地，陆续插建了些“小厅”和住宅。有些“老祖屋”后来成了香火堂。

诸葛村的三座房祠和几座“小厅”如尚礼堂、崇行堂、行原堂、滋树堂、文与堂等，在建造之初于两侧和背后集中建造了一批标准化的住宅，有整齐的小巷，供本房本支的人家居住。不过在人口繁孳之后这种格局都已被突破。

安徽省黟县碧山村，太平天国战争时几乎全被夷为平地，战后重建，至今以分祠为中心的若干个团块的大布局已经完成，但因年代不久，各团块之间还有很大的间距可供发展。这个村是血缘村落团块式结构的绝佳标本。

血缘村落的这种团块式结构是宗法制度下的产物，风水典籍《阳宅十书·论宅内形》里说：“十家八家同一聚，同出同门同一处。”它有利于房派的团结从而巩固宗族的秩序，因此是由宗族提倡、支持和维护的。宗族大多有规约，房派内如有某家贫穷潦倒，要出卖房产，必须优先卖给本房的人家，本房无人承购，再卖给旁支，但无论如何不得卖给外姓人。这叫作“败家不败族”。山西省沁水县西文兴村，存有《河东柳氏训道碑》（明代万历庚辰，1580）、《河东柳氏传家遗训碑》

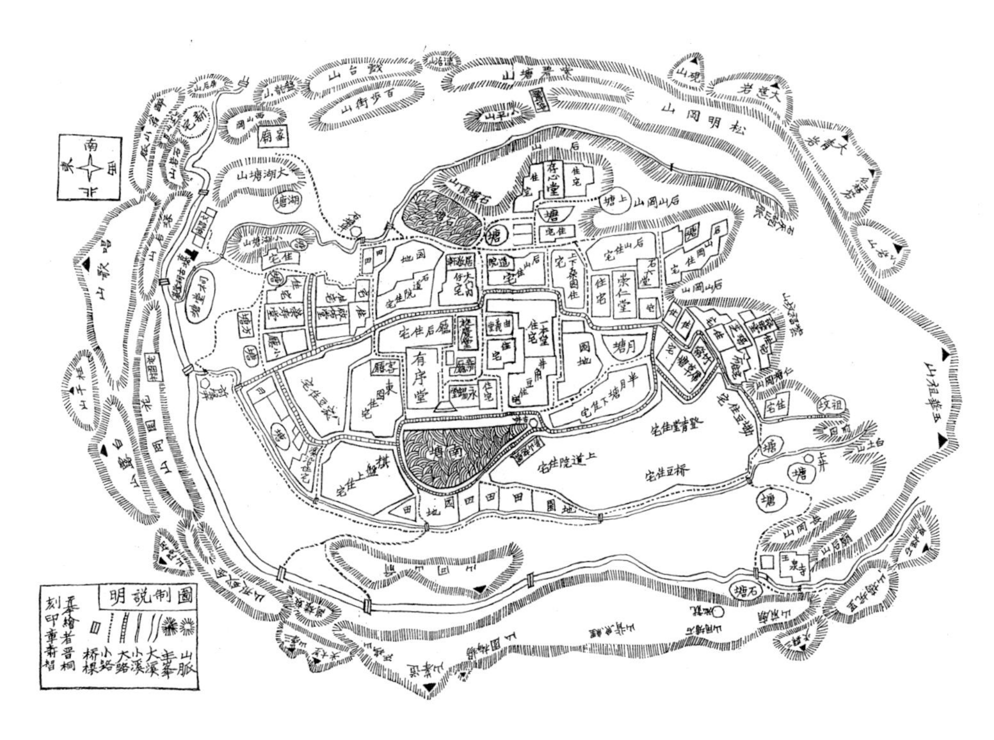

浙江省建德市新叶村《玉华叶氏宗谱·新住宅图制》

（下款残，不知年代）和《柳氏家训碑》（清代道光四年，1824）三块石碑，每块碑都再三强调房产不可分。“训道”和“家训”两碑异口同声地强调：“生意房产永不许瓜分”，“家道之败败于分产”，也是同一个“败家不败族”的道理。

但是，年深月久，各房派、支派人口增加，社会经济地位分化，这种住宅团块总会不能适应发展而被突破。江西省乐安县流坑村，初建于南唐，到了明代嘉靖年间，村子布局已是房派杂乱，于是宗族主持了村子结构的大调整，重新规划，建成七竖一横八条巷子，“七竖”是东西走向，“一横”是南北走向。大体每条巷子住一个房派，小宗祠建在西端巷口，分区很明确。但到了清代，这个格局又一次被突破，以致房派住宅和小宗祠重新又散于各处。

宗族人口繁衍到原初规划的团块布局不能容纳的程度，宗族就会分裂而有一支或两支宗人易地另建新村了。

在一些杂姓村落里，也有类似的团块式结构。例如江西省丰城县杜市镇古村。它不可能以血缘关系分区构成团块，而是以行政性的“社”分区。全村12个社，分为不规则的12个团块，每个团块中央有一座社庙，庙前小广场上有一口井，场边有社学，广场前沿设栅栏门。这些社的团块意识不比宗族的弱。浙江省江山市廿八都也是个杂姓村，也以村社为组织形式，但现存村落结构形式不如杜市镇古村明确，原因之一是整个村落沿一条过境的商业街延伸，店铺一家接一家，突破了原有格局，居民大多经商，集聚意识比农民薄弱多了。

影响村落结构形态的另一种社会性原因是居民的贫富分化。这种情况既可以发生在血缘村落里，也可能发生在杂姓村落里。和血缘村落里由房派形成的团块结构不同，贫富分化是有一个相当长的过程的，而且所形成的居民团块内部社会成分也不会很纯粹。

浙江省武义市的俞源村，在南宋末年始建时，老太公居住在东溪以南后来叫作前宅的地方。到了明代初年，第五代分为四房，人口增加，大房、二房便过了东溪到溪北比较开阔的地区来发展，在溪北形成下宅和上宅两处，并且造了大宗祠。后来大房无嗣，到了清代晚期，只剩下经商大有成就的二房的一支在上宅和下宅居住，陆续起造了一些大家族豪华住宅，巷子整齐宽阔。三房、四房仍然务农，经济上没有什么发展，只好守旧业萎缩在前宅老旧的小房子里，狭窄的小巷曲曲折折。兴旺的二房掌实权的大都是富商，在外经营，对宗族的依赖弱了，宗族观念也就弱了。俞源村里，不再建造房祠、支祠，只把大家族聚居的大型住宅的大堂作为支派的“公厅”，供这个支派办红白喜事之用，而留在前宅的三房和四房便只能在简陋的小三间“老祖屋”里办红白喜事了。再晚一点，大约在清代末期，商人们的宗族观念进一步淡薄，不再造大家族聚居的大型住宅，而造舒适精美的中型住宅，同时也就加强了它们

浙江省建德市新叶村村落环境

的防御性。这时，东溪两岸，前宅和上下宅的贫富差别更悬殊了。于是，村里流传起一个风水说法来，说的是：上宅和下宅沿东溪北岸延伸很长，像长衫先生的裤腿，前宅沿南岸很短，像下田劳苦人的裤腿。为了防止溪北的风水泄露到前宅去，上下宅的人坚持跨东溪的桥不能用石头筑造，虽然这道桥是从宣平到武义必须经过的，而只用一段苦槠树对剖两半并排搭在溪上，就叫“树桥”。一个宗族的人，祖上是兄弟，终于由贫富的分化而使俞源村分裂为对比鲜明的两部分。财富淡薄了亲情，这个社会历史现象在血缘村子的结构上留下了烙印。

又一个例子是山西省介休县的张壁村，这是个杂姓村子，不大，外面一圈方形的城墙。一条叫龙街的中心街从南到北把村子劈成两半。西半部几条巷子住着张、贾两家为代表的富商，那里大半是大宅门，一户有几个院落，都围着高高的、封闭而森严的砖墙，院子里面建筑精雕细刻，还有些书房院、牲口院之类。龙街西侧的巷子口上耸立着两层的门楼，由它们底层天圆地方的门洞出入。巷子宽、直而且平，铺着石板，转角都是圆的或者切角的，便于骡车通行。巷子边上靠墙脚间隔地放置着一些大石块，为的是防骡车太靠边，车毂碰伤了砖墙。村子的东半部住的大多是农户，巷口敞开，巷子曲折、狭窄，而且坡度很陡急，地面没有铺砌，高低不平，不可能通骡车。巷边的庄稼户房子矮小，有一些还是窑洞，透过简陋破烂的柴门和高只及胸的土墙，可以看到场院里堆

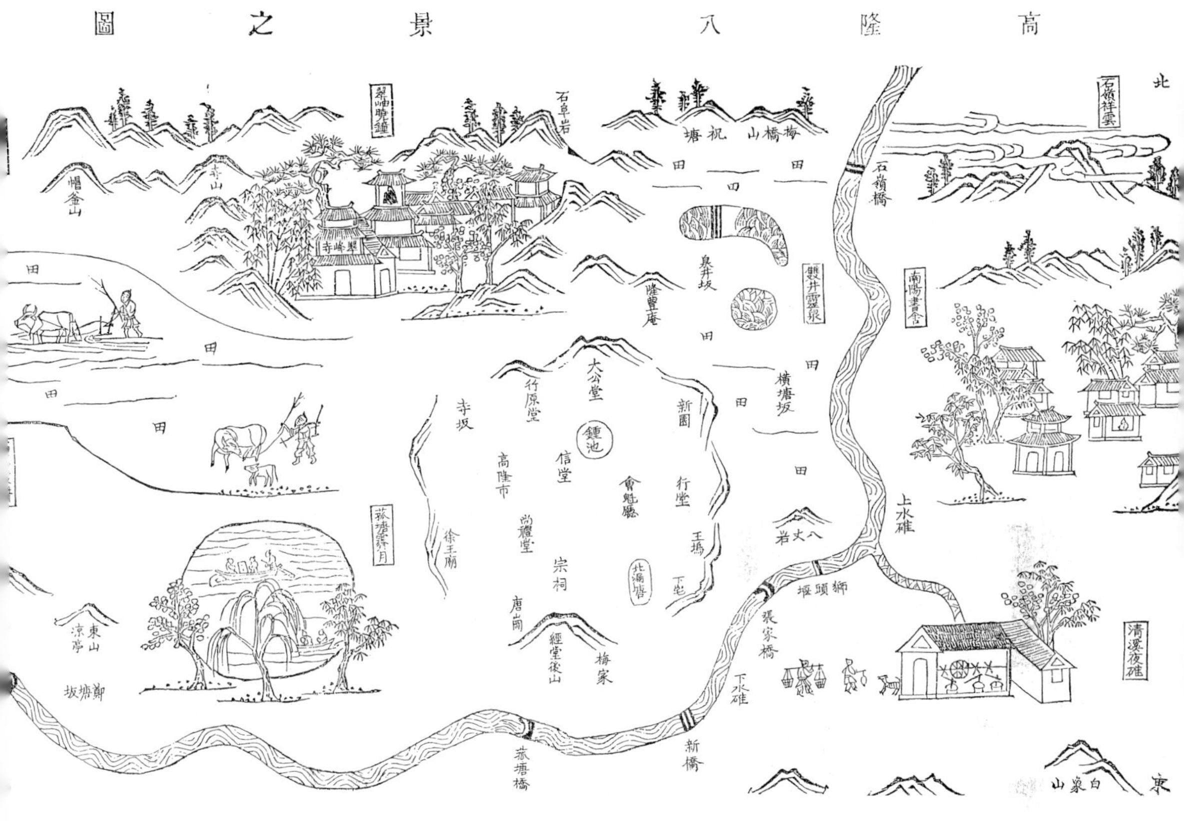

浙江省兰溪市诸葛村《诸葛氏宗谱·高隆八景之图》

着玉米垛，拴着老山羊。村子两半部的对比很强烈。

与贫富分化相关而性质不同的是社会身份分化。村子居民的社会身份分化在北方杂姓村落的结构上屡有鲜明的表现。一个例子是山西省阳城县的郭峪村。这个地区盛产煤和铁，郭峪村有些人以经营煤铁而致富，同时，这一带也有一批世世代代操“贱业”的人家，如轿夫、土工（抬棺木、送葬）、吹鼓手、奴婢、接生婆、喜娘等等，叫“小姓”。明代末年，为了抵抗李自成部下的烧杀劫掠，由王姓某富商出资，郭峪村造起了高高的一圈城墙。凡操“贱业”的小姓一概都不能进城居住，而住在北城门外。城里城外，两类人互相需要又互相冲突。

类似的社会分化现象在安徽、浙江、江西诸省也有。皖南的“小姓”（佃仆），家家世代相承，永操“贱业”，为同一系大姓人家服务。他们常在大姓的血缘村落附近或在大姓人家的坟地附近聚居成“坟庄”。

有些非纯农业村镇的结构常常反映出它们的功能性分区。

浙江省苍南县的碗窑村，位于一个很陡峭的马鞍形山坡上。坡下是一条二十几米宽的河流，可以通船。当地产瓷土，山上长满松树。四面山坡上下分布着二十几座瓷窑和作坊，就地取土制坯，砍柴烧窑，成品用船运走。窑户住宅散布在山坡上，高高低低，由一条曲折、陡峻的小路串联着。小路上端，山坡高处，马鞍形山脊中段，是一片小小的平地，在平地周边，有些前店后宅的房子，店里陈列着当地所产瓷器的样品，可以零售，批发商也可以对着样品谈判买卖。小平地中央造了一座窑神庙（老君庙），庙里有戏台。大买卖不是一次谈得成的，谈成了也不是立马可以把窑货运走的，客商们需要在村里住几天。于是，山坡脚下的河边，船码头左右，就形成了一条热热闹闹的小街，街上除了卖些零星小件的瓷器店之外，还有宿栈、饭馆、茶店等短住的和消磨时光的场所。甚至有赌场、妓院和鸦片烟馆。为了教客户和船夫们更加高兴，小街两头还各有一座带戏台的庙，几乎天天有戏演出。码头上常有船筏，装上瓷器，可以一直下放到温州。这个碗窑村的布局很顺畅地适应着瓷器的生产和运销的全过程，也适应着窑户和瓷商的生活需要。①

类似的例子还有四川省合江县的福宝场。这本来是一个清代初年由于水陆交通方便而形成的市集贸易地，它只有一条街，叫回龙街，两侧共有一百家上下的店铺。大约是为了节约宝贵的可耕地，这条街竟建在地形起伏很大的丘陵脊上，街上经营的主要是茶馆、零食店、小百货店和布匹店，向农民供应城市商品。此外便是粮食、禽畜之类农产品的收购点。福宝场上还有几座庙，大都是外来移民的会馆，如江西人的万寿宫、福建人的天后宫、湖北人的禹王宫等。后来，从清代末年起到抗日

---

① 可惜20世纪80年代末，为了大搞小水电，碗窑村的临河部分全被淹没在水库中，船运也不通了，于是窑业也就停顿了。

战争时期，重庆去遵义的山路成了川黔交通的重要道路之一。这条山路横过街西浦江河的渡口在福宝场南端外不远，于是，从福宝场南端到渡口间形成了一条新街，叫福华街。这条街两侧主要是为过境商旅服务的店铺、歇店和茶食店，没有庙宇，而有蓝靛作坊、砖茶作坊、铁匠炉等生产向贵州运去的商品，还有一些作坊则加工从贵州运来的棕丝等。有一位医师在这街上专治跌打损伤，为赶路的脚夫们服务。

个体建筑物的形态也会对村落的结构形态产生很大的影响。在农业文明时代，农村中主要的、占绝大多数的建筑是住宅，所以，住宅的形态往往对村落的结构有决定性的影响。在安徽、江苏、浙江、江西、福建等省，最常见的是封闭的内向型院落式住宅，它们所形成的村落，必定是房舍密集，以高墙之间的小巷为村落景观的特色。村落的景观十分封闭，人在巷子里走，会觉得村子是由这些巷子组成的而不是由房子组成的。如浙江省嵊州市的崇仁村、安徽省黟县的西递村等。

广东省、江西省和福建省都有一些村子，以一座大宗祠为中心，两侧十分整齐地各建几列标准化的联排住宅，每排之间是笔直的巷子。因此整个村子都是几何化了的。广东省侨乡开平市有不少这样的村子，可能是受到英国早期工业化时期工人住宅区的影响，它们住宅大门头上的彩画常有西方景物如火车、轮船、钟表以及西方仕女的形象。

相反，外向型的住宅则会使住宅之间保留着足够的间隔，使村落显得疏朗、开阔，景观变化多，如云南西双版纳的傣族竹楼村落、浙江省永嘉县的林坑村，等等。

福建省西部、江西省南部、广东省和浙江省少数地方流行多种土楼、围屋和围龙屋，它们是大家族小家庭聚居的大型住宅，一幢住宅可以住几十户，几百口人。广东省的围龙屋，后部有半圈平房，围着背后靠山上下来的山筋的尽端，风水术上把这些山筋叫龙脉。依风水术的说法，龙脉的尽端“化而为胎”，围住一个尽端就可以保证这个大家庭子息旺盛，因此这种围屋叫围龙屋。有些围龙屋陆陆续续地扩建上百年，

福建省南靖县河坑村土楼群

外围会造两三圈，甚至更多，它们有一个增长的机制。因此，围龙屋为了既要背靠后山，又要留出空地以备后人增建，它们之间必须有较大的距离。一个村落就因此稀稀松松沿山脚拉得很长，布局非常随意，如梅县的侨乡村（清代至民国）。福建省的土楼以圆形的居多，也有方的或多边形的，外墙封闭而厚重，沿外圈布置标准化的小家庭居室，中央是个大空场，空场一端通常有家祠。这些土楼体形巨大，圆楼直径常达六七十米，最大的竟有147米（平和县汤厝村云巷斋），方楼面阔有南北长207米、东西长147米的，高三层（平和县庄上村上城，建于清康熙初）。它们相互不可能紧密靠拢而必须留有不小的间隔，所以，形成的村落也是极其松散的，如南靖县的石桥村。广东、江西和浙江的围屋，一般为方形或矩形，内部布局近似"九厅十八井"而更大，没有统一集中的内部大空场，而是分为许多中小型天井院。浙江省诸暨县斯姓在清代建了14幢围屋，有几处，一幢就是一个村子，如斯盛居（约1798年建造），通面宽108.56米，通进深63.1米，以门厅、大厅、家庙为轴线，左右对称地各安排四个大院落，两层楼。福建省永安县八一村，全村由12幢居住用的围屋和一幢围屋式的宗祠组成，它们之间相距都在两百米以

广东省梅县塘肚村荥阳堂围龙屋

上，分布在一个很广阔的盆地里。广东省始兴县的满堂围、惠东县的会龙楼和深圳市的大坪围，都是一围一村。

陕西、山西、河南地处黄土高原，农村居民因地制宜，大多住窑洞。窑洞大多是在黄土冲沟两侧断崖上挖掘出来的横穴，整个洞穴都在断崖内的叫“靠崖窑”，在土薄而基岩突出的地方则横穴只占窑洞深度的3/4或2/3左右，用挖出来的石块在洞口接砌余下1/4至1/3的拱，这种窑洞叫“接口窑”。少数全用石块砌拱而成的窑洞叫“箍窑”。黄土断崖很陡的地方，住户只有靠崖窑，一家三五孔窑，延伸便有二三十米。一个村子，沿断崖分布，稀稀落落成长长的一条，其间还有高高低低、进进退退的变化。断崖不太险峻的地方，多以靠崖窑为正窑，以箍窑为横窑，形成一个三合院，这种地方，甚至可能有上下两三层窑院。下层的窑顶成为上层窑院的晒场。在这种场所，村落会紧凑一些。更紧凑一些的窑洞村在冲沟尽头，在那里窑洞可能在三面围着冲沟尽头形成村落，如山西省临县的李家山和孙家沟。

黄土地比较松，一些本来在塬面上的道路，经牲口和大车辗压，年长日久，下陷成了深深的“车道沟”。沟两侧都是五六米高的断壁，

贵州省黔东南苗族自治州肇兴镇廊桥

陕甘边上土话沿用蒙古语叫这种沟为“胡同”[①]。由于交通方便，乡民乐于在沟边挖窑洞，叫“沟崖窑”，除了居窑，也有大车店、庙宇和驿站。村子沿“胡同”延长，可能达到几百米。

还有一种窑洞住宅叫“地坑院”，就是在黄土塬面上比较平坦的地方开挖一个十几米见方深达六七米的大坑，然后在四壁上挖横穴，形成下沉的四合院。进入地坑院的方式主要有两种，一种是从塬面上顺地坑边缘挖台阶下去，另一种是当地坑院离车道沟不远的情况下，从沟里打横洞进去。通常，沟崖窑和地坑院错错杂杂在一起。这类村子，布局完全顺乎自然，只有极少数宽敞的塬面能把地坑院安排得像棋盘。

另一种对村落结构起重要作用的历史因素是战争，主要是民族间的战争。这类村子最典型的实例在河北省蔚县。

蔚县位于内外两道长城之间，西对山西高原、北对张北高原，南

① 北京城内的小巷叫“胡同”，始起于元代，可能源出于此。

方是华北大平原，东侧便是北京。这里历来是北方游牧民族从西、北两面以骑兵居高临下奔袭华北农耕地区的要冲。明初，建九边重镇严防蒙元，其中最重要的宣化镇和大同镇，一在蔚县东北，一在蔚县西北。同时，鼓励当地居民建堡自保，还建了些官堡，整个蔚县曾有民堡、官堡三百个左右，组成官民结合的边防线。

一个堡子就是一座村落，所有民宅都在堡内，堡外无宅。堡子多是近似方形的长方形，四周墙高大约七八米。村子正中轴线是一条“正街”，南端为堡门，门上有谯楼，北端为真武庙。真武为北方之神，专职管水，也就是防火的神。谯楼和真武庙高高耸立，视野宽阔，除了料敌和御敌的军事作用外，还大大美化了村落的内外观瞻。正街两侧有小巷，巷内建住宅。比较大的堡子有横街，如北方城，在十字路口建小庙，一侧是观音庙，一侧是财神庙。最大的堡子叫西古堡，南北门外都造了瓮城，瓮城里有几座庙宇和戏台。有些村落的戏台和庙宇在南门外。因为大多数是杂姓村，所以大都造一座三义庙，表示异姓居民都如刘备、关羽、张飞那样生死同心。把庙宇和戏台都造在寨堡之外或瓮城里，也是为了安全，因为庙宇和戏台都会有外村外寨来的杂人，要防备其中有坏人恶人敌人。同时也因为庙宇、戏台比较容易引发火患。这些村堡有不少是清代建成的，当时边防作用已经不大，但建造堡式村子似乎已经成了当地的传统。

浙江省瓯海县永昌堡和广东省深圳市的大鹏卫所，都是明代抵抗倭寇的城堡，面积很大，四周有围墙，堡里街巷纵横。贵州省贵阳市附近有一些明代初年大军平定这个地区后退伍兵卒成家而建的屯堡，房屋都用封闭的石墙围起来，村里还有高高的碉楼，军事作用还很强。

水是农业生产的命脉，也是农村生活的命脉。生产和生活都需要水，江河水有利于交通运输，湍急的溪流可以提供能源，如引来建水碓。因此水也对某些村落的结构布局起着决定性作用。

在江南诸省沿海的一些地区，河网密布，居民出门和运输，通常依靠船只，所谓“北人驭马，南人行船”。因此，位于河网地区的有些村子便利用河汊，修整一些，开凿一些，把它们作为街巷网的一部分。

有些繁华的、有定期集市贸易的村子，常见沿左右河岸各有一条“半边街”，一边临河，一边建商业店面房。每逢集市的日子，四乡农民用小船运来蔬果鸡鸭，登岸摆摊出售，然后坐在小酒馆里找老朋友一起喝一杯淡酒，买些零星日用品或者农具，薄暮解缆回家。跨河架几道虹桥，联络两岸的半边街，桥下仍旧咿咿呀呀地行船。街上，断断续续，会搭着几间敞廊，靠河的一边架设着栏杆椅，给来赶集的人休息。平日里，居户的老人坐在那里，一面看护着孩子，一面跟蹲在下面河边洗涮的女儿或老伴说说闲话。

有一些小河汊，只一侧有半边街，另一侧则是直接从河中起立的住宅的后檐，家家有个“埠头”，可以停靠小船。从埠头循台阶上去，大多可直进家里的厨房。主妇们在埠头上洗涤、取水。这种“河房”住宅的前门大多在另一侧陆地街巷里，河汊网很密的村子，河房的前门会在另一条河汊的半边街上。也有少数的小河汊两岸都是人家住宅的后门，它们的前门在街上。

沿河的街大多是村子的主街，有做生意的小船在河汊里来往，卖些油盐酱醋、洋火洋袜之类，也收购些蚕茧、鸡毛、家织布。陆上水上都是街，村民就把它叫作“河街”。小村子只有这样一条带形的街，大村子则有从这条街向两侧横向引出的小巷，构成近似鱼骨形的布局，住宅都密集在小巷子里。不过在河网地区，巷子大多并不很直。浙江省湖州市的南浔、绍兴市的柯桥、嘉兴市的乌镇，都是这一类的名镇。有些丘陵地区也有类似的沿河村，不过多不足以通船，如江西省婺源县的游山村，小河两岸都是半边商业街，形成村子的主干。也有些纯农业村子河边有街而没有商业，如婺源的李坑、洪村、黄村等。

广东省东莞市有一个南社村，总平面团团的，围一圈堡墙。从它的东北到西南，有一条宽度平均大约四十多米、总长度接近五百米的长湖。它被新桥、四通桥和庆丰桥三道桥梁划分为四片水面，依次叫肚蔗塘、祠堂塘、百岁塘和西门塘。这四口连续的水塘把南社村划分为面积大致相同的两大片，西北片有6条巷子大致垂直地通向塘岸，东南片有5条巷子，也是垂直于塘岸的。塘的两岸临水各有一条街。巷子边的明沟把村子里的地表水全都排进塘里，再从塘里流走。住户用水靠16眼水井，两岸各8眼。

四口塘的两岸，密密地簇拥着一排面水的大小宗祠，西北岸边有13座，较远处巷子深处3座，东南岸边有5座，巷子深处有3座。南社村的这个结构布局，决定性的因素是四口塘，是向四口塘排水而垂直于它的巷子。

丘陵地区最有特色的一种村落结构是引山泉水进村，形成水渠网。水渠网将村址切割成一些大小地块，每块包含若干个房基地。这些水渠网络的主要作用有三个，一个是向各家各户供水，另一个是把各家各户的污水带走，而更重要的是把雨水迅速排出村外。南方雨水多，尤其是沿海省份夏季常有台风，会带来短时间内凶猛的降雨，那时村落的排水尤其重要而急迫。所以，整个村子，不留死角，都要有合理的坡度设计，坡度设计最聪明的办法是利用水的自流。南方稻作地区，农民对稻田的自流排灌很熟悉，他们把水稻田排灌经验和技能用到村子建设中来，把村子的房基地组织在一个类似农田排灌系统的水渠网里，略略加以调整，街巷傍着水渠走，街巷网和水渠网是统一的，从而确定每块房基地的标高。因此村子的街巷网和农田里的灌溉网十分相似。这种水渠网不很方正，更多自然状态，有些村子，大致看去似乎在平坦地段上，但巷子却曲曲折折，就是因为水流对地面的高低变化非常敏感的缘故。但为了造房子方便，一些富裕的村子的水渠网就多加一些人工因素，比较方正。北宋永嘉太守杨蟠有一首《咏永嘉》诗，里面有句“水如棋局分街陌”，又有永嘉水云村的《大若岩志》里“道路修整，沟塍画然”，说的便是这种情况。还有浙江省宁海县的前童村、安徽省黟县的宏村、福建省连城县的培田村，等等。浙江省永嘉县的芙蓉村，周围有高高的寨墙，墙圈里，直到20世纪90年代，南北两端都各有一大片空地，还没有造房子，但道路和自流的水渠网却已建成。它给这种规划方式和竖向设计方式留下了可靠的证据。

这种有统一的水渠网引进泉水的村子，住宅大多以后部临水渠，因为厨房一般都在住宅的后部，而厨房既是主要用水的地方，也是主要排污水的地方。用水和排水是同一条水渠网。[①]

大多数村子，引不进山泉水，但街巷仍有排水系统，而且形成一些池塘水体。

水体对村落居民的生活有很重要的意义，日常的浣洗、空气的滋润都离不开水体，对密集的住宅区内的通风、景观的活跃、公共生活的调剂等，水体也都可以起很大的作用。更重要的是中国建筑绝大多数都是木结构的，往日的炊事都用木柴，所以火灾在村落中时有发生。早在南宋时期，居住在婺源县（今江西省，旧属安徽）的袁寀著《袁氏世范》中“治家”篇里说：“居宅不可无邻家，虑有火烛无人救应。宅之四周如无溪流，当为池井，虑有火烛无水救险。”水池是村落防火安全的一个重要保障。所以，不但有山水可以引来的村落里要布置水池贮存，连无山水可引的村子，也都要积雨水成池，在村落里均匀分布，或者位于最方便的位置上。大的水体如浙江省永嘉县苍坡村的东池、西池，溪口村的莲池，安徽省黟县宏村的中池、南池，等等。中小面积的水体更加常见，这种水体，在血缘村落中，大都在各级宗祠前和书院前，作为泮池。广东、福建、江西的大型围屋住宅前也常有水池，有些村子，在村口和村里还另有水池分布，它们的水源都来自沟渠自流。浙江省兰溪市的诸葛村，处于一片小丘冈之间，高于东侧的石岭溪很多，无活水可引，几百年来，经过艰苦的劳动，挖掘了二十多口大小池塘，大体均匀

---

① 使用时间和用水方式上都有统一的规定，全村都要遵守。因为渠水自流，一夜之间水渠可以清洁，所以早晨卯时以前只许取炊饮水而不许向水渠倾倒污水，也不许洗涤。过了卯时，便不仅可以取水，还可在水渠里洗涤。为防止过于污染渠水，对洗涤也有规定，如粪桶和其他秽物之类不能洗。而且，鸡鸭不得近水渠，猪牛圈养都在村外，等等。

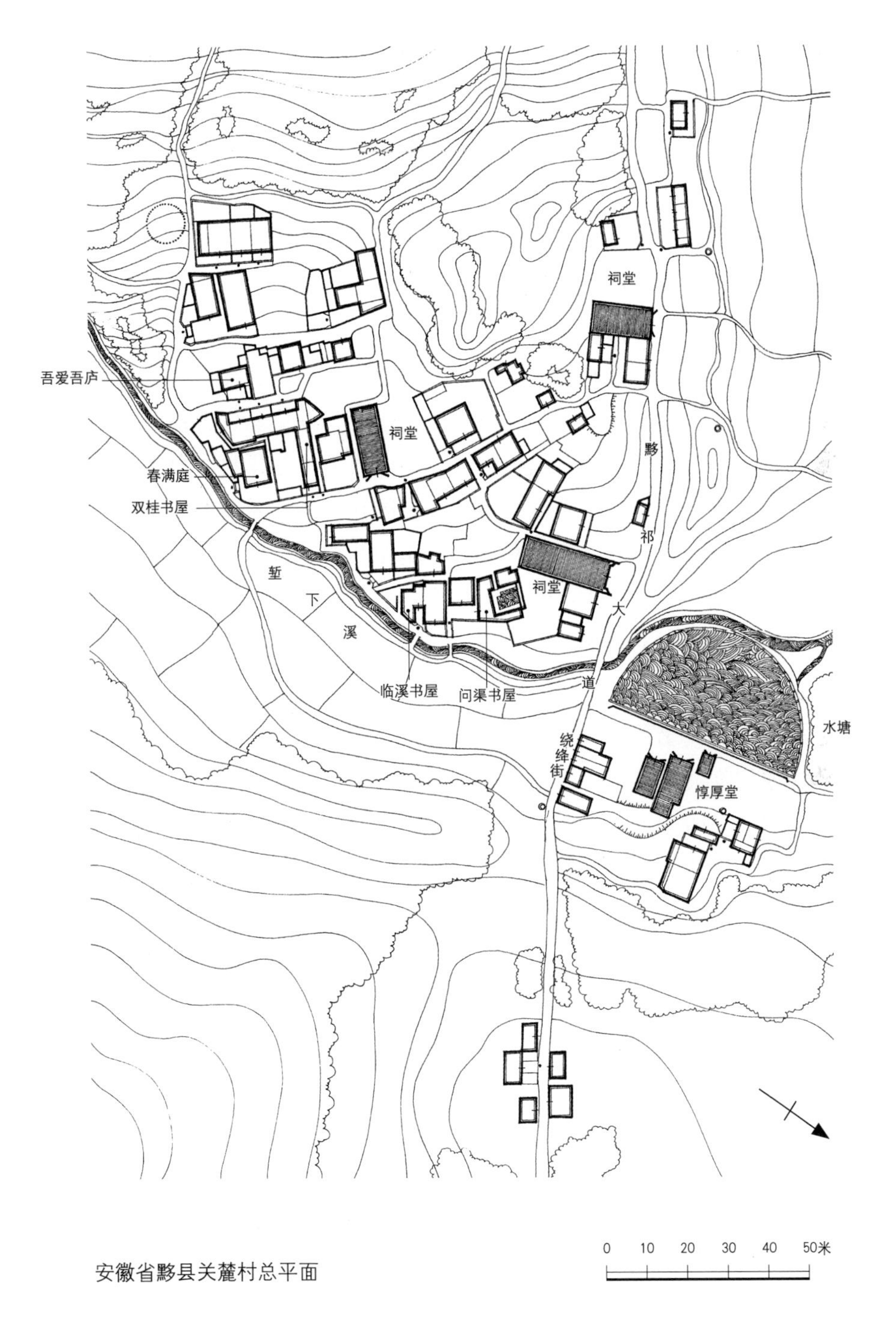

安徽省黟县关麓村总平面

地分布在全村各处以积贮雨水。有一些和宗祠结合，比较大，有一些处于密集的住宅区，较小一点。村民给这些池塘起名为聚禄塘、天宝塘、弘毅塘、上方塘等，可见对它们的重视。宗族的规矩，遇到旱灾为患庄稼时，可以戽干村里的池水救急，但大宗祠丞相祠堂前的聚禄塘不许戽水。这一方面是为了尊重祖宗，一方面也是不能不为居民的生活留下救命水。同样的道理，离诸葛村不远的新叶村，外宅派总祠有序堂前的南塘也是即使大旱也不许戽干的。这些塘水不够干净，不能直接饮用，所以在塘边另凿深井，渗滤池水过来，比较清洁，可用于炊饮。

北方干旱地区，尤其缺水，村里常用涝池积储雨水，即使发了臭，也存留着。涝池在村子结构里很重要。山西省襄汾县丁村，村子中央有一条主要的横街，街东头进村有观音阁，阁前立着三座牌坊，街西头有三义庙。两口大涝池就在横街两头，东头的在街南，西头的街北，都用整齐的块石砌得方方正正。晋东南高平县的侯庄，也有一对涝池，东边的叫日池，圆形，西边的叫月池，半圆形，也都用方正的块石砌筑边岸。山西省介休县张壁村在穿村而过的中轴大街北头两侧各有一口圆形的涝池，大街叫龙街，涝池就叫龙眼，并尊沟里的小泉眼为龙神，设龛贡奉香烛。临县的孙家沟村，还给泉水造了一孔箍窑覆盖。同县的高家坪，全村都依靠一个泉眼生活，泉眼前日夜都有人排队取水，十分尊贵。干旱地区有些村子因取土烧砖而挖出一些深坑，也能用来贮水，村民就叫它们为“窑湾”。窑就指砖窑，湾就是水池。

村子不大，水塘大而多，就给村子的结构以很大的影响。那个象征村落的选址与大格局的“富”字里，代表水塘的“口”字位居正中，可以看出它在传统观念中的重要。

沟渠、池塘、湖泊都是村子的结构要素，对村子的整体结构形态起着重要的作用。

村子的结构和布局（下）

风水术数虽是迷信，但它不但对农业文明时代的村落选址发生过影响，对村落的结构布局也有不小的影响。

村落是个又大又复杂的建筑群，而且一般总是在长时间里逐渐形成又逐渐变化的，所以风水术数并不能对村落的整体结构有决定性的影响。和对选址的影响一样，它也往往是在大局已定之后来对村落的结构做一些阐释或禳解，使农民对村落的命运也便是宗族的命运抱有信心，能使他们安心地在这方土地上休养生息，以维系宗族关系的稳定，从而巩固宗法制度。

村子里建筑又多又杂，风水术数通常是通过对村子主要公共建筑如宗祠以及水口、天门等的位置和朝向的影响而对村子的结构发生影响的。

风水术数要求村子必须有水口，它成了许多村子重要的结构因素。据风水典籍《山龙语类》说："水口者，水既过堂，与龙虎案山内诸水相会合流而出之处也。"我国风水术最流行的地区是东南各省，这些省大多是丘陵地形，龙山、虎山在村子的左右，案山在村子的前方，村子背后有祖山，这是村子所在的浅山盆地最理想的环境。小盆地里的水会合之后，在下游某个位置绕过丘陵的包围流出盆地，这个出口就叫水口。而上游水进入小盆地的口子叫天门。风水术数认为，水是财的象征，所以，为了聚财、保财，水流出小盆地处不能太痛快顺畅，而要

“去水有情”。如《雪心赋》所说：“水口则爱其紧如葫芦喉。”水口本是流水突出诸山围合之处，两岸必有山或高地，叫“狮象把门”。但这还不够，《雪心赋》又说：“水口关栏不重叠而易成易败。”重叠关栏最方便的办法便是利用建筑，而村子建筑中最便于利用的是公共建筑，所以《雪心赋》又说：“坛庙必居水口。”和这一套说法相呼应，风水典籍《相宅经纂》说：“凡都、省、州、县、乡村，文人不利，不发科甲者，可于甲、巽、丙、丁四字方位择其吉地，立一文笔尖峰，只要高过别山，即发科甲。或于山上立文笔，或于平地建高塔，皆为文笔峰。”其中“巽”方指村子的东南方，这里是大多数村子水口的方位所在。因为据风水术士的估计，全中国的地形，整体而言，是西北高而东南低，所以，宋代王洙等所撰的风水典籍《地理新书》说：“西北高，东南下，水流出巽，为天地之势也。”以致村子选址，尽可能位于天然形成的水口的西北方，这样便使水口大多在村子的东南方，也便是巽方。于是，水口的最佳方位和文昌阁、文峰塔之类的公共建筑的最佳方位便在“理论”上一致了。所以，文昌阁和文峰塔便大多和水口在一起。安徽省徽州六邑，村子的水口大多有“五生”，便是文昌阁、文笔、廊桥、水碓和长明灯。许多村子，再把关帝庙和旌表牌坊造在水口。

村子的整体布局，大多以水口为村子的入口。它不但关系到村子的命运，还关系到村子的脸面，一般村子都对它十分重视。水口建筑群都是公共建筑，而且大多是体形变化最自由、最华丽精致的建筑，经过刻意规划、创作，水口就成了村子建筑艺术精华所在。再加上水口和两侧的狮山、象山广种树木而不许砍伐，私斫必受宗族重罚，古木森森，更增加了水口的美。

至于天门，因为它是水的来路进口，所以也是“财”的来路进口，以顺畅为好，一般有个小庙装饰一下就行了。

即使在经济文化都不很发达的纯农业地区，村落里也拥有不少的大型公共建筑，包括大宗祠、分祠、文昌阁、文会、书院、庙宇、道观等。例如旧徽属六邑之一的婺源县，它的一个不大的山村李坑村，1985

年《婺源县地名志》说它有186户，849人，不大，经济文化也都平平，并没有特别的发达，而据《李氏宗谱》手稿本记载，这村子就有大量的公共建筑，包括李姓宗祠大小11座、寺观社庙12座、路亭10座、桥4座，此外还有碓4座、碣4座、长明灯7座、水井8口。其实，至少还应该提到村子西头小山上的塔。其中长明灯和水井合称“七星八斗”，有风水术往上附会。李坑村的公共建筑数量还并不特别多，江西省乐安县流坑村董氏有大小宗祠83座，书院也有二十几家，浙江省富阳市龙门镇有孙氏宗祠五十余座，等等。而江苏省无锡市惠山镇，面积不到四十公顷竟有118座祠堂。这些公共建筑，尤其是大宗祠和寺观庙宇的选址和朝向，就会讲究些风水，从而影响到整个村子的结构布局。

那个概括村落选址布局的“富”字，宝盖下面的一短横，既可以指村落，也可以指大宗祠，这就是说，对一个血缘村落来说，大宗祠在风水格局里是村落整体的代表。它的风水就是村落的风水。

在绝大多数情况下，大宗祠的建造总是在村民定居几代之后，这时候已经有了相当数量的人口，度过了初期开发的艰难而积累了一定的经济实力，以致对这个居住地有了相当的信心，村里已经造了些房子。所以，为了避开干扰，又便于适应风水格局，大宗祠就多造在村外或村前，倒不一定非在宝盖下那个位置上不可。

如果村里已经有了大宗祠，而它又被某个风水师评断为有某种不吉，就可以采用很简便的方法禳解。例如，徽州六邑之一的江西省婺源县有个清华镇，它的大姓胡氏的总祠叫仁德堂。《清华胡氏仁德堂世谱》里面有一篇写于清代康熙年间的《仁德堂门楼记》，说：肇建于明代嘉靖年间的仁德堂“地据上游，面阳负阴”，很不错，可惜“门当衢道，微嫌直射”，于是改建大门。改了之后，“文笔耸其右，丁峰峙其左，大河环绕，远山屏列，地利得矣”。风水术就有这样立竿见影的“灵验”。

婺源的李坑村位于一个山沟里，山沟呈直角曲尺形，北端是水口，东端口外是一座独立的小山，山顶尖尖，叫小孤尖，是“朝山”。村舍分布在东西向的山沟的东半段，大多面南。村民把李氏大宗祠造在曲尺形

江西省婺源县汪口村

的拐角上，朝东，正对小孤尖和村舍。从北端水口进山沟，见到的是大宗祠的侧影，大宗祠身边有书院，背后山上有塔，这一组公共建筑成了从北端的水口到东端的村舍和“朝山”之间的联系。村子，或说大宗祠必须面对“朝山”，这是风水术的基本规矩，在这个曲尺形的山沟里，唯一体形完整的是小孤尖，只能以它为“朝山”。而村舍当然以朝南为好，且早就占了小孤尖西侧的一片土地，以大宗祠面对小孤尖，如果它造在住宅区里，则和周边村舍格格不入，而且小孤尖不高，视线会被村舍阻挡。唯一可能的位置就是在村西，可以越过住宅区而东望“朝山”。为了视线通畅，住宅区就不能再往西扩张，留出大宗祠与住宅区之间一片开阔地。同时，乡路从曲尺形山沟的北端进来，而村舍在曲尺形山沟的东段，在水口见不到住宅区，也不利于风水，有了大宗祠在曲尺形山沟的转弯处，又面向东，便不但面对“朝山”，又对从水口来的人指出了村落的存在和位置。这个布局很巧妙，但是，一条小河自东向西穿村流过，直冲大宗祠而来，到大宗祠前转向北，出水口而去，来水直冲，这在风水术上是犯忌的。在大宗祠背后山上造一座塔，就是为了禳解这个“煞”。它同时也极大地丰富了大宗祠建筑群的轮廓表现力，艺术上很成功。[①]

另一个村子，浙江省建德市新叶村的大宗祠的选址很费了一番周折。新叶村的北面有一座“金字形”的道峰山，西面有一座山头悬崖峻峭而布满裂隙的山，叫玉华山或者砚山。两山之间的岭头上下来一股溪水，是新叶村的主要水源，滋润着村落也浇灌着农田。早先新叶村叶氏的称谓是“玉华叶氏”，这意味着离村近一些的玉华山是新叶村身边最重要的山。但玉华山巅有危崖，不宜于当作“朝山”，所以到元代建造叶氏宗祠（又称祖庙）的时候，选址在西山冈（实际在村的东北，西山冈之名为原居该山东侧的某姓小村所予之称呼），面对西方偏北的道峰山。这道峰山的得名是因为它的正东有个村子叫铜山后金，那里出了个宋元之间最重要的理学家金仁山，玉华叶氏曾聘他主持过位于这座山北侧儒源村的重乐书院。祖庙正对这座道峰山，是对后代的科举成就怀有厚望。

到了明代嘉靖年间，宗族事务主持者不满意这个地点，“惜规模卑狭，广不容车，是以泰字行易庵公特迁基于塔下（抟云塔）”，起名叫“万萃堂”，规模也扩大很多。抟云塔正对着道峰山和玉华山之间的山口，一个象征男根，一个象征女阴，是利于子孙旺发的风水。把祖庙大宗祠放在那里，希望子孙们要聚“萃”到“万”数。清代初年，玉华叶氏从鼎盛转向衰落，这时万萃堂“岁久倾颓，乏人继序”，风水先生说，这是因为大宗祠那里地势太低，而“旧基愈于新基”（《玉华叶氏宗谱・重修西山祠堂记》）。于是在康熙年间又把大宗祠搬回西山冈，重新叫“西山祠堂”，形制则与万萃堂相同。这时它正对着北偏东的三峰山主峰“里大尖”。里大尖的主峰是圆锥形，另有两个稍矮的山尖向它佝偻着，于是，被风水先生比喻为两个孝子侍奉着母亲。宗族制度的核心纲常是“孝”，祖庙对着这个山形，显然有意借风水来加强血缘亲情。

① 这座塔在“文化大革命”中被炸药包炸得粉碎。

玉华叶氏分为外宅、里宅两系。里宅系子息不旺而早衰；外宅系则很兴旺，在初建西山祠堂的时候同时建造了外宅系的大宗祠有序堂。它位于村子的北端，正对着北面的道峰山，以道峰山为“朝山”。有序堂所对的是它的阳坡，从早到晚都阳光满坡、金光灿烂。宋代王洙所著堪舆典籍《地理新书》里说：“三阳照处吉，旦为朝阳，午为正阳，西为夕阳，故曰三阳。”有序堂的这种风水叫“三阳开泰”，因此，从有序堂到道峰山之间，再也不许造房子，留下一大片最好的农田。在这中间，有三道不高的平冈，形成三层“案山”，风水先生说那是三道诰命金牌，玉华叶氏外宅派因此会出三位大人物。村人们相信，后来果然“应验”了，因为村里出了三位大官。

道峰山是圆锥形的，风水术上叫火形山，而据《五姓性利说》，叶姓属木，怕火剋，所以，有序堂前的泮池（南塘）特别宽大，竟至完全挡住了整个村子的前沿。[①]而且有序堂正面不开门，而把门开在左前侧的小巷子里以避“火患”。风水师又说，尖顶的道峰山像毛笔尖，西侧的玉华山顶有一大块方方的悬岩，像砚，南塘则是墨池。南塘水面宏阔，道峰山倒映在池中，叫“文笔蘸墨”，玉华山倒映入池叫“龙池浴砚”。三者组合，大有利于科甲。叶氏宗谱里有明代白崖山人叶一清（1517—1583）的《道峰卓笔》和《龙池浴观》两首诗。风水术师又说：新叶村东南方的水口过于低洼，“巽位不足”，不利科甲，需要造一座塔或一座阁才能弥补过来。于是，明代在那里造了一座七级的文峰塔，叫抟云塔，后来又补上一座文昌阁。

《玉华叶氏宗谱》中有一篇《抟云塔记》，记载了当时一位堪舆师的话：“凡通都大邑，巨聚伟集，于山川赳缺之处，每每借此（指塔）以充填挽之助。虽假人之力以俾天之功，而萃然巍然，凌霄耸兀，实壮厥观。”所说的和《相宅经纂》一样。

抟云塔正对着道峰山和玉华山之间的凹口，那凹口里的一股山泉

① 这泮池叫南塘，也是因为早年它北面有颜姓的村子。可见叶姓是把原有的南塘扩大而成泮池的。

是新叶村最大的水源，供应农业用水，风水术把这条“外溪”比作“命脉”，必须建庙奉祀。于是在水源处造了一座玉泉寺，后来又扩建了关帝庙和五谷祠。

抟云塔、有序堂和玉泉寺三者连成一条直线。玉泉寺在山凹口，山凹口出泉水，并以抟云塔对山凹口，是生殖的象征，利于人口的旺发。在农业文明时代，子孙繁昌是任何一个宗族的根本利益所在。而抟云塔又是利于大发科甲的，那时候，农民攀登社会阶梯的唯一途径是科举。有序堂是外宅派的总祠，位于这个风水形局的中央，尽得风水之利。这一条线上串联着宗族一要生存、二要发展的全部希望。

新叶村又有两条“内渠”，或叫“双溪”，它们分别发源于玉华山的东北麓和东南麓，在村南、村北流过，村民在内渠洗涤和担取日常生活用水。村内沿街巷的排水沟和积雨水的水塘也注入这两条内渠。当地风水师把它们叫作“左辅右弼”，并且编了一段“箍语”：

> 辅弼水来最高强，房屋富贵福寿长；
> 辅弼水去退田庄，男夭女亡为孤孀。

箍语把内渠对村民生活实际的重要性巫魅化了，成了迷信。相应地，宗祠规定，叶姓本族的房子都要造在双溪环抱之内，不许造在它们的外侧。叶姓族人，凡死于双溪之外的，不能入祠停厝，归葬祖茔。而且，外姓人，除了铁匠和剃头匠外，一律不许暂住在双溪之内。[①]这个边界，保护着宗法制度下血缘村落的单纯性，有点神圣的意味。它也维持了村落的封闭和落后，直到20世纪80年代，外出工作的村民有了重症，还一定要千方百计回到老家，以免死了进不得祖茔。

内渠在村东南相会后又在稍远处——仍是村子东南方——和外溪相会，那里便是村子的水口，也便是文峰塔、文昌阁和土地庙的所在。

---

① 铁匠是农具的制造者、维修者，剃头匠都兼任内外科游医，这两种人都有关生存和发展。

新叶村的外溪上又有五座桥，本来是为村民下地劳作方便而造。但风水术师又附会说，这五座桥是缆索，缚住了新叶村。因为新叶村西北高，东南低，虽然是大好地势，但坡度太大，易于像小船一样漂走。正好道峰山东西余脉迤逦而成一溜五个不高的小丘，风水术师把它们叫作“五凤登云”，而最东端的那只凤的尾部分了五个岔，于是，便建议在外溪上架五座桥，对着这五个岔，像缆索一样把新叶村缚在那五个岔上，免于漂走。而抟云塔就是一支竹篙，插在船头，也可以和缆索一起把村子定位。

村子里有六口水塘，五口是小宗祠前的泮池，可以用于洗涤。贮的是雨水，雨太多了能溢出而顺巷边水沟流进内渠。饮用水有六口井。

至于新叶村居住区内部的结构，则是以小宗祠为核心的团块式结构。它们把小塘和塘边的空场和绿地大致均匀地分布在全村，有利于防灾、调节空气和纳凉曝阳等生活需要。

总之，村落的结构布局，是由许多功能性因素综合决定的。风水术数往往是对这些功能性因素的迷信的附会。

一些少数民族的村落也常有通行的结构方式，大多由一些共同的功能性因素决定，而社会民俗的因素则很有特殊性。例如贵州省侗族的村寨。

榕江县的增冲寨是一座很典型的侗寨。它位于一个大河湾的“汭位”，便是河湾环抱的内侧，像一片舌头。村子里布满了小渠，从河的上游引水进村，遍及大小巷子，然后到下游返回河里。水渠横的横、直的直，大体方正，住宅就在这个水渠网里。家家宅边有一个三四十平方米上下的水池，池上搭个小小的木板平台，供人们乘凉、负曝、晾粮食。台下用竹篾围起来，里面养鹅鸭。池里养鱼，池中央有个桌面大小的架子，放几盆花，种几棵瓜菜。架子下是鱼儿乘凉的地方，在这里撒鱼食，侗胞叫它“鱼窝”或者“鱼凉亭”。寨子边缘，房屋比较疏松，池子大一些，中央造个禾仓，是井干式的，因为全寨都是木房子，火灾常发，而“宁可无房，不可无粮”，所以禾仓要放在池子中央。有些人

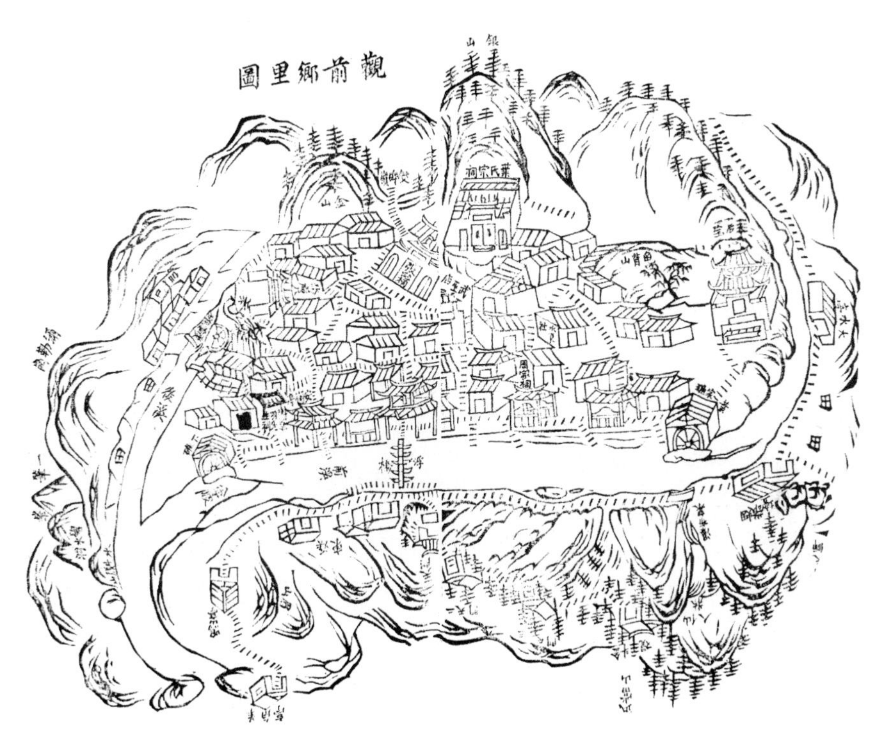

福建省浦城县观前村《叶氏宗谱·观前乡里图》

家，主要是村子中部房屋密集处的人家，则把禾仓造在村外山坡坡上，河对岸的绿林中点点都是。侗胞厚道善良，没有人偷盗。寨子正中央，按例有一座二十多米高的楼，是侗寨最典型的建筑，底层八面空敞，上面叠着13层的密檐，外廊的曲线柔和而挺拔向上，动态轻盈，最上戴两层葫芦顶。楼内地面中央有一个不小的坑，是火塘。这楼是全寨公共生活的中心，侗胞叫它“堂卡”或“堂瓦”，是“众人说话的地方”或“众人议事的地方”，《黔记》叫它“聚堂”。[①]另一座侗族村落路团寨的古歌里唱道：“鲤鱼要找塘中间做窝，人们要找好地方落脚。我们祖先开拓了路团寨，建起堂卡就像个大鱼窝……鱼儿团聚在鱼窝里，我们侗家团聚在堂卡里。”管事的“款首”（即长老）在堂卡里聚众说话、

① 近年来汉语中称其为鼓楼，因为楼顶上设着一只鼓，在召集村人聚会时用。击鼓有多种节奏，村人从鼓声可知是警是喜。

贵州省黎平县肇兴镇鼓楼与廊桥

议事。侗寨大多为单姓的血缘聚落，所以祭祖、送葬、结婚这些活动也都在堂卡里。男女老幼会聚在里面吹芦笙、唱歌、跳舞，或者由歌师教歌。还有诸如失物招领、施舍草鞋与茶水等也都在堂卡里。堂卡前有一口大池塘，长方形的，可可儿地把堂卡的倒影完整地映在水面，微风过时，玲珑秀丽的堂卡在水面上灵巧地颤动。堂卡旁边常有一座戏台，台前有个小空场，那是观众席。这是全寨最活跃、最有生气的地方，也是民族文化精神最浓郁的地方。

增冲的这座堂卡，建于清代初年。

增冲村边的小河上有四座廊桥，一座在水口，最长，从山路来到寨里，必须从桥上经过，它就兼作村门了。一座通向坟地，两座通向水井。寨子里另外还有两口井。四座桥的对岸都有禾仓。

侗寨多廊桥，除了沟通两岸来往之外，还起着“锁水”“护龙”的作用，这也是一种风水上的说法。廊桥也是公共生活场所。行人和下田劳作的人，遇到下雨就在桥里暂避，有许多民俗活动要在桥上举行，如暖桥、砍桥、添桥等。稀客来了，要在桥上拦住对唱拦路歌，饮拦路酒。“还傩愿”要“安桥”，新娘进男家门前要“过桥”，等等。平日里，桥上也常有孩子们游戏，最吸引人的则是老年下棋高手们聚精会神地在两侧长凳上大战几百回合。

有些侗寨，把各家各户的禾仓集中在寨边一大片水域里，水域有细细的土埂划分为小块，每户占一块，禾仓造在中央。各家也可以在自己的范围里养鱼。黎平县的登岑侗寨，整片水域竟可容二百五十多座禾仓。

增冲侗寨的规划布局统一而完整，但因为经济水平比较低，所以聚落结构还比较简单，不过它已经是一个多方面功能的综合体了。

几乎可以说，没有一个村落是一次建成的，即使那种用深沟高墙围起来的由军事营垒转变而成的村子，也要经历长期的变化。

村子结构变化的原因各种各样，通常以人口增加和经济发展引起来的为多。

还是以浙江省兰溪市的诸葛村为例。元代中叶，诸葛氏来到这个地方住下，位置大约在现在诸葛村最南端的白酒坊。不久，就在它的东端造了一座不大的丞相祠堂，以孔明后人自居，先定下身价。后来又在它的西端造了一座大公堂，专祀孔明，强化这个家族在周围农村里的地位。以后人口增加，村子主要傍东、西两个山冈向北发展，以四座分祠（厅）为核心建立房派住宅团块。只有一个房派在西南部落脚。由于村址远高于最近的高岭溪，无法引水，于是就在两个山冈之间的洼地里由南而北开挖一串水塘，积存雨水。村民传说有18口池塘，但实际有二十口以上。

后来，村子的西边修建了一条官路，从兰溪通向龙游县境的几个大村镇。路边的一些住户就在宅院里做起过境生意来，有宿店、饭店、茶馆，也有些零售店。离诸葛村西北大约两公里左右，有个石灰石矿，那里产石灰。当时习惯用石灰来减弱兰溪地界里土壤的酸性，以增加农田产量，每天这条官路上有很多挑石灰的人过境，他们习惯于在诸葛村边的小商业街上歇歇脚，这就更促进了它的小店小铺的生意。后来，太平天国战争蔓延到了浙江中部，诸葛村也遭了殃，官路所经的这条商业街被烧光了。因为战乱时候这条街上的商户大多逃到外地去了，战后回来的寥寥无几，而房地产权却还是他们的，所以这条街不再能恢复往日的景况，只留下了“旧市路”这么一个名称。

但清代晚期，市场经济已经迅速发展，诸葛村又地处严州、婺州和衢州的边缘，有优越的地理位置，所以，太平天国平定之后，很快成了一个商业重镇。徽商循新安江下来，在这里开设了当铺和绸布店；附近的东阳县和永康县，向来多行商走贩和手工业者，也纷纷聚集到诸葛村来。诸葛氏的一个房派仲分，本来比较贫困，这时也有不少成员另谋出路，弃农经商，而这一房的居住团块却在村子北部的上塘周边，他们从经营初级的“房地产”着手。于是，外来的和本地的，商业、手工业和服务业就几乎全部集中到上塘一带。上塘沿岸的地皮占完之后，这个房派的成员又在上塘近岸水面上用木材搭了一圈简易的“水阁楼”，出售或者出租，最盛的时期，水阁楼竟有七十几家店面。渐渐地，店面的建设渗到了马头颈、义泰巷、雍睦路这些紧邻上塘的地方，下塘边也建了一些水阁楼，从而形成了一个以上塘为中心的诸葛村商业区。

于是，诸葛村分裂成了两部分，南部、西南部和东南部是老区，是以诸葛氏农民为主的居住区，是血缘的宗法社会区，密布着大大小小的宗祠和封闭的居住院落，得名为“村上”，由宗族管理。上塘周围的北部是商业区，多是外来户，杂姓，没有宗祠，主要建筑是店面和水阁楼，得名为“街上”，由业缘的商会管理。商会花钱办手续成立了警察所和消防队，还组成了巡夜的更夫队。1930年代甚至自行发行了小额硬币。春节闹龙灯、堆鳌山，村上和街上分别组织，并且把日子错开。

20世纪初，军阀混战，孙传芳的部队撤离的时候丢了一套发电机和军用电话总机在诸葛村。诸葛村早就有不少人走南闯北，经营中药，这时又有一些外地走南闯北的商人到诸葛村贸易往来，他们眼界宽，思想活跃，就把发电机和电话机在上塘以北叫马头颈的街上装置起来了。于是诸葛村便有了公共街灯，有些稍稍富裕一点并且乐于玩新事物的人家还装上了电话机，打电话取乐。更重要的是，马头颈从此发展起来，商店之外，还有一些手工业作坊和仓库，磨粉厂和碾米厂甚至引进了一些电动新设备。

1950年代，经过“社会主义改造”运动，诸葛村的商业和手工业都“合作化”了，原来的从业人员大多数回到了农业中去，以上塘为中心的经济区失去了蓬勃的生机。1958年“大跃进”时期，三千余平方米的上塘被填平，在上面造起了四幢三层灰砖楼房，建筑面积大约6700平方米，用作供销合作社、信用社、邮局、电话局、食品公司和这些机构的员工宿舍。2001年，村委会花了八百万元左右，把这四幢灰砖楼房拆除，重新挖出了上塘，恢复了原貌。大致在诸葛村的中部，下塘和弘毅塘之间，本来是一片绿葱葱的菜园地、水稻田和莲藕塘，在1986年到1990年之间，拨给村民填上土建了一批简易的平房。

“文化大革命”期间，1967年，在丞相祠堂北侧造了一座几百座位的“万岁馆”，以“破四旧”的名义拆除了三座清代的石质贞节牌坊，其中一座在水口，同时被拆的还有水口的穿心亭和关帝庙。2006年，水口的贞节牌坊和穿心亭按原式样重建。

村子西侧规模宏大的高隆庙于1956年被中学校占领，1977年至1978年间被完全拆毁。被拆的还有它南面的徐偃王庙。

2001年，兰溪市领导招商引资，在村口建了钢筋混凝土结构的店面房38间，严重破坏了诸葛村的原貌。尚未动工的28间店面房被村民制止，并赎回了房基地。

诸葛村的东北端，马头颈的尽头，本是一道低矮的山冈，借孔明的故事得名为高隆冈，它护卫着村子的后背，是村子的“靠山”。1980年代开始爆破，1990年代被彻底打通，开辟成大街，两侧造了一批银行大楼等现代化建筑物。

诸葛村的历史中还有一件事必须记下，这就是在日本帝国主义侵略中国时期，诸葛村曾有中国政府的粮仓，1942年7月2日，日机三架飞来轰炸，投下炸弹12枚，炸毁民房三十余间，炸死平民2人，炸伤1人。

诸葛村的结构，除了反映它的经济发展史的一面之外，另一个有意义的方面便是反映它的自然环境。这自然环境造成的村落结构，又有两个方面：第一个方面是造成村落在地理上的复杂多变，有山坡上的部分，有山顶上的部分，有山坳里的部分，每个部分的特点都很鲜明，使村子的景观变化很多；第二个方面是因为村子挖了一连串的水塘，这些倒映着天光云影的人工水塘和自然地形的变化相结合，再加上参差错落的带马头墙的建筑，使诸葛村的景观十分丰富。以钟塘为中心，以大公堂为主题，以变化多姿的住宅和宽阔的水面为衬托，这是一景。以上塘为中心，以活泼多彩的商店和水阁楼为前景，它们后面层层叠叠升起一山坡的住宅，直到高高的“天门”，这又是一景。从雍睦堂下二十来步石阶，只见土墙挂满了薜荔，墙里竹木萧萧，墙外一畦一畦的蔬菜四季碧绿。水塘没有石砌的边岸，岸边却长着密密的芦苇和水蓼花。春晖堂（官厅）前的上方塘也长着一圈高大的芦苇和水蓼花，点缀着木芙蓉，粉的、白的花朵，开得密密麻麻，对岸几间住宅，轮廓跳动着，跳进水塘成了倒影。住宅区里的小巷，一条有一条的性格，一段有一段的变化。进新开路，两旁都是曲折的粉墙，点缀着精致的门头，步步上坡，走完陡峭的几十级台阶，眼前一亮，蓦地回首四望，错错落落竟全是瓦顶和马头墙，连对面的天门也矮了许多。走雍睦路，绕一个大弧形，粉墙的光影柔和地变化着明度，一侧的支巷像云梯一样通向全村最高处的天门，一侧小院里火红的石榴花从镂空的砖窗探出来。如此等等，寻胜探幽，可以发现无尽的图画。

村落规划建设的机制

一个村落是一个有机的系统，它不能完全自发地形成和发展，而需要一种管理机制，这种机制需要公权力或某种权威才能运作。

在农耕文明时代，虽然房产一般是私有的，村落是私有房屋的集合体，但一座村落，从选址到规划、从布局到建屋、从引水到抗洪、从造桥到修路，还有日常的卫生和环境保护等，不论多少，不论繁简，都是公共事务。公共事务必须有公权力来领导组织，否则就不可能保持村落生活的正常健康运行。但在一个很长的历史时期里，中国政府的行政管理，只达到县一级，乡村基本上是一个个的自治单位，村落需要有自己的管理机制。

在农耕文明时代，中国的大部分地区是宗法社会，宗法社会里稳定而有效的公权力的代表是宗族，宗族的血缘纽带是它的组织力量的天然基础。宗族通过各种方式积聚了大量的地产，一般达到村落土地总量的一半上下，这是宗族组织力量的经济基础。

在宗法共同体遭到战争或移民等大的变化而被破坏了的地方，"社"和"会"是杂姓村落的组织方式。社有两种，一种是地方性的稳定组织，主持人叫"社首"。一个村可能是一个社，也可能分为若干个社。另一种社或会则是因事而设的，有时甚至是股份制的组织，主持人叫"纠首"（有些地方的村子把社首也叫纠首）。社首和纠首是公推出来的；宗族的族长虽由大宗子或者德高望重的长辈担任，但实际上的管理工作是由有能力、有威望的一个人或几个人承担，也是公推出来的，大多是在乡的知识分子，包括退下来的官吏和没有取得功名的读书人。除族长外，宗族的和社、会的负责人都有一定的任期，重大的决策都要召开某种范围的会议讨论决定。财务要公开，要接受公众的监督审查。因此，可以说，农村基层的公权力有某种程度的民主性。

宗族的力量是从宋代开始加强的，到明代，明太祖下了一道《圣谕六条》宗族的功能渐渐有了规范。清初，康熙九年（1670）颁布了《上谕十六条》，内容是：

> 敦孝弟以重人伦，笃宗族以昭雍睦，和乡党以息争讼，重农桑以足衣食，尚节俭以惜财用，隆学校以端士习，黜异端以崇正学，讲法律以儆愚顽，明礼让以厚风俗，务本业以定民志，训子弟以禁非为，息诬告以全善良，诫匿逃以免株连，完钱粮以省催科，联保甲以弭盗贼，解仇忿以重身命。

这十六条就几乎把宗族规定为一个类政权力量了。因此，实际上宗族就成了真正的类政权力量，它的管理甚至超出了十六条的范围，几乎无所不管，当然就把极需要强有力的统一管理的村落规划建设包括在内。现存的不少老村落，有严整的规划，有恰当的布局，没有宗族的统一管理是不可能达到这种水平的。不过，村落初建时，人数少，又不会很富裕，既没有必要也没有可能去规划村落。而且当时也还没有形成宗族，更没有族谱，所以多数没有留下什么可靠的史料。现在可以见到的史料大多是关于始迁祖（太公）定居之后若干代对村落布局的调整改造和发展扩大的，多见于族谱。那时人口增加，村落有了一定规模，必须有个规划。而且宗族已经形成，在宗族中主持各项事务的大多是科举制度促生的读书人，有知识也有见识。

个别的工程比较简单，如浙江省永嘉县塘溪村《棠川郑氏宗谱》里的《池塘记》：“（光绪）戊申之春，花朝三日，郑氏族众、诸董事等，议于村之西、南、北三隅各凿一池以庇风水，闻者踊跃，即为修畚埚、备锹锄，并力偕作，不数月而池成。”类似的工程几乎村村都有，而且都以类似的方式完成。

全村性的建设比较复杂，要花很长的时间。村落从草创到大致定型，这个过程在宗谱里记载得比较清晰连贯的是浙江省建德市的新叶村。叶氏的始迁祖叶坤于宋宁宗嘉定年间迁到玉华山下，第三世时叶氏分为里宅和外宅两派，里宅后来衰败，外宅则大盛。外宅派叶克诚（1250—1323）被“辟任”为婺州路判官，他的儿子第四世叶震（1277—1360）“授江西安福县县尹，课最，擢刑部郎中，升河南廉访副使”。父子二人为玉华叶氏村落早期建设做了很多工作，[①]主要的是：一、选定了叶氏聚落的位置，在道峰山之南，玉华山之东，以道峰山为“朝山”；二、开渠从西侧的玉华山麓引来双溪水，不但满足了村人生活所需，也可以灌溉农田，排泄山洪；三、建造了叶氏总祠西山祠堂和外宅派的总祠有序堂，确定了村落主体的发展方向；四、在道峰山西北的儒源村兴建重乐书院，聘请元末大儒金仁山主持。

到了明代宣德年间，据《玉华叶氏宗谱·崇仁堂记》记载，外宅派“八世祖崇字行并克恢宏，接踵建厅，各聚其族属，凡十有一焉”。厅就是房祠，建厅而聚其族属，是玉华叶氏村落建设很重要的大事。11座厅各聚房派成员而居，就形成了玉华叶氏村落的团块式结构，这个结构一直保持到晚近。当初，团块间是有空隙之地的，后来因人口增加而渐渐以新房子填满了这些空隙，但并没有扰动这个村落大结构中基本的相互关系。

明代中叶，玉华叶氏十世叶天祥和十一世叶一清先后主持族务，二人都是交游很广的文人，学问好，品格高，无意仕途而热心于乡土建设。他们兴建了村落东南方的水口建筑群，包括桥亭和文峰塔，整顿了外溪和双溪水系，建造了溪上的桥梁，修筑了道路，还重建了祖庙西山

① 新叶村叶氏宗族的管理集体叫“九思公”。民间传闻，南宋大理学家陆九渊的兄长陆九思，善于当家，所以新叶村叶氏的“当家人”就叫“九思公”，虽然人数不止一位而是一个集体。

祠堂和外宅派总祠有序堂，使它们成为规模宏大的建筑物。

另一个例子是江西省乐安县流坑村，明代嘉靖年间出了个举人董燧，曾任南京刑部郎中，颇受张居正的赏识。辞官归里后，一面游学于王（阳明）学后人门下，一面热心家乡建设，而建设的最重要项目是彻底调整了流坑全村的格局。流坑从后唐建村，到这时候已经六百年左右了，人口增加，住宅分布不免错杂。而且，进入明代，流坑董氏纷纷从商，主要从事村边乌江上的竹木运输。于是，据万历《董氏族谱》，董燧大动手术，把全村调整为七条东西向的竖巷和一条南北向的横巷。横巷在西侧，而竖巷的东门一律对着乌江上的码头，既便于村人去江上劳作，也便于妇女们到江边浣洗，还可使江风能够吹进全村，让家家户户空气新鲜，夏季亦可稍解燠热。董燧又组织人力，把村西的洼地、水塘开挖成南北大约长七百米，东西宽处达六七十米的长湖，叫龙湖。循竖街排出的雨水和下水都汇集到龙湖里，然后向北排入乌江。董燧又在村子西南角上闸住了一条山溪，白天打开一个闸门，放水进村西的稻田，晚间打开另一个闸门，溪水就灌进龙湖，把湖水换净。全村董氏有八个房派，每个房派聚居在一条巷子里，房祠造在竖巷的西端，而总祠造在村子北端的外侧。这样一次大规模的调整，格局安排得这样有序，没有公权力是不可能做成的，没有科举制度促成的董燧读书做官的个人经历和能力大概也是做不成的。

像这样大规模重新规划整个村子的实例，还有广东省东莞的横坑村。横坑村的东面和北面有一个月牙形的长湖，叫横丽湖，面积大约7.8公顷，横坑村就紧贴在它的内弧，呈半月形，面积11.8公顷，有九百幢左右的各种建筑物。村子初建于宋仁宗时期，居民大约有十余个姓氏。到了明代嘉靖年间，后来的钟姓人氏成了村中主姓。据《颍川钟氏东莞横坑族谱》，这时候大中大夫钟渤致仕还乡，“建宗祠、立乡馆、筑道路”，全面调整了村子的布局。他在半月形村子的中段，依傍何屋岭高地，建造了钟氏大宗祠和魁星楼。在长长的村子里，大致呈放射形地布置了13条小巷，沿横丽湖内弧岸边开辟了通长的宽阔道路，把两座长桥和几个渡口连接起来。不久，到明末，沿湖建起了至少11座钟氏分祠，并且留下一些预备续建分祠的房基地，到清代，全村33座分祠中有二十余座沿湖而建。分祠的规模虽然不及大宗祠，但它们的正面比住宅毕竟要更开放，更多一些装饰，把它们建造在湖边，给整个村子的正面增添了几分活泼和喜气，很有观赏价值。据大宗祠内的《重建钟氏祠堂碑记》，乾隆二十八年为了在大宗祠四周开辟巷道，在它前面开直通湖边的"荡荡乎诚大观矣"的甬道，买了六户人家的屋场、一户人家的书房和五户人家以及34口井与三分三厘的地场。[①]可见，横坑村的大规模改造和建设，从明代钟氏成为主导大姓之后，一直在钟姓宗族强有力的统一主持之下，而主持人也是致仕还乡的官宦，否则这样的改造和建设都是不可能的。

至于江西、福建、广东诸省那种极整齐划一、纯几何式布局的村落，例如以宗祠为中心，左右各出笔直的几条巷子，沿巷排列标准式样的统一的住宅，那就更加体现了宗族管理能力的强大和有效。

即使在杂姓村子里，聚落的布局结构也有公权力的介入。例如陕北边塞榆林地区的葭芦寨（今佳县），几乎村村都在中心部位有一个公共广场，广场一侧建戏台，作为村民节庆活动的场所，另一侧是关帝庙（关爷阁）。这是村落布局的一种模式，既然是模式，当然有一个机制来维持它、推行它，起这种作用的是村里的"社首"，而庙宇和戏台的管理者则是"纠首"。

还有一类事务的纠首则是只管一件事，事成就解职了，如造一座庙、一道桥、一段路、一座亭子之类的事。不过，也有地方，如浙江、江西、福建、安徽等地，在公益工程完成之后成立一个"会"来管理。"会"有一定的经济力量，主要是善男信女捐献的或者派捐得来的土地，以土地的出产作为维持这些公益性建筑的经费。建造在郊野中的路

① 关于横坑村的情况，参照冯江、阮思诚和徐好好：《广府村落田野调查个案·横坑》，《新建筑》2006年第1期。

亭，除了修缮需要经费之外，还要依惯例在亭子里免费施舍茶水、暑药和草鞋，亭里搭着灶，备下碗筷，过路人可以用来煮饭，柴禾也是免费使用的，就堆放在灶边。

比较大的庙宇的建造也常由“会”或“社”主持。许多庙宇是可以赢利的，有施舍的香火钱、求签的钱、解梦的钱和做法事道场的钱，这些都是不小的收入。所以，有些造庙的“会”是股份制的，可以定期按股份分红。股份可以用各种方式转让，如赠予、陪嫁、遗产等等。浙江省兰溪市俞源村有一座洞主庙，以祈梦灵验闻名，本是俞姓族人集资建造的，后来俞姓族中重要人物的女儿嫁给同村的李姓，女儿向父亲索要了一笔股份做嫁妆，从此洞主庙为两姓共有。又后来同村另一个小姓董氏也有了些股份，洞主庙便三姓共有，收益很好。

大型的庙需要很大的建设费用，所以大多是公产，由公共机构管理，如山西省临县碛口镇的黑龙庙，就是由“九社一镇”合资建造和管理的。庙里的收入由他们支配，大体用于组织庙会、演戏等活动。

除了主持村子整体的和村里村外大环境的规划之外，宗族也会干预个体私宅或街巷局部的建造。

安徽省休宁县茗洲《吴氏宗谱》里的《葆和堂需役工食定例》有“做屋”一条，它规定：“遵祠堂新例，上自水落下至墩塍不得私买地基起造。此外有做屋者，亦禀明祠堂，是何地名，稽查明白，写定文笔，完了承约，然后动手，庶安居焉。但正脊一丈八尺起至二丈止，毋得过于高大。一切门楼装修只宜朴素，毋得越分奢侈以自取咎。”这份关于做屋的“定例”里，祠堂对私宅的建造是管得很严的，包括地基所在、正脊高度、门楼装修，都要宗祠认可。宗祠起着“规划局”式的作用。

广东省梅县南口镇寺前排村，在老祖屋侧边有20世纪30年代造的一幢始光庐，两层，上下层都很低矮，夏季又闷又热。弄成这样的原因是，宗族里当权的“叔公头”为了保护老祖屋的风水不受阻挡，给了造屋的主人一根竹竿，指令始光庐“大栋”（即脊檩）的高度不得超过这根竹竿的长度。

安徽省黟县关麓村汪亚芸先生收藏着一份资料，是村内一条断头巷里五家住户为开门的位置和朝向发生了争执，由宗族出面调解，不但解决了关于门的问题，还决定了小巷的宽度。这份资料作为文书保存着，对五家人都有约束力。①

大量的乡土聚落能建造得那么合理，那么美观，那么统一而有很强的整体性，公权力，尤其是宗族的管理，是起着很重要的作用的。

村落的生存和发展离不开水。村民的生活和水的关系，一方面是要抵抗洪水的危害，一方面是要利用水来为农业生产和日常生活服务。

防洪工程如堤堰，需要村民有组织地建设，这在南方许多农村都很普遍。有些村落，把堤堰和村墙合一，如浙江省永嘉县的上坳村和塘湾村。塘湾村有一段城墙，《郑氏宗谱》中的《新城记》就写道："是城也，可以为屏藩，可以为锁钥，可以为村坊之风脉，可以为洪水之堤防。"廊下村的村墙也兼为抗洪堤防，高达八米，厚达六米以上，绕村子的西北两面。这样的工程当然是要由宗族统一组织村民来做的。

筑堤防不但抗洪水，还要引山泉水进村，顺地势自流，加以整理引导，形成水渠-街巷网，从而决定村子的布局，这个工程也必须统一地规划和建设。

浙江省永嘉县岩头村的水渠系统，据《岩头金氏宗谱》，最初于元代由金日新兴建，后由金桂林（1491—1569）主持，于明代嘉靖三十五年（1556）完成。桂林公是一位饱读诗书而无意科名的人。水口的引水口在村北一公里五澜溪的水底，溪水经涵洞穿过大堤，由明渠流到村子西北角后分成两股进入村中，再分支，或明或暗傍街巷穿村而过，向家家户户供水。桂林公又在村东和村南兴建几百米长将近十米宽的石堤，拦蓄大部分流经住宅区之后的水形成几大片湖泊和湿地，然后种树栽花，造凉亭、戏台、庙宇，经营了广阔又景色多变的园林。

① 汪亚芸先生未允许本文作者抄录和摄影。汪先生已于1998年过世。

《岩头金氏宗谱》说他“捐田废资，开凿长河一带，以备蓄泄。开筑高埄，培闸风水，建亭造塔于其上。垂成，归之大宗，为通族公益”。高埄就是村东、村南兼作城墙的石堤，顶上辟为跑马场，给青年子弟们强体习武。堤身有三处排水口，可将湖水排出村外灌溉农田。

离花园不远，桂林公造了一座园林式的书院，供阖村子弟们读书，他故去后，村人把这座书院改成为桂林公的专祠，永远纪念他。

桂林公还曾在村子南部统一建造了一批大宅。

大约和桂林公同时，致仕的嘉靖进士金昭利用引水的沟渠在岩头村北部建设了上花园和下花园，改造了大宗祠，还造了自己的功名牌坊。金昭作为进士，当然也是全村的头面人物。

水利建设成功之后，还有长期的管理工作。宗族或社首对村落进行的日常管理中重要的一项便是管好水系，这是村人农业生产和日常生活的命脉。

在南方稻作地区，农业生产用水的开发和管理，是村落存在和发展的根本。农田中的生产用水，也往往和村落中的生活用水有统一的关系。以浙江省宁海县的前童村为例，它的村内有渠水顺街巷送到各家各户，而这股水的来源则是初意为供农业生产而开发的水利工程，叫杨柳洪碶。这杨柳洪碶的开发和管理十分缜密，有《叶氏宗谱》里一篇叶绍访写的《杨柳洪碶记》详细记录了下来，可见宗族工作的制度化和周到、公允。这篇《记》写道：

> 水于天地间，为利最溥，五谷百材，皆赖以滋生。故营田水利，自古重之。
>
> 塔山之麓，前后共计田三千余顷，土瘠而硗，播种者皆待泽于天以望岁。当明正德之四年，童氏有讳濠字继乐者，循溪而观，乐水之利，率族众及有田者，于杨柳洪溪潭下凿巨碶以引洪流。碶通沟，沟通洫，洫通浍，千支万派，源源而来，不必有桔

槔之苦而硗者已成沃矣。

然砩口去田十余里，沙溪土港，冲涨靡常，不可无提纲任责之人。继乐公复为经久之计，以田三百顷为一结，统编族丁为十结，每结值砩一岁。于仲春，将有事西畴，备肴馔，招十结人于砩畔，酾酒祭砩。毕，群坐而享。乃持竿界砩为十段，拈阄分疏，难易固无所择也。其砩口上有湮塞，则合力公疏，或一日、二日、四三日，值结者待之以茶而已，是曰开砩。至夏间，则复视水大小浅深而再浚之。其下二三里许，曰小砩，易致崩溃，筑之则自雍正十二年也。稍下而北，曰水漯，用大石结成闸口，旱则闭而涝则启，启则泄其流于鹿山潭焉。下叶田亩居砩之下委，每候后洋既饱之残羹，其流溉也，尝后而微。一遇亢阳，更鞭长莫及。于是定制，凡田先得水者，满即止，俟传至下叶，周而复始，总无得恃强凌夺重放。凡以均同结，救灾荒也。

水利既得，五谷百材所获自丰，由是人安物阜。复为御灾之计，以石镜山位当离午，其光烁烁，嫌朱明之太艳，乃于春王正月中旬夜，亦责令值结者，备硝黄花炮，再令每灶各出纸灯，杂以金鼓迎迓境神。自塔山庙起，渡溪至南宫庙，回上鹿山，经后洋、孝女湖，由下叶至塔山庙而止。所以泄火气，亦所以祈有年、庆元宵也。凡此皆结首是承，而费皆取于田，田皆资于水。故以记杨柳洪砩，而附及之。

其他引山泉水进村供居民使用的村子，宗族也都制定了渠水使用的规则。例如，浙江省永嘉县苍坡村，有东池和西池两个很大的水体，渠水流入西池再流到东池。西池西岸砌着几口小水池，分为三级，渠水注入西池前先依次流经这些小水池，上游的洗比较干净的东西，如洗菜和淘米，下游的洗比较脏的。这些公众认可的规矩已经成了村民的习惯，被严格遵守着。

许多村子，像浙江省兰溪市诸葛村那样，由宗族组织开挖水塘供

浙江省兰溪市诸葛村商业街旧貌图

水，每年还得由宗族组织人力给水塘挖淤，淤泥作为上好的肥料。挖淤有工资，肥料要公平分配，所以这也是一件公益性的事务。

干旱的北方，一眼泉水，一口涝池，一眼井，对村落的生活都很重要，所以，也产生了对它们的敬畏甚至崇拜，例如，涝池叫龙眼，岸边上造观音庙。公用的井上搭个井房，就叫“井神庙”，泉水口也常常叫龙眼，有香火供奉龙神。这类事，宗族或村上的“社首”也得过问，避免不小心简慢亵渎了龙神。

山西省晋城市东沟村有两块古碑，一块是“乾隆五十二年合社公立”的《东沟合社同乡地公议永革赌博禁约》，另一块是“道光七年岁次丁亥仲春立”的《东沟社永禁打洞碑记》。“打洞”，指开挖地下煤矿，那碑文写的是：

从来木有其本、水有其源，培其本而木始茂，亏其源水必涸。溯吾村之龙脉由东北而发，吾村之水源亦自东北而来。由东山一带村庄缺水者多，至于吾村则井冽泉甘，人享其利，由来已久。又村东有海眼一处，秋夏雨集，水即长流，是吾村原非乏水之区也。自嘉庆年间，甘雨频降，而泉水常缺，人咸不知其故。及道光六年，井泉数圆无一处有水，人心鼎沸。彼时村东有洞口两处，传言有水，于是集众往验，始知脉水果尽泄入洞中。因思民以水为生活，有洞不过一时微利，无水实受无穷大害，行洞只为数人身家之计，无水乃合村不时之忧。依树受庇，饮水思源，人所共知。因而合社公议，禁止两家行洞者即刻停工，并议嗣后村中东西南北地界以内，永远不许开凿洞口。如有违者罚地主银伍拾两，罚行洞者银伍拾两。非故为是严禁也，亦吾村山脉不□□□□清并谍占□，居民受福。为是勒石，以垂不朽云尔。

这块石既说明了水对干旱地区生活的重要性，甚至超过开矿的利益，也说明了“社”在村落管理中的重要作用。

大约到了晚明时期，中国的市场经济有了不小的发展，推动这个历史性发展的主力来自农村，因为最初的商业资本是农业和农村手工业提供的。地无论南北，都有一些村落里的人外出经商，大小发了点财之后，他们在村子里就有了些发言权。在有些地方，商人和致仕的官员或者不乐仕进的读书人有了相近的地位，甚至取代了他们，在村落的建设和管理上起主要作用。这种情况，尤其以徽商、晋商、山右商（泽潞商）、江右商（赣中商）等大商帮和闽粤华侨的家乡为最突出。

晋商、山右商和徽商都有相同的一条族规，就是出外经营，不得携眷同行，不得在外纳妾，不得在外落籍。因此，经商发了财，财富当然只能往老家带。带回来，按传统老规矩便是买田地，买到无田地可买，便造房子。[1]于是，明代以来，中国的乡土建设在许多地区掀起了一个空前的高潮。商贾们并不只建私宅，在当时宗法制度仍然统治着农村的时代，他们也热心于建祠庙和其他公益性工程，如书院、文会、牌坊、文昌阁、风水塔、桥梁、道路、长明灯之类，否则难以回报宗族的期盼。

经过商业利润的反哺，各地的乡土建设有了很大的进步。福建长乐人万历进士谢肇淛在《五杂俎》中写他在"地狭而人众"的徽州所见道："见人家多楼上架楼，未尝有无楼之屋也。计一室之居，可抵二三室，而犹无尺寸之隙地。"侨居扬州的徽籍盐商后裔程且硕，在清初康熙五十七年（1718）初返祖籍寻根，在所著《春帆纪程》里描写道中所见："乡村如星列棋布，凡五里十里，遥望粉墙矗矗，鸳瓦鳞鳞，绰楔峥嵘，鸱吻耸拔，宛如城郭，殊足观也。"星罗棋布的乡村都宛如城郭了，皖南的农村建设这时达到了很高水平。著名的宏村、西递、关麓、南屏等村子里，精致典雅的住宅都是商贾之家。

同样的情况在苏南、浙江、江西、福建、广东等地都很普遍。

在山西，开发黄河河套和陕北三边等地的晋商挟巨资改变了晋中的面貌，从榆次、祁县、太谷、平遥到灵石，晋商豪华的"大院"连绵不绝。介休的张壁村，王、贾两姓商人的大宅构成了西半边的富户区，襄汾的丁村，四十多幢大宅，全是商人的产业。盛产煤、铁的晋东南的城乡也被山右商帮的高堂华屋改造了，连晋西本来很贫困的黄河边上，乾隆以后还出来了一个碛口镇，竟被誉为"物阜民熙小都会"，带动了一大批村落的发展。甚至朔漠古塞也有榆林、包头和归绥成了边贸要地。

商人（商业资本家）在许多地区发达之后，农村成了他们的后方基地。于是，人才改变了取向，几乎没有例外，凡巨商辈出的村落，科举成就必定下降。例如江西省乐安县流坑村，宋代出过三十位进士，其中还有一位状元，明代经营木材流放业之后，只出了一位进士，到清代成

① 这便是宗法制度对资本主义经济发展的阻滞作用。

立木纲会垄断了乌江放木，又兼营漕运，就连一位进士都没有出过。北方也一样，雍正二年（1724），山西巡抚刘于义奏称："山西积习，重利之念甚于重名，子弟之俊秀者多入贸易一途，其次宁为胥吏，至中材以下，方使之读书应试。"各地经商致富的农村里普遍多建"大夫第""明经第""司马第"等，它们所炫示的不过是富商们拿银子换来的虚衔罢了。

在这类农村中，商人的地位超过了读书人，商人们对"社会身份"的自觉意识也大大强化了。

他们取代过去的致仕官员和未入仕士绅在乡村中的地位之后，在传统意识作用之下，承认对乡里建设负有一定的责任，便关心起村子的建设和公共事业来。他们在血缘村落里，往往担任宗族组织中的重要职务，在杂姓村落里，多成为公益事业的"纠首"。

安徽省绩溪市《盘川王氏宗谱·中梅公传》记载，这位中梅公：

> 家贫，力不能读书，犁雨锄云，耕于盘川之野。工计然，常远出经商，臆则往往而中。积数年，家渐裕，诸子弟有请营宅第者，公忼然曰："《记》有之，'君子将营宫室，宗庙为先'，今祠宇未兴，祖宗露处，而广营私第，纵祖宗不责我，独不愧于心乎？"乃慨然有建祠之志。

浙江省兰溪市诸葛村的丞相祠堂在光绪二十二年（1897）的一次大修，也是经本村在上海经营药业的商人诸葛棠斋发起，主要由"族中之殷实者……踊跃将助"，共得白银四千两，从而得以成功的。

北方多杂姓村落，宗祠不是它们重要的公共建筑，重要的是兴建水利和庙宇。

山西省高平县侯庄的赵家，是晋东南潞、泽两府巨富，家族自明代到民国经商几百年不败，商号遍及晋、豫、皖、苏、浙（温州）各地，乡人们传说赵家的人"一走几千里，不住别人家"。侯庄村的东、南、西、北本来各有水池一处，北池因为“妨地脉”而被填没，西池年久失修，储水很少。侯庄普化寺西侧的碾房里有一块碑，记载着修浚西池的经过。赵家“三和堂”的赵凤全说：“吾村之赖斯地也急矣，不治无以供众用。”于是捐银七百两，并捐出西池西侧土地二亩供修西池取土之用。随后商家侯秀春、宋立斋等共捐银1416两。修池工程由“维首”主持，每天有一百人出工，“星而往，星而返”，自乾隆五十九年（1794）起始至嘉庆二年（1797）完工。嘉庆六年（1801）又将所捐西池西侧二亩取土用地稍加整理，形成一口新池。两百多年来，“东池溢而注入西池，西池溢而注入新池，洋洋乎一坎、二坎、三坎，汲之便，用之足，并南池亦无旱干之虑”。

捐献于造庙的机会更多些。如山西省临县碛口镇有道光二十七年（1847）的《卧虎山黑龙庙碑》，施主“芳名录”里列了72位施主，其中有66位是店号。这座黑龙庙一直是“九社一镇”的公产，由镇上的商会负责日常管理。山西省介休县张壁村有一块碑，是光绪三年的《重修吕祖阁碑记》，在150个捐资人名录里，有110个是店号和典号。这些碑上所列的纠首等执事人的名单里，几乎全部是村中最富裕的商人。

商人们也为修路、造桥、筑凉亭等公益事务捐款。徽州黟县关麓村，或者叫官路村，从县城过村登西武岭去祁门县境的山路，就是由一位商人孙洪维捐款建造的。山路在清乾隆丙午（1786）八月开工，孙洪维亲自住在岭麓的小庵里日夜管理施工，历时四年，于己酉年（1789）八月完成。当时黟县知县施源撰《西武岭记》赞孙的认真作风道：

> 鸠工伐石，择其紫砂者，涩可留步也。每磴之级不逾寸，以节登临之劳也。路宽处规一丈，窄者半之，步担之侣不烦争道而趋……岭巅旧垒石为一邑关钥，君修其颓圮者。而又虑行旅之渴也，设茶亭于村口，夏施其凉，冬施其温，君之用意可谓周且备矣！

商人主持村落的公益事业所涉及的范围很广。明代末年，李自成军一部流窜至晋南和晋东南，造成很大恐怖，于是当地村落，多筑墙自保，所需费用，常由本村富商捐献。如阳城县郭峪村，在李自成部四次洗劫之后，由时任社首的大商人王重新独力捐资于崇祯八年（1635）修筑了城墙，“内外俱用砖石垒砌，计高三丈六尺，计阔一丈六尺，周围合计四百二十丈，列垛四百五十，辟门有三，城楼十三座，窝铺十八座，筑窑五百五十六座，望之屹然，干城之壮也”（崇祯十一年张鹏云撰《郭谷修城碑记》）。这位王重新，据清同治《阳城县志》载：“生有计智，世为贾，不数年赀雄邑中矣。明末寇乱，重新以金七千筑郭峪寨。”寨城筑成之后，尽管李自成军又多次犯阳城，而郭峪安然无恙。

商人介入乡村聚落建设，初时还遵循农耕时代的传统规矩，或者还有行善积德的考虑，但他们的行为观念终究是要把商品经济的法则引入到这种建设中来的。

在北方，由于长期的战乱，血缘村落不多，宗族势力很弱，甚至缺失，但如在短时期内要建成一个村落，无论如何离不开管理和规划。于是，有走合作化道路的，也有走市场化道路的。山西省灵石县静升镇崇文堡是由民众合资修筑的，他们共同购买土地，以40亩为建堡基地，划分为32份房基地，另以11亩造了两条道路。建堡历时四年完成。这32户建堡共同体，显然是有组织、有主事者的。而相距不远的山西省介休市北贾村的旧新堡，是由一家富户独资兴建的。他先周密地选定建堡地址，然后将全堡的平面布置图设计出来，包括街巷网、水井、庙宇的位置和各户院落的房基地。村民向这家富户购买房基地兴建宅院，这家富户则负责建造堡墙和堡门以及垛口等公共防御工事。宅院和堡墙等建成之后，再由全村人合资兴建庙宇、戏台等公共建筑。这是一例早期的房地产投资经营。[①]

---

① 以上两例见李严、张玉坤：《明长城军堡与明清村堡的比较研究》，《新建筑》2006年第1期。

浙江省兰溪市诸葛村，洪杨之乱烧毁了它为过境客商和担夫服务的村西侧的商业街（今称旧市街），乱平之后，由于地区的需要，商业服务业在村子的北部上塘周围复兴，外地客商纷纷前来设行开店。诸葛氏早就以贩药经营四方，熟悉市场行为，聚居在这块地方的二房仲分便利用时机，在上塘周边本属于他们的土地建造店面房或在沿岸水面上建造轻便的木质水阁楼出租或出售，后者有72间之多。这也是一宗早期的房地产开发行动。后来在这个地方形成了一个叫作“街上”的独立区，与原来的以农耕为业的“村上”并立，由自己的商会管理，建立了公安派出所、消防队、更夫队等。

村落的整体，从它们的选址、从业、建设、管理直到发展，是乡土建筑研究中一个最复杂也最有意义的课题，内容极其丰富。但村落的整体性是很脆弱的，极易破坏，现在已经所剩无几，而破坏仍在进行之中。破坏主要来自两方面，一方面是完全不了解古村落的历史文化价值，任意拆除，一方面是为了追求当前低水平的旅游活动所带来的收入，胡乱“开发”，加以“打造”和“包装”，以致弄虚作假，同样毁了古村落的历史文化价值。而历史资料，尤其是文献方面的，又十分贫乏，能够知道一鳞半爪的村人几乎已经没有，所以，研究工作十分迫切。但愿有更多的人来做这件工作，抱着不到春蚕丝尽、蜡炬成灰便不罢休的决心。

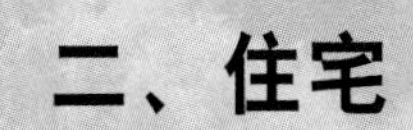

二、住宅

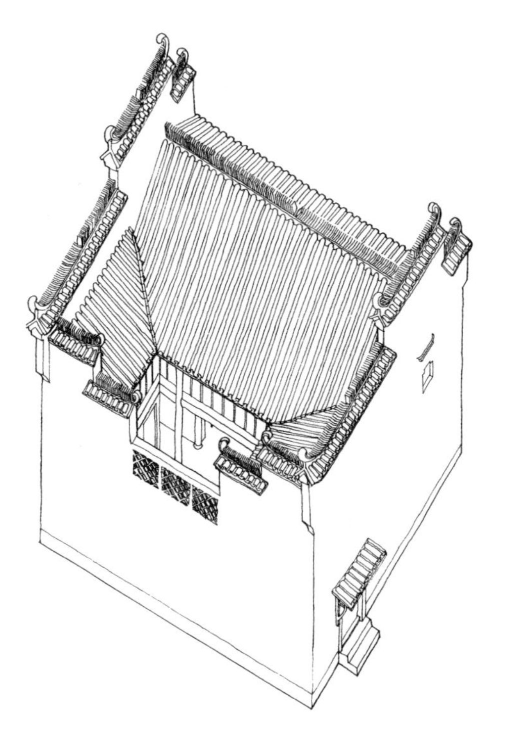
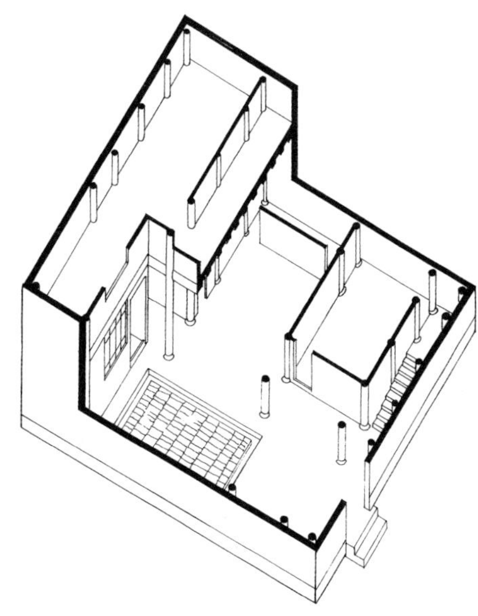

浙江省兰溪市诸葛村三合式住宅平面及俯视

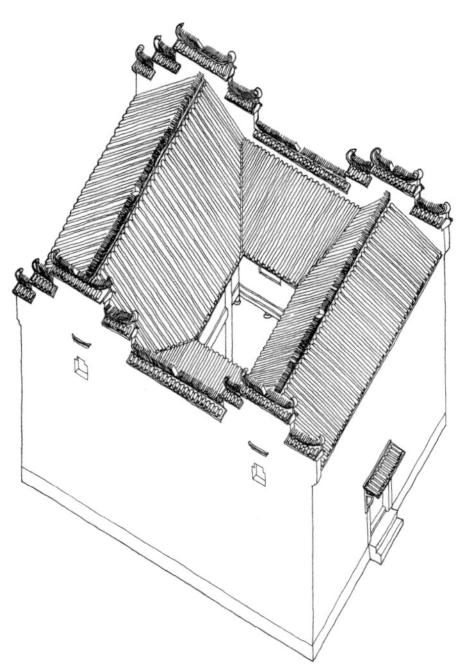
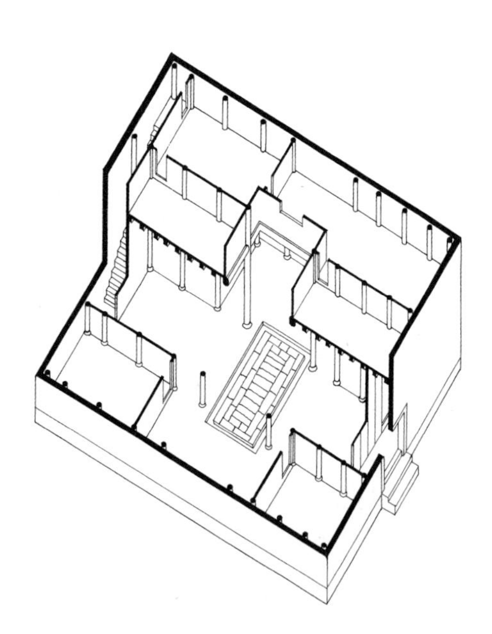

浙江省兰溪市诸葛村四合式住宅平面及俯视

引子

住宅是最基本的建筑类型，它遍布各地，凡有人烟处便有住宅。人们生活在千差万别的自然环境与千差万别的历史文化环境中，于是，住宅便要适应千差万别的自然条件、社会状况和文化传统。适应了它们，便反映了它们，所以住宅是千差万别的，要真正读懂一个地方的住宅，就必须先了解这个地方的自然条件、当年的社会状况和文化传统。这要求很细致的工作，而且要在工作过程中磨砺自己的敏感性，不但要善于从大处着眼，也要会寻幽探微，善于发现和观察一些隐蔽的东西和现象；尤其不要简单地套用一些似乎很合理的成见。

自然条件、社会状况和文化传统是通过人，也就是通过人的建造和人的使用传达给住宅的。但是这种传达不是个体的人完成的，而是一代又一代生活在一定环境中的人类群体，经历过漫长的时间，一步一步地传达过去的。在每一步的演变中，不但自然条件、社会状况和文化传统在变异，而且先前形成的住宅又限制和塑造着人们对住宅的建造理念和使用方式。这是一个没有尽头的相互磨合过程。因此，可以把住宅当作生活发展的镜子看待，要认识过去的住宅必须了解它们的创造者和使用者的生活，而不仅仅把住宅单纯当作一个按某种空间组合方式使用某种材料和结构造起来又加以装饰的实用之物。当需要深入认识一幢住宅的时候，势必要先了解其创建者的身份和地位、家庭和经历、财力和学识。

一般住宅远不如宗祠、庙宇那样规模宏大、装饰富丽、工艺精湛。住宅的实体虽然简单，但住宅的研究远比研究宗祠、庙宇要复杂得多，困难得多。

住宅研究的困难更因为它分布之广而增加。自然条件、社会状况和文化传统因地而异，住宅对这些情况的反应远比宗祠和庙宇的反应要灵敏得多。宗祠和庙宇的地方差异不及住宅那么大。简单来说，在很辽阔的范围里，庙宇、宗祠的结构方法都是木质梁架或穿斗式的，墙坯都是砖的或生土的，空间格局也都以内院式的为多；而住宅，除了占多数的木构院落式的以外，还在不同的地方有窑洞，有帐篷，有竹楼，甚至有以船舶为宅的。要了解一个陌生地方的生活方式、风俗习惯、群体心理等等，又不是短时期里可能做到的，尤其是细微之处，而住宅研究的兴味甚至价值常常在于把握住它们的细微之处。南方村落里临街小型住宅简单的矮门，福建人叫它“六离门”，钱江上游的人叫它“鞑子门”，这是有缘故的：洪承畴是福建人，福建人深以为耻，演绎出一段故事来拒绝他；钱江上游在蒙古人统治时期，深受其辱，后来参加过推翻元朝的起义。没有这些历史记忆的地方，就只简单而平实地叫它“风门”。对比皖南民居和闽东民居，要理解它们的差异，也必须从两地的历史和民俗下手：前者是徽商保护财富的堡垒和禁锢妇女的监狱，后者是参加劳动有独立人格的妇女的家。

何况还有选题的覆盖面和典型选择的问题。做好这项工作，需要大规模的普查作为前提。

住宅又是农村各类公共建筑的原型。无论是寺庙宫观还是宗祠书院，它们基本的建筑空间格局、结构方式和装修装饰都以住宅为最初的蓝本。深入地了解住宅，是做好乡土建筑研究的基础。

乡土住宅是个诱人的话题。

住宅与社会

住宅，就是一家子的居住建筑。

穴居也好，巢居也好，人类的建筑活动从住宅开始，住宅是最古老的建筑。

住宅也是最大量的建筑，为抵抗风霜雨雪、狼虫虎豹，世界各地凡有人迹处便有住宅。和食物、衣着一样，住宅是人类最基本的生活资料之一。相传在夏商之世，住宅就已经被神圣化，列入正规的祀典。《礼记·典礼下》："天子祭天地，祭四方，祭山川，祭五祀。"诸侯、大夫、士和庶民，在祭祀中也有"五祀"。郑玄注："五祀，户、灶、中溜、门、行也。"《白虎通·五祀》："五祀者，何谓也？谓门、户、井、灶、中溜也。"五祀是住宅的重要功能部分，所谓祭五祀，简单地说，就是祭住宅。可见住宅在生活中的重要性。《论衡·祭意》说："五祀，报门、户、井、灶、室中溜之功。门、户，人所出入；井、灶，人所饮食；中溜，人所托处。五者功钧，故俱祀之。"

在世界范围内，住宅都是最原始最基本的建筑类型。随后出现的其他各种建筑类型，如陵墓、庙宇、宫殿，它们早期的形制大多直接从住宅脱胎而来。包括像古代埃及的金字塔和希腊的神庙那种似乎和住宅相去甚远的大型纪念性建筑，都可以清晰地追溯到它们的住宅出身。再后来，西方发明了拱券结构，大型公共建筑才发展出自己独

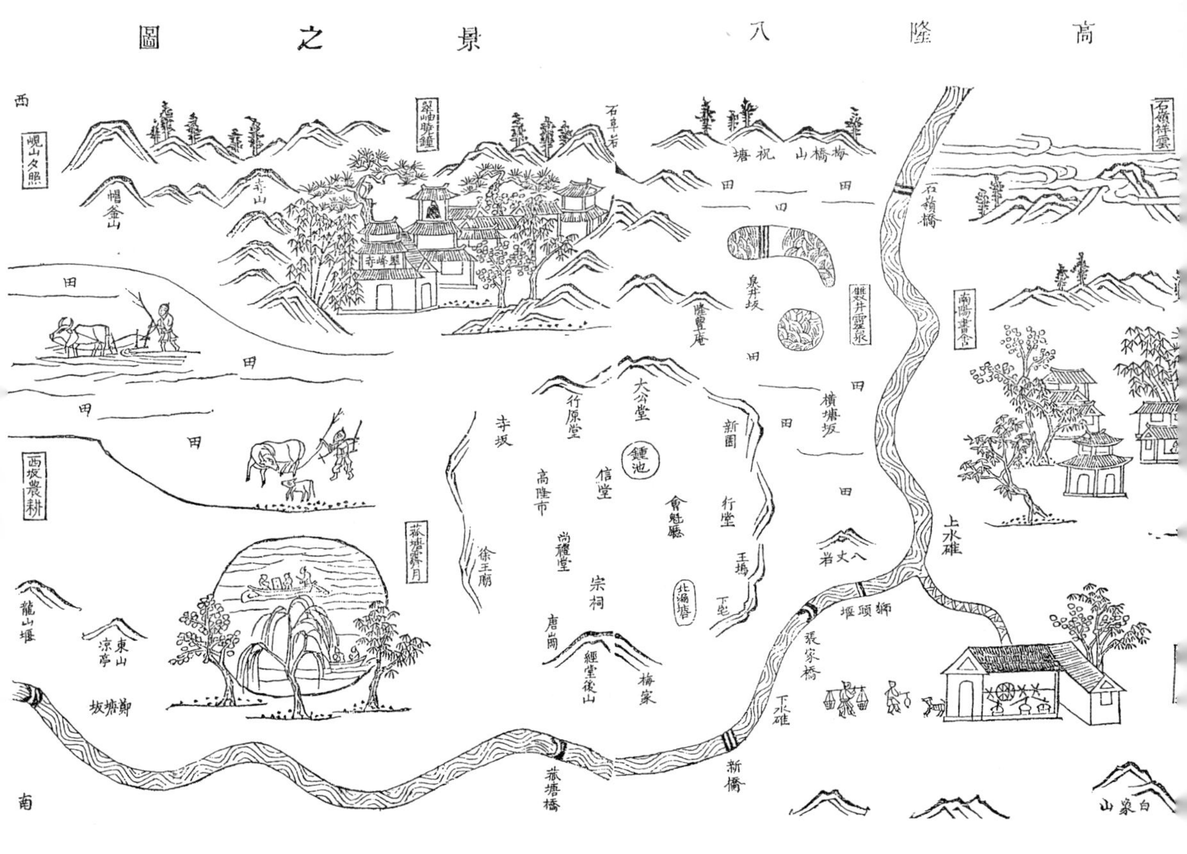

浙江省兰溪市诸葛村高隆八景图

立的形制。中国人在大部分地区一直使用木材的梁柱排架结构，受这种材料和结构方式的局限，中国建筑的空间组织不可能有比较大的变化，因此，中国的公共建筑和纪念性建筑的形制，大多一直和住宅的基本形制相仿。

那些公共的和纪念性的建筑由于受到各种教条的拘束，形制比较保守、程式化，而住宅是生活化的、地域化的，所以程式化的程度低一些，富有变化。尤其在僻远的乡野和山区。

住宅的变化，大致缘自自然环境、文化环境、技术条件，以及居民的经济、社会情况等等的差别，其中包括一些民族的历史传统的差别。举一个最简单的例子，浙江省永嘉县林坑村，主要有三种住宅：一种是三合院；一种是长条形；一种是三四层的砖混结构的“小洋楼”，只有一幢。三合院是当地农业文明时代里二三百年传统住宅的基本形制，它们由祖孙三代或父子两代构成的家庭建造，自成一个独立完整的生活范围。正房加两厢一共有十个以上的开间，还带楼层。正房进深大，各开间隔成前后间。前堂屋里设太师壁，年时节下可供香火祭祖、祭神。后堂为餐厅，次间是厨房。长条形的住宅建于人民公社时期，由若干两代人的核心家庭集资并力建造，一列最多可达十三开间，大小统一，朝向一致，每户拥有一开间或两开间。每开间又隔为前后间，后间用作厨房，有宽大的后檐给厨房门遮雨。没有可供祭祀的堂屋，只有一间公共中厅备各家暂用。“小洋楼”是改革开放时期一家到广东打工的人攒了些钱回乡造的，有现代的卫生设备、自来水、罐装燃气，有平屋顶、大玻璃窗、大阳台。外墙贴白瓷砖，室内装修是瓷砖地面、塑料壁纸。内部空间布局基本打破了传统的格式，但还有一点旧痕迹，那便是左右完全对称，连厨房都有两套。原因是，房主人有两个儿子，虽然他们在外打工很赚钱，大概不会要他的房子，但房主人必须给他们准备好，这是千百年的传统加于他的对家庭的责任。这三种住宅形制，鲜明地反映了同一个村落在三个时代里的社会制度、经济水平、家庭组成和意识形态。“小洋房”对传统建筑形制的重大突破，还借助于新的建筑材料、设备和结构方式。

因此，研究民间住宅就得研究人们如何建造住宅，如何使用住宅，如何认识住宅，如何适应住宅。研究住宅，就要研究整个社会。

由于住宅是最贴近人的生活的建筑，人们很早就对它有了亲切而充满人情味、生活味的认识，并形之于笔墨。有些学者很系统地写下了他们对住宅建筑的缜密思考。最常见的是北宋司马光在《涑水家仪》中的一篇《居家杂仪》和南宋袁宷的《袁氏世范三卷》中的“治家”篇。司马光偏重上层社会的生活仪礼，主要是对妇女的禁锢；袁宷则更务实，从其文中可以见到千年前古人对家居生活和建造住宅的慎重和周到。

北宋司马光（1019—1086）的《居家杂仪》曾被收入《朱子家礼》，因而几乎成为小康以上人家的家规，产生很大影响。关于住宅的部分是：

> 凡为宫室，必辨内外，深宫固门，内外不共井，不共浴室，不共厕。男治外事，女治内事，男子昼无故不处私室，妇人无故不窥中门。男子夜行以烛，妇人有故出中门，必拥蔽其面，男仆非有修缮及有大故，不入中门，入中门，妇人必避之，不可避，亦必以袖遮其面。女仆无故不出中门，有故出中门，亦必拥蔽其面。铃下苍头，但主通内外之言传，致内外之物，毋得辄升堂室、入庖厨。

南宋袁寀，登进士第三，宰剧邑，以廉明刚直称，仕至监登闻检院。绍熙改元（1190）时居婺源琴堂，著《袁氏世范三卷》，其中“治家”篇论及住宅兴造，摘数段如下：

> （一）屋成家富。起造屋宇，最人家难事，年齿长壮，世事谙历，于起造一事，犹多不悉，况未更事，其不因此破家者几希。盖起造之时，必先与匠者谋，匠者惟恐主人惮费而不为，则必小其规模，节其费用，主人以为力可以办，锐意为之。匠者则渐增广其规模，至数倍其费，而屋犹未及半。主人势不可中辍，则举债鬻产。工匠方喜兴作之未艾，工镪之益增。余尝劝人，起造屋宇，须十数年经营，以渐为之，则屋成而家富自若。盖先议基址，或平高就下，或增卑为高，或筑墙穿池，逐年渐为之，期以十余年而后成。次议规模之高广，材木之若干，细致椽桷、篱壁、竹木之属，必籍其数，逐年买取，随即斫削，期以十余年而毕备。次议瓦石之多少，皆预以余力，积渐而贮之。虽就雇之费，亦不取办于仓卒，故屋成而家富自若也。

（二）宅舍关防贵周密。人之居家，须令墙垣高厚，藩篱周密，窗壁门关坚牢，随损随修。如有水窦之类，亦须常设格子，务令新固，不可轻忽。虽盗窃之巧者，穴墙剪篱，穿壁决关，俄顷可办，比之颓墙败篱，腐壁敝门以启盗者有间矣。且免奴婢奔窜及不肖子弟夜出之患。如外有窃盗，内有奔窜及子弟生事，纵官司为之受理，岂不重费财力。

（三）居宅不可无邻家，虑有火烛无人救应。宅之四周如无溪流，当为池井，虑有火烛无水救险。

（四）山居须置庄佃。居止或在山谷村野僻静之地，须于周围要害去处置立庄屋，招诱丁多之人居之，或有火烛窃盗，可以即相救应。

以上两则宋人的话，可证千年前古人对住宅从不同角度的认识，它们总结了前人的思想和经验，对后世的住宅建筑起了实际的影响。司马光的《居家杂仪》在流布很广的被简称为“徽派”的中型以上住宅中有明显的体现，袁寀的“治家”篇因为涉及实用，影响更加广泛。

住宅的形制

农村环境中的住宅类型和形制十分丰富。列举不可能穷尽，分类十分困难，因为抓不到一个有本质意义且有可比性的公共因子可以揭示所有各种住宅的基本特点。

从社会性特点分类，有核心家庭的独家住宅和大家族聚居式住宅。前者包括绝大部分的中国乡土住宅，后者包括福建和广东的围龙屋、土楼、五凤楼和晋东南的棋盘院，以及南方诸省常有的包括几个到二十几个院落、一二百个房间而格局统一的大型居住建筑。

从结构材料分，有全木构的，包括木梁柱排架式、干栏式、垛木式（木楞房）、竹楼等；有半木构的，如用夯土墙、土墼墙、砖墙、石墙、蛎壳墙承重加木构双坡顶；还有窑洞，包括黄土崖上挖的土窑（靠山窑）和砖砌拱顶的“箍窑”，二者的结构根本不同。还有半截子土窑在前面接一段箍窑的，叫“接口窑”。其中全木构的住宅无疑占绝大部分，分布也最广。

从空间格局上分，有内向院落式的，如四合、三合式和它们的纵向或横向组合，分布范围从东北一直到西南，数量最多；有单幢式的，如傣家竹楼、藏碉和全国各地都有的大量条形的小型住宅。南方小镇上还有一种面宽不过一间，四米左右，深则有五六进的“竹筒屋”，它们的沿街一间为店铺。

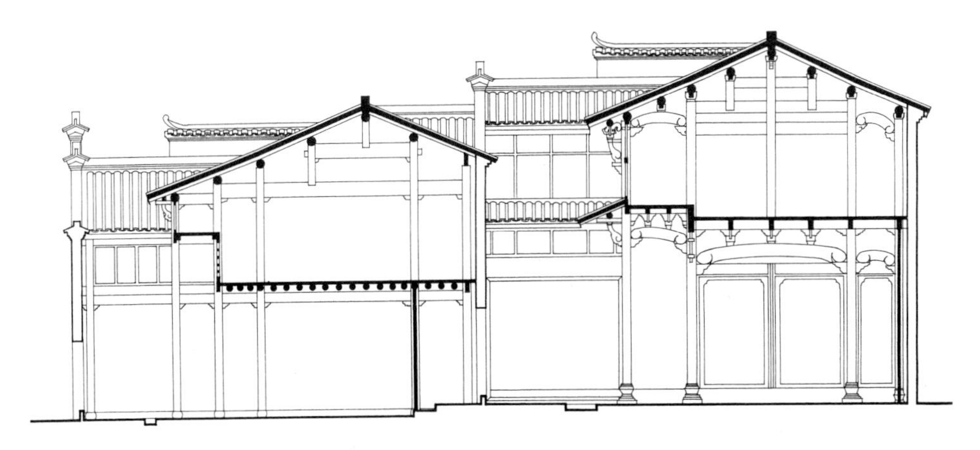

浙江省兰溪市诸葛村前厅后堂楼建筑剖面

这三种分类里都有许多过渡形式和变体。当然，还有多种住宅类型没有容纳在这三种分类里，如果把蒙古包、毡帐和广东珠江三角洲至今还在江河里连绵数里的疍家船居等包含进来，那就更难以说清了。

从三种分类来看，独家的、木梁柱排架结构的、内院式的住宅，是中国传统乡土居住建筑的主要类型。

财产私有制和一夫一妻制，使家庭生活一般具有强烈的排他性，所以住宅自然倾向于独家式。在长期的宗法社会里，中国的家庭大多数是“五口之家”的小家庭。虽然朝廷有“父母在不得析产分居”的规矩，但习惯上是，老家长未过世，儿子就要分家，除了长房一直住在祖宅里之外，其余儿子都要另建新屋。乡间俗话，一个男子汉一生的三件头等大事是“造房子，娶妻子，生儿子”。造房子是娶妻子的前提，娶妻子是生儿子的前提，而生儿子是宗法社会中宗族繁衍的利益所在。所以，造房子是男子汉人生价值的肯定，是他的尊严所系，是他对宗族的责任。父母嫁女儿，很看重这一点，浙江省东阳市流行一条择婿标准：要有“自家门头自家井”。这种风俗更导致独家式住宅流行。有些地方，儿子的新屋由父亲预为建造。

排他性的小家庭生活需要安静的私密性，住宅就倾向内院式。内院式住宅产生于很早的古代，但它后来长期的盛行还有几个重要原因，其一是：由于“地狭人稠”，绝大多数乡土住宅集合成建筑密度很高的村落，所谓“鳞次栉比”。在这种情况下，内院式住宅比占地面积相同的外院式舒适。它安静，私密性高，空间完整，在当时条件下功能比较齐全。其二是：梁柱式排架结构的房子，受材料和技术的限制，进深不大，内部空间的增加不得不靠并列更多的开间。当独家型住宅超过某个长度（例如七间），它的内部联系就很不方便，而且一批这样的住宅也很难合成一个紧凑的村落。于是，就会采取减少总长度而造厢房的办法，这就形成了内院式。和这个原因有关，还有一个可能的原因，这便是从唐代以来，朝廷立下制度，庶民百姓的房子只许可“三间五架”，[①]不能更长更宽。这显然不够用。但官方制度没有规定庶民住宅的总体格局，以致用几幢三间五架的房子组成院落的方式越来越流行。[②]当然，内院式住宅的又一个优点是能加强家庭成员之间的亲密感，能使一个在喧闹熙攘的世界中劳碌终日而归家的人感到身心的解脱和亲情的温馨。

内院式住宅的适应性很强，所以遍布全国。它们大体又分为三合式和四合式两种。清人林牧著堪舆书《阳宅会心集》上卷“格式总论”里说：“屋式以前后两进两边作辅弼护屋者为第一。后进作三间，一厅两室……以作主屋，中间作四字天井，两边作对面两廊，前进亦作一厅两室（按：即四合屋）。……其次则莫如三间两廊者为最，中厅为身，两房为臂，两廊为拱手，天井为口，看墙为交手，此格亦有吉无凶（按：即三合屋）。”四合式流行于全国各地，三合式以南方较多，北

---

① 《册府元龟》卷六十一，帝王部，立制度二：“庶人所造堂舍，不得过三间四架。”《宋史》卷一百五十四，舆服六：“庶人舍屋许五架、门一间两厦而已。”《明会典》卷三，六十一部：“庶民所居房舍，不过三间五架。”

② 《明会典》卷三，六十一部：“庶民所居房屋，从屋虽十所、二十所，随所宜盖，但不得过三间。”

方虽有而少。三合院和四合院又有许许多多的变体，主院的大小和形状差别很大，而且会附加大大小小的院落，如前院、跨院、书房院、杂务院、伙厢、牲口院、柴草院等等。三、四合院要扩大，常用的方法是纵向再接一两进，少数的并肩加一座或者几座成簇。山西省则有一种“棋盘院”，四座院子成“田”字形组合，外有大围墙，大多住一个家族。农村中多于三进两院的住宅极少。城乡的大型住宅，如浙江绍兴府前街大宅和东阳市的卢宅，纵向有多达九进的，那大多是同居异炊式的大家族聚居住宅了。

合院式住宅也有单层和两层之别，少数地区正房有三层的，如晋东南的“镜面屋”。江南地区楼房的普及或许在明代土地资源略呈不足之后。万历进士谢肇淛在《五杂俎》中记，他在“地狭而人众”的新安（徽州）“见人家多楼上架楼，未尝有无楼之屋也。计一室之居，可抵二三室，而犹无尺寸隙地”。民国《歙县志·风土》也说徽州尚存不少元代房屋，“明代建筑不足奇矣，然以山多田少，病居室之占地，多作重楼峻垣”。

北方四合院式的特点是四面各有一幢一层或二层的房子，互相独立。北京作为帝国的京畿要地，四合院比较恪守制度。正房厢房都只有三开间，单层，厢房前檐和正房山墙大致取齐，中央院落比较宽敞，并利用四角隙地在正房两端造耳房以补充不足。北方雨量少，不致太不方便。富有一点的人家，四角有廊子连接各幢房子的前檐廊，叫“抄手廊”。山西和陕西都有一种叫“四大八小”的四合院，“四大”是院子四面各有一幢独立的三开间房子，两层；“八小”是院子四角隙地里各有两间耳房。耳房小，层高也低，所以可有三层，内设楼梯、厨房等等。有一部分住宅还在东北角的耳房上再造一层，形成塔状砖楼，叫“风水塔”，挡住东北方来的“煞气”，风水典籍《宅经》说东北方是“鬼门”，煞气和邪气都从东北方过来。风水塔上并祀“老爷”，即“宅神”狐仙。山西省晋城地区，居北的正房常为“镜面房”，即砖砌的三层楼房，三开间或五开间，开“天圆地方”的发券窗子。其余三面的房子大

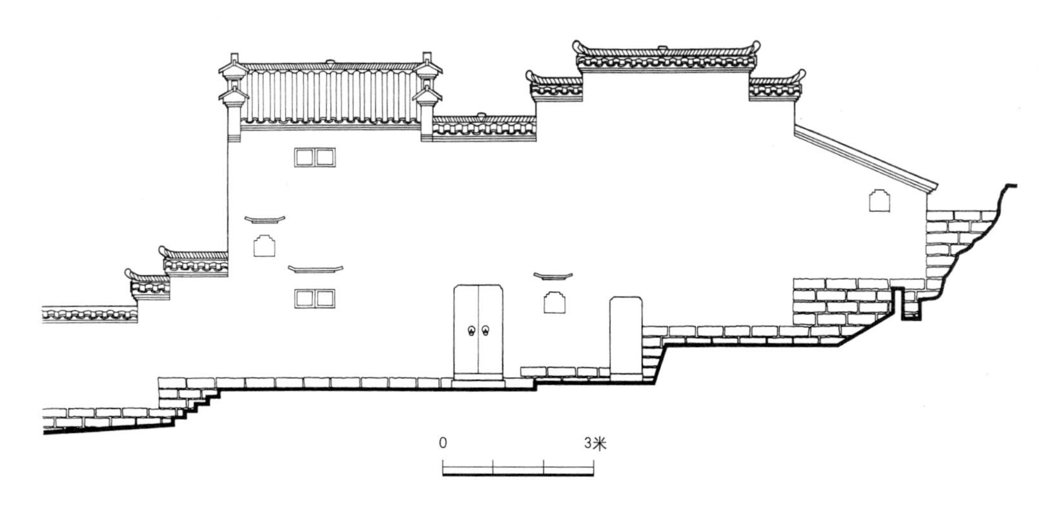

浙江省兰溪市诸葛村住宅侧立面

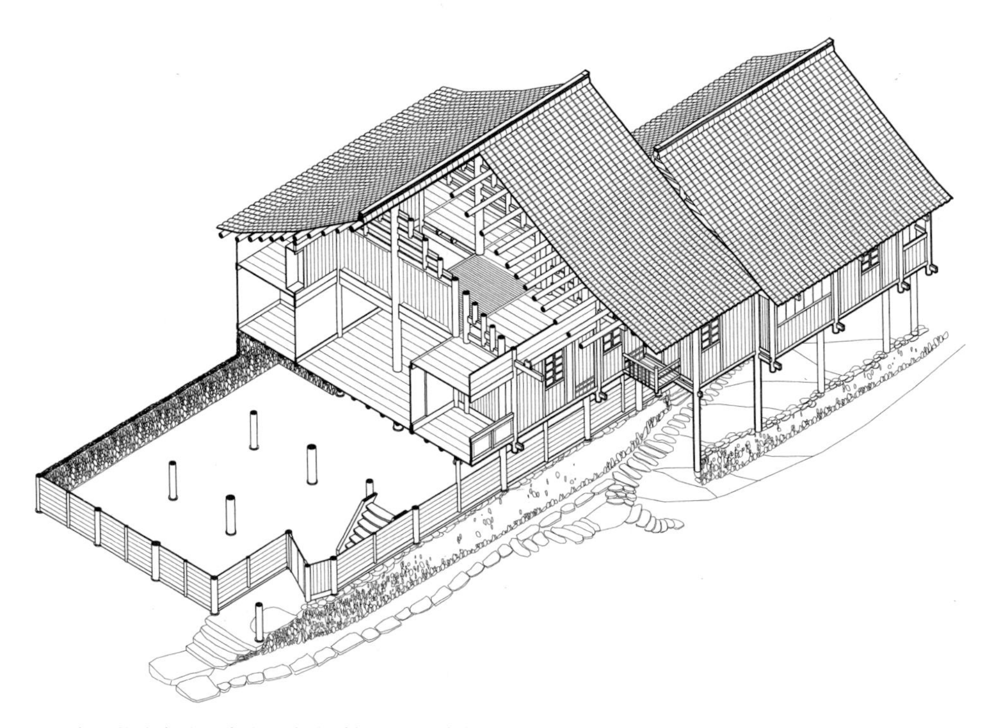

广西壮族自治区龙脊县龙脊村侯平生住宅剖轴测

多前檐用木装修，而且二层有通长的挑廊，精雕细刻，很华丽。楼梯就在廊下。正房如不为镜面房，便也有挑廊，四面挑廊一周交圈，可以行走无阻，叫“跑马廊”。

山西中部和河南北部也有一些大宅，严守制度，正房建三开间，不建耳房。厢房的后檐墙与正房的山墙大致取齐，以致院落十分狭窄，而且厢房进深不得不很浅，为增加厢房面积，只得加长厢房，也是三间一幢，左右各建两三幢，以致院落更加深长。于是便用小门小墙分隔成两三段，形成内外院，便于使用，也改善了空间观感。为加宽院落，正房开间比较大，在四米以上，晚期也有少数这类房子，正房为五开间，但开间的面阔仍为三米甚至小于三米，所以正房长度仍与三间者相同，而内部为通间。厢房可为三开间而分隔为两间，叫“三破二”。也有“四破三”的。

南方，例如皖南和浙中，四合式住宅大多是两层。因为当地雨量大，通常住宅四面的房子在四角接续，厢房的后墙与正房的山墙对齐，有些地方叫“四转角连做”，所谓“雨天不湿鞋”。南方远离帝国首都，“天高皇帝远”，富裕人家并不遵守“三间五架”的规矩，五间七间的正房寻常可见，甚至有九间的，所以这种住宅的院落并不见狭窄。但小户人家仍多正房和倒座各三间，厢房（或厢廊）各一间，少数两间，叫“对合”。云南的“一颗印”和闽粤的“四点金”式住宅也属这类。皖南和浙中农村的对合式四合院院落紧凑，尺度都很舒适。广东、福建和江西省中部有些住宅，也是三间正屋，但没有两厢，只在上下房之间左右搭遮雨檐连接，院子（天井）小到只剩下一线天，堂屋里大白天都十分暗黑，老太太带孙子整天待在巷子里。皖、浙、闽、粤、赣相距不远，自然条件近似，这些村子都比较富，都有许多人外出经商，住宅竟有这么大的差异！可资解释的理由之一，是这些地区夏季都十分炎热，室外空气的温度很高，而室内比较阴凉，夏季要防止室内外空气交流，所以，住宅用小天井很合理。而院落比较宽敞的住宅，每到夏季，都要用竹帘在院落上空展开，遮住阳光并阻止

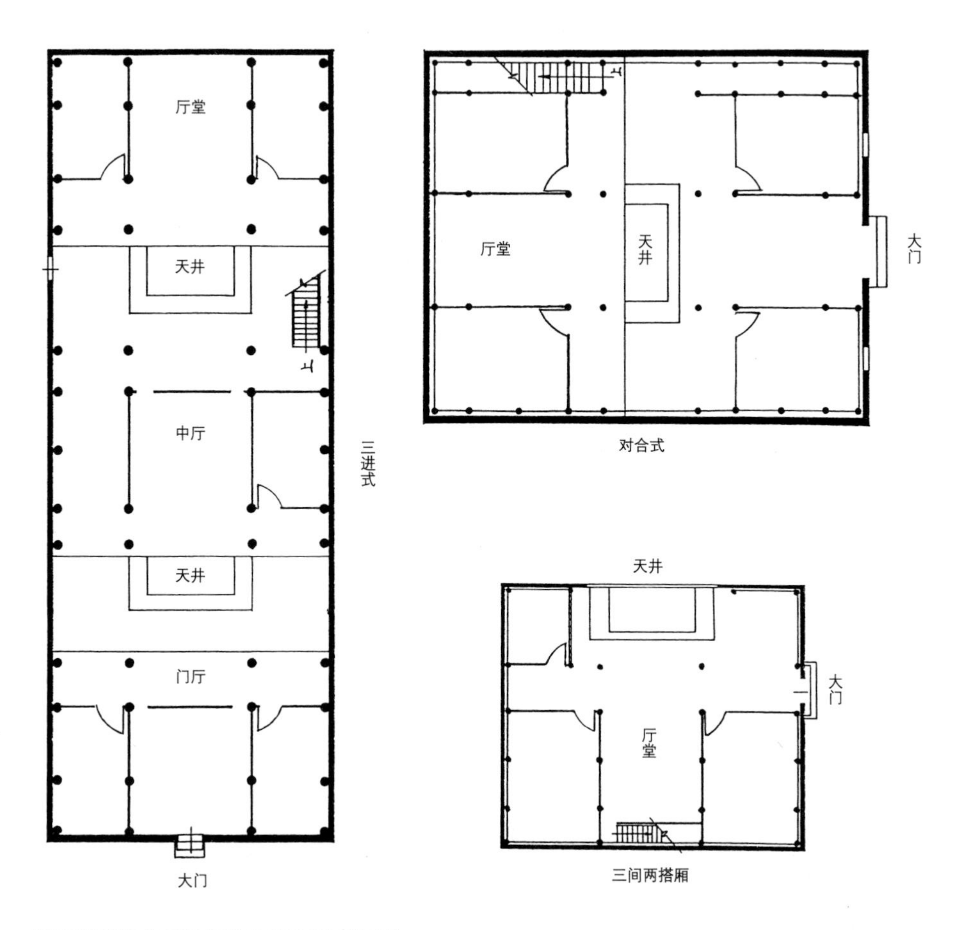

浙江省建德市新叶村住宅平面形制三种

外部热空气进来。两种住宅的差异，是采用了两种不同抗暑方法的结果。闽西有一些住宅，厢房三开间，院子比较宽，便在院内加建一座敞轩，也是为了夏季阴凉一些。

三合院的住宅，就是“一正两厢”。南方的，大都是二层楼。正房开间多五间、七间，大的有九间，厢房开间比较随意。厢房后墙与正房山墙对齐。浙江省东阳市流行一种“十三间头”的三合院，正房七间，每侧厢房各三间，院子宽敞。冀南的“两甩袖”亦属这类。

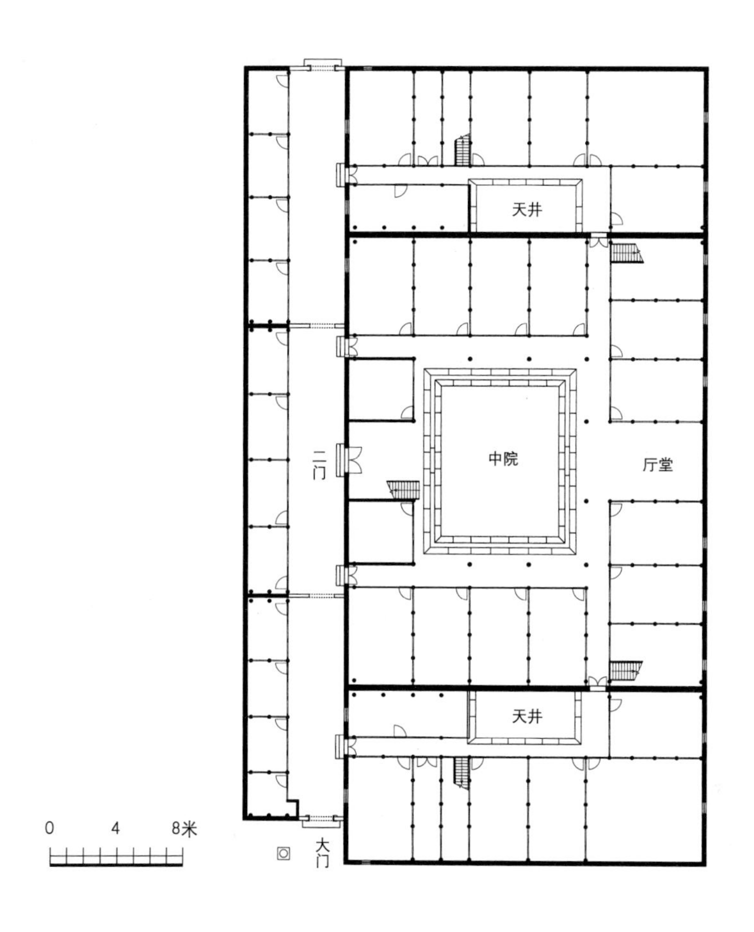

浙江省缙云县河阳村标准十八间两跨院住宅平面

浙中地区又有一种“三间两搭厢”的小型三合院，闽西叫“锁头屋”。正房三间，左右厢房各一间，院子就窄多了，成为天井，很局促。天井前对一面照壁，所以叫“吸壁天井”。南方多流行大进深的正房，分前后间，叫“一脊翻两堂”。为了后间采光而设后天井，也是“吸壁天井”。住宅的平面于是呈“H”形，后厢房用作厨房，后堂为日常餐厅。粤南和江西省吉安地区有些天井式三合院，正房的屋顶向前延伸，盖过天井，搭到前照壁上，只余照壁上方一条细缝透一点亮光，或者在那里开一个天窗井，盖上玻璃。有些连透光的细缝和天窗井都没有，只靠整天开着堂屋门采一点光。雨水进不来，所谓天井不过是地面上有一寸来深的“池子”，能排水，便于洗涮。

山西、河南那种正房窄、厢房长的院子，也有三合式的，在正前方设一个门头。南方的内院式住宅，厢房开间少，正房开间多，所以院子都呈扁长方形，以致反映到风水术数上，把山西、河南那样的纵长方形院子叫作“停丧天井”，认为大不吉利，应该避免。因为那样的房子形似一口棺材。

晋陕豫黄土高原上常见一种“地坑院”（又叫“地阴院”或“古朵院”），就是在塬面上挖一个深达七米以上、长宽各达十五米左右的四方大坑，在周边坑壁上再挖横穴式窑洞。这也是一种独家式的三合院或四合院型住宅。黄土高原干旱少雨，地坑的排水并不困难，一般在院子角落挖一个深井，叫水窖，把雨水贮存起来使用。有一些则挖水沟排到塬边的大沟或车道沟里，[①]整个村子，从地表看，光秃秃没有房屋，只有些树梢露出地面，而鸡犬之声可闻。

靠崖窑也可以形成院落，利用土崖的天然曲折，稍加整理，便可以三面挖窑，形成三合院，前面筑一道土院墙就行了。

大型聚居式的住宅中，形制最特殊的是围龙屋和土楼。主要流行于闽西、粤东、粤北等地区。

围龙屋有两部分，前面是方形的“堂屋”和“横屋”，后面是近于半圆形的单层“围屋”。方形部分是个背靠山坡脚下的一院两进（两堂）或两院三进（三堂）四合院式正屋，叫“主厝”。加上院落外侧，左右进深方向的几条“护厝”，也叫“横屋”，即连排几开间的狭长房屋，面对正屋。横屋和正屋上下堂前檐廊之间有敞廊连接，闽西叫“过水廊”，粤东叫“掩雨廊”。对称地连接左右护厝的后端造半环形的房屋，叫“围屋”。围屋上了山坡，包围着一块球面状隆起的院地，叫“化胎”，是背后山上延伸下来的被称为“龙脉”的山筋的尽头，所以

---

① 陕西、宁夏、甘肃黄土高原上的人把车道沟叫“胡同”。

广东省梅县高田村德馨堂围龙屋俯瞰

这种有围屋和化胎的房子叫“围龙屋”。化胎有风水术数的含义，它如孕妇的小腹，取“阴阳和合化而成胎”的意思。并且，它表面上满砌一层直径大约二十厘米的卵石，寓意“百子千孙”，讨个多子的喜气。化胎下缘距正屋上堂后墙略大于一米，有一道高约一米的垂直壁，它中央正对上堂后门处叫“产门”，是风水术上的“穴眼”。在广东梅县，这里镶着五块石头，外形不同，象征金、木、水、火、土五行。围龙屋清晰地表现出农耕时代宗法制度下家庭和家族对人丁兴旺的渴望。随着围龙屋里人口的增加，可以一道道地增加护厝和围屋，多的如广东梅县“乌鸦落垟”大宅竟达七道，有上百间房。在围龙屋前面，还有一方晒谷的禾坪（叫“厝埕”）和半圆形的水池，所以围龙屋的总平面轮廓呈一个完整的长圆形。风水术上把水比作财，水池是“聚宝盆”。后面利子孙，前面利发财，农民们一生的心愿尽在于此了。从核心二、三进四合院，到加护厝，修化胎，在化胎外缘挖截水沟，在水沟内侧筑墙、建围屋，再扩大多道护厝和围屋，这个发展过程的每个阶段都可以在福建省永安市看到原始的实例，可见围龙屋是在闽西一带长期演化而来的。梅县的围龙屋则最成熟，最精致。围龙屋都造在山根下凸出的山筋之前，从实例看，很可能后面上了山坡的环形围屋是背靠防山水下冲的水沟和围墙而形成的。最成熟的围龙屋，核心部分上堂的当心间是礼仪空间，次间和厢房为居室。三进两院式的，中堂的当心间也是礼仪性的，下堂的当心间是门厅。前院厢房为花厅，用于休闲和待客。护厝多为居室。

福建省永安市西华片垟头村围龙屋建筑群俯瞰

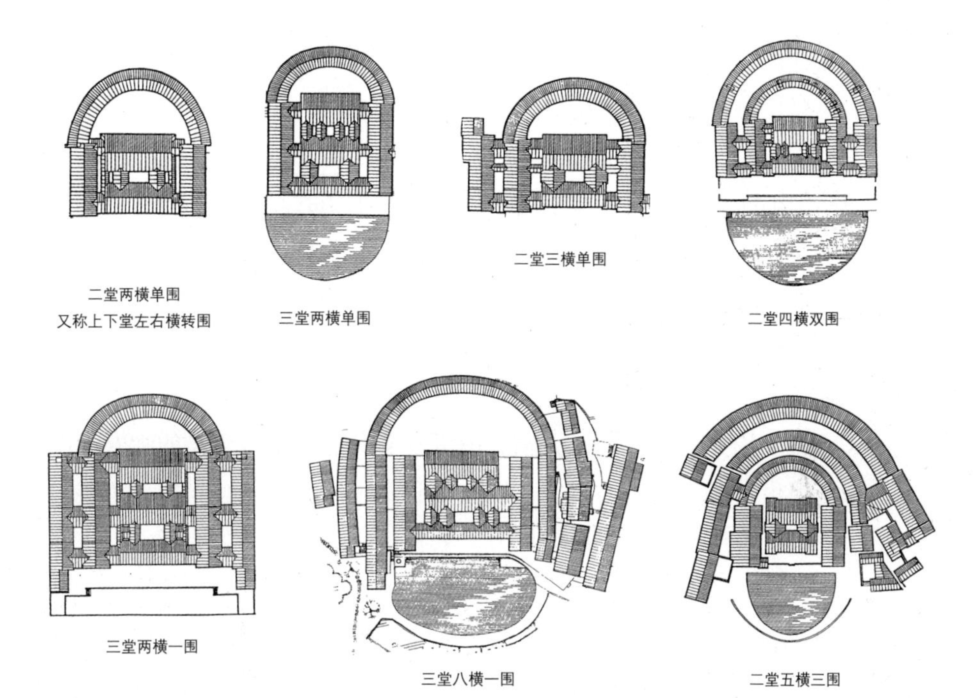

广东省梅县侨乡村各类围龙屋平面

也有的三间为一组，一明两暗，明间为客厅。围屋用作辅助用房，如贮藏和炊事，中央最高一间叫“龙厅”，是龙脉进屋的通道，为防压住龙脉，必须完全空着。这种同居异炊的家长制家族的聚居住宅，每个核心家庭几乎失尽了私密性，但从大家族的“守望相助”上找回补偿。这是一个内聚力很强的血缘“社区”。当地人叫这种住宅为“屋村”。

闽西和闽南的“土楼”绝大多数是圆形的，少数是方形的或多边形的。圆形的土楼为沿圆周一圈的环形房屋，开间一律，以三层的为多，也有两层或四层的。分通廊式和单元式两种。每户占有一两个开间，从底层到顶层。底层作厨房、客厅、起居之用，二层为粮仓，三、四层住人。单元式的，将各户用砖墙隔开，单元内有楼梯；通廊式的只设三个楼梯，每层都有环廊，在内侧，为跑马廊，各户占有的房间和单元式一样，不过被环廊串通。极少数的土楼有内外两圈甚至三圈房屋。最大的土楼直径达七十多米。环形楼房全用木结构和木装修，不过外墙是夯土的，所以俗称“土楼”。圆形的院子里，中轴线的后部，通常有一个方形的四合院或三合院式的宗祠或香火堂。土楼一般造在平整的房基地上，不像围龙屋那样前后有相当大的高差。土楼的起源还不清楚，有人认为是客家人迁徙过程中创造的，便于在陌生的甚至有敌意的新环境中加强本身的团结，抵抗侵犯。另有人指出，实际上闽南和粤东的非客家人也同样有这种土楼，并认为它起源于漳州。福建的永定和南靖一带土楼最多。

土楼和围龙屋都流行于大家族内部社会分化还不很明显的纯农业地区，反映出大家族成员的平等，以致直到20世纪人民公社时期，有些村子（生产队）还建造土楼，体现人民公社的“一大二公”原则。极少数村子，甚至在20世纪末期，集资建住宅还取土楼的形制，为的是便于分配、减少纠纷，不过集资人的范围已不限于同一个房派，同宗远房的也可以参加了。

赣南、粤南和粤北还有一种方形的土楼。如赣南龙南县的东围、西围，粤北始兴县的满堂围和东湖坪围，珠江三角洲惠东县的会龙楼等。

在赣南、闽西、粤东和粤北以及浙江中部，还可以见到另一种大型家族聚居式的住宅。它们由几个多进的内院式住宅整齐地组合在一起，几条轴线并肩排列。有统一的布局，一个主要入口。有时候中央轴线比较强化一些，或者中央轴线是几进厅堂，而左右轴线则各为一串不大的居住院落。福建省永安市八一村全村是由这样12座大屋组成的，村口还有一座圆形围屋式的宗祠。这种大型住宅，往往有近二十个厅，三四十个天井，一二百个房间。如福建省福清县的“宏琳厝”，竟有几十个院落，五百个左右的房间。广东省梅县侨乡村的南华又庐，在当地规模不算最大，但是非常精致，其中既有集体公用的生活空间，又有私密性良好的独家小院。浙江省诸暨县斯姓拥有几十座大宅，其中质量较好的“斯盛居”有中轴上三进大厅和左右各两条次轴上的32个四合院。

血缘家族的大型聚居式住宅，如围龙屋、土楼和“九厅十八井”等，也常有很强的防御性。因为在农耕文明时代，家族之间常为争地、争水、争柴山、争水道的控制权、争风水等等而发生械斗，不但伤人，而且烧屋，所以坚固的防御工事就很必要。它们的夯土墙厚而防火，大门有复杂的制敌设施。赣南和粤北的方形土楼和大屋四周用连排的房间围住，它们的后檐墙很厚，是防御性的，甚至有角堡、铳楼。当地人叫它们“土围子”，简称为“围”，如广东始兴县的满堂围和惠东县的会龙楼。在福建，则有永安县的安贞堡这样的堡垒式住宅。

浙江省中部的武义县和仙居县一带，有一些家长制下一个家族同居异炊的大住宅，仍是四合院形制，三进两院，正房九间，院子很宽敞，厢房长短不等，左右两侧还有叫作“伙厢”的带形附屋，开间面向主房排列，类似于围龙屋的“护厝”。甚至外侧又有第二道伙厢的，伙厢分给各户用作厨房。这种大宅的第二进过厅是族人公用的礼仪性大厅，可举办婚丧等各种活动，有的也兼作香火堂。武义县俞源村的裕后堂，主房和伙厢共有一百二十多间。这个房派很大，以致又造了一幢下裕后堂，而把老的叫上裕后堂。

还有一些家族聚居式的复合体，虽然有共同的入口，有突出的轴线，但整体布局散乱，并没有形成统一的整体。如浙江省东阳市的卢宅，占地五百亩上下，房间大约上千，房屋按八条轴线排列，像八座大型住宅。主轴线肃雍堂有九进院落，但前半部都是家庙一类的房屋。其余部分各自的独立性比较强，它其实是一个大建筑群。

厅堂

住宅是一种最普通的建筑，但在农耕文明时代，它也是一种功能最复杂的建筑。人们在住宅里饮食起居、生儿育女、读书教化、娱乐休养、接待宾客、保护财物、贮藏粮食、存放农具、豢养禽畜以及进行各种家庭副业和一部分农产品加工，如养蚕、纺织、缝纫、编篾、炒茶、选种、酿酒、磨面、做年糕、制豆腐等等。还要在这个小小范围里尊祖敬神、拜天祭地、禳鬼避凶。总之，除了种田、养鱼、打猎、砍柴，农业社会中一切生活、生产都离不开住宅。而且，几乎所有在住宅中进行的生活和生产活动都具有文化性的意义，再加上各种礼制性的行为规范，就使住宅的功能更加复杂。

不过，功能的复杂并不一定都反映为住宅建筑的复杂，因为同一个建筑空间往往可以进行多种功能活动。例如南方有些农舍宽阔的檐廊下可以纺纱、织布，也可以选豆种、缫丝、编竹筐、打年糕、读书、会友；北方的农舍里，就在炕头边盘灶做饭，在炕上纺纱、育白薯秧、搓玉米、做针线活、备餐用餐，等等。虽然住宅不必为每一种生活、生产活动准备下专用的建筑空间，但它的多功能建筑空间必须要能够容纳下这许多活动。各地区、各民族的生活和生产各有自己的习惯特色，这也是住宅建筑千变万化的原因之一。

一座乡土性住宅，它的各种功能性空间中，最重要的是厅堂、卧室、厨房和院落，此外还有宅门。

厅堂的功能最杂，最不确定，在各地区、各民族的住宅中，厅堂功能的差异也最大。在一些地区，它的主要用途是作为家庭生活的必不可少的公共场所，如吃饭、会客、聚谈、读书等。在大多数地区，它又是供奉祖先和神祇、举办婚丧寿庆和四时八节等各种活动的礼仪性场所，宋人所编的《事物纪原》中说："堂，当也，当正阳之屋。堂，明也，言明礼义之所。"所以堂屋必居正房之中央，这是宗法制度和泛神崇拜所必需的。

正是堂屋的公共性、礼仪性和崇祀性，决定了它在大多数地区是住宅中特别重要的部分。中国人崇尚单数，因为单数是"阳数"，所以乡土性住宅的正房总是三间、五间或七间，正房当中便有了一个明间。不论大门开在宅子前部的正当中还是左前角或右前角，住宅的格局一般是对称的，因为对称是最原始、最基本的布局。中国人崇尚对称的简洁和稳重，因此地位特别重要的堂屋便在三、四合院正房当中的明间。三进两院的住宅，堂屋在后进的明间，中间一进的明间作为穿堂。在南方各省，把它们分别叫作"上堂"和"中堂"。如果大门开在倒座明间，则门厅叫"下堂"。有些地方叫上厅、中厅、下厅。

广东、福建"三堂两横"的住宅，中堂和上堂各有堂屋的一部分功能。接待宾客在中堂，为的是避免客人进后院，后院是女眷的生活范围。祖宗牌位则供在上堂。有些穿堂是三间通连的，在这种住宅里和以这种住宅为核心的大型聚居性住宅如围龙屋里，堂屋所占面积的份额很大。南方各省有前后天井的"H"形住宅，堂屋被太师壁隔为前后堂。内眷居停、办丧事厝灵柩等大多在后堂；接待宾客、婚寿礼仪和祭祀之类则在前堂。

堂屋的礼仪崇祀功能的重要性在各地并不一致，有些地方很隆重，有些地方就随便，一般说来，宗法制度力量强的地方隆重一些，宗法制度力量弱的地方就随便一些，所以南方重于北方。南方堂屋的面阔和进

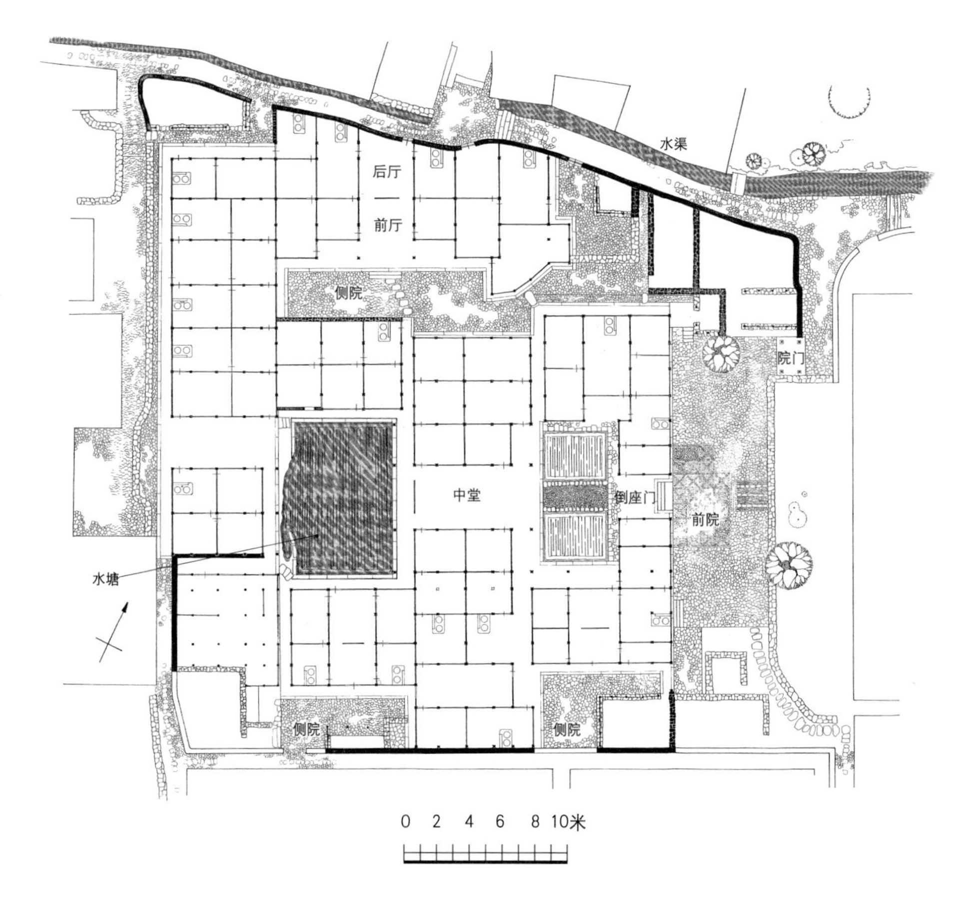

浙江省永嘉县楠溪江中游蓬溪村明代水院住宅平面

深一般比北方的大得多。

北方住宅的堂屋主要用于日常起居，天气冷，堂屋前檐都用木装修封闭，正中开门，并且多加一道“风门”或“帘子架”。南方的堂屋则主要是礼仪空间，天气潮热，堂屋前檐大多不加装修，完全向院子敞开，叫“敞口厅”，和院落（天井）的空间连在一起。少数也有用槅扇封闭的。南方的堂屋有“太师壁”，位于后下金柱的位置。太师壁后是楼梯，太师壁左右有腋门。如果有后院，则从腋门绕到耳门、后门通向后院。那种“H”形的住宅，正房“一脊翻两堂”，堂屋分前堂和后堂，则太师壁多位于后上金柱之下。楼梯多设在后堂，也有用活动爬梯的。堂屋的布置，南方北方流行最广的模式是，后墙或太师壁前正中放一张长长的条案（香案），条案前放八仙桌，桌左右各放一张扶手椅。南方的堂屋进深大，比较宽敞，左右壁前还放两张或三张靠背椅，它们之间放茶几。这些主要是招待宾客用的。

在浙江、皖南等地，小户人家平时就用条案前的八仙桌进餐，家庭大团聚吃饭用鸳鸯桌，也叫合欢桌，是两个半圆桌，不用餐时分开放在正房檐廊下次间卧室的窗前，用的时候抬到堂屋下手处，合并成一个圆桌。"一脊翻两堂"的住宅有后堂，常在后堂进餐。北方人家，堂屋开间不大，进深遵制限于五檩，不够宽敞，吃饭习惯于在卧室的炕上，冬天生了火也暖和一点。

条案后的太师壁或后墙正中挂中堂画，两侧挂对联，顶上挂匾额。画和联的内容大多和房主人的身份、教养无关，不是取吉祥之意的就是标榜文人雅士情趣的，它们通常体现士大夫文化对乡土社会的渗透，例如"万卷藏书宜子弟；一蓑春雨自农桑"。有些徽商、晋商家的堂屋里则很坦率地挂着和发财致富有关的对联，例如在安徽省黟县常见的一副对联是："读书好，营商好，效好便好；创业难，守成难，知难不难。"太师壁顶上挂匾额，书"德昭宽仪""敦伦凝道"之类的颂词。浙江省武义县明代汤家老屋，据《汤氏宗谱》，曾有"高皇七世瑞昌南宾王殿下仪宾赐额，一曰'帝胄联姻'，二曰'天潢人龙'，三曰'羽仪上国'"。很辉煌。中堂画题材多样，以吉祥喜庆、高情雅致为主。福建省福安县楼下村是刘姓的血缘村落，宗族以刘备后人自居，家家户户都以刘备的义弟关羽的像为中堂画。[①]

条案上，正中是香炉，左右一对烛台。再外侧为左边一只花瓶，右边一座插屏，插屏上早年镶一块平滑的大理石，比拟"镜子"，晚近一些的则镶一块玻璃水银镜。瓶和镜谐音"平""静"，平平安安过日子，这是普通老百姓最本分的生活理想。瓶、镜的外侧是掸瓶和帽筒，都是瓷器，一个插鸡毛掸子，一个架官帽。南方一些地区，条案正中供"天

① 也有人据此认为楼下村刘姓宗族为客家。

地君亲师”神主，[1]还照《朱文公家礼》的规定供“高、曾、祖、祢”四代先祖的神主。孔子说：“君子之泽，五世而斩”，高祖以上的就不再供奉了，把他们的神主送到房祠里和大宗祠里去供着。

在福建、江西和广东的有些地方，太师壁左右通壁后的腋门口之上的高处，各有一个精雕细刻光彩夺目的神龛。福建的，左手边的龛里供奉祖先神牌，右手边的龛里供奉各路神道仙佛；江西的，左右所供正好相反。条案下的正中，背靠太师壁，贴地面有个神座，写着“福德正神之位”，就是土地菩萨，前面放着一个专用的香炉。太师壁左右腋门之后，一边供着传说中的唐代风水国师杨筠松的神牌，牌上写着为本宅勘风水的阴阳先生的“箝语”；一边供着建造房屋的行业神鲁班爷的神牌。这两块神牌，从房屋建造之初的破土时起，就供在工地上，完工后才搬到腋门后面。太师壁前第一根檩子（后上金檩）下随着一根枋子，枋子上安放着造房子时候用的定全屋尺寸的“丈杆”。有的地方不设这根枋子，直接把丈杆架在左右第一榀梁架的五架梁上。供奉鲁班爷和“丈杆”，倒不是敬重他的技艺，而是因为他掌管着住宅的“小风水”。小风水和杨筠松的“大风水”一样，被认为可能决定或影响宅主一家的命运。小风水大半和住宅各部分的尺寸有关，这些尺寸就在那根“丈杆”上。

在四川，堂屋左前方角落里，安着小龛，供奉“堂神”。

南方诸省有少许热衷于读书科举的人家，在堂屋里还设朱熹夫子的神位，学童们每天早晨都要去礼拜。家里有考上科名的，喜报贴在堂屋侧壁上，几十年不揭。

在江西、福建和广东，少数人家把太师壁正面整个做成雕饰精美、金碧辉煌的神橱，里面放置仙佛像和五代以下祖先的神主。

堂屋左右侧的板壁上可以挂字画，所以板壁下方略高于椅子靠背的位置上有可装卸的压住卷轴下部的木条。它嵌在两端的托子上，托子的雕刻极其精细，题材十分多样，有花卉，有鳞羽。

---

① 天、地、君、亲、师的崇敬由来已久，清初雍正时始由朝廷正式推向全国。

安徽省歙县宏村住宅室内

在南方，年时节下、老人寿庆，堂屋里都要举行仪典。婚礼时，新人在堂屋向外对着院落的一片天空拜皇天，向里对着太师壁前香案下的土地菩萨神位拜后土，然后拜祖宗神主，拜双亲尊长。婚丧寿庆都在堂屋摆酒席，如果来客多，堂屋不够大，就同时也在院子里设席。这时候，院子地面上架板子，和堂屋地面取齐，以免客人绊跤，院子上面则搭席棚遮阳挡雨。丧礼时，有钱人家在堂屋停灵，请僧道做七七四十九天佛事、道场。福建省永安市，丧礼时灵柩停在后堂，而遗体入殓不得经过前堂，以致所有住宅的正屋都在后部贴外墙造一条专用的过道，遗体经这条过道送进后堂入棺。因此上房后间只能向这条过道开窗。浙江省温州市的属县里有一种风俗，把先人的灵柩安放在太师壁前，用木板封住，几年之后才抬去入土下葬，以表儿孙依依不舍的孝心。

浙江、安徽、江西、福建等地，地位比较高的人家大多有自己的堂名，如“燕贻堂”“济美堂”“善庆堂”之类。堂匾挂在堂屋前左右下金柱之间的穿枋上。这块匾的上方不允许有人活动，所以把它上面的楼板抬高几十厘米成一个台子，恰好也使挂在它下面的匾的处境比较宽松一些。有人家把堂匾挂在堂屋太师壁上方，在前下金檩位置挂吉祥颂德匾，如“积庆有余”“燕翼贻谋”等。

北方各地住宅堂屋的功能要简单得多，建筑也朴素得多。山西省晋城地区，住宅正房三间为通间，不分隔。门开在正中，对着门布置“中堂”，即挂画和对联，设条案和八仙桌，供祖先神牌。两个次间则各有一处“顺窗炕”，炕头垒灶。也有些人家，“中堂”不设在门对面而设在东山墙前，面西。相去不远的介休县张壁村，上房三间分隔，堂屋设左右两个灶，做饭烧水并分别向两个次间的土炕送热烟。祖宗牌位供在西墙前，面东。这可能是古时北方少数民族的习惯。正面墙上家家挂的是财神和房主人从事职业的行业神，如工匠之神鲁班爷、染坊之神梅葛仙翁、屠夫之神张飞，等等。纯农业劳动者则挂“三官大帝”之类的神位。河北省蓟县一带，堂屋里也垒左右两个灶，还在后墙正中开后门，完全没有严肃的意味。这很可能是受到经济文化水平低的影响，所谓“礼不下庶人”，这地方历经战乱，宗族早就解体了。

南方一些地方，住宅堂屋过于端正严肃，生活气息很淡，人们一般不爱到堂屋活动，也不在那里吃饭。吃饭多在后堂、厨房里或宽阔的檐廊里，大多是在上房次间窗前，叫“退步”的地方，或者在“厢廊”里。但是，堂屋里也有一些很生活化的亮点，例如，广东珠江三角洲有些地方，家家在堂屋一侧贴墙根设一个脚踏的米碓。福建、浙江则在堂屋左前方的檐柱边放一个石臼，做舂米、打年糕、做糯米团子等等之用。都是很老的规矩了，或许是为了教子弟们熟悉劳动、尊重劳动。[①]

无论在功能上还是在位置上，堂屋在住宅中最显要，因此风水术数也就给它附会上一些说法。太师壁正中往前一步，是全宅风水

① 江西和广东有些地方的大型家族聚居住宅，在大门门屋里，左侧置水磨，右侧置脚踏碓，也叫作“左青龙，右白虎”。

的“穴眼”，建房前风水术士给住宅定位，就是先定下这个穴眼的位置。上房的地坪要在全宅主体部分地坪的最高点，从大门外进来逐步升高，叫“步步高”，它的屋脊也最高。前低后高是住宅布局的大原则之一。风水典籍《阳宅十书》的“住宅外形”说：“前高后下，绝无门户，后高前下，多足牛马。”又说：“前高后低，必败门户；后高前低，居之大吉。”

还有一项“小风水”讲究，叫“望天白”，就是掇一把椅子坐在堂屋深处的风水“穴眼”上，应该可以看到堂屋前檐口或檐坊下皮与下堂（倒座）或中堂屋脊之间一条七寸至九寸宽的天空，以供神灵出入。这条天空和坐在八仙桌边扶手椅上的人看到的一样宽，当然会给八仙桌边的尊客心理上多一点轻松，少一丝郁闷。另一些地方，望“天白”的那个点定在条案中央的香炉上口，其实和在穴眼上坐着看是一样的。这个“望天白”把堂屋的深度和层高、倒座的进深和层高（决定脊高）以及院子的宽度密切地联系起来，也就是定下了住宅的平面和剖面上的大尺寸。至于那些只有“一线天”的小天井的住宅，“望天白”就不可能了。

广东省有一种规矩，堂屋（即上堂）必须前窄后宽，大约差三四寸。这种梯形平面叫“口袋形”，财运往里装，漏不出去。如果前宽后窄，就是“簸箕形”了，财运往外倒，留不住。又说，下堂（即门厅）的宽度应该比上堂小一点，因为下堂中央有一横屏门，上堂中央有一横太师壁，两个堂连起来从上堂看，如果下堂窄，便会形成一个“昌”字，吉利；如果下堂宽，就什么都不是了。“小风水”是非常谨严细致的，规矩极多，大木师傅就靠这些说法增加一笔收入。

西藏、四川、云南、贵州，有些少数民族的住宅，单幢式的，没有内院，不对称，内部同样有一间很宽敞的公共空间，也不妨叫它“堂屋”，中央生着火塘，常年不灭，年轻人经常围着火塘举行充满青春气息的活动。

卧室

体现住宅最原始最基本功能的部分是卧室。当住宅简单到了如蒙古包、毡帐、窝铺、独眼窑（“一炷香”土窑）等等的时候，整个住宅就是一间卧室。在一般的住宅里，卧室所占底层建筑面积的份额最大。

卧室通常在明间左右的次间。在正房里，从堂屋进去，两侧是卧室，叫“一明两暗”。也有些地方次间的卧室直接向檐廊或院子开门。在北方四合院的厢房或闽粤堂横式住宅的横屋（护厝）里，房间也大体以一明两暗三间为一组。

中国整个领土在北半球，大部分属温带，建筑的最佳朝向是面南。每到冬季，正房阳光充足，有利于健康，又因为中国礼俗以左为上，所以，一般情况下，父母的卧室在正房堂屋的左次间，右次间住女儿。在南方“一脊翻两堂”形制的住宅里，按照规矩，女儿多住后堂左右的后次间，那里算“深闺”了。男孩则应依照昭穆次序分住厢房，不过如此严格守序的很少很少。

宗族利益以另一种模式规范住宅内部卧室的使用分配：在南方各省，包括号称“程朱理学之乡”的徽州，子女年少的时候，父母住左上房；大儿结婚，父母让出左上房而退到右上房；二儿再结婚，父母再让出右上房而降一级，搬到下堂左右次间，或者住厢房，甚至住到楼上去。当地有俗谚：“大儿结婚，父母让上房；二儿结婚，父母住楼上。”

安徽省黟县关麓村住宅卧室及全堂彩绘透视

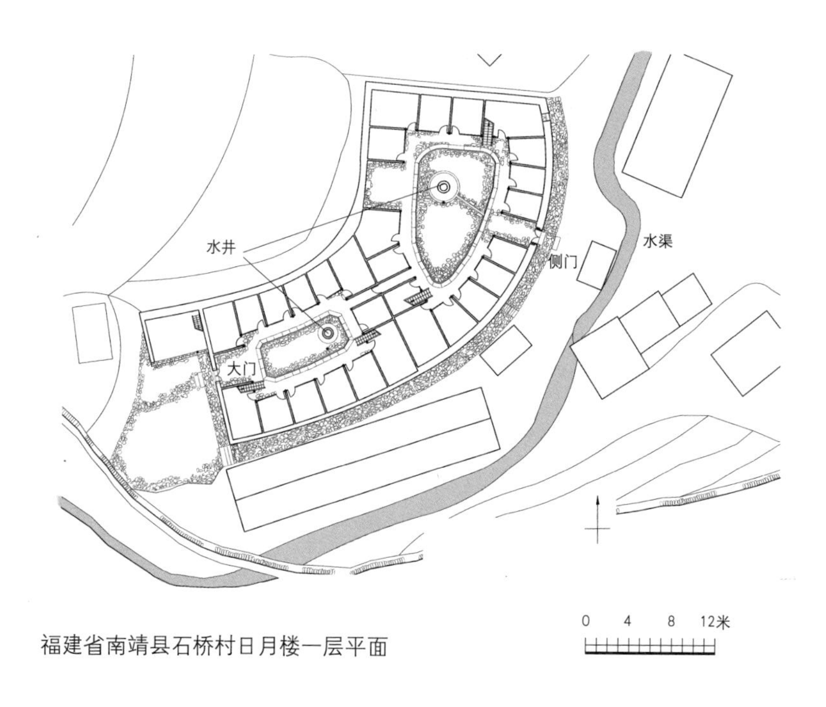

福建省南靖县石桥村日月楼一层平面

南方住宅的楼上冬季十分寒冷，夏季十分燠热，本来不宜于住人，只用于储藏粮食、农具、种子、杂物等等，但既“长”又“尊”的为人父母者到老年竟可能得退到楼上去住。在“一脊翻两堂”的房子里，父母在这种时候就搬到后面的房间去住。在北方农村，小户人家房子不大，常有父母被挤到偏房杂院甚至杂物棚去住的情况。如此配置卧室的理由是：宗族的整体利益大于个别家庭的利益，也高于家庭内部长幼尊卑的“礼教”秩序。宗族的最大利益是人口繁衍兴旺，这是一种很原始的也是很基本的追求。《孟子·离娄上》有话：“不孝有三，无后为大。”只要生养了儿子，就是大孝。多育后代是一个家庭对宗族的责任，卧室是生儿育女的地方，生育能力正旺盛的住好房，生育能力已经衰退的就要让出好房。这是以宗族的整体根本利益为依据的风尚习俗。因为怕老来无处安身，平民百姓大多不顾“父母在，不异炊”的规矩，早早支持儿子分了家。分炊之后，除了长房承继祖屋，和父母一起住之外，其余的儿子都要另造新屋，这是他们平生头等大事之一。有些地方，房子甚至要在娶媳妇之前造就，嫁女儿家，对男方的要求是小家庭有自己的住宅。有了自己的住宅，男子汉才算自立。南方不少地方，为人父者要为长子以下的每个儿子造一幢住宅，或者一幢家族集合式大宅里的一套院子，负担很重，但这很大程度上避免了老人被迫住到后堂次间或楼上去。分家以后，老父母自己做饭或者轮流到儿子家就食。所以，有祖父母生活在一起的人家很少，多的是两代人的核心家庭，当祖父母的其实很难有"安享晚年"的条件。

山西省"四大八小"的四合院，风水先生用"九宫八卦大游年法"，根据住宅的"坐山""门向"，推算出各个房间的"宜"与"不宜"。然后，又根据家庭人口的生辰八字，推算出某人宜住某室。剥去那些巫术的做作，所谓宜与不宜，主要的标准就是生育能力的发挥水平，也就是宜多子多孙。

两个青年男女，不曾见过面，硬被配到一起过日子，目的就是为了生孩子，这是婚姻的最原始意义。合婚"换帖"的时候，男女双方的生辰八字帖子要压在祖宗神主下三天，如果三天里男女双方家里一切如常，说明祖宗同意了，可以定亲。要征求祖先同意，就因为子孙结婚是给祖先续香火。休妻或纳妾的最"正当"的理由便是为了生儿子，生了女儿还不算。南北诸省的结婚仪式，新娘子进院门下轿或下驴之后要踏着两个轮流捯换的空粮食口袋走进正房，祝福"一代接一代"。胡朴安《中华全国风俗志》下编《淠淮间的婚嫁风俗》中记下这个仪节，并引谢告叔诗："箫鼓声中笑语哗，两行红粉迓香车。锦绸重叠偏铺袋，为祝绵绵瓞与瓜。"然后进卧室喝交杯酒，最后是极富挑逗诱导作用的闹房。新床上要撒红枣、花生，祈求"早生贵子"。一切都为了鼓励多多生育。这个仪节几乎遍及全国汉族地区，不仅在淠淮间。

南方人家，满住宅里最好最华丽的家具是卧室里的床，设计精巧，雕刻极其丰富，常常得名为"千工床"。大一点的床，里侧有橱柜，外侧有"前进"，一头置净桶，一头置衣柜，并有一条春凳。因为床是生儿育女的家具，所以舍得花钱。有些地方，床板一定由七块板子拼合而

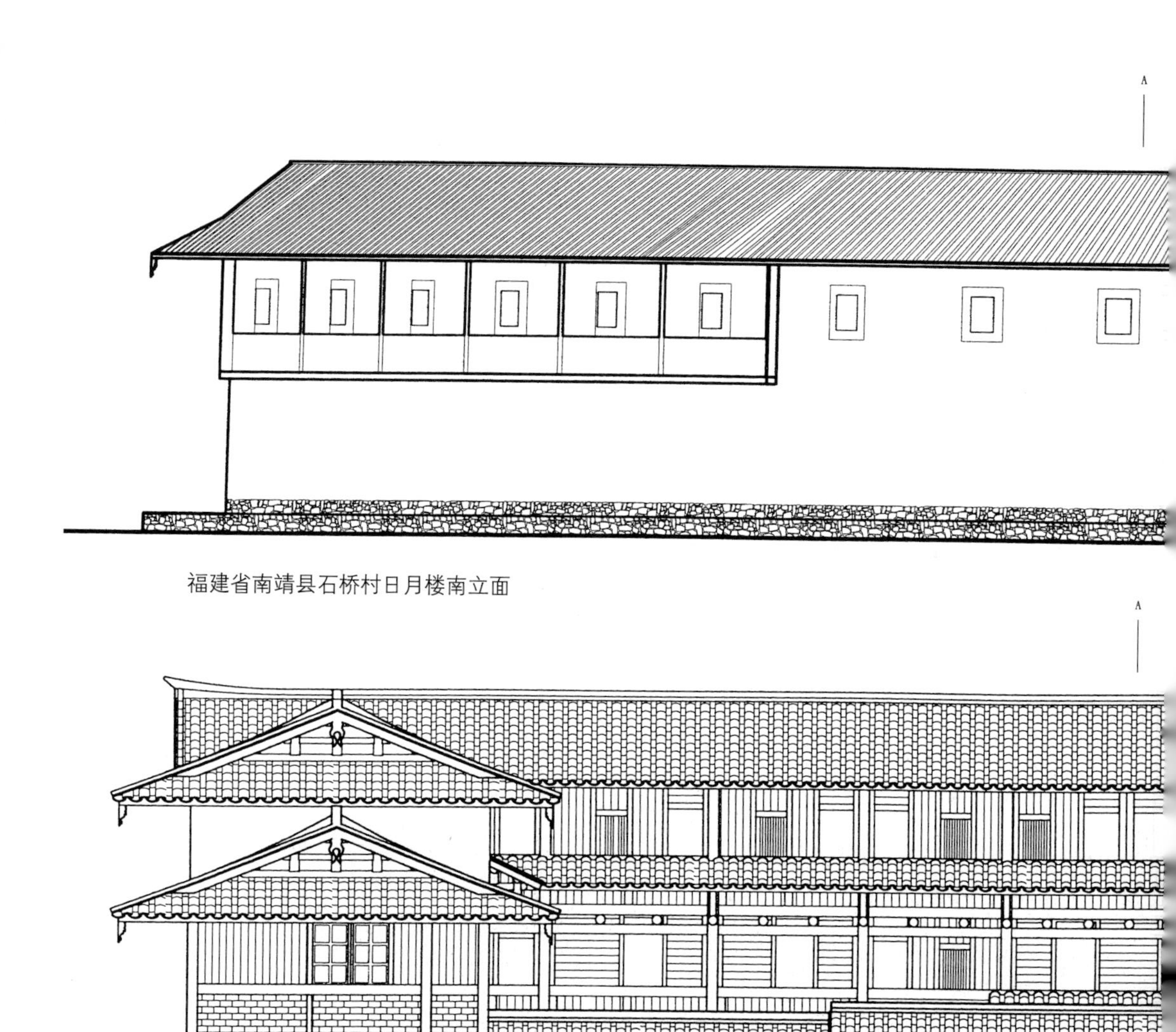

福建省南靖县石桥村日月楼南立面

福建省南靖县石桥村方形楼——长源楼立面

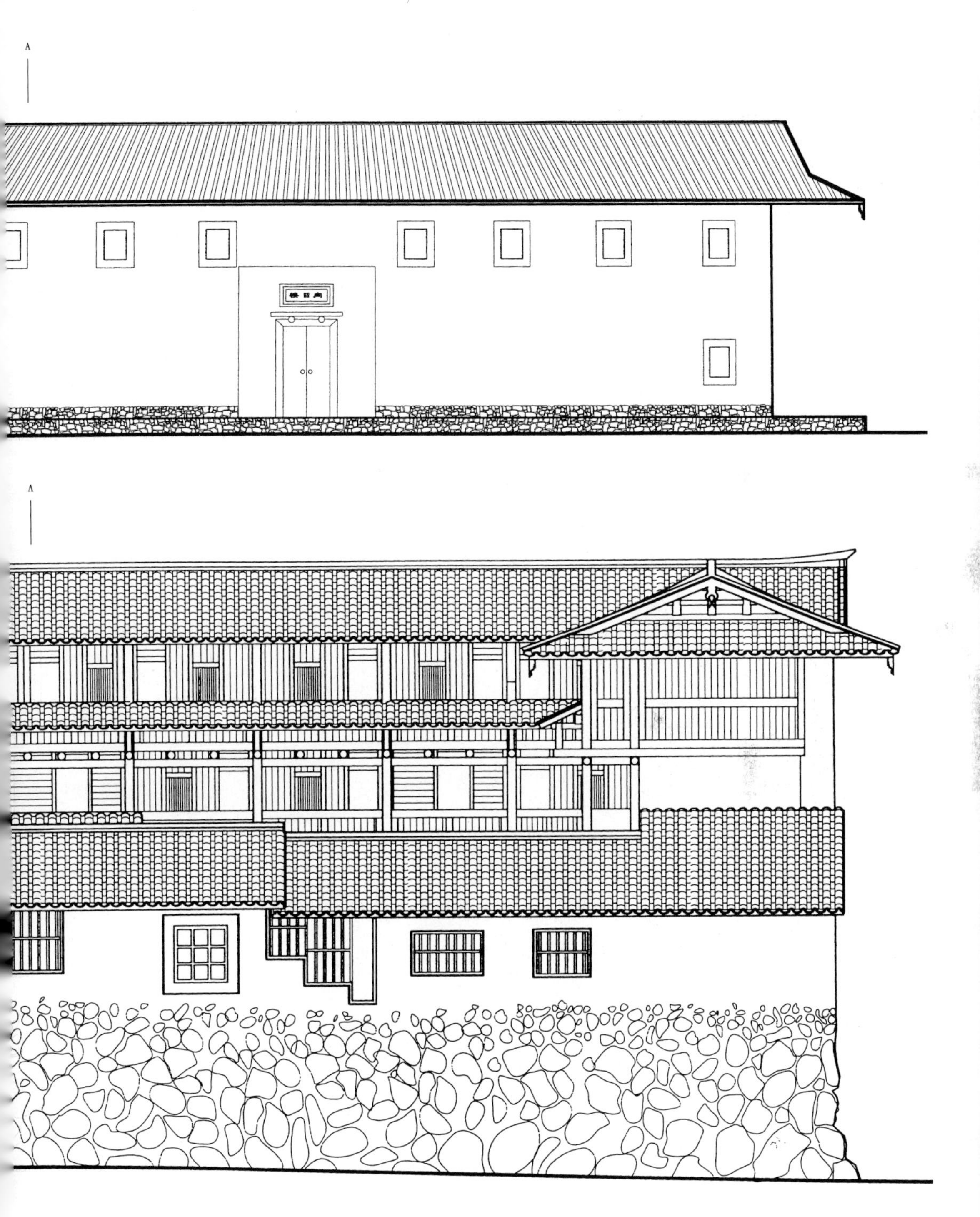
A
A

福建省南靖县石桥村顺裕楼内部

成，因为既贵且富的唐代中兴大将郭子仪有儿子七个之多，婚床要借他的福气。徽州人又有另一种说法：安徽历史上最显赫的汪华[①]有九个儿子，所以大床板用九块板子拼合。

徽州黟县的关麓村，住宅内部绘满了彩画，卧室里的彩画，题材大都是“母婴图”“婴戏图”“百子闹元宵”之类，既为祝愿，也是对母性的启蒙。

北方住宅的卧室里大多用热炕，炕大多靠前檐槛窗，称“顺窗炕”，[②]窗上多贴窗花，题材也主要和性或多育子女有关，不过大多用隐喻，如“鱼戏莲荷”，鱼和莲荷都多子，同时又可谐音“连年有余”。

除了大床以外，卧室里比较典型的家具是柜子和妆台。柜子分被柜和衣柜两种，被柜比较长，柜面上可以当小床给孩子睡觉。关麓村的卧室里还有吊柜，和卧室同宽，深度大于半间卧室，人可以爬进去。有些人家，卧室里还套着暗室，这是为防贼。

---

① 隋末割据江南称吴王，归唐后封越国公，唐太宗征辽时任九宫留守，惠及皖浙多多，在皖南、赣北、浙西最受崇拜。

② 靠后檐墙的叫“顺墙炕”，靠山墙的叫“靠山炕”，这两种比较少。

厨房

厨房在住宅中的地位很重要，它是一家生活的后勤保障。厨房的核心是灶，有了自己的灶，才算有了自己的家，灶是户的代表，一个村子有多少户，就说这村子有多少灶，或多少烟火。

在南方各地的村落里，厨房面积很大，还常常占一个小跨院。和厨房相联系的，有柴房，因为要贮存并晾干劈柴，尤其到了深秋，要存大量劈柴过冬；有猪栏，因为猪要吃熟食，在厨房柴灶上用专门的大锅煮，猪栏近，喂食方便，有些地方甚至习惯于把猪养在厨房里；还可能有粮仓。凡用水渠自流引水供应各户的村子，为便于全村统一规划建设，厨房都在住宅的后部，水渠沿街从住宅后面经过，打开后门便是渠边。有些村子，虽然引水进村却不送到各户，村子里布置些池塘，有些村子，用水靠公用的水井，这种情况下，住宅厨房里就会有一口或几口大水缸。少数经济情况好的人家，会在厨房小院里打“自家井”。

南方的柴灶占地比较大，灶台一般有三个火眼，一个小锅炒菜，一个大锅做主食，一个更大的锅煮猪食。另有一个小开水罐，叫汤罐，用的是大火膛里的热。做食在灶前，生火在灶后，生火人身后堆些当用的柴，头顶上挂着些腌肉腊鸡，借火口冒出来的柴烟熏着，香而好吃，又不容易腐坏。四川羌族，熏腊肉有历经十几年的。灶台一端紧靠外墙，烟囱不高，出墙而止，所以外墙总是被烟熏黑一大片。不用高烟囱的理由第一是拔火太旺会费柴，柴与财同音，费柴便是费财；第二是，拔火太畅可能在主人熄火离去后导致死灰复燃，很危险。

在南方，厨房几乎是个作坊。要酿酒、制酱和醋，还要腌肉、腊鸡、包粽子，都是准备吃几个月的。做出了成品便要用大缸大瓮贮存。缸、瓮是粗陶制品，可以防鼠。豆腐不宜贮存，得常常做，水磨盘就放在厨房里，大家族聚居的住宅，把水磨和脚踏石臼放在门房里供各家共用。打年糕人多热闹，而且是过年的节目之一，有喜气，所以常常在正房檐廊下干。石臼平常就放在堂屋左前檐柱边，做清明果或糍粑（麻糍）也用它。

大户人家雇长工，中等人家在插秧和收割时节请帮工或换工，工人都在厨房里吃饭。有些人家长工就住在厨房院里。平常日子，小户人家一家子也常在厨房吃饭，图省事，也不大喜欢堂屋的严肃气氛。

南方的厨房有这许多功能，所以面积相当大，通常有四五十平米。为要准备兄弟分家，甚至更大。分家就是各自独立过日子，所以分家叫“析炊”，便是“另起炉灶”。分家之初，通常是“同屋异炊”，一个厨房就得有两个灶。

北方如陕西、山西、河北一带，厨房比南方的要小得多。“四大八小”的或北京式的四合院，厨房一般在耳房里。因为燃料主要用煤，所需的贮存面积比用劈柴小得多，也很少有大量的食品加工和贮存。又因为天冷，卧室里有几个月烧火炕取暖，所以就借烧炕的火做饭。这样的炕火灶，有的就垒在次间卧室炕头边，有的垒在堂屋里，一边一个，各有一个火眼。灶和炕分在里外间，但输热的烟道是通着的。天热了，照理要回到耳房里的厨房去做饭，但那里又太热，所以经常是在正房檐廊一头支个小煤灶，那里通风。房子富余的人家，占一个厢房作厨房，真正的大户，会有专门的厨房院。厨房院一边连着杂务院、骡马院、长工院，一边连着正院。按当地风俗，这种人家，往往自己花钱打一口井，立一盘碾子，但都要在大门外，供四邻八舍乡亲街坊们大家用。这是大户人家做的一种公益，给村子添一点亲情。

黄土高原上的窑院住宅里，天凉一般也都在炕头灶上做饭烧水，另有一孔专用的厨房窑，暑天里用。厨房窑边上常有小小的井窑，井口边装辘轳绞水。

南方的村子里，街巷顺水渠随地势走，以致房基地不规整，而房子是方正的，所以会在房基地内切割出一些边边角角的地皮来，其中有一些作为厨房院、柴房院、猪栏、杂务院等等。它们都是生活必需的，没有它们，方方正正的住宅很不好用。因此附会出一种小风水说法，把方方正正没有附属院落和杂房的房子叫作“棺材屋”。一来因为它很不方便，二来方方正正的房子，由于不可避免的误差，必有一头大一点点，一头小一点点，像棺材，是“凶宅”，不能居住。

厨房也讲究小风水，主要是南方各省的厨房。它的位置基本上是由功能决定的，但要根据房主人的生辰八字和住宅的格局方位稍做调整，然后再推定柴灶的位置。最重要的是柴灶的生火口不能对着厨房的门，灶王菩萨不能背对着门。其实这两个“不吉”的位置首先是极“不便”的位置，几乎没有人家会这样做。灶王背对着门是不可能的事，因为他的位置在烟囱前。风水先生不过是说说顺水话而已。山西省晋城地区，一般规矩是灶王爷要坐东朝西。但真正遵守这规则的不多。

柴灶上，连着烟囱，有灶神（灶王菩萨）的神龛，不大，约莫四十厘米高，三十厘米宽。神前香烛不绝。坊间《敬灶全书·真君劝善文》说：“灶君乃东厨司命，受一家香火，保一家平安，察一家善恶，奏一家功过，每逢庚申日，上奏玉帝。终日测算，功多者三年后必降福寿，过多者三年后必降灾殃。”民间传说，腊月二十三是灶神上天向玉帝报告人间善恶的日子，这天，家家放鞭炮送灶，希望他“上天言好事”。大年三十晚上，神龛里贴上新灶王爷的神像，把他再迎回来，又希望他“下地保平安”。灶神长年在厨房里坐着，是家神，和百姓的关系非常密切，人们对他有亲近感，所以不妨跟他开开玩笑。上天之前，用麦芽糖抹在他嘴上，一来嘴上甜了，自然多言好事；二来麦芽糖很黏牙，他张嘴费劲，就会少说话，以防他“言多必失”。这个小小的幽默，是天人之间最有人情味的一次接触，也是中国传统文化里富含腐败因素的例证之一。虽然百姓对他不无狎昵，灶神其实身份很高，早在《礼记·月令》里规定，庶民只祭五祀，即“户、灶、中溜、门、行”。到明代，《明会典·祭祀通例》规定“庶民祭里社、乡厉及祖父母、父母，并得祭灶，余皆禁止”。这通例反映出吃饱肚子在生活中的重要性。

浙江地面上，灶神上天时，家家送他一乘轿子。这轿子是用竹子制的，其实就是平日挂在厨房里的油灯架。灯架很像轿身，拿一副长筷子绑在灯架两边当作轿杠，把供着的灶神像取下卷成圆筒，插到灯架里，一起点火烧掉，灶神就乘轿上天去了也。这样的轿子设计得也颇为幽默，同时也反映出中国人对事情的敷衍马虎态度。

到了年下，神龛、水缸、酒缸、酱缸、腌菜缸、磨盘、碗橱等等，都要贴上用红纸写的吉祥话，讨个利市。粮柜上必贴“年年有余”的纸条。

院落

院落或天井是内院式住宅三合院或四合院的定义性因素。

院落或天井是整个内院式住宅布局的组织者，它把正房、厢房或者还有倒座放定在自己周边，而它扮演着分隔它们又联系它们的角色，周边的房子都只向它开门开窗，它的空间凝聚力很强。它在住宅里起着招风、采光、接地、通天的作用。在南方一些地区，比较宽阔的院落把四周的檐廊变成进餐、缫丝、纺纱、织布、打年糕、读书、会亲友的场所，洋溢着生活气息。一家人在院落里劳作，也在院落里纳凉、曝阳、乞巧、赏月。有了院落，妈妈才能把细丝般的手抻面晾晒；有了院落，姐姐才能在刺绣的绷床上飞针走线；有了院落，孩子们才能挑逗蚂蚁们打架；有了院落，燕子才能飞进堂屋筑巢；有了院落，檐溜才能织成晶莹的水帘。

北方农村住宅一般不造楼，但山西等地多两层楼房，二楼前檐有通长的明柱敞廊，楼梯就设在檐廊里。栏杆空透玲珑，院子里显得活泼开放，如山西省沁水县的西文兴村。南方多雨水，两层的房子有腰檐，楼上用靠背栏杆，腰檐下梁枋牛腿多雕饰，也给院子生色，如浙江省建德市新叶村。北方人说院落接地气，住院落房子的人身体好，院子里不满铺砖石，露出土地，种些不很高大、不很遮阴的树，如枣树这种象征“早生贵子”的树，以及石榴树、海棠、山楂这些既有观赏性又果实累累的树。山西人不在住宅院里种白杨树，因为白杨树习惯种在坟地里，叶大而厚，风吹来互相拍出声响，人们叫它“鬼拍手”；也不种柿树、槐树、桑树，因为它们谐音“死”“坏”和“丧”，槐树还有一半是“鬼”字。农家院里种树不会多，为的是收了玉米、棉花、大豆、芝麻等等要在院子里晒干，不能让树冠挡了阳光。

山西、河北南部、陕北等地雨水少，房子不一定做坡瓦顶，所以每户有部分屋顶或全部屋顶为平顶，在平屋顶上晒庄稼，夏季也在平屋顶上纳凉睡觉，它们是院子的扩展和补充。楼梯通常设在正房东端的耳房里或者东厢房的北山墙外。

黄土高原上的住宅院落里通常还有两个地窖：一个菜窖，储萝卜、白菜、土豆、甘薯等等，可以长期保鲜；一个水窖，储雨水，当地雨量少，水很稀贵，所以要接存天水，随时取用。

南方多雨，为避免泥污，院子不露土，地面有铺石板的，也有铺鹅卵石的。卵石地面透水，而且很富装饰性，常用单色的或不同色的卵石铺成花样，最简单的是“古老钱”，复杂的有“鹤鹿同春”“麒麟送子”等等。卵石缝间长些苔藓和细草，一圈一圈的幽幽浅绿，很可爱。硬地面不能种树，但爱置盆栽，以珠兰、茉莉这些香花为多。还有山水盆景。较大的院落里，中央甬道两侧立长长的石板花台，盆栽、盆景都放在上面，台下有鱼缸。小天井院则只能在当中放些花草盆景了。吸壁天井往往贴照壁砌花台或者鱼池。照壁上有砖雕和堆塑装饰，最简单的只在中央写个“福”字。

夏天炎热，院子上方有可卷可放的竹帘遮阳，并阻止外界热空气侵入，以保持小院内的阴凉。福建永安市，稍大一点的院子就在中央造一座敞轩，遮阳并阻滞热空气侵入。江西、广东的有些地区则为此把天井做得极小。

院落或天井是住宅里建筑艺术的中心，它不但有丰富的空间变化，而且有多变的光影。尤其在南方，它的三面或四面展开大面积精致细巧的门窗格子，正房骑门梁和两厢过海梁柔雅的曲线和它们的雕刻，以及

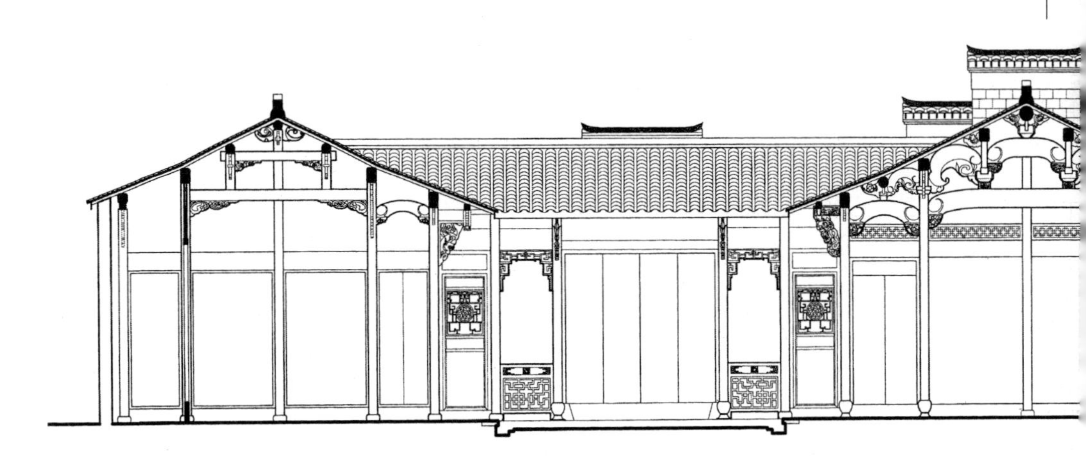

浙江省江山市廿八都丁家大院纵剖面

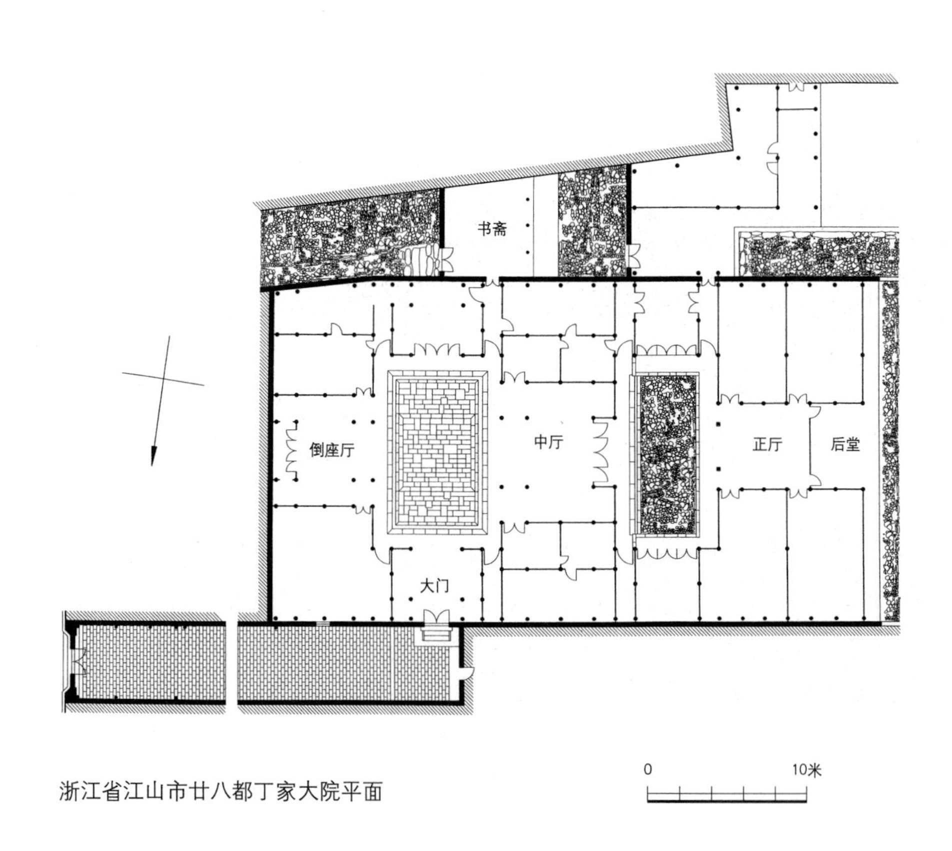

浙江省江山市廿八都丁家大院平面

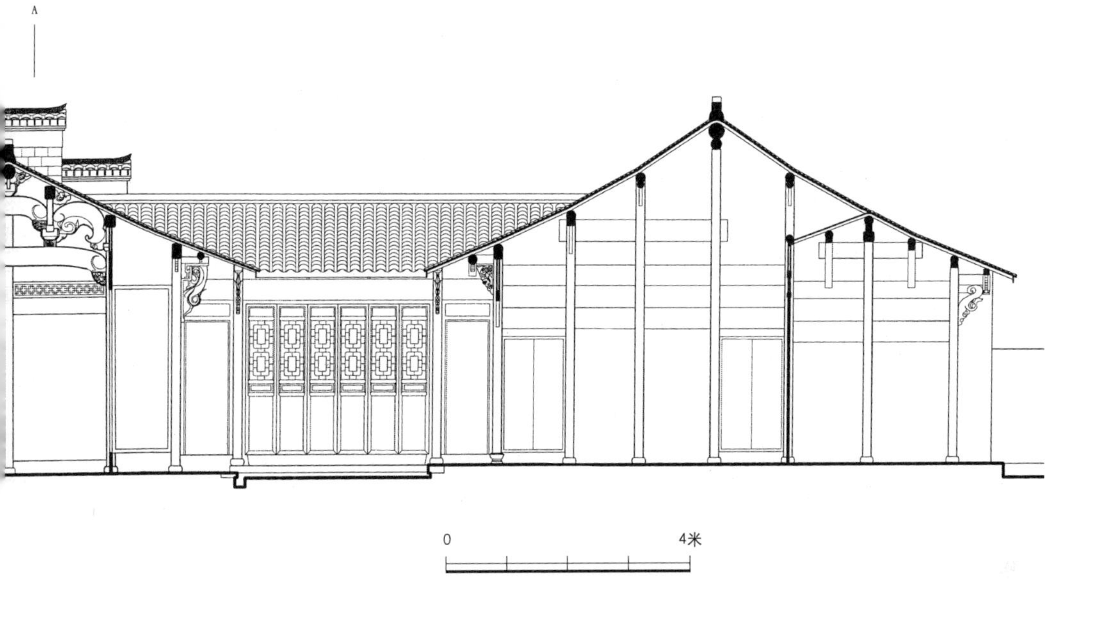

江西省黎川县某村住宅庭院

檐柱头上精雕细镂的牛腿、雀替、梁托和檐廊上的鹤颈轩、二步梁，都以院落或天井为最佳的观赏位置。

但也有不少地区的内向式住宅，正房三间，厢房一间，上下房的出檐很大，以致天井只剩下幽幽的一线天光，如江西省乐安县流坑村的一些住宅，天井的作用几乎仅仅是透气和排屋面水而已。

由于院落在住宅中的重要性，小风水术数对它也很下功夫。关于院落的第一个风水说法是"四水归堂"，便是使四合院四周屋顶上的雨水都倾泻进院子里。水在风水术里代表财，"堂"指"明堂"，在住宅里就是中央院落，"四水归堂"象征聚财。所以安徽人叫天井为"聚财屋"。三合院，前面照壁上也有窄窄的一条檐子，把檐头雨水滴进院落。有些地方，如浙江中部，有不少三合院在照壁跟前造一套"金鼓架"，实际上就是贴壁造一排明柱落地的披檐，它除了加强单薄的照壁的稳定性之外，还能更好地形成"四水归堂"的格局。

水落到院子里就得排出，堪舆典籍《相宅经纂》卷三"天井"条："凡第宅内厅外厅，皆以天井为明堂，财禄之所。……房前天井固忌太狭致黑，亦忌太阔散气。宜聚合内栋之水，必从外栋中出，不然八字分流，谓之无神，必会于吉方，总放出口，始不散乱。"天井里雨水的排出，在"小风水"里是很重视的。排水的暗沟要曲折，造成"去水依依"的眷恋情致。每个转折处下方都埋一口缸，沉淀杂物，上方有窨盖，可以打开来挖出沉淀。出水口必在大门口右侧而且稍高，水一出去就向左横流过门口，绕台阶而呈弧形，这也是"玉带水"，利于户主升官。所谓"玉带缠腰，贵如裴度"。

和堂屋要"口袋形"不要"簸箕形"，院落要"水流宛转"相应，为了"留住财气"，每天晨起"洒扫庭除"的时候，必须先从大门口内侧扫起，一下一下向里扫。

在山西省各地，院子正中有一个用砖或石垒成的台子，像方凳一般大，叫"中宫爷"或"中央神"，它是姜太公的象征。民间传说，姜太公佐武王伐纣成功之后，大封诸神，自己却不居功，引退到老百姓住宅里，替百姓保家护院。中宫爷极其朴素，甚至简陋，但十分牢固、坚实，这就是百姓赋予姜太公的性格。每逢朔望，点一炷香，奉一碗饭。不许践踏中宫爷，也不许坐在它上面，更不许向它泼水、倒秽物。爱百姓的，得到了百姓的爱。也有些地方，如闽西，百姓在上房正脊中央做一个龛给姜太公，叫"太公亭"。能挡雨防晒，比在院子里安逸，但距离百姓远了，恐怕不合太公的心意，不大流行。

内院连接着大门，经济文化比较发达的地方，稍稍讲究一点的人家，为了避免门外的人看到院内的家庭生活，从大门到内院不是有曲折，便是有屏蔽。有曲折，是把大门开在前面的左右角。南方各地，如果把大门开在前面正中，四合院就在门厅（下堂）里设一道屏门，三合院就在门内或门外立一道影壁。四合院门厅的屏门左右还留约一米的空隙，平日不开屏门，来人拐两个弯进院。民间传说，鬼不会拐弯，屏门可以有效地把他们挡住在外。新娘子进门或抬棺木出门，要开屏门，为防鬼乘机溜进，届时要在门口放一盆火吓鬼。万一没有防住，就利用鬼不习水性怕水淹死的弱点，把小院子叫作"天井"，即使没有水，这名称就足可把鬼吓走。浙江省永嘉县农村有少数住宅，内院做成真正的水池，虽然不方便，但鬼是绝对不敢进来的了。

然而，这些小风水术的讲究，在真正的纯农业村和山区小村里很少见，可能求财心切本是市民心理，虽然向乡间弥散，但农人们感受不深。山村里多数住宅完全敞开，不设屏蔽。如果有院墙也不过及胸高，只为了挡鸡鸭猪羊。外人平素极少进村，村人都是兄弟叔伯，彼此熟稔，大家都没有多少积蓄，生活方式也都相仿，不必避讳什么。人们在墙头过话问好，递一壶新米酒，讨一碗老腌菜，一村人亲亲热热。大约人间融洽，鬼便无隙可乘，也就不会进来了。这样的村落，从浙江、湖南到云南、贵州都不很少。由于住宅的开敞，村落的景观很舒畅，教人觉得安逸自在。典型的例子如浙江省永嘉县的林坑。

山西省长武县十里铺窑洞建筑横剖面

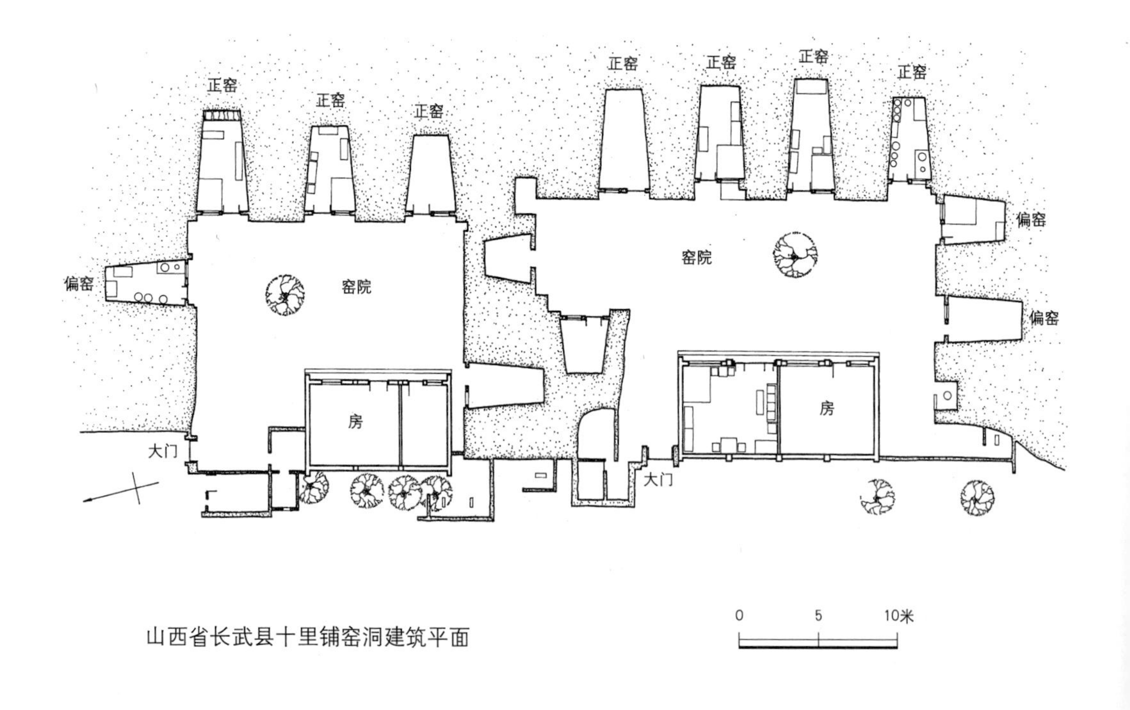

山西省长武县十里铺窑洞建筑平面

宅门

一座住宅最重要的功能部分，其实是门。如果“不得其门而入”，那就无论什么样的住宅都会成为废物。孔子在《论语·雍也》里则说：“谁能出不由户？”如果“大门洞开，百无遮拦”，这住宅也不好住。既能开了让人进入，又能关了拒人进入，这便是大门的功能。所以自古以来人们就格外重视户门，《礼记·月令》规定天子和庶民都得“祭五祀”，郑玄注五祀为“门、井、户、灶、中溜”，五祀之首就是“门”。后来的风水典籍《相宅经纂·卷一》说：“宅之吉凶全在大门……宅之受气于门，犹人之受气于口也。”这就导向了迷信。

封闭的内院式住宅，整个外形沉闷而没有表现力，唯独宅门外向。走进南方许多村子，仿佛村落由巷子组成，所见只有两侧长长封闭的高墙，不见房舍。留下稀稀落落的门头，代表着那些隐没在长而高的墙壁后面的住宅。因此门头就成了住宅外观上最重要的艺术焦点，甚至成了家庭的象征。浙江人嫁女儿，要求男方有“自家门头自家井”，门头代表住宅。它也是家的代表，兄弟析炊叫“自立门户”，就是有了独立的家庭。

又是功能重要，又是艺术焦点和家庭的象征，宅门因此就负担了许许多多的社会文化意义。

门的形式反映着住宅主人的身份，所谓“门第”。例如山东郓城

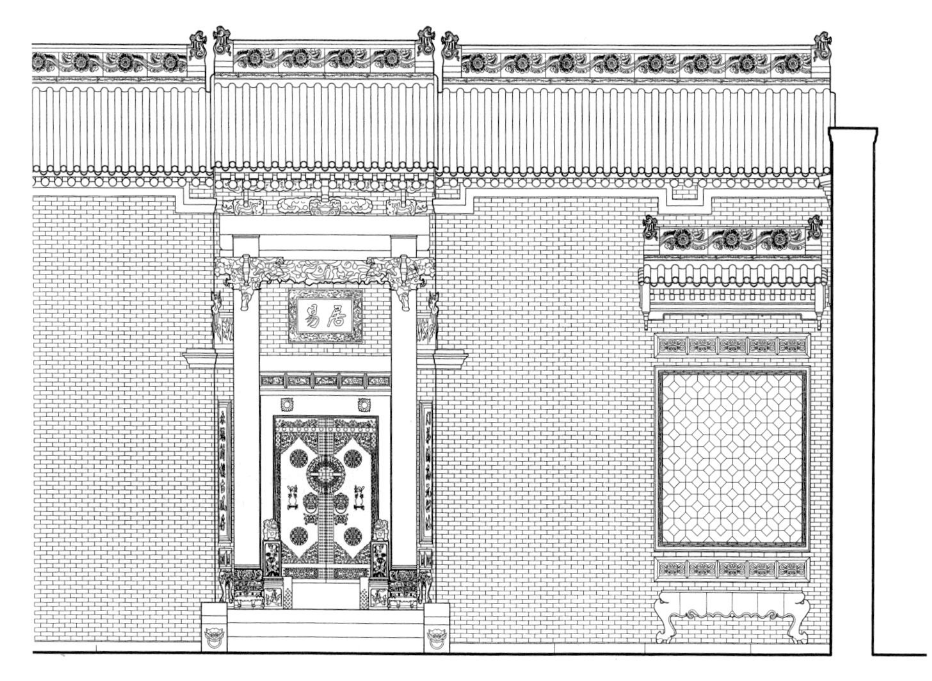

山西省襄汾市丁村住宅大门影壁及二门立面

一带，乡间住宅大门大致分三种：殷实人家建造“起脊门楼”，砖墙瓦顶，脊两端有兽，脊中央插三支钢戟，寓意“连升三级”；漆皮门扇，门楣上挂大匾，写些吉祥话或者屋主人姓氏的郡望。中等人家造“鸡架门楼”，左右两个砖垛，上架横木为梁，梁上砌三行青砖；两扇板门，用锅底灰染成黑色，黑色可以驱鬼邪，叫“黑煞神”。贫寒人家，住宅不成院落，土墙一道，留个豁口为门，门扇不过是几块木条钉个框子再夹些酸枣枝或者秫秸，这大概就是“蓬门荜户”。北京的四合院，普通七品以上官员之家用广亮门，以下则有金柱门、蛮子门和如意门几个等级。所以婚配要“门当户对”，就是双方社会地位要相称。

民间的这些现象，不过是由于习俗与财力，至于大户人家，宅门的等级便有法典性的规范了。如果考上了进士，那么“进士第”三个字是必定要镶上大门额头的，而且门前要立“桅”，就是树一对木杆，上面各装两只斗。当个什么官，就会挂“尚书第”“司马第”之类的门额。

通过捐阶买爵，弄个“奉政大夫”“中宪大夫”之类的虚衔，他们的宅门就会标上“大夫第”字样。不过官家的典章制度，在乡里执行得并不严谨，一来是天高皇帝远，没有人认真管，二来是制度十分烦琐，大家也都不十分弄得明白。所以“进士第”“司马第”“尚书第”就常常来历不明，“尚书第”里可能只有人在尚书省当过小官吏，“进士第”也可能不过是有个地位相当于举人的恩进士而已。

浙江省江山市廿八都住宅门头

正因为宅门重要，所以风水术数就有不少关于宅门的吉凶的迷信说法。主要是宅门的位置和朝向。在乡间，人们还认真遵循着和宅门有关的许多民俗。一年到头四时八节大多会在大门上有所表示，如端午节挂蒲剑、艾草，春节换桃符、门神等等。喜丧嫁娶、生儿育女，一家人生活中许许多多大大小小的事情，都会在大门上用各种方式“公示”。[①] 如父母去世，贴蓝纸门联告丧，扎素牌楼；迎亲人家，贴大红喜联，扎彩牌楼，等等。连某家有人生了什么病都可以察觉出来，因为病人用过的药渣都一定要倒在大门前，让过往行人踩踏，踩踏越多，越利于病人痊愈。

不过，由于地域广大，各地民俗变化多，并不完全一致。

住宅的大门，首要的是选位和朝向，决定的因素是便于出入，既和住宅的形制相洽，又要和街巷的联系便捷。

① 参见王子今：《门祭与门神崇拜》，上海三联书店，1996年。

北京郊区的四合院，和城里的一样，坐北面南的宅子开门在东南角，叫“巽字门”，坐南朝北的宅子开门在西北角，叫“乾字门”。根据“九宫八卦大游年法”，这两个位置是“小吉”，把“大吉”的位置让给正座堂屋。[①]风水典籍《阳宅十书》里说：“坐北向南开巽门者，水木相亲……发富贵，子孙万辈兴旺。”虽然并不应验，但人们喜欢听吉祥话，总是以坐北朝南的宅子为最佳选择。北方的“巽字门”和“乾字门”，以倒座末间外侧的“耳房”或后罩房西端的耳房为门屋，广亮门和金柱门，门前有门斗，门后有屋，很方便。单间，不张扬，有抱鼓石、砖雕和门联等作装饰，一般繁简适度。穿过门屋，面对厢房的山墙，山墙上通常有精致的砖雕，中间有“鸿禧”“纳福”之类的吉祥词。宅门把居家的生活气氛渲染得很安详又有喜气，所以这个地区的民歌里最流行的是“小小子儿，坐门墩儿”系列。

山西省的合院住宅，多把大门开在正面中央，少数开在巽位或乾位。有倒座的，占一间为门屋；没有倒座的，多在门内侧设一间罩亭，方便出入时的应对或者其他动作。晋东南各县，门枕石上不但有抱鼓石，还会有大小两对狮子。

北方各地流行骑乘，所以门前都有“上马石”和拴马桩，门侧墙上有拴马扣。

南方各省，三合院的宅门有几种设置法。一种是在前照壁正中开随墙门，叫“四震门”，偶尔有在门内设一间罩亭的；一种是只在左右开门，正对两厢檐廊的尽端，门内侧没有特设的空间，这种门在有大型活动如喜、丧的时候很不方便；还有一种是既有中央的门也有两侧的门，一共三个门，这是少数，多用于比较大型的住宅，或者在正房设香火堂的“祖屋”。

南方的四合院型住宅，宅门大多开在下堂（倒座）正中当心间。

① 《易》：乾卦：“元、亨、利、贞”；“彖”曰：“大哉乾元，万物资始，乃统天。”巽卦：“小亨，利有攸往，利见大人。”由此可见乾字门为大吉。但整体说来，南向宅应胜于北向宅。坤卦：“象”曰“地势坤，君子以厚德载物”。

浙江省江山市廿八都丁家大院大门立面

南方住宅建筑一般进深和开间都比较大，门屋面积因之而大，夏季炎热，门屋里有穿堂风，成为纳凉的好地方。天井里的雨水由阴沟排出户外，这阴沟必从门屋地下经过，而且在门屋下必有转折，转折处埋个沉淀缸，在地面上有盖。人们乘凉时把盖打开，有凉气冒出，可以消暑。稍稍宽裕一点的人家，在门屋后金柱位置设一道八扇或六扇的格子花的屏门，平日不开而绕两侧空隙处出入，以增加宅内的安谧气氛。家族合住的大宅，在屏门前方左侧设水磨一台，右侧设脚踏石臼一台，供各家公用。这种配置也叫作“左青龙，右白虎”。更大的宗族房派合住的大宅，如浙江省武义县俞源村的裕后堂，大门厅是三间通阔的，十分高敞气派。

宅门的位置也会有一些例外的变化，主要由于宅子和街巷的关系。如果宅子以侧面沿街巷，则宅门就会开在侧面。南方的小型住宅通常天井狭窄，两厢各只有一间，沿街巷一侧的这间厢廊就成为门屋。院子比较宽一点而厢房有几开间的，则大多以厢房最前端的一间为门屋。正对宅门常常是前檐细木挂落，进门后侧转才到厢房檐廊。街巷决定了宅子的出入，这时就不顾宅门在“九宫八卦”中的位置了，不过仍然会有风水师的一番说法。

大户人家，房基地宽裕一点，会在正门前加一个前院，前院门直通街巷，而原有正门的位置和朝向则仍依规矩，改称为二门。在皖南、赣北一带，前院门为一间，有前后檐柱及脊柱各一对。高档一点的有楼，楼上存杂物，用活动扶梯上下。有院深入，正对前院门，则为客房，偶或也有楼。前院轴线大致和宅子纵轴成直角，有吉祥话叫“横财飞来”。官宦人家，来男客在前院门外下马，女宾可将轿子抬进正宅门（即二门）。前院门内贴左右壁有长条凳，作为“下人”如轿夫、马僮和主家的仆佣们休息的地方，夏天很凉快。这一进前院，增加了住宅的层次和深度，后来也赋予它一些礼仪上的规矩，主要是严分内外、上下、男女。司马光的《涑水家议·居家杂仪》对这方面写得很细致。

南方水网地区，人们惯于使船，有些人家以正门临河，门前设船埠。

影响宅门位置和朝向的另一个因素是风水术数。风水术数认为建筑的位置和朝向能影响居住者的吉凶祸福，但是住宅大多位于村子街巷里，屋舍密集，房基地所受的限制很多，不可能像庙宇、祠堂那样迁就风水，而住宅中自由度比较大的是宅门，于是风水术数就对宅门的位置和朝向等等提出了不少说法。风水术的经典著作《相宅经纂》说：“宅之吉凶全在大门。”《辩论三十篇》解释：“阳宅首重大门者，以大门为气口也。”术士们常用的禁忌有：宅门不能正对别人家的宅门，不能正对别人家房子的山墙尖或墙角，不能正对来路，也不能正在人字形的两条路的交点。门前也不能有一对方塘，一对方塘像“哭”字的头，当然不吉。就自然环境来说，宅门不能正对岩体破碎的山，不能对奔马形的山脊的腰部，不能被来水正冲，等等。

理气宗风水术把人的姓氏分宫、商、角、徵、羽五音，每音在宅门的朝向上都有避忌。据宋人王洙等撰的《地理新书》，商音之家宅门不宜南向，徵音的不宜北向，等等。不过，只要给阴阳先生一笔厚礼，他便能“略施小计”而“逢凶化吉”。最简单的是在门的一侧立“泰山石敢当”或“姜太公在此”的石柱一枚，在门楣上挂一面镜子或画一个八卦，等等。稍稍复杂一点，例如门对尖形山为凶，但在门前立一面影壁就可以禳解，挖一口水塘就可以转化为大吉：火形山变为文笔峰，倒影入塘象征“文笔蘸墨”，主家会文运亨通，“科场连捷”。影壁或水塘的位置和尺寸要由阴阳先生在一场隆重而神秘的仪式中根据宅主人的生辰八字推算出来，否则反能致祸，这就大大提高了阴阳先生的身份权威。在江西、福建、安徽这些风水迷信特别盛行的地方，常常可以见到有些住宅的大门朝向和住宅本身的朝向不一致而扭转一个角度，原因就在于风水师的生财有道。

住宅大多还有后门和腰门。后门一般开在厨房，腰门则在正房和厢房之间夹道的一端或两端。如果宅子侧面有街巷，则这一侧的腰门便开向街巷。腰门常常连接邻屋的腰门，因为血缘村落中比肩而建的宅子都是本家族人，来往亲密，而且宅子连通在火灾时有利于避火、救火。南方许多血缘村落都说下雨天走遍全村不会湿鞋，主要是靠腰门的连接。

宅门的形制和造型也是丰富多彩的，由于门的实用功能单纯而可塑性大，变化比厅堂等多得多。宋代曾经规定“非品官毋得起门屋”，[①] 明代关于房屋的制度更严，但没有限制庶民的住宅起门屋，清代则更加

① 《续资治通鉴长编》卷一百十九。

宽松。而且，事实上乡土社会里对官家的制度并不处处当真，因此，作为“脸面”的大门，成了建筑艺术的重点。

北京和它的郊区里流行的广亮大门和金柱门大概可以称为最初级的单间门屋，外观很朴素，虽然有大量精细的砖雕，但并不显眼。南方各省有点身份的大宅，“下堂”中央三间屋面略高起一点，有些像三间“门屋”，但实际仍只有当心一间为门屋，不过前面有个凹进的门斗，宽大致为两间，占左右两次间各一半。由于门斗里有上漆的木构件、彩色的壁画和门神以及精致的砖雕，加上一对抱鼓石，在一带灰墙衬托之下，显得醒目又大方。

但浙、赣和皖南的宅子，还是以随墙门为多。门洞就是墙上的一个开口，最简单的宅门是门洞两侧砖墙收头，上面架一根木梁。进一步，用石梁代替木梁。再进一步，左右立石门框，下面安石门槛，叫“石库门”。北方流行窑洞的地区，如陕西和山西，用砖券代替石梁，形成“天圆地方”的门洞。门洞的尺寸也要合乎小风水的规定，如宽度不可在鲁班尺的“病、离、劫、害”四个段落，而要在“义、官、本、财”四个尺寸段上。《鲁班经》说：“惟本门与财门相接最吉，义门惟寺观、学舍、义聚之所可装，官门惟官府可装，其余民众只装本门与财门。”考中了秀才，不过刚刚“进学”，还算不上功名，家里大门洞就可以比平常人家高三寸，大约是七尺三寸。门洞上方，常镶一块石匾，匾上大多刻房主人的郡望，如“颍川世家”（陈姓）、“陇西望族”（李姓）之类。有揄扬家世煊赫的，如“三槐毓秀”（王姓）、“东山苗裔”（谢姓）；也有颂主家道德文章的，如“秦人旧舍”“百忍遗风”（张姓）；也有写环境之美的，如“灵峰挹秀”“水木清华”。科举成功人士，如进士，必定在门额上标明“进士第”，也有人家炫耀捐纳而得的虚衔如“大夫第”“司马第”。

有些人家，石匾之上做挑檐，或者叫“眉檐”。有砖挑檐，简单地挑出几层平线脚或牙子线脚加瓦檐，或用枭混线脚代替出挑线脚。江西省乐安县有些牙子线脚达到五六层，挑檐就很大了。瓦檐华丽的是用砖在门洞两侧砌墙垛，上承板梁，梁上设砖斗栱承托瓦檐，多为斜角网状的如意斗栱，十分复杂，精致而华丽。也有不做斗栱而用砖仿做饱满的莲瓣的，重叠三四层。瓦檐上有脊有兽，已是贴在后面墙上了。有木挑檐，从砖墙出挑檐木或牛腿承载挑檐檩和檐檩，上面铺椽子、瓦，也有的做斗栱。挑檐木后尾向墙内侧伸出，有一套木结构支承。山西省阳城县和沁水县的一些村子里，在门道两侧立石柱，上承木檐，斗栱有多达七跳的，木披檐近似单间牌楼，也有字牌。清代初年赵吉士著《寄园寄所寄》卷十一《泛叶寄》中记了一则民间传说："明太祖初至徽，避雨于民屋门首，曰：尔民何不接檐？民遵命，至今新安屋宇，门皆重檐。"这传说至少说明，民间是很重视这门檐的，而且早期它和宅主人的身份大有关系。有些科举人家则径直在门口贴仕进牌坊。浙江省江山市廿八都的住宅门头，用两对甚至三对牛腿承托三段挑檐，中央高，左右低，"三楼"，叫"三山门头"。牛腿精雕细刻，变化很多。

比挑檐更适用的是双柱厦檐，即门洞前有个比较大的单坡屋顶，后面贴墙有柱或无柱，前面用两根檐柱架檐檩承载。这一部分全用木结构，一般是雕梁画栋，饰之以鲜艳的色彩甚至彩画。这种做法在山西等地用得比较多。有雨有雪的时候可以给出入的人很大的方便。南方雨虽多而这种做法不多，原因大概是村子里巷子很窄，没有足够的位置。

最足以表现工艺之美的是雕砖门头。做法是用特制的型砖贴在门洞外墙面上，仿木结构牌楼，柱、梁、枋、檩、椽毕现如式。通常下部是一对柱子的单开间，大额枋之上变化为四柱三楼式，中央加一层高高的"字牌"。少数雕砖门头做成三开间的牌楼式。顶用瓦覆盖。木结构上一些装饰构件如梁托、雀舌、枋头等用砖块雕刻出来，甚至用细巧纤薄的浮雕表现木结构的彩画图案。这种门头流行于苏南、皖南、浙江、江西等地。

有功名的人家，可以在门头左右斜出一对磨砖对缝的小影壁，和门头形成三开间的构图。斜出四十五度的，叫"八字门"，是八边形的三个边，斜出六十度的，叫"六字门"，是六边形的三个边。当中的门头有雕砖的也有木构的，十分华丽。这种门头的人家和来往宾客的身份比较高，所以大多数八字门和六字门从住宅前界后退一些，为的是给车、马、轿子留下回旋的空地。

江西省乐安县的流坑村，有一些节孝牌坊和功名牌坊就做成仿三开间木构牌坊的雕砖门头，贴在被旌表者住宅的大门上。有的就用原来的牌坊式砖门头加上字牌改成功名牌坊或节孝牌坊。山西省阳城县农村则常将木质的仕进坊或世科坊贴到宅门上，如郭峪村的陈昌言宅和张鹏云宅。

和各种门头同样重要的是门扇，虽然它要朴素得多。房主人对门的出入者是有选择的，有的人让进，有的则拒绝，这就要有门扇。宅门一般是双扇的，木质，向内开。为了防盗，门很厚重。南方习惯，每板门扇用十块实木枋子拼成，也有每板用五块木板，双扇合成十块的，讨个利市叫“十全十美”。①门上有左右一对门钹，内外两副门闩。门钹是铁质的，底托多为六边形，每边镂如意云头，中央有碗形凸起，用扣子挂一个门环。门钹的下方，门板上钉一枚小小的金刚锤形的铁帽钉，归来的人一拍铁环，正好敲在铁帽钉上，发出脆响，宅里的人可以听到。门外的门闩是铁的，门里的是木的。在南方的广东、福建等地，外门都还要配上竖杠、横杠等把门守牢。有些没有前院的住宅，以堂屋门临街，在板门外增设以横杠组成的推拉门扇，叫“推笼”。横杠间距大约二十五厘米，板门开时，堂屋很亮，左右次间无窗，从堂屋取光，这叫“明堂暗室”。

门扇下有“门枕石”，接纳门扇的立轴。门枕石扩大一些，凿卯沟承门槛的端榫。再扩大一些，在门外形成门墩。门墩升高的，有精致的雕饰。官宦人家，则雕石狮子，或者在抱鼓石上饰狮子。不过“礼不下庶人”，这种做法未必合乎规制，大多是“逾矩”的。山西省晋东南地区，石狮子比较多，不大，雕刻得十分活泼可爱。有些人家有

① 有的不计作门轴的那一块板，则每扇有11块板或6块板。

两对，一对大一些，一米多高，一对很小，不过四十厘米上下。小的是有钱便可以做，大的是有了科举功名才能做的。门扇的上轴插入连楹，连楹是一根木料，横过门口上方，同时接纳两个门扇的轴。连楹有木质的和石质的，木质的用木楔砌进砖墙，外端露明，套上雕花门簪。门簪一般为两枚，赣南的用一枚或三枚。石质的连楹，多与门口上过梁合而为一，内侧雕为如意云状。石过梁正中下方透雕一朵花或绣球，年时节下用来挂大红灯笼。木质的过梁则在下方钉铜质挂钩。钩托如钹，边作莲花瓣形。

乡间住宅大都把门扇涂成黑色，既合乎官家给庶民家门扇做的不许用红色的规定，也很廉价，只用锅底灰就可以了。黑色也有个讲究，门神之一尉迟恭是个黑汉，涂黑的门扇就有"黑汉在此"的意思，可以安全得多。只用素板门的也有，因为另一位门神秦叔宝是白脸。有钱一点的人家，门板上用泡钉钉铁皮防火防盗。密集的泡钉头排成图案，通常在每扇门扇下部形成半朵大如意云头，一对门扇合而为一朵。更讲究一点的人家，在门板上钉方砖，门头上如果是木梁，也钉上方砖，为的是兵荒马乱的时候防火攻。

门扇上有门联，大门联一对，少数人家漆在门扇中央，如"忠孝传家久；诗书继世长"。多数人家在除夕写在红纸上贴上门扇。又小门联一对，如"国泰民安；人寿年丰"，贴在门扇靠中缝的边上。或者只贴写着"开门见喜"之类吉祥话的小红纸条。除夕也在大门扇上贴门神一对，多是秦琼、尉迟恭，或者神荼、郁垒。如果家里因丧事守制，则第一年门联用蓝色，第二年用绿色，门联的内容也改为对先人亲恩的怀念和感谢，大多数感情很强烈，如"父命重于天，子媳悲哀何日止；音容如在世，宗亲嗟叹几时休"。也有比较含蓄的，如"花落萱帏春去早，光寒婺宿夜来沉"。到第三年恢复正常。有些商业比较发达的村子，如浙江省兰溪市诸葛村，还在小门联下贴一对金银纸剪的元宝。元宝镂空，剪出花卉和吉祥字来。在门左右木质立框上，各挂一个香插，葫芦形，满布细巧雕刻，装饰性很强。

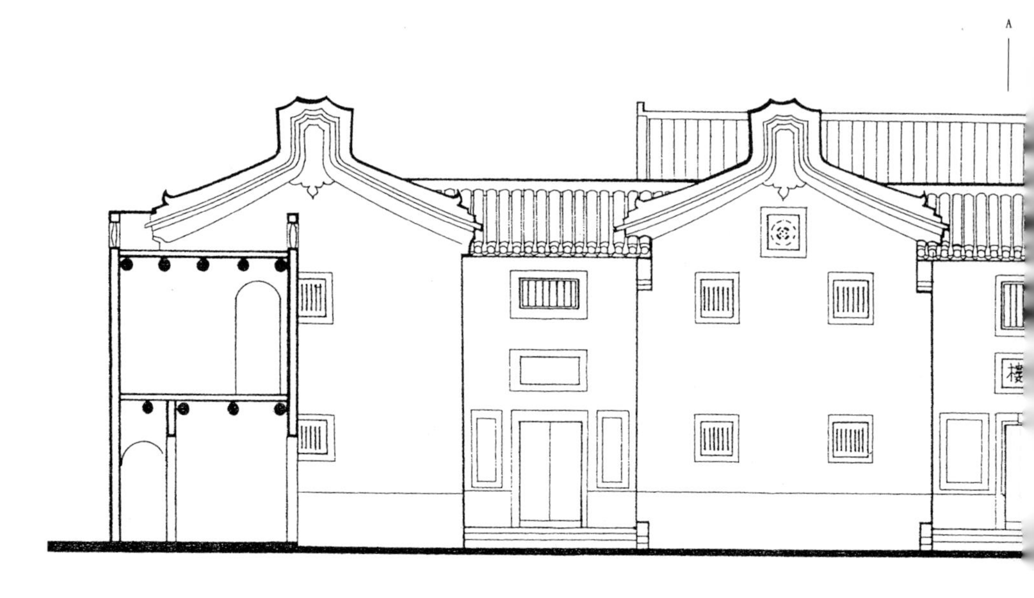

广东省梅县高田村绳贻楼内立面

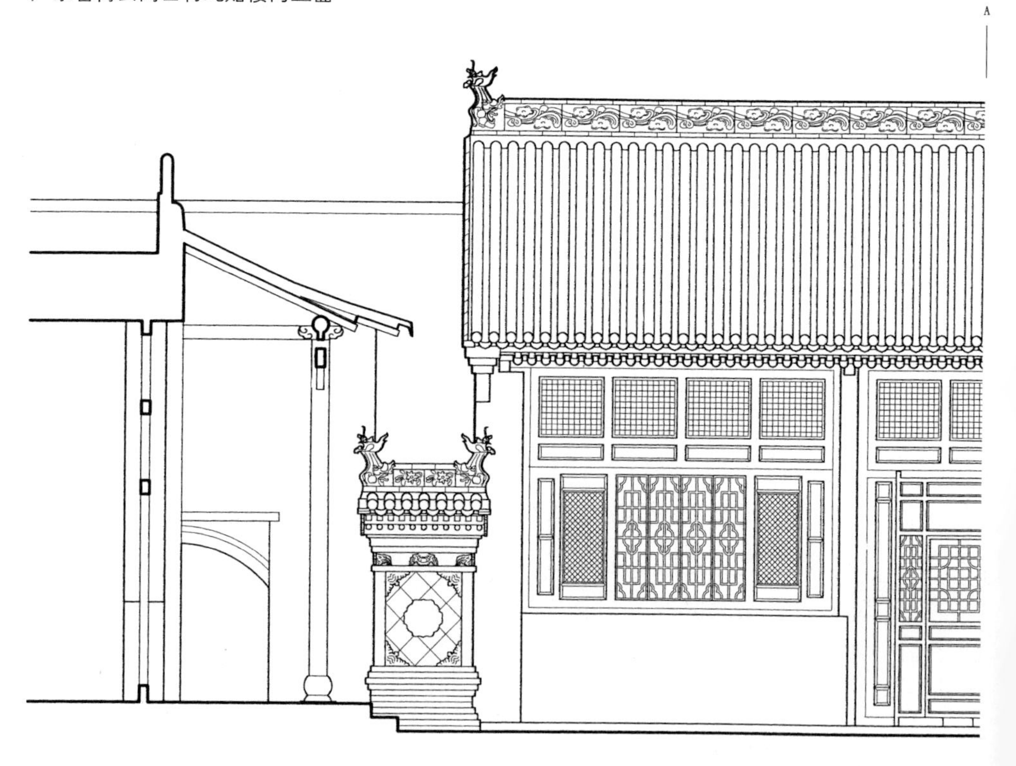

山西省介休县张壁村张家大院小门及影壁

A
绳贻楼
0
2
4
6米
A
0
2
4
6米

南方街屋，习惯在厚实的大门扇外还安装一对半截矮门，打开大门扇采光通风的时候，闭上矮门，一来不让路人太方便地看清宅内的人和活动，二来防鸡鸭到街上去乱走。关于这对矮门的来历，竟有两个很有意义的传说。一个传说是，洪承畴投降清兵打前锋灭了明朝之后，得意洋洋回福建探望母亲，母亲闭门不见。洪承畴再三恳求，母亲叫他明早来见一面。到了明早，洪承畴来到家门口，只见门口装上了半截矮门，从门上方看进去，母亲露出脸来痛斥洪承畴卖国投敌，骂毕便悬梁自尽了。于是，百姓叫这种半截门为“六离门”，意思是六亲不认背叛祖国的人。闽剧中有一出戏叫“六离门”，说的就是这个故事。另一则传说是，元代时候，家家户户驻扎一名蒙古兵。这蒙古兵无恶不作，经常欺凌妇女，为了不让屋主人在他作恶的时候回来，便装了这种半截子矮门，主人见矮门关着，便只得忍辱走开。所以老百姓把这种门叫“鞑子门”。两则传说，一则痛斥叛国者，一则记录下耻辱。“知耻近乎勇”，横跨欧亚的蒙古人的统治，在中国最早被推翻。

一个以经营药材而致富的村子——浙江省兰溪市诸葛村，有些住宅，在半截子矮门和铁皮板门之间还装一对精致的格扇门，以缓和铁皮板门拒人于千里之外的面貌。这种做法或许并不普遍，但富裕起来的人们的这种心理是有普遍性的。

在北方，农作、运输和代步多靠骡马或驴子，因此宅门两侧的墙上都有拴马扣，或者有独立的拴马桩。拴马扣是用石头刻出来的环，带一个柄，把柄砌进砖石墙里，离地大约一米五，牲口的缰绳就拴到扣上。拴马桩是一根大约二十厘米见方的石柱，下端埋进地里后高约一米五。扣和桩都可能有雕饰，以在桩头上做雕饰的为多，雕的大多是猴子，传说猴子能辟马瘟，又善驭马。

与宅门有关的最重要的建筑部件是影壁。影壁的功用是屏蔽宅门，防止外人看到院里的人和生活。影壁主要用于开在前墙正中的门，以防门冲堂屋。北方地区，影壁大多在门内院子前沿，寻常人家，影壁用砖砌，贫寒人家用土坯。影壁中央常有一个小小的神龛，里面放个瓷的或木雕的神像，最简单的只在龛内正面贴一张木刻版印刷的神像，甚至只用红纸写一个神号。所祭祀的神以“天地爷”为多，红纸上写“天地人三界十方万灵之神”，一副对联是“天高悬日月；地厚载山川”，横批“天高地厚”。按礼，庶民本来没有资格祭祀天地，但在农村就顾不得那些了。神像前置香炉和烛台，朔望上香火，逢年过节有供献。开在前墙一端的宅门，没有影壁，便在门道的侧壁上设神龛。晋中和晋东南各县，大户人家的影壁，有极精美的砖雕，多雕珍禽瑞兽、山石竹木或者人物。南方的大宅子，多在门外造影壁，和宅门隔街相对，做大型砖雕的比较少，多见在中央写个墨色“福”字，或者福、禄、寿合起来的异形字。这种门外的影壁只起烘托宅子主人身份的作用，屏蔽的功能在四合院由门厅里的四扇或六扇樘门担当。在三合院，则或不设屏蔽，或反身向院内做双明柱披厦，柱间设屏门，叫“闪屏”，是躲闪的意思。北方的巽字门和乾字门利用正对着大门的厢房的山墙做影壁，这种情况下，影壁纯粹是装饰性的，上面镶砖雕，有的简洁，除雕砖镶边外，只在中央雕团花，嵌“鸿禧”“迎祥”这样的字，有些也很华丽。有前院的住宅，前院门和院门（二门）不相对，而且影壁、闪屏都设在二门之内，二门才是严分内外的关键地方。几种影壁都可以在山西省阳城县和沁水县的村落中见到。那里还有些用五彩琉璃雕塑作装饰的影壁。

宅门的建造很隆重，有许多烦琐的规矩。第一步是由风水先生选定住宅的位置和朝向，选定之后便是点出全宅的“穴眼”，标定门槛的位置和朝向。不过，宅门的建造却是最后一项工程，这当然是为了避免建房子运送建筑材料碰坏了新宅门，但这也赋予了宅门的建造一种特殊的严肃性，建造宅门之前要举行敬神的仪式，要放鞭炮，不过比正房上梁要简单得多。

先造门前几步台阶，台阶要单数，也就是阳数。从下往上，一级比一级高一点点，大约只要几毫米就可以了，这叫“步步高”，祝愿宅主人家生活越过越好。做好台阶，再立石库门的门框。门框的抱框和过梁先在台阶下面装配好，然后整体地往上抬，为的是不许在台阶上面把过梁向下往已经就位的抱框顶上放。门梁向下运动是不吉利的，那是“倒楣”。

安徽省黟县，在上大门门枋（过梁）的时候要祭门神。杀公鸡一只，淋血于门口，念祷词：“鸡血淋到东，恭贺东家添儿孙；鸡血淋到西，恭贺东家必添丁。”造房子是为了给儿子结婚，结婚是为了生儿子，壮大家族！

为了把门框调正，要向抱框脚下垫铜钱。铜钱硬，耐压，而且薄，极适于作这种用途。钱当然又有吉利的意思。所垫的铜钱一般用新铸的，所以可以靠它们大致鉴定房子建造的年代。[①]抱框上端也用垫铜钱的方法给过梁找平。浙江的一些农村，在门梁的一端，还压着一摞“七色布”，半寸宽，露在外面大约三至四寸长。七色是蓝、黑、红、白、绿、青、黄，分别代表天、地、日、月、山、水、土，是自然崇拜的一种表现。

门过梁的上皮，先凿出一个小槽来，安放好了之后，往小槽里装一些五谷杂粮、布头和新铜钱，祈愿“有吃、有穿、有用”。在这之前，门槛底下也放这些东西或者风水先生要求放的别的东西。过梁上皮和门槛下面被认为十分神圣。传说如果造房子的主家对待风水先生和大木工匠不够敬重，他们会在那两个位置上放些不吉利的东西，使房主人家永远不能发达。[②]

住家要平安，就得防“邪气”侵入。而邪气的主要入口就是宅门。

---

① 用这方法判定房屋的建造年代仍可能有误差，因为并非每朝都铸新币，而且并非都铸在建房之前。所以所垫的铜钱铸造都早于房屋的建造。

② 一座住宅的全部木构件，都有一条必须遵守的“小风水”规矩，即大到柱子，梁、檩，小到门窗格子的棂条，所用木料都要按照树木的原生状态：如直立的，必树梢在上，树根在下；如横置的，必树梢在西，树根在东，或树梢在北，树根在南。

因此要用门厅（下堂）里的樘门和门内的影壁迫使进宅路线曲折，从而挡住只会走直线的鬼魅，此外，到处可见的办法是在门头上画太极八卦，还悬挂一枚圆镜、一只筛子和一把剪子。圆镜是照妖镜；筛子有“千只眼”，能分辨是非、善恶、正邪；剪子则可以直接诛杀一切有害的东西。剪子通常是女性的武器，这对保卫家庭又有一番含义。在江西、云南、贵州等地，门头上常挂傩面，很凶猛，说是能驱鬼；也有的塑口衔宝剑的狮子头，也为了镇住邪气，不让进宅。江西人把这些面具叫“吞头”。

随着时序转移，每个节气和节日，大门上都会悬挂或张贴些不同的东西，尤其以新年和端午为普遍而且喜欣。新年主要是贴门神和春联，色彩十分浓艳，有些地区，从除夕到上元，还高挂大红灯笼。端午多挂艾叶和香囊，艾叶和檀香能驱虫，端午在夏初，预防虫子孳生，以利健康。香囊多为虎形，借形生力，相信可以增效。立夏，门上悬皂荚或苇叶，皂荚形似刀，苇叶形似剑，能吓走鬼魅。立秋悬谷穗，喜报丰收。

嫁女、娶妇、生育、寿庆、重病、送丧等家事都要在宅门上悬挂相应的东西。

关于大门，还有许多禁忌。最普通的是人不可站在门槛上，如果有人站了，则全家全年都会身子萎靡、百病丛生。

广西苗族住宅，宅门必上宽于下，为的是挑柴进门方便，而柴与财同音，柴进门方便，财进门也就方便。房门必下宽于上，象征妇女产门宽松，生产顺利。“只见娘怀十月胎，不见儿女牵手来”，旧时生育很不安全，所以要多方祈求。

在江西省婺源县清华镇附近有个小村子，全村的大门扇尺寸都偏大，不能相对紧闭。村人说，因为始迁祖老太公属狗，所以合族几百年来忌讳“关门打狗”。这样的禁忌只在极个别地方才有。

两种住宅

一座住宅是一个有机的整体，它不是各组成部分简单的总和。

一座住宅的组成有它整体的构思。构思主要来自生活和人文环境，来自屋主的社会角色，受到技术和自然条件的支持或限制。这种构思定型之后，就会产生很强的惰性，时间久了，有些成因模糊不清了，于是便模模糊糊不清不楚地把它们归入到“传统”之中。

徽州的住宅是内院式住宅很有特色的一种，影响很广。它的社会文化内涵表现得非常鲜明而彻底。典型的徽州住宅大多是清代晚期徽商的老家，徽商是当时全国最大的商帮之一，活跃在江淮下游的城市里。徽人少年时代便出外从前辈商人学徒，逐步升迁。进入青年，回家完婚，不久再度外出，成功的便拥有赀财自营商号。但他们生活在农耕社会里，脱不开故乡宗法共同体的羁绊。宗族为了维护它传统的稳定性，立下规矩，凡外出经营的人，不得携带家眷，又不得在外地纳妾。于是，徽商的根仍然在农村，“离土不离乡”。他们赚了钱，很大一部分要带回老家，先是买土地，买到无地可买了，就大造房子，所以徽州的建筑又多又精致。那些住宅，是他们贮存财富的堡垒。

按宗族所立的规矩，徽商一年只有三十天假期回乡探亲，俗谚“一世夫妻三年半”就是说假定夫妇结婚三十年，只有三年半在一起生活。在这个“程朱理学之乡”，年轻妻子丢在家里，宗族关心的不是她们的

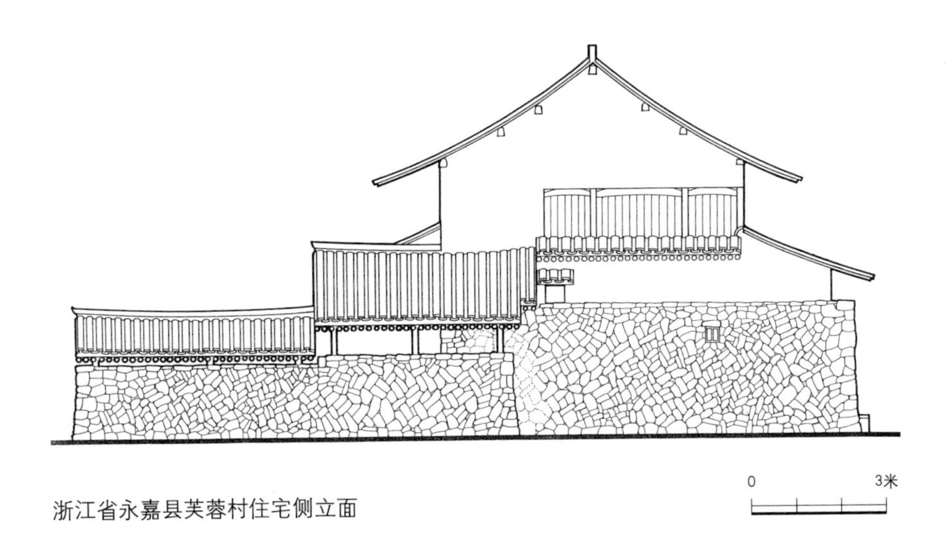

浙江省永嘉县芙蓉村住宅侧立面

幸福，而是她们的贞节。以致徽州的贞节牌坊特别多，宗谱里和县志里贞女节妇的名单占了很大的篇幅。但只禁锢她们的思想还不够，还要禁锢她们的人身，徽商住宅又是妇女的“监狱”。

作为财富的堡垒和妇女的“监狱”，徽派住宅的第一个特点是四面全造高高的、封闭的砖墙。为了增高这几堵墙，房子都建两层，两厢和倒座的屋顶都是一面坡的，它们后檐的外墙高抵楼房的脊檩。底层没有窗子，楼上只有些很小的采光洞口，用雕砖花格或镂空石板拦着。为了防盗贼挖墙洞，砖墙里还有木栅，叫“木老虎”，用于厨房、柴房之类的房间里。在卧室，则贴外墙都有一层樘板。因为夜贼在砖墙上挖洞可以悄然无声，而破坏木栅和樘板却会发出声响。樘板也比砖墙更平整干净，利于室内生活。除了防盗，还要防火。高高的防盗砖墙也能切断火路，更把山墙顶部都做封火墙，高于屋面，完全遮住木质屋架。①大门扇和外窗扇包上铁皮或者贴方砖，门窗过梁上也贴一层方砖。前厅后堂楼式的大宅，后进房楼上与前进大厅屋檐之间，做好水平地搭木梯的设施，一遇火情，便可以搭上常备的木梯，利于救火也利于逃生。为了防

① 明代弘治年间，徽州知府何歆有感于“徽郡火灾屡为民患”，于是“令民五家为甲，均贫富，量广狭，出地朋役，砌墙以御火患”。这大约是最早的封火墙，但分隔村中地段而不隔屋，后来改为隔屋。

盗，楼板做夹层，内藏粮食；卧室常附有暗室，门开在大床后面。还有不少大大小小的秘密空间，隐藏在转弯抹角的暗处，或者吊在天花板之上。还有些徽商住宅，地下埋着几口缸，一遇紧急情况，可以把金银细软封进缸里，覆上土，躲过劫难。

商人到了五十岁出头，"腰缠十万贯"，回家安度晚年。他们的经商地点主要在长江中下游，是文化最发达的地方，在社会交往中，他们必须有一点翰墨气，因此便以"儒商"标榜，还乡之后，有些人还舞文弄墨。于是，住宅便往往有书房，多在跨院里。有些村子习惯于建造独立的书房院，一部分兼作子弟读书的家塾，塾师就住在里面，叫"学堂屋"。它们比住宅规模小，但大多别致而且精巧，很舒适安逸，鱼池曲槛、兰台竹轩，有些园林雅趣。

作为妇女的"监狱"，徽商住宅也颇费心机，严分男女活动的范围。首先是设外院，外院和内院间有厚实的砖墙，辟二门（或叫中门），一般客人只到外院，外院有精致的客房。佣仆都在跨院里活动，那里设厨房和各种杂务房，跨院和内院之间也有厚实的砖墙，和外墙相同。男仆和粗作女佣一般不得进内院，男女主人贴身有丫鬟服侍，丫鬟多出自类似世代家奴的"佃仆"人家。这种住宅形制，基本上依照北宋大政治家、史学家司马光的《涑水家仪·居家杂仪》制定。

除了沾亲带故的或者老翁与男童，其他男子均不准进内院。内院的卧室门前都套一间门斗，叫"角厢"，使卧室格外隐蔽。卧室窗扇一律重重雕花，十分繁复，教人从室外看不到室内。窗口的下部，相当于人的头部的高度，再装一扇雕饰更加繁复的横屉，夏天即使开窗通风，仍然难以看到室内。这个横屉叫"护净"，顾名思义，就是为保护室内清净或者室内人心情干净的。

不过，护净未必果真有效。于是，财力稍丰的人家，在正房楼上设大通间的"楼上厅"。住宅楼上一般很简陋，冬冷夏热，只能用来贮藏粗杂之物，而"楼上厅"却很高敞，雕梁画栋，椽子上铺望砖，沿外墙贴樘板，再挂上书画，用来接待比较亲近的客人。楼梯设在门厅里，

安徽省歙县宏村住宅内花园

客人进门就上楼，不进内院，使女眷活动范围不受侵扰。同时，楼上厅待客，保证宾客头上没有妇女活动，否则是极大的不敬。更有财力的人家，住宅为三进两院，中间一进正房是“落地大厅”，三间通开，只有一层而空间高齐两层，十分宽敞。后进是内眷住的，两层楼房。这种住宅形制叫“前厅后堂楼”。凡是男性，即使亲近的客人，包括管家账房，都只到大厅为止，不再进后院，内外之别，又更严了一层。还有一种三进两院式住宅，第二进正房不设落地大厅，也是三间房间，在明间待客，次间还住内眷，不过次间在外侧另有一扇小门，门外有一条小弄通到后院，叫“避弄”。来了客人，女眷万一躲闪不及，就从避弄退走。平时女仆、丫鬟也走这条弄、这扇小门。

妇女就如此被一层层严密地禁锢起来。《女儿经》里有一则：“为什事，缠了足？不因好看如弓曲，恐她轻走出房门，千缠万裹来拘束。”这样的住宅才能和缠小脚匹配。

而商人在外地，花天酒地，狎妓蓄婢，虽按族规不得纳妾，却不妨再来一次明媒正娶，搞“两头大”，真是巧妙。所以淮河和长江下游的

浙江省永嘉县林坑村住宅

城市里，也有大量的徽商豪宅和园林。

徽商故乡的村子里，曲折的街巷像夹在沉重封闭的高墙之间的缝隙。墙垣连续着，分不清单幢的房屋，更不见房屋的个性了，很枯燥。外人走在里面，心理受到逼迫，会十分压抑郁闷。所以，那些住宅都格外花力气在门头上，用极花巧的砖雕装饰起来或者造八字墙门。晚期过度的浮华更溢出商人的市井俗气来。

妇女的另一种生活状态和社会地位产生了另一种类型的住宅。福建省福安县农村有一种大宅，分中、左、右三路。中路是堂堂皇皇的三进两院，明间都是很宽敞的一脊翻两堂的香火厅，香火厅通高两层，尺度很大。第三进香火厅的后面有个贴壁天井，照壁上的砖雕和堆塑极其华丽。它的两厢分别是厨房和餐厅。左、右两路背对着中路的正房有三间厦间，前面狭长的院子被小房隔开，形成一两个三合院，叫厦院。它们的轴线与中路的相垂直，厦院面向外侧。小三合院的照壁上，用遒劲洒脱的书法写满了诗词歌赋，或者还有壁画、堆塑，文化气息十分浓厚。

福安县妇女承担农耕和家务，都是劳动好手，成了实际当家人。有女儿的人家，为了酬谢女孩出嫁前在娘家的劳动，到出嫁的时候，娘家给她们带去十分丰盛的嫁妆。这嫁妆在她出生之后便由母亲一手操办起来，父亲不能说三道四。勤于劳作、敏于理家，精神独立的女子，一嫁到婆家，小两口便和老人分家单过，那些厦院就是给新夫妻准备下的。及早分家，是为了“不受婆婆的气”，也免了妯娌间的麻烦。有些娘家母亲，还花钱在后院里打一口井，作为陪嫁的一部分。连喝的水都是娘家给的，更不受婆家的气了。有些续弦的妇女也要由娘家再打一口井。

大宅中路的楼上和阁楼里，贴着中厅上部的两侧为谷仓，兄弟各房分用。此外整个楼层是大通间，给分了家的妯娌们晾谷子、制酒、腌菜等等。她们一起在这里劳动的时候互相帮助、互通有无，有利于建立深厚的亲情。为了便利妇女挑谷子上楼，这些大宅的楼梯很宽，很平缓，也很结实，体现出对妇女的关切。楼上外墙并有门，秋收时在门外临时搭一个杉槁台子，直接吊运谷筐上楼。粮食全部入仓后拆去。这个设施也能大大减轻妇女劳作的苦累。

除了按规矩长房住祖屋不搬动之外，其他兄弟在小家庭羽翼丰满之后，便另建同样的大宅，再为他们的儿子、儿媳准备下小院落。所以旧时福安农村里空院子很多。

这些大宅子，虽然外墙也是封闭的，但内部开朗而敞阔。宅与宅之间相隔也远，每座房子看上去都独立、完整而有个性，四个立面都会有隐喻女性的叫作“观音兜”式的山墙，轮廓十分活泼而又柔美。村景因而很疏爽而没有沉闷压抑之感，和皖南的大异其趣。

围龙屋、土楼这类没有小家庭私密性的大家族聚居式住宅，也流行在妇女作为生产劳动主力的纯农业地区，她们摆脱了束缚与禁锢。

参加生产劳动，在社会发展的低水平阶段能改善妇女的地位，而妇女在家庭中的地位如何，又会直接影响到住宅的形制和它们的作用。

乡土民居是一个写不完的题目，[①]各地区民居的差别大，各民族民居的差别更大。每个地区、每个民族的民居都应该写几套书，这篇小文不可能担当介绍它们的重任。我们只重点写了分布比较广的三合院和四合院，而且只就“宜室宜家”一个角度写了一些，没有涉及很多有意义的细节，也没有写它们的技术性方面。技术性方面不但重要，而且同样蕴含着丰富的文化内容。我们只不过从汪洋大海里取出一小勺，请读者尝一口咸味而已。

---

① 刚刚写完这篇小文，收到了广西钦州市钦海区司法局陈同泽先生寄来的一批竹山村的文史资料。其中有一篇《竹山古建筑群的建筑艺术特色》，那里介绍的一种当地大宅第的平面布局形式，大大叫我们吃惊。那是一种梯形的平面布局，以“赞府第”为例：三进两院，第一进七开间，第二进五开间，第三进三开间，进深分别是7.2米、7.8米和6.8米。第一进中央是门厅，第二进中央是过厅，第三进中央是祖厅。这样的住宅形制，太出乎我们的意料了。住宅可真是一个写不完的题目。

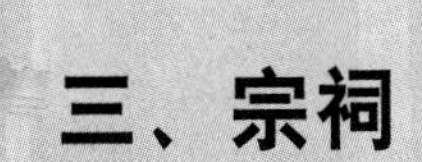

三、宗祠

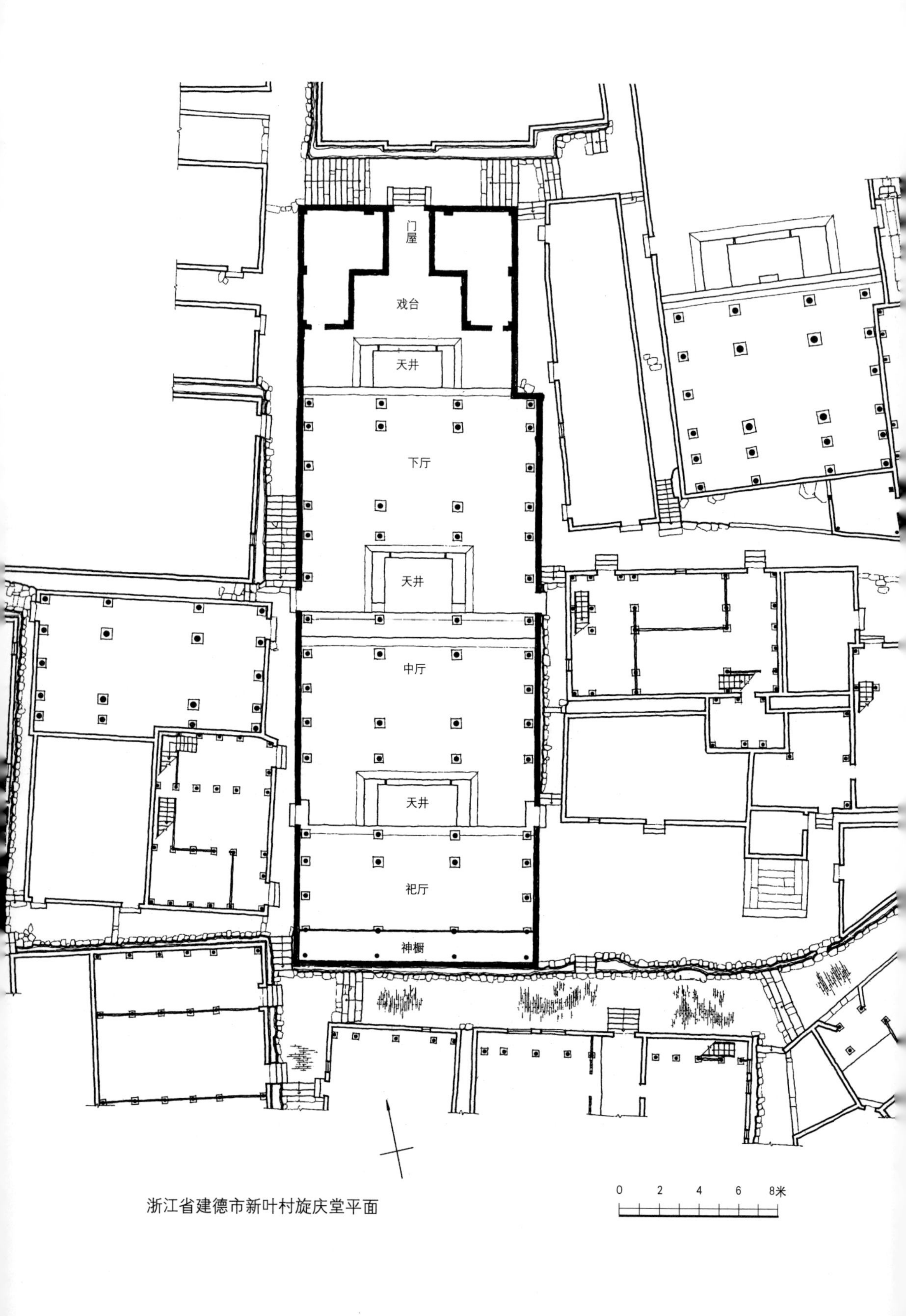

浙江省建德市新叶村旋庆堂平面

引子

农耕文明时代，中国是个宗法社会。在一个漫长的时期中，皇朝政府的统治只下及于县，许多血缘村落则大体上是由宗族管理的自治单位。

宗族治理的前提条件是，人们束缚在土地上，从事农业，生活稳定。由一位“始迁祖”的直系后裔世世代代聚居在一起，形成一个血缘村落，一个村落的人便同属一个宗族。村落人口逐渐增加，到了超过一方土地的承载能力，便有一个支脉另觅地点定居，建立新村，一般情况下，也便是另建宗族。新老宗族联谱而又各自独立，遇有特殊事件，则“血浓于水”，互相支持。

每个宗族按“礼”由“宗子”任族长，但实际上，“宗子”未必能胜任，所以通常由辈分高、年龄大、有威望的人担任，另选一些实际执掌各种事务的人，组成类似于“委员会”的机构，也有一定的任期，期满再选。宗族的团结，一靠祖先崇拜，大家血脉相连，形成一个共同体；二靠许多生产和生活上的实际利害；三靠一个村落必不可免的种种公共管理需要。支持这三方面的经济基础则是宗族的公共财产，主要是数量不少的族田，后期在某些地方也有商业经济。

祖先崇拜的仪典性场所是宗祠。那里供奉着历代先人的神主牌位，四时八节族人共聚一堂举行祭祀仪式，总管全族丁口的派系、行辈、婚姻等等的谱房也设在宗祠里，因此宗祠便有很强的神圣色彩。于是，义仓、义塾、义厝也大多设在宗祠里。它也是族内“行政机构”和“法庭”的场所。旌表忠、孝、节、义和功名都在宗祠里，包括由捐纳而得某种“大夫”“司马”之类的虚衔也在拜殿挂匾或在大门前立桅。宗祠大多有戏台，在特殊日子里是全村的文化娱乐中心。州县地方官吏下乡，临时官廨也多设在宗祠里。

于是，全族的大宗祠就成了血缘村落里最重要的建筑物，地位通常超过庙宇。宗祠不但宏大、壮丽，综合了建筑、雕刻、绘画等等多种艺术和技术，成为一地建筑水平的代表，而且往往是左右村子结构布局的因素。

一个宗族，人口繁衍多了，就要分支，通常是一系人口到了五代，只要有经济实力，就可以立房派。房派成立的标志是建房祠。到了三代而不到五代的一系可以立支派，建支祠。房祠和支祠通常称为“厅”。再往下的则可以立香火堂。所以，笼统地说，一个血缘村落可能有几个、十几个，甚至几十个房祠和支祠。它们在村落的结构布局上起着次一级的作用。一个房派或支派的住宅常常团聚在这些“厅”的周围，以“厅”为核心的住宅团块又以大宗祠为中心分布。也有以一条巷子为一个房派或支派的聚集地而以“厅”居于巷口的。不过在长期的人口增加和社会分化之后，这种结构布局常常被打乱。

作为一种崇祀性的建筑，全族的大宗祠本身的格局要适应仪典的需要，而这些仪典又有一定的规范，所以，宗祠的格局变化不大，为传统的内院式，大都为三进两院，以后进的“寝室”供奉神主，以中进的拜殿（祀厅）为举行祭祀仪式的场所。小型的“厅”，二者通常合一，神主台就在拜殿里，甚至略去两厢，成为一个简单的小院。

中国的北方和四川省等地区，久经战乱，宗族关系遭到很大破坏，农村多杂姓聚落，以致只有小小的宗祠，甚至没有宗祠。

宗法制度下的宗祠

宗祠是乡土社会里宗法制度下除了住宅之外最重要的建筑。宗祠的基本功能是供奉宗族祖先的神位，定时祭祀。也就是说，它的基本功能是通过祖先崇拜，加强宗法共同体的内聚力。所以，宗祠产生的主要前提是，在农耕时代，一处地方的一位“始迁祖”的直系后裔一代又一代地聚居在一起，形成宗族，同时形成血缘村落。正如清人赵吉士在《寄园寄所寄》卷十一《故老杂记》中描述的徽州的情况：“新安各姓，聚族而居，绝无杂姓掺入者，其风最为近古，出入齿让，姓各有宗祠统之。岁时伏腊，一姓村中千丁皆集。”集就集在宗祠里。

在农耕时代，人们相对固定在一定范围的土地上从事生产，凡开沟洫、辟山林、整田亩、建道路，以及保卫自己的利益和安全，都不是个别家庭所能承担的，而需要人际的合作，在合作过程中，逐渐形成有内部结构的社会单元。这种社会单元，最自然的是建立在血脉亲情之上的宗族。因此，聚族而居，形成血缘村落，是农耕时代最普遍的现象。加强宗族的内聚力，就是加强人际合作的社会单元的能量，这是人们生存并发展的最重要依靠，从而促成了祖先崇拜，也便是血缘认同，以致《礼记·郊特牲》要特别强调一句：“万物本乎天，人本乎祖。”宗祠是举行祖先崇拜仪式的场所，它的重要性由此决定。

中国的祖先崇拜由来已久，在商代，它超过了神鬼崇拜。不过，那时对祖先的崇拜还没有完全摆脱神鬼崇拜，敬畏有余而缺乏人情味。到了周代，人们认识到，为了使宗族稳定，便要利用宗族内部血缘关系的天然秩序，赋予这种天然秩序以浓郁的伦理精神，使它神圣化，于是提倡孝弟。《论语》里记录了孔子和他弟子论孝弟的一些话，有若说："君子务本，本立而道生，孝弟也者，其为仁之本与！"曾子说："慎终追远，民德归厚矣。"（均见"学而"篇）后来，《仪礼》和《礼记》里用了大量篇幅制定出亲族关系、祖先祭祀、婚丧礼仪等等极其繁琐严格的规矩。这就把含情脉脉的伦理关系进一步礼俗化、制度化了。

在阶级社会里，一切礼俗和制度又都等级化了，西周以来，天子、诸侯、卿、大夫和士，祭祀祖先的规格一级低于一级。连祭祀的场所，庙，也区分出级别。西汉人追记的《礼记·王制》里说："天子七庙，三昭三穆，与大祖之庙而七；诸侯五庙，二昭二穆，与大祖之庙而五；大夫三庙，一昭一穆，与大祖之庙而三；士一庙；庶人祭于寝。"（另据《礼记·丧服小记》：王者立四庙。）小老百姓不得建祖庙，只能在家里的正屋里祭先人。庙数的差别，在于所祭祖先上溯代数的差别。据《礼记·祭法》，王立七庙，祭考、王考、皇考、显考、祖考，另二庙为祧，统祭远祖。诸侯五庙，祭考、王考、皇考、显考和祖考虽各有庙，但"享尝乃止"；大夫三庙，祭考、王考和皇考，都"享尝乃止"；适士二庙，祭考、王考，也是"享尝乃止"；官师一庙，为考庙，"王考无庙而祭之"。地位最低的士和庶人，"无庙，死曰鬼"。老百姓在"寝"里所祭的祖先不过是"鬼"而已。

虽然老百姓的祖先在统治者眼里不过是"鬼"，但是因为奉祀祖先有它天然的情感基础，尤其有它重要的社会意义，所以在百姓生活中盛行不衰。据东汉末年崔寔记的《四民月令》，可知到了汉代，平民祭祖已经成为普遍的礼俗。一年之内，六月、七月、八月、冬至、腊月都有祭祖的活动。不过，祭祖往往和社祭合一，或者到坟上去祭扫，坟地有小屋叫"祠"。当时百姓还没有祖庙，更没有如后来所称的宗祠，所祭的，也不是宗族的共祖。

这种情况大致一直延续到宋代。宋代的理学家们强力提倡“三纲五常”，说“生民之德莫大于孝”，并且致力于使礼俗更繁杂，更谨严。最有代表性也最有权威性的是托名朱熹编定的《朱文公家礼》。《家礼》卷一《通礼·祠堂》里规定：“君子将营宫室，先立祠堂于正寝之东，为四龛以奉先世神位。”后来以考证典章名物见长的乾隆进士阮葵生在《茶余客话》“庙制”里解释：有一品至三品官职的，家庙五间；四品以下的，家庙三间；没有官职的士庶，“于寝之北为龛，奉高、曾、祖、祢”，这就是《家礼》所说的“四龛”所奉的先祖，不过从正寝的东侧搬到了北侧。从这两则资料看，就礼俗上说，宋代的庙制还是等级森严的，士庶依旧不应有祖庙。不过，等级已经从周代的宗法分封制改为官阶品位制，这是隋唐以后科举制代替世袭制的结果。科举制度打开了士庶和品官之间的通道，既然品官可建祖庙，就为祖庙的建造向庶民开放创造了条件。有同样意义的是，士庶都有资格奉祀四代祖先，不再是先人死了便称“鬼”。但是按古礼，士庶祭祖先不能建庙，所以《家礼》把士庶祭祀祖先的建筑叫作“祠堂”，这是从坟地小屋取来的名称，和“鬼”还沾一点边。朱熹很重视祭祖，在给《论语·述而》写的注里，他说：“慎终者，丧尽其礼；追远者，祭尽其诚。”《家礼》再三宣扬建祠堂的重大意义，说这个措施表达了子孙“报本反始之心，尊祖敬宗之意，实有家礼名分之守，所以开业传世之本”。这样就论证了建祠堂的普遍意义，为日后的民间祠堂大发展建立了理论基础。早于朱熹的北宋程颐则主张除四代先祖外，还要祭血缘村落内一个宗族自始迁祖以下所有的先祖。后来的祭祀制度遵守了这个主张。

不过，“立祠堂于正寝之东”这句话从建筑上不可解。清人陆耀在《祠堂示长子》一文中说：“程朱大儒准情酌礼创为祠堂，得祀高、曾、祖、考四代，而其地仍在正寝之东。正寝者，今之厅堂也。”则《朱文公家礼》所说的“立祠堂于正寝之东”差不多就是指正房的东次间，不过没有说明白。可以认为，宋代大儒们所说的庶民的祠堂还没有脱离各家的住宅，规模也只有“四龛”，也就是只祭四代。

庶民祭祖限于四代，《家礼》认为，是因为五代以上的祖先不可能见到，所以亲情“五世而斩”，祭五代以上便没有感情根据，考诸古礼，多余的不必要的祭祀是要反对的。

或许，更重要的理由是统治者害怕百姓中产生大而有力的宗族。在农耕时代，最能威胁统治者地位的力量是宗族和“邪教”。强宗豪族是社会上的“不稳定因素”，统治者历来要设法加以抑制。隋唐废门阀世袭制之后，强宗豪族的力量有所削弱，但历次农民“造反”，不论大小，宗族关系大都和“邪教”一同起了“啸聚”的作用。所以统治者还是不放松警惕，以致对庶民庙祭上溯的世代做了限制。

虽然《朱文公家礼》是一本伪托的书，但影响很大，后世官方和民间的宗族都长期以它为根据。不过《家礼》中所说的，有许多其实是已经存在的事实，北宋陆九渊、范仲淹等高位人物都早已为本族建立了家庙，而且径称为祠堂。其后宋、元两代各地士庶之家建祠堂的事已可见于记载。南宋淳祐十年（1250）朱熠为浙江省平阳县顺溪村陈氏写的《宜都陈氏家乘·序》说：“夫同宗之人，亲虽有戚疏，服虽有隆杀，而禴、祠、烝、尝必相会，冠、婚、丧、祭必相赴，以至患难也、缓急也，则又未尝不相扶持，岂非由于谱牒之修而然哉！”序中说到禴、祠（祀）、烝、尝，就是夏、春、冬、秋四季的敬祖祭祀，既然届时“同宗之人”都要相会，则可证已有固定的奉祀的场所，这应该便是家庙，而且至迟建于南宋。明初宋濂撰广东《惠州何氏先祠碑》，记何氏早在宋代已“率族人建祠置田以礼其众祖”。“礼其众祖”，则可能祠堂奉祀的已不止上四代。据安徽《新安黄氏大宗谱·卷二·古林黄氏家祠碑记》，休宁县古林镇黄氏也已在宋代就建造了宗祠。宋濂写的《莆田林氏重建先祠记》记述元代林氏“汲汲于先祠之建”，“患祠之规制卑狭，不足以交神明，而即故宅之基建屋三楹间，蔽以外门。”（以上宋濂两则均见《宋学士文集》）这四例都说明，宋、元时有一些非高官显宦之家也已经建造了脱离住宅的独立的祠堂。浙江省建德市新叶村的叶氏总祠“西山祠堂”和外宅派总祠有序堂，也都是元代始建的。有了

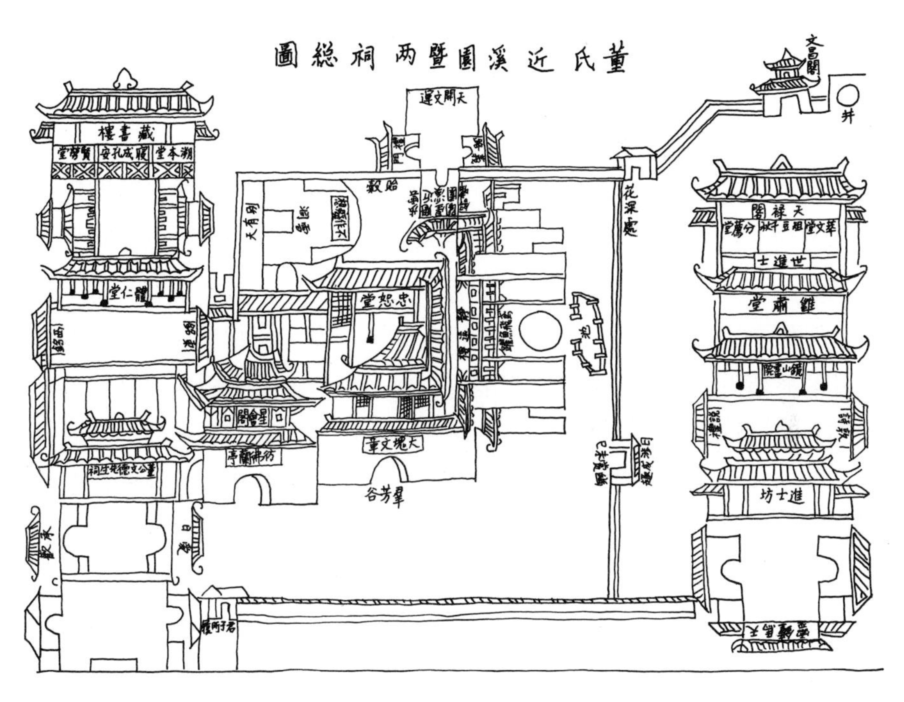

江西省乐安县流坑村董氏近溪园暨两祠总图（刘丹摹自《镜山公房谱》）

“总祠”，大约所祀的也已不止上四代。到了明代，庶民建祠堂的就更多了，不过大概都有所顾忌，不敢造得多么堂皇。浙江省永嘉县渠口村《渠川叶氏宗谱·重修叶氏大宗祠碑记》说：“明弘治甲子……肇建宗祠，敬宗为族……祠仅一重，草创而已。”这应该是事实，只是不知道当时的祭制如何，是只祭上四代，还是向上直溯始迁祖。

只奉祀上四代祖先，不能团结聚居在一个血缘村落里的全体族人，生产和生活的不可改变的要求则是形成并团结整个宗族。事实是，在庶民普遍建祠之前，不少宗族都在祭祀共同祖先，除了一部分宗族可能已有祭祀“众祖”的“总祠”外，这活动还在其他各种公共建筑中举行。这些公共建筑，一是社庙。社祭是中国人很原始的信仰活动，明代初年立法规定庶民可以祭祀五种对象，“里社”是其中之首（《明会典·祭祀通例》）。社神是地方的保护神，起源暧昧，与大地崇拜有关，遍及中国城乡各地，并且社又成为地缘性的基层单位，《礼记·祭法》郑玄注："与民族居百家以上，则共立一社。"[1]每年春、秋两次举行社祭，称春社、秋社。在农耕文明时代的血缘村落中，以族立社，族社合一，所以祭祖仪式可以在社庙中举行。[2]二是显祖的庙。一个宗族如果在历史上出过功业赫奕的祖先，就可能奏请旌表，敕建庙宇。"古忠臣烈士有俊功大惠于世，有国者必崇祀之，著于令。"（《篁墩文集》卷十四，程敏政《休宁汉口世忠行祠记》）显祖的庙可以有"行祠"建在同族拆分出去的村落里，有的很远，甚至隔省，由各地族裔筹资建造。这种显祖庙和它的行祠往往是宗族祭共祖的场所，如皖南、赣北和浙西的越国公汪华的庙。[3]三是寺院。农村中多数寺院也是大体由一个血缘村落建造并供养的。"施主"和"香客"多为族人，所以，宗族也常常利用寺院祭祀祖先；四是祖屋。通常是一个血缘村落的始迁祖或者其他祖先住过的古老住宅，本身对宗族多少有些纪念意义。

---

① 《左传》昭公二十五年的注、疏中均说二十五家为社，以后多有变化。

② 许多地方，后来社神与土地神渐渐合一，但也有些地方，如浙西和皖南，社庙、社祭一直绵延至今。

③ 汪华，隋末起兵自立，建吴国，保一方平安十余年。武德四年归唐，持节总管歙、宣、杭、睦、婺、饶等六州军事，有治绩。后封越国公，食邑三千户。

庶民宗祠的合法化

朝廷官方总是大大落后于民间，明代初年，不顾民间实在情况，仍然颁律法规定："庶民祭里社、乡厉及祖父母、父母，并得祀灶，余俱禁止。"（《明会典·卷八一·祭祀通例》）庶民只能祭祖、考两代，则比《朱文公家礼》还倒退了。洪武六年（1373），朱元璋又重申了这项禁令。洪武十七年（1384），朝廷准唐县知县胡秉中的奏议，庶民可祭祀曾、祖、祢三代先人，士大夫祭四代，神主排列依昭穆制，比先前放宽了一些。但昭穆制并未普遍实行，以致明宪宗成化十一年（1475），国子监祭酒周洪谟鉴于民间祠堂大量涌现，而制度杂乱不一，上疏奏请整顿道："今臣庶祠堂之制本《家礼》，高、曾、祖、考四代设主，俱自西向东。考之神道面向左，古无其说。"他批评《家礼》在这件事上与古礼不合，主张应该按昭穆，"高祖居左，曾祖居右，祖居次左，考居次右"，恢复古制。又奏请"令一品至九品各立一庙"。（《宪宗实录》卷一三七）

这种情况到嘉靖年间发生了大转折。这时期，朝政腐败，各地农民起义频繁，社会动荡，一些有识之士率先改变了对宗族的看法，他们看到，宗族既可能是反政府的力量，也可能改造成协助政府镇抚农民的力量。宗族既可能是"慎终报远"的纯伦理性组织，也可能改造成一个政权性组织。政府的官僚机构不可能直接对广大的农村实行有效的统治，最好的办法是求助于宗族，利用宗族作为基层的类自治性政权机构，以稳定局面。嘉靖十五年（1536），礼部尚书夏言上《令臣民得祭始祖立家庙疏》，“乞诏天下臣工建立家庙”：

> 伏惟皇上扩推因心之孝，诏令天下臣民，许如程子所言，冬至祭厥初生民之始祖，立春祭始祖以下高祖以上之先祖。皆设两位于其席，但不许立庙以逾分，……庶皇上广锡类之孝，臣下无禘袷之嫌，愚夫愚妇得以尽其报本追远之诚，溯源徂委，亦有以起其敦宗睦族之谊，其于化民成俗，未必无小补云。（《桂洲夏文愍公奏议》卷二十一）

奏疏提到了允许百姓祭祖可以“化民成俗”，也就是教育百姓遵礼守法。这在当时是很迫切的事，也是只靠官僚机构做不到的事。所以世宗嘉靖皇帝准奏，下诏“许民间皆得联宗立庙”。“联宗立庙”，而不仅仅是家家在正寝之东建龛祭祀四代祖先，这正是平民百姓一直盼望着的，而且在一定规模上已经实现了的。于是，一旦开禁，极短期内，便宗祠遍天下。如不大的一个广东省东莞市横坑村在明代末年至少建造了钟氏的11座祠堂，[①]浙江省江山市清漾毛氏大宗祠也是嘉靖二十年（1541）建造的。

至于夏言建议中说宗祠只祭高祖以上的先祖，这因为遵照古制，将高祖以下祭于宅内。经过世代更迭，后人再将已经升为高祖以上的先人送入宗祠，叫作“祧”。这也是《礼记》的古制，“远庙为祧，统祭远祖”。不过这个制度在不少地方早已突破了。

统治者终于确认了扶植宗族对稳定社会的好处。其实，早在春秋时期一些读书人就已经再三强调指出过孝与忠的关系。《论语·学而》记孔子弟子有若的话：“其为人也孝弟而好犯上者鲜矣。不好犯上而好作乱者未之有也。”《礼记·祭统》说：“忠臣以事其君，孝子以事其亲，

① 见冯江等《广府村落田野调查个案：横坑》，《新建筑》2006年第1期。

其本一也。”《孝经》里也说，“以孝事君则忠”，所谓“求忠臣于孝子之门”。事过将近两千年，统治者更加明白，为了要臣民忠于他，就得从提倡孝道下手。要提倡孝道，必须依靠宗族的力量，也就要推广宗祠的建设，以利于臣民的“慎终追远”。

于是，宗族的意义和作用扩大了。明太祖朱元璋曾有过《圣谕六条》，说的是：“孝顺父母，尊敬长上，和睦乡里，教训子弟，各安生理，毋作非为。”都是有关宗族内部凝聚的事。后世许多宗族的“族规”里都规定要在宗祠大祭的时候由宗长讲解这个《圣谕六条》。到了清初，皇家标榜以孝治国，把宗族的任务扩大到了外部的国家事务上去，把宗族真正当成了国家体制中的基础单位。康熙九年（1670），颁布《上谕十六条》，确定了宗族的功能，内容是：

> 敦孝弟以重人伦，笃宗族以昭雍睦，和乡党以息争讼，重农桑以足衣食，尚节俭以惜财用，隆学校以端士习，黜异端以崇正学，讲法律以儆愚顽，明礼让以厚风俗，务本业以定民志，训子弟以禁非为，息诬告以全善良，诫匿逃以免株连，完钱粮以省催科。联保甲以弭盗贼，解仇忿以重身命。

比较明太祖朱元璋的“圣谕”和康熙的“上谕”，可以清晰地看到二者对宗族作用的看法有了很大的差别。康熙“上谕”实际上已经把宗族当成了国家的基层政府机构和司法机构。宗族的功能从此确定，宗族制度从此完备。后来雍正皇帝的《圣谕广训》，“立家庙以荐烝尝，设家塾以保子弟，置族田以赡贫乏，修族谱以联疏远”，虽然把宗族作用的范围又缩小了很多，但更突出了宗族的自身建设。不过，实际生活中一直起作用的则仍然是康熙的“上谕”。

自从康熙朝赋予宗族类似地方自治政权的功能之后，各宗族的族谱中必有的“族规”也改变了内容，几乎把康熙“上谕”一条条都涵盖进去了。有些族谱，径直就把“上谕”刊在谱首，或者把“上谕”更具

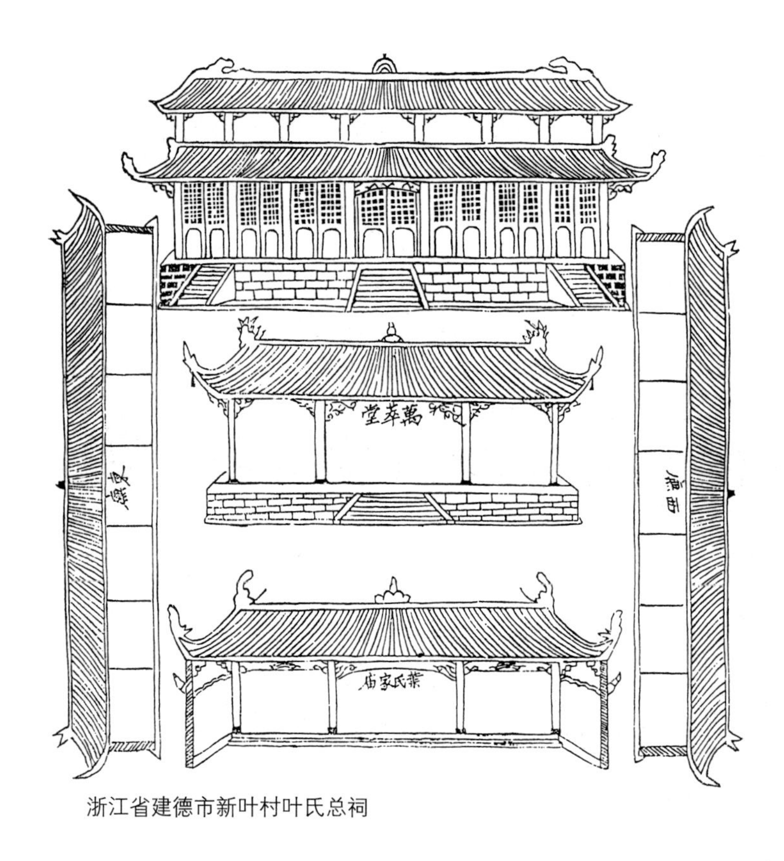

浙江省建德市新叶村叶氏总祠

体化，例如徽州《环山余氏宗谱》所载的《余氏家规》有一条阐释“上谕”里的“完钱粮以省催科”说：

> 朝廷赋税，须要应时完纳，无烦官府追比。倘拖欠推捱，致受笞扑挛系，毋论于体面有伤，且非诗礼之家好义急公者所宜。

它用“诗礼之家、好义急公”这样族中父老的语言来敦促族人应时完纳朝廷赋税，又不忘说上“笞扑挛系”“体面有伤”加以压力。政府无情的法律和宗族温煦的亲情巧妙地融合在一起了。又嘉庆《泾川后氏宗谱·宗规》里说：“古人于钱粮一项，谓草莽中惟此为君臣之义，故必先输赋税。”赋税是草民忠君的天经地义的事，而且是古已有之的传统，宗族就是这样告诫它的子子孙孙。这一条族规，尽管写法各有不同，在许多宗谱里都有，而且常常列在首位。忠于“上谕”，这是宗族得以存在的合法性的根据。

浙江省新叶村有序堂诰命匾

不过，宗祠之设，南方与北方大有不同，南方盛而丽，但北方则既少又简陋。这大约是因为一来北方农村远不如南方富有，以致文化水平也落后；二来北方历代多战乱，亲人离散或外迁，宗族组织不如南方普及、发达和健全，而且宗族性血缘村落很少，多的是杂姓共居的村落；三来少数族又不断侵入，以致宗族观念淡化。清代初年大学者顾炎武曾描述山东情况：“余来往山东省十余年，则见夫巨室之日以微而世族之日以败，货贿之日以乏，科名之日以衰，而人心之日以浇且伪；盗诬其主人而奴讦其长；日趋于祸败而莫知其所终。”（《皇朝经世文编·卷五八·莱州任氏族谱序》）乾隆《徐州府志·风俗》说府境里“有庙者少，无庙者多”。过了一百年左右，光绪《太平县志·风俗》还说：“祠堂之设唯缙绅家有之。”差不多同时，光绪《绛州志·风俗》说：“祭祀营庙，唯缙绅家为然，然亦同堂异龛而已。”杂姓村落如山西省介休县张壁村，只有张姓、贾姓两大户晋商有宗祠，形制完全与民居一般，无“拜殿”和“寝室”，甚至无谱，只有一张世系图，画在白布上。贾氏宗祠是道光年间造的，张氏的已不可考，当也是建于清中叶。河北省蔚县有两百多座村堡，在调查过的几十个中，只宋家庄有一座苏氏宗祠，仅仅一个开间，土墙，室内墙面画满了谱图。

相反，南方宗祠很普遍。因为南方战乱少，长期稳定，因而多血缘村落，宗族势力大。清初康熙朝人赵吉士在《寄园寄所寄·泛叶寄》里写道："新安各姓，聚族而居，……千年之冢，不动一抔；千丁之族，未尝散处；千载之谱系，丝毫不紊……"新安就是皖南徽州。池州地区各县，"每逾一岭，进一溪，其中烟火万家，鸡犬相闻者，皆巨族大家之所居也。一族所聚，动辄数里或十数里，即在城中，亦各占一区，无异姓杂处。以故千百年犹一日之亲，千百世犹一父之子。"（康熙《石埭桂氏宗谱·序》）江苏省苏州，"兄弟析烟亦不远徙，祖宗庐墓，永以为依。故一村之中，同姓者至数十家或数百家。"（同治《苏州府志》卷三）在这种宗族关系牢固的地方，宗祠自然就多了。所以早在乾隆初年，江西巡抚陈宏谋在《寄杨朴园书》里说："直省惟闽中、江西、湖南皆聚族而居，族皆有祠，此古风也。"以后更盛。浙江省富阳县龙门镇，孙氏宗祠有五十多座，同省兰溪市诸葛村，盛时诸葛氏族谱中绘有四十余座诸葛氏大小宗祠。

血缘村落里一姓可能有许多宗祠，是因为宗族内部天然地会分房分支。在南方许多村落里，宗族内一系人有了五代，就可以自立房派，当然，如人财两不旺，不立房派也可以。房派以下，三代可建支派。房派和支派都可以建造宗祠，在浙江省把它们叫作"厅"而不叫"祠堂"。房派的厅叫"众厅"，以下的厅叫"私己厅"。不足三代的，不能建厅，只许在老祖屋里设龛祭祀，叫香火堂。众厅和私己厅也有很堂皇的。如浙江省建德市的新叶村，叶氏一个房派的崇仁堂，前后一共四进，规模竟和"外宅派"总祠有序堂相当且稍稍超出。高祖以上的先祖的神主，总祠内存全族的，"厅"内另存一套本房派的。

南方血缘村落内大小宗祠之多，还有别的原因。如江西省乐安县流坑村，一些人到了晚年，不愿身后子孙分家弃了老宅，便把自己的住房立为祠堂或把自己建造的书院立为祠堂，以致祠堂的数量大增，现存竟有83座之多，而大部分的形制和规模则仅仅同于一所普通小住宅而已。它们通常以个人名号命名，如“卓然公祠”“蕃昌公祠”等等。也有一些村落，为有功于宗族的人立专祠，如浙江省永嘉县岩头村的金氏，明代嘉靖年间的桂林公兴建了全县最好的水利系统和街巷网，统建了一批大宅，筑坝蓄水建成楠溪江流域最大的园林，也兴建了极为典雅的书院。他身后，子孙们便把书院改为桂林公祠。因为书院中央原有两方宽阔的水池，水池正中有凉亭一座，所以得名为“水亭祠”。桂林公生前兴水利，殁后与水长相厮守，亦可谓得其所哉了！

清代乾隆二十九年（1764）凌燽在《西江视臬记事》里载，全省有宗祠九千多座。道光江西《宁都直隶州志》记载：州城内外“为祠宇者十之三四，为民居者十之六七”，祠宇竟占建筑总量的三分之一左右。

清代南方地区不但祠堂多，并且大而壮美。如广东顺德县，“俗以祠堂为重，大族祠至二三十区，其宏丽者所费数千金。”（《同治广州府志·卷一》引《顺德志》）“乡中建祠，一木一石，俱极选采，在始建者务求壮丽，以尽孝敬而肃观瞻。”（《佛山忠义乡志·乡俗》）这些祠堂，都已经是规模宏大，装饰华奢，左钟右鼓，戏台翼然，是村子里最重要的建筑了。永嘉县渠口村那座在明代“草创而已”的叶氏大宗祠，“康熙癸亥（1683）……重建，拓地二十余弓，翼以两廊，奄有两重，规模略备。乾隆壬辰（1772）……重建头门，前后历三重，宏敞高深，堂堂乎巨构矣！”（《渠川叶氏宗谱》）

宗族的内聚功能

宗族的存在并发挥广泛的作用由来已久，它的存在和发挥作用是以血缘关系的宗族内聚力为基础的。清世宗雍正皇帝依据历史经验，颁布《圣谕广训》，首先着眼于宗族内聚力的巩固和发展，宗族稳定了，就能天下太平。《圣谕广训》里给宗族定的四项任务中第一项就是“立家庙以荐烝尝”，就是说，要造个宗祠来定期祭祀祖先。祭祀祖先，是宗族最重要的活动，这是早在《礼记》里就写清楚了的。

祭祖，向上看就是崇奉祖先，向下看就是确定每一个人在宗法社会里的血缘归属，总起来简单地说，就是“认宗归祖”。生活在同一片土地上，崇奉共同的祖先，确认共同的血缘，这就是宗族。

秋尝冬烝，一族的成年男子一起聚在宗祠里，行庄严肃穆的礼拜，赋予他们之间的血缘关系以神圣的意义，使他们牢牢记住，他们之间有先天的关系，有义务团结互助，遇到困难，也可以有些依靠。宗祠于是便成了宗族的象征，宗族凝聚力的标志。所以，同族村民，说到相互间的亲密关系，常用的话是“一个祠堂里祭祖”。明代天启年间岭南凌氏立祠规，第一条就是“保守宗祧”，说“宗祠、祖墓、尝产，为立族根本”，其中以宗祠为首。

祭祖，作为祖先表征的是“神主”，便是写着祖先名讳的木牌，五世以上的，一块神主上可以写好多代，是“君子之泽，五世而斩”的遗

广东省乐昌县谢家村谢氏宗祠内祖龛

意。高、曾、祖、祢则各写在一块神主上。神主陈放在宗祠后进的“寝室”中。“寝室”，是从《礼记》传承下来的称呼。所以，宗祠的主要功能也可以说是存放祖先神主的地方。

神主代表祖先，祭祀的时候面对神主，祖先在上，正是宗族对子弟们实施教化的最佳时机。所以宗祠又是一个重要的维护宗法礼制的地方。

明代永嘉知府文林（成化进士，文徵明之父）在任上颁布的《族范》规定，“凡遇春秋祭祀之时，朔望参谒之日”，全族都要在宗祠里集合聚会，听朗读明太祖朱元璋的“圣训”，即《圣谕六条》。然后，再听朗诵陈古灵[①]的《劝谕文》：

为吾民者，父义，母慈，兄友，弟恭，子孝；夫妇有恩，男

① 陈襄，字述古，号古灵，闽侯人，宋庆历二年（1042）进士，神宗时曾任侍御史，反王安石新政，“崇古派”理学家。

女有别，子弟有学，乡闾有礼；贫穷患难亲戚相救，婚姻死丧邻里相助；毋惰农业，毋作盗贼，毋学赌博，毋好争讼，毋以恶凌善，毋以富骄贫；行者逊路，耕者让畔，斑白者不负载于道路，则为礼义之俗矣！

这篇写于宋代的《劝谕文》早于康熙的《上谕十六条》很多，已经把“上谕”中有关“化民成俗”部分的内容几乎全都包括了。

在清代，许多宗族在秋尝冬烝大祭的时候，在宗祠里向族人宣读本族的“族规”，而“族规”基本上包容了《劝谕文》的具体化文本。“族规”的主要内容是行为规范，附有奖惩条例，犯了规的，要在宗祠里当众训斥处罚，作为血缘共同体，最重的惩罚是“不立主”，就是死后不得以神牌入祠，又叫“出族”，便是开除族籍。如浙江省鄞县《新河周氏立主规约》里说：“生前既经出族与忤逆不孝者不得立主；出家为僧者不得立主；操业卑鄙，有干功令，不得与试者，不得立主；有娶娼妓为妻者，男女均不得立主；……妇人已经改适而复来者不立主；不守阃范，行为污秽者不立主……”安徽省宣城县四安《孙氏家规》则规定，不孝者，不弟者，为盗贼者，为奴仆者，为优伶者，为皂隶者，奸

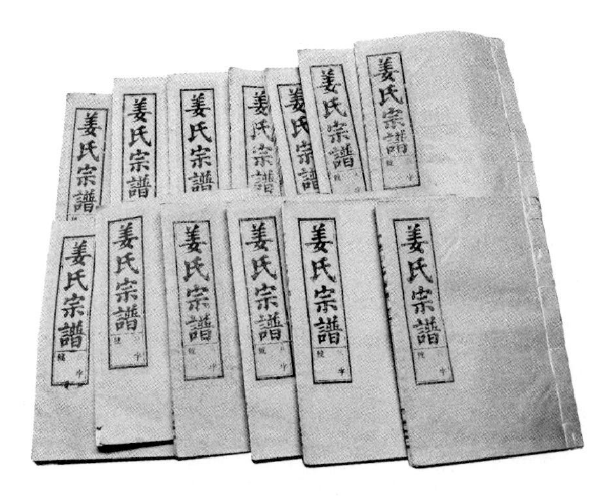

浙江省兰溪市西姜村姜氏宗谱

淫乱伦者，妻女淫乱不制者，盗卖祭产者，盗卖荫树、坟石者，一律皆要“出”，就是开除族籍。浙江省武义县俞源村同治四年（1865）《俞氏宗谱·义录》说：“死于非命不书，若复师父之仇及死于王事则书。盗窃不书，赌博不书，不孝不悌不书，外内犯兽行不书，官吏而犯赃罪不书。”其中最值得注意的是“官吏而犯赃罪不书”。“不书”就是不得写入宗谱，也便是“出族”。浙江省浦江县《郑氏义门宗谱·郑氏规范》也规定：“子孙出仕有以赃墨闻者，生则于谱图上削去其名，死则不许入祠堂。”于图上削名的方法是涂之以墨。死后不许入祠堂是不立神主。

出族，死后没有神主，徘徊于宗祠之外，成为孤魂野鬼，不得血食，那是极为可怕的下场。

由于宗祠对宗法共同体的存在和发展有重要的、近于神圣的意义，所以宗族要求人们对宗祠怀有敬畏之忱。浙江省浦江县《郑氏义门规范》里说：“祠堂所以报本，宗子当严洒扫扃钥之事。所有祭器、服，不许他用。……子孙入祠者，当正衣冠，即如祖考在上，不得嬉笑、对语、疾步。”广东省保安县南头村《黄氏族规》则说：“祖宗祠宇乃所以妥先灵，行礼祭，宜洁净也。……吾族姓宗人，于堂寝廊庑，不许堆积杂什物及系牛马，致坏垣墙、秽处所，夫然后体统尊严而先灵永安矣。”

雍正的《圣谕广训》里继“立家庙以荐烝尝”之后关于宗族事务的后面三项是“设家塾以保子弟，置族田以赡贫乏，修族谱以联疏远”。其中最基本的一项是“置族田”，即“尝产”，这是包括立家庙、设家塾、修族谱在内的宗族活动必需的物质条件，也便是团结整个宗族的经济力量。清人张永铨在《先祠记》里说：“祠堂者，敬宗者也；义田者，收族者也。祖宗之神依于主，主则依于祠堂，无祠堂则无以安亡者。子孙之生依于食，食则给于田，无义田则无以保生者。故祠堂与义田并重而不可偏废者也。”（《皇朝经世文编·卷六十六》）义田又称族田，是全族公有的产业，有史料记载的最早的族田是北宋名臣范仲淹在苏州建立的“范氏义庄”。范氏义庄初有腴田千亩，是范仲淹以俸银购买的，用来“赡养宗族，无问亲疏，日有食，岁有衣，婚嫁凶葬咸有赡养”（民国《吴县志》卷三四）。范仲淹手订《范氏义庄规条》，详细规定了各种情况下的周济标准。这个设族田的办法后来在南方各省一直沿袭下来，成为普遍采用的惯例。如清人魏源所说：“廪其谷若干以周族之贫者，老废疾者，幼不能生者，寡不嫁者。粜其余谷，为钱若干缗，以佐族之女长不能嫁者，鳏不能娶者，学无养者，丧不能葬者。”（《庐江章氏义庄记》）族田大致有“祭田”（“烝尝田”“香火田”，用于祭祀所费）、“义田”（“赡养田”，用于备荒、赈贫、优老、恤孤、助婚、赙丧等等）、“学田”（“子孙田”“膏火田”，用于延师、兴学、助考、赏报、立桅等等）、“墓田”（用于祖墓护理、祭扫、守墓人生活等等）。此外，旌表（“贞节”“孝义”“忠贤”等）、灌溉沟洫、道路、桥梁、凉亭（包括施茶、施药、施柴、施草鞋）、长明灯、舟渡、各种“会”（龙灯会、龙船会、丝竹会、唱戏的万年会、习武的关公会和读书人的文会等等），都各有专置的田亩以出产充作建造和维护等等之用。总之，族田收入的使用涵盖了《上谕十六条》中所要求于家族的福利和公益事业的各个方面。

族田作为宗族的公共财产，它的各项用途，归根到底，都是为了团结宗族和发展宗族。范仲淹写道：“吴中宗族甚众，于吾固有亲疏，然以吾祖宗视之，则均是子孙，固无亲疏也。苟祖宗之意无亲疏，则饥寒者吾安得不恤也。自祖宗来积德百余年，而始发于吾，得至大官，若享富贵而不恤宗族，异日何以见祖宗于地下，今何颜面入家庙乎？”（见民国《吴县志》卷三四）

族田的来源主要靠捐献，其次是孤寡老人以捐田归公换取晚年的抚养、身后丧葬和神主入祠，以及族人犯法财产籍没归公，等等。如江西省乐安县流坑村，万历年间修的《董氏宗谱》里有规定，凡捐田助建宗祠的，神位可列入为“功宗德祖”专设的彰义堂。于是就有人为了这项永久的荣誉而捐田。初立祠堂的时候，也有向族人分派，各出其所有农田的若干分之一为族田的。有些宗族则规定兄弟析产的时候，族中要抽取一部分为族田。无后的绝户人家，所遗下的田也都籍没归族中公有，回报是给他立主享受血食。

族田的耕种也有定规，但各地不一。苏州范氏义庄的族田不许本族子弟耕种。浙江省武义县俞源村则规定由族中缺田的贫穷农户轮流佃种，但各户不得连续种三年以上，因为族田租谷比较低，有缓纾贫困户的意思，所以要照顾较多的人受惠。

族田严禁出卖，出卖族田是大罪。道光年间的江苏省丹徒县《京江柳氏宗谱·卷一·宗祠条例》说：

> 建立宗祠、置买田产及义举（指捐献），一经入祠，即系祠中公物，本支毋得视同己产，族人亦毋垂涎。倘或私典盗卖，全族当祖宗神位前责以不孝之罪，仍协力鸣官，追还祠内。

族田的设置，随宗祠的大量兴建而骤增，1950年代初，浙江省江山县城关有262座祠堂，拥有田产占农田总面积的33.23%，淤头村祠田占农田总数的58.52%。江西省遂川县祠田占总数40%以上，其中城厢一些乡祠田占85%。[①]族田越多，宗族关系就越稳定，宗祠力量就越大，公益性事业也就越发达。

宗族要主持村落的建设。宗族掌握了如此雄厚的公有经济实力，有清一代，中国各地农村的建设规模十分可观，成绩也可称斐然。在南方，有些村落顺应地势，修水渠把溪水引进村，把雨水排出村，再铺街巷循渠而行，把村子切割成房基地。许多地区，村落的各种公共工程，如灌渠、池塘、堤堰、牌坊、村墙、村门、道路、凉亭、桥梁、津渡、长明灯、水碓、风水林、水口建筑群、书院、文昌阁、文峰塔、养老院、公墓、庵堂等等，都兴建得相当完善，也管理得井然有序。大小宗

① 均见1951年华东军政委员会调查。转引自张研：《清代族田与基层社会结构》，中国人民大学出版社，1991年。

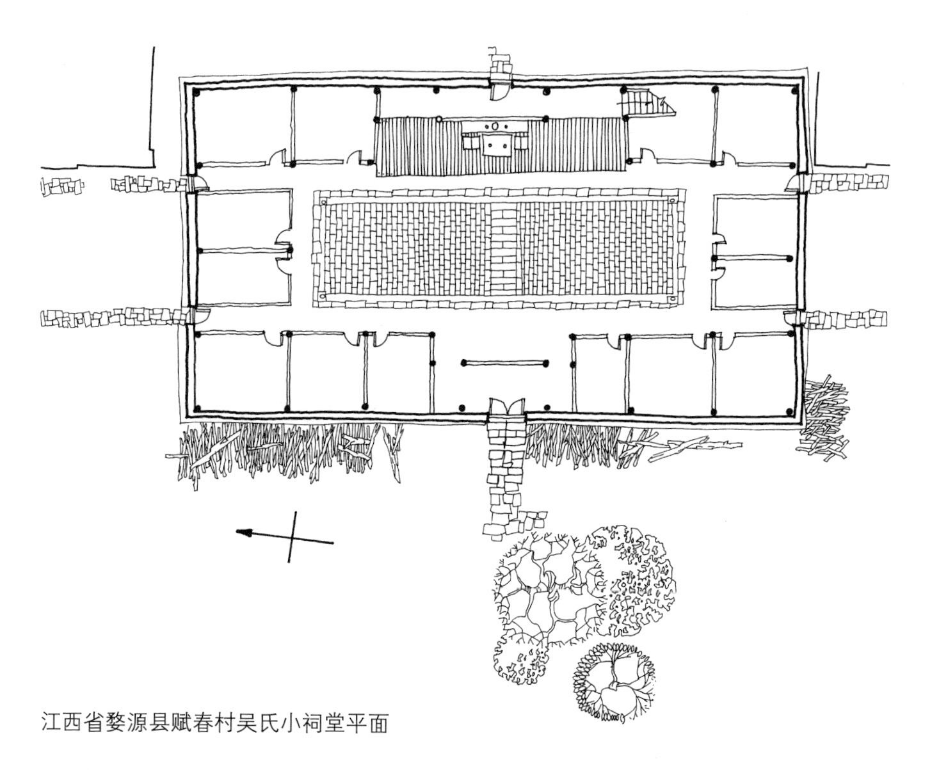

江西省婺源县赋春村吴氏小祠堂平面

福建省永定县下坂村圆楼内的祠堂

祠当然就更加辉煌壮观了。佛寺道观和一些杂庙虽然另有自己的田产和香火钱以供所需，但有时亦可以从宗族得到些捐献。

为了贮存族田大量的收入，宗祠常附建粮仓，也有择地另建的。

宗族往往建设学堂（义塾），和雍正皇帝《圣谕广训》中的“设家塾以保子弟”相应。在农耕时代，虽然说“农为本业”，但农民的地位却在社会的最底层，生活最艰苦。隋唐以后，朝廷有了科举制度，“开科取仕”，大多数官吏都要从考试出身。而参加考试，一般并不看家庭出身，除了少数人以外，平民百姓都可以走读书干禄的路。到了明代，制度更进一步，几乎不经考试便不得担任官职，而在考试面前又是人人平等的。于是，“朝为田舍郎，暮登天子堂”就成了农村有志青年可能实现的梦想。对宗族制度的健全、宗祠和义田的建设大有贡献的宋代名臣范仲淹便出身于贫苦的农家。

一个家族，如果有一二子弟登第，除了所谓“光宗耀祖”之外，会对整个家族有很大的实际好处。浙江省平阳县顺溪村乾隆《宜都陈氏家乘》，有写于南宋淳祐十年（1250）的旧序，开篇就说：“温之昆阳大族为多，而门第之赫奕，子姓之繁昌，则未有加于陈氏者也。盖门第之赫奕，实由于子姓之繁昌。藉使徒繁昌而无贤哲之士，其欲门第之赫奕者，宁可得乎？陈氏自李唐迁居昆阳，其子姓登文科、武科、特科及补入太学，请漕试与夫勉解、进纳、边赏、荫叙者不啻百有余人，此门第所以赫奕而非他族所能加也。”这篇序把陈氏门第的赫奕说成是子姓登科者多的结果，应是合乎实际的。

光绪十六年（1890）安徽省寿州《龙氏族谱·家规》有“家训劝善十二条”，其中之一是“务读书”，说的是：“凡我族人，期于克振家声，宜从诗书上苦心着力。天下惟读书人不可限量，云梯千里，风翮九霄，上为祖先增光，下为子孙创业，岂独一身荣显而已哉！切莫浮慕无实，图侥幸以获功名，庶为有志之士。”

因此，许多族谱中都规定，子弟读书有膏火费赞助：第一是舍得

浙江省兰溪市诸葛村大公堂专门祭祀诸葛武侯

花大钱聘名师，待之以礼；其次是按学业等级给子弟以生活津贴；再次是参与科考由族中出旅资等各种费用；考取各级功名按等级发奖金；中榜时招待“三报”、报子等人的钱由公中支付；举人、进士及第要在家门前和宗祠门前立“桅”，就是立桅杆，明代，中了进士可以造功名牌坊，立桅和建造牌坊都由宗祠出钱。福建省福安县楼下村《双峰刘氏族谱》的谱例中规定，凡科考得生员以上的人，在谱图中都以朱红书名。宗祠祭祀、分胙，得了功名的人，不论行辈，都可以得到优待。

科举中榜，要到宗祠拜告祖先，往墙上贴捷报。当了官，回家的时候也要先拜祖先。江西省婺源县理村，余氏宗族出过不少大官，其中有两位尚书。余氏宗祠规模很大，特地造在村口高地上，官儿们衣锦还乡的时候，轿子进了水口就上坡去宗祠，一路有很多段台阶，轿夫根据各段台阶级数编了些吉祥词，如“连升三级”“四进士”“十三太保”等等，由前面的轿夫吆喝出来，通报给后面的轿夫，以便前后步子协调。从宗祠出来，一路下坡进村，居高临下，很有气势。是官的气势，也是宗族的气势。

科举是朝廷的取仕制度，但这个制度的完成并充分发挥作用，则有赖于宗族的支持。是宗族补足了这个制度的下半部。所以，科举成就比较高的地区，都是宗族制度强而有力的地区。

雍正《圣谕广训》还有一句是“修族谱以联疏远”。大宗祠里一般都设谱房。谱房是保存宗族成员档案的地方，成员的生卒、婚姻、奖惩、科举仕途等等，都有记录在案。

在宗法社会中，谱牒的最原始意义就是一个宗族的花名册，它的重要性在于确认一个始祖之下的宗族的存在。所以大多数宗谱总要在谱序里写上一句：“家之有谱，犹国之有史也。”《虬川黄氏重修家谱序》说：“孝莫大于尊祖，尊祖莫先于合族，合族之道，必修谱以联之。”朱熹在他所撰写的《新安朱氏族谱》里规定“三世不修谱，当以不孝论。”在实际生活中，宗谱的作用之一是赋予每个人以宗族归属感。入了谱，他就是宗族的成员，有依有靠，生前死后都不是孤身面对生活，而能享受宗族的所有亲情和公益。宗谱确定一个成员在谱系中的位置，他的房派、行辈、婚姻关系等等。行辈关乎他的身份和影响力。大多数族谱的“族规”里都有“敬重尊长”的条文，长辈在宗族事务中有较强的发言权，有的可以任族中各种职务，或主持族中的讼争、惩罚等等。行辈的另一个意义在于防止婚姻上的伦常失误，如同族的两个平辈的人不能和外族的两个不平辈的人结婚，以免叔叔成了连襟，表姐成了婶子。确定房派归属也有实际意义，一是不要进错祠堂错拜了祖宗，二是有些地方，如果一家人穷困了要出卖房基地，必须卖给本房的人，为了“败家不败族”，也为了避免房派的居住情况杂乱。宗族的人口很多的时候，房派的重要性就会大大增强，房派的归属就更加重要。

族谱里必有家法族规，这是一个宗族共同的“基本法”。族规不但写明了个人的行为规范和相应的奖惩，也写明了族中养老扶幼、济贫救困等等公益。宗祠和祖坟的位置、形制和相关的规定也都见载于族谱。有些族谱里还记载着族中公产的数量、位置与管理方法。此外通常有一些有懿行崇德的祖先的小传，供后人作为榜样。

浙江省平阳县顺溪村的乾隆《宜都陈氏家乘序》，在阐明了谱牒对团结宗族的重要性之后，接着说：“呜呼，三代已上宗法修举，人人莫不知夫尊尊亲亲之道。秦汉以来宗法废坠，人人鲜克重夫尊祖敬宗之道，故谱牒之学兴焉！君子谓谱牒之行犹宗法之行也。”这篇序写于南宋淳祐十年（1250），所说的道理一直贯彻到20世纪中叶，甚至当今有些地方又重新盛行修谱。

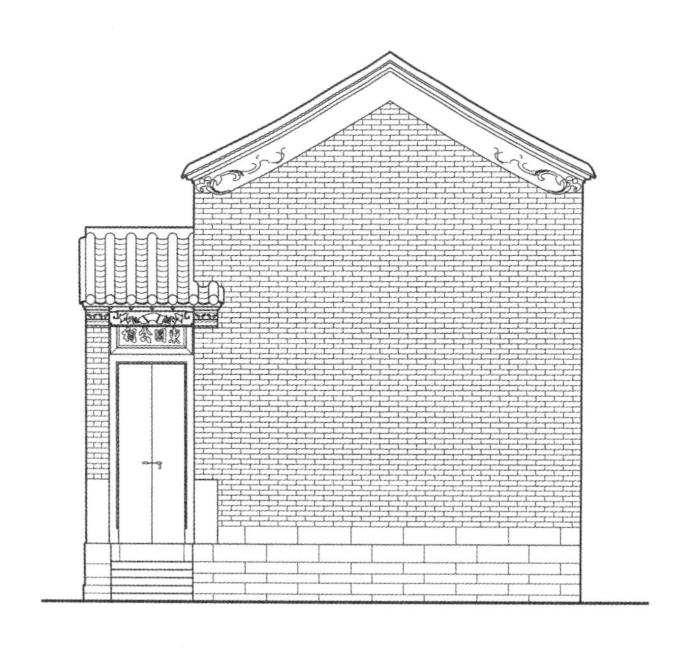

宗族功能的外延

事实上，在许多地方，宗族的功能早已越出了赡亲睦族的内聚作用，而几乎成了基层的类政权机构。清圣祖康熙皇帝的《圣谕十六条》实际上已经承认了这一点，而且对宗族功能的外延寄予了很大的期望。而这些功能又大多和宗祠有关。

宗族要履行基层政府行政职能，首先是催交国课钱粮，大多数宗族的族谱里都把准时足额交国课钱粮写进“族规”，有不少族规把这一条放在第一位。湖南长沙府湘阴县狄氏于清代咸丰九年（1859）重订了“家规”，第一条就是关于交钱粮的事：“钱粮为天庚正供，自应踊跃输将，年清年款，如有拖欠把持，除饬令完纳外，带祠重惩，以免效尤。”

其次负责保安、消防，夜间组织更夫巡逻、抓捕盗贼。特殊时期，更能组织称为“乡勇”“团练”“义兵”等的武装力量。浙江省永嘉县的芙蓉村，南宋末咸淳元年（1265）进士陈虞之应文天祥的号召，率村人三百余为抗蒙古兵而坚守在芙蓉峰上三年之久，得到陆秀夫负帝昺沉海的噩耗后，纵马坠崖而亡，三百壮士全部殉难。后来子孙们为陈虞之建了专祠。

宗族甚至还有司法权力。南方许多村子的族规里规定，凡发生纠纷、诉讼、治安等事件，先由宗族审理，案情较大，不好办的，再移送官府衙门。湖南《洞庭严氏族谱·族规》中说:“各支如有田土、钱债细故争执，不得遽行兴讼，先宜禀达族长、支长，相约谒祠理讲，毋得偏袒。如理不服，始可到官告理。”

有些家族自定的权力更大，直到可以执私刑杀人。如湖南省常德县《映雪堂孙氏家法补略》中写道:“孝弟为人之本。近见我族子弟气习渐坏，竟致忤逆父母，凌辱尊长，其房长如见此等事，不待父母尊长之投诉，便自行鸣集族总、各房长等，着真处治。轻则杖责，重则捆送，太甚则驱逐去族，极甚则筑（活埋）、溺（沉潭）两便。……族中子弟倘有游手好闲，不务正业，流入贼匪，其房长务须预为惩责，或于族内一经捉获，与外姓捆拿交族，其房长鸣集族总、各房长等，公同议处，迫令其父兄伯叔至亲人等举手，筑、溺两便。”浙江省永嘉县枫林村《徐氏宗谱·族范八条》里规定:“孽深害大，素性又终不肯改移”的盗窃犯“令其全身自毙”，好像比“筑、溺”稍稍宽容一些。

凡这类惩罚直至死刑的严酷的事，要在祠堂里祖宗牌位前进行。祠堂平日双门紧闭，这种时刻则大门洞开，以便公众知晓，可以起震慑作用。村人们凡见村里发生了“作奸犯科”的大事，就纷纷传说“要开祠堂门”了。

有些村里，宗族建“旌善亭”和“申明亭”各一座，分别用于榜示“好人好事”和“坏人坏事”。有的村子只建“申明亭”兼有旌善的用处。

人生礼俗有不少要在宗祠里举行，但多少因各地风俗而异。结婚是大事。《礼记·婚义》说“上流社会”的婚礼:“婚礼者，将合二姓之好，上以事宗庙，而下以继后世也，故君子重之。是以婚礼纳采、问名、纳吉、纳征、请期，皆主人筵几于庙，而拜迎于门外。入，揖让而升，听命于庙，所以敬慎重、正婚礼也。”新妇来的时候，也是“主人筵几于庙而拜于门外”。更有意思的是新妇在“著代”之礼后执掌了家务，但要在祖庙里受一次训，“古者妇人先嫁三月，祖庙未毁，教于公宫，祖庙既毁，教于宗室。教以妇德、妇言、妇容、妇功。教成，祭之，牲用鱼，芼之以苹藻，所以成妇顺也。”这场婚礼，从头到尾有很多仪节是在祖庙里进行的，可见古时“上流社会”的祖庙在婚礼过程中起着重要的作用，它代表一个宗族接纳新妇。不过，这种作用后来在平民百姓中并没有一定的表现。有些地方的风俗，新妇进村必须先到宗祠行礼祭拜“报到”，如《东粤宝安南头黄氏族规》有一条：“凡子姓婚娶者，于新迎吉夕，必先虔谒祖祠，然后归家堂拜。盖夫妇家室，人伦造端，礼莫大焉。到祠拜谒者，与花红钱二百文。”有些地方新妇于成婚次日到宗祠祭拜，也有些地方则新妇根本不进宗祠拜祖宗。

丧礼一般不在宗祠举行而在住宅堂屋里做道场，但可以在祠堂里暂厝棺木。有些地方的风俗，暂厝的位置有区别，死者享年五十以上的，棺木可放在第二进院子的廊庑里，六十以上的，可放在第三进房子“寝室”的前檐下，七十以上可以进“寝室”，靠山墙。

有些地方，主要是闽、粤，生了男儿的人家，当年年末为父母者要到宗祠明间前金檩之下专设的“灯梁”上挂一盏灯笼，叫“添灯”，谐音“添丁”，向祖先报喜。孩子长到三岁，过了少儿高死亡率阶段，到祠堂里请族长在脖颈上套一个红丝线圈，拴住小命，十七岁时再到祠里请族长除去，这就算“成丁”了，可以进谱了，可以参加大宗祠的春秋祭祀了。

现实的生活赋予宗祠浓郁的人文气息，宗祠对村人们显得亲切起来了。宗祠下设几个“会”，分别主管各种时节、各种场合的文化娱乐。甚至，村人们普遍把全村最重要的娱乐设施——戏台，造在了宗祠大门门屋里，演戏的时候把院落、廊庑和拜殿（祀厅）都当作了临时的观众席。不过，演出的内容是有限制的。例如光绪二十七年（1901），湖南常德《映雪堂孙氏家法补略》里写道：“赌局、烟馆、坏俗之原；花鼓、灯戏、诲淫之具，……此系大奸大恶，伤风败俗之尤，诫之诫之。”这样的戒律虽有，但毕竟难以全面压制娱乐的愿望。村人们每逢节日、喜庆，都希望热热闹闹看几场戏，但地方官多腐儒，认为演戏不免诲淫诲盗，看戏不免男女混杂，所以屡屡禁止。于是，村民们就把戏台造在宗祠或庙宇的大门门屋里，面对拜殿，辩解说，戏是演来敬祖酬神的，内容自然禁得起祖先或神明的审查，以此来争取解禁。浙江省永嘉县渠口村《重修渠川叶氏大宗祠碑记》说：康熙年间建造的大宗祠，到光绪甲辰（1904）“旧建舞台倾圮，乃舍旧维新。越明年，乙巳（1905）谋于众曰：台之所作，勿以戏观。族人致祭，岁时伏腊，团结一堂。演剧开场，以古为鉴，伸忠孝节义之心，枨触而油然以生”。冠冕堂皇，话说得很漂亮。不过，平头百姓从另一面戳穿了这种道学酸腐气。浙江省兰溪市诸葛村，每年四月十四在大公堂春祭先祖诸葛亮，必定要演戏。演出时，全村男女都挤去看，年轻后生有一句俏皮话：“要看大姑娘，四月十四大公堂。”族里规定，男子在院子里看，妇女在拜殿里看，殿前还搁一道木栏杆。专有几位六十岁以上的老人，提着长杆烟袋在栏杆前站岗巡逻，见到哪个儇薄后生仔回头向拜殿张望，就举起烟袋凿他的脑壳。这些趣事更渲染了祠堂的人文性。

宗族重视聚落自然资源和环境的保护。祖山、朝山的树木都不许滥伐，而案山和坟山则连砍碎柴都不允许，违规的要受到很严厉的处罚，直到“逐出祠堂”，也就是“开除族籍”，从宗谱上除名。所以，在宗法农耕时代，农村周围大多树木蓊郁。不过，那时并不懂生态的道理，只是借树木的郁勃来象征宗族的生命力罢了。祖宗坟山上的树叫“荫树”，是祖荫的象征。浙江省余姚县万历《江南徐氏宗范》规定：“祖宗坟墓栽植树木所以妥安灵爽者，子孙如私自斫砍，致伤庇荫者，族长告官治之。”到了20世纪初，才有些受过现代教育的知识分子对保护环境有了些认识，如福建省连城县培田村的早期留法学生，回来后在《吴氏族谱·物产说》里说村子周围的山“于原有树者，设法严禁，于未有树者，竭力栽种，庶物产滋丰，财源不竭”。甚至规定，“学堂以种树为第一要义”。

宗族连村子的公共卫生都要管。如每逢初一、十五，家家户户要出人打扫各户分片负责的街巷。平日牛羊不得进村，以免污秽。要维护水渠洁净，鹅鸭不得近水渠，规定汲取净水和排出污水的时间，定期组织人力挖塘泥，等等。

宗族的管理多少有一点民主程序。族长不一定由“大宗子”担任，而由辈分高、年岁大、德高望重的人担任。但负实际管理之责的各种职务，则在一定范围里推举。浙江省建德市新叶村，管事的人组成一个类似委员会的机构，叫“九思公”，因为传说南宋理学家陆九渊的弟弟陆九思长于管理，对陆氏宗族的发展曾有很大的贡献。有些关系到全村全族利益的大事，比如要兴建大工程了，和邻村发生重要纠纷了，准备制定大家必须遵守的新规矩了，等等，都要在祠堂里开全族大会，各户的家长，也就是有发言权和表决权的，都要参加。“凡有族中公务，族长传集子姓于家庙，务期公正和平，商酌妥协。”（《云阳涂氏族谱·祠堂碑记》）要修谱了，得在宗祠里立谱房，选合适的人参加，谱修成以后要分颁给各房派了，也得在祠堂里举行庄重的仪式。

浙江省江山市清漾村初修于乾隆、续补于同治的《清漾毛氏族谱·外集》有一篇《凝湖举人毛白圭先生志》，作者是乾隆癸卯（1783）科钦赐举人、江山县学训导蔡英，记载了毛白圭治理清漾的实绩。文里说：“族人年六十以上者祠中按月给米、肉，岁给棉衣一件。七十、八十、九十者递加倍给，衣亦自布至绸缎。生员乡试者每人给银五两。建文昌阁，阖族生童课文于中，一月三会。设义塾教族子弟之贫乏者。每遇青黄不接，即以祠谷减价平粜。凡异姓商贾于其市者，族人或凌侮之，鸣于其祠，必严加惩罚。异姓于其地开铺肆者，每春正，祠内设席延请，申约不许有牌色戏博，犯者即行驱逐。邻村有贫家被灾者，必于祠中给赀救恤，丰俭厚薄俱有一定等次章程。祠产旧不甚丰，自德成综理，日加饶裕，得充诸项之用。”这文里写的是一个山乡小村在乾隆年间的大致情况。值得注意的是当时的宗族管理者已经懂得保护“商贾”，也就是保护市场经济。《清漾毛氏族谱》里列“约戒”二十四条，其中有“毋违理取利”“毋用银低假”“毋收买不明”和“毋挖骗客货”四条，也都是净化市场活动的。江山市位于钱塘江上游，是从杭州到福建泉州去的必经之地，南宋以来交通频繁，以致宗谱的约戒都受到影响。

江西省婺源县洪村的水口有居安桥，上有廊房，宗族在廊房内立了两块石碑，一块是嘉庆十五年（1810）立的“奉宪永禁赌博”，还有一块道光十五年（1835）光裕堂的“公议茶规”，严禁村民在出售茶叶时缺斤短两，以次充好，“如有背卖者查出罚通宵戏一台，银五两入祠”。洪村出名茶“松萝茶”。这两条规矩不但维护了世道人心，也维护了本村茶叶的市场品牌。

总之，在一个血缘村落里，宗祠和村子文化生活、经济生活、社会生活、政治生活、道德风尚的一切方面都有直接的或间接的关系，它们身上沉积着农耕文明时代的一整部乡土文化史，作用远远大于一个基层的政权机构。

宗祠与村落布局

宗祠在血缘村落里是一个结构性因素，就是说，它对村落的结构布局起着重要的、某些方面甚至决定性的作用。

福建省福安县农村流行着一种说法，把宗祠和它外部环境之间的关系简化成一个篆书的“富”字。宝盖代表宗祠背后倚着的祖山和它两侧向前延伸出去的“护砂”或“左辅右弼”，大致对称，形成一把扶手椅的形状。宝盖下的一短横便是宗祠，有祖山和砂山护着，就像靠在扶手椅上，舒舒服服，泰然自若。下面一个“口”字，代表宗祠前面的泮池。有水，环境就会滋润，百物就会孳生。最底下大大的“田”字，便是“明堂”，也便是大面积有水灌溉的农田。在农耕时代，有水浇灌的农田是生活的命根子，加上祖山和砂山出产的木材、柴薪和野兽，朴素的生活就能满足了。这几部分结合在一起便成了个“富”字。那当然就寓意整个宗族的富裕。也有人把整座村落的风水简化为一个富字，只消把宝盖下的那一道短横说成代表村落本体就可以了。这其实是形势宗风水里最基本的一个“形局”。

村落选址，毫无疑问，当然首先考虑有利于生产和生活，也就是归结到一个“富”字，这是一个很现实的要求。在农耕文明时代，农业生产是生活富裕的基本保证，所以，村落选址总要把水和土地放在第一位，其次则是安全。

浙江省兰溪市诸葛村南十五里有个永昌村，明代万历年间编写的《永昌赵氏宗谱》的“序”写到永昌的地理环境：“前有耸峙，后有屏障，左趋右绕，四山回环。”这是一个领域感很强的地段。领域感能够使居住者的心里觉得安全、稳定，不致像在无边无际的草原和平野里那样感到无依无靠，无法确定自己的位置。更重要的是，这篇“序”紧接着写：“田连阡陌，坦坦平夷，泗泽交流，滔滔不绝。”这便是说耕地广阔，水源丰沛。然后是“山可樵、水可渔、岩可登、泉可汲、寺可游、亭可观、田可耕、市可易……”，无论生产还是生活，都是够优裕的了。这篇“序”写出了在广大农村里被普遍遵循的聚落选址的基本原则。

许许多多现实的因素都是人们选择定居点的根本原因。形成聚落以后，在民智未开的农耕时代，还需要一种超自然的信仰或者迷信来加强人们对所居住的地点的信心，这就是风水。风水术士编造出一些说法，使人们相信，山、水、地形等等自然因素能够决定居住在某方土地上的人们的吉凶祸福（特别是他们的后代子孙的命运，这叫“风水看隔代”）。风水术士说服人们，经他们选择或稍稍加以改造的环境是一方“吉壤”，只要老老实实在这里居住下去，就能子孙繁昌，从而培养居民对这块土地的依赖心理甚至眷恋。民众迷信命运，这是专制统治者希望看到的；依恋土地，这是宗族的稳定、团结所需要的。因此，特别重视风水的，主要是福建、江西、广东、浙江、安徽各省以血缘村落为主的农村社会。在宗族共同体遭到严重破坏的北方地区，风水就不很受重视。

由于宗祠在血缘村落中的特殊作用，在南方，自然崇拜和祖先崇拜相结合，就对宗祠的风水有了许多巫术迷信的说法。宗祠，尤其是作为宗族总祠的大宗祠的风水对聚落的布局起了很大的作用。

例如福建省福安县楼下村，四面群山环抱，南面有个高峰，每天早晨第一束阳光必定先射在它的尖端上，于是村里的刘氏大宗祠，轴线就正对着这个山尖。阴阳先生说，这叫“丹凤朝阳”，大吉大利。而且把大

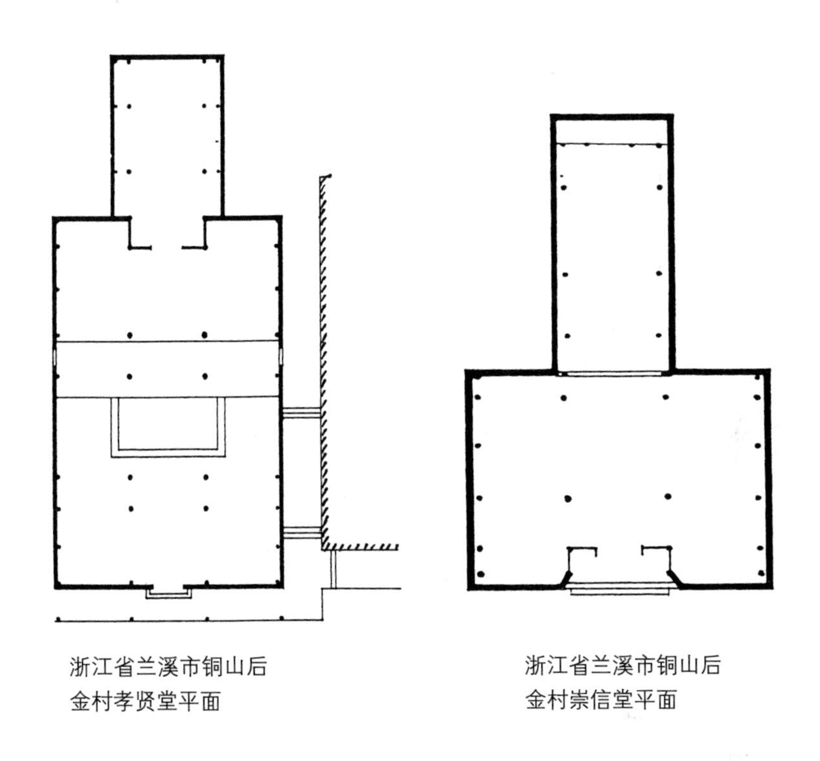

浙江省兰溪市铜山后金村孝贤堂平面

浙江省兰溪市铜山后金村崇信堂平面

宗祠造在村内一个山坡断坎的前缘，坎下保留一片空地，前面不论再造什么村居，都挡不住大宗祠和那山尖的联系。

又例如浙江省建德市的新叶村，叶氏总祠为寻找最佳的风水而先后易址三次，最后建在村外东侧的小高地上，朝向为北偏东，正对着大约四公里外三峰山的主峰。主峰较高，另外两峰略矮，向主峰倾斜。风水术士说，主峰是母亲，另两峰是儿子，身姿恭谨，很孝顺母亲。宗法制度的核心纲常是孝。祖庙的这个对景非常有利于弘扬宗法制度赖以存在的孝道。村人们相信，自从叶氏总祠落位之后，叶氏宗族就兴旺起来了。新叶村叶氏分里宅、外宅两大支，外宅派的总祠叫有序堂，它正对着的朝山是圆锥形的。圆锥形的山峰在风水术上比拟毛笔尖，叫“文笔峰”，因为这座山峰的东侧是元末大理学家金仁山的故里，所以地方人士又把它叫“道峰山”。新叶村西傍玉华山，山上有巨大的崖壁，所以又叫“砚山”。于是，人们便在有序堂前挖了很大的一个半月形的泮

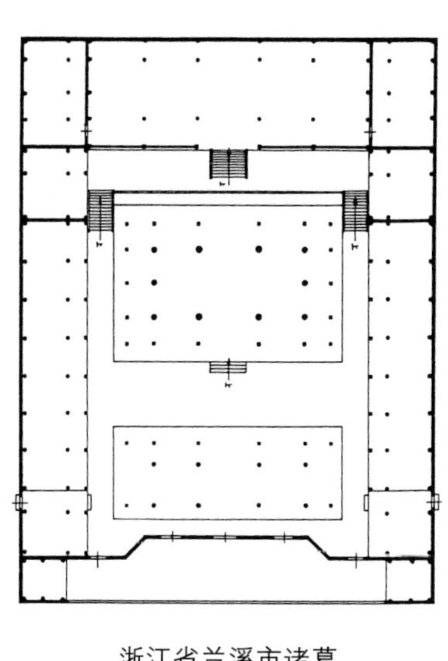

浙江省兰溪市诸葛村丞相祠堂平面

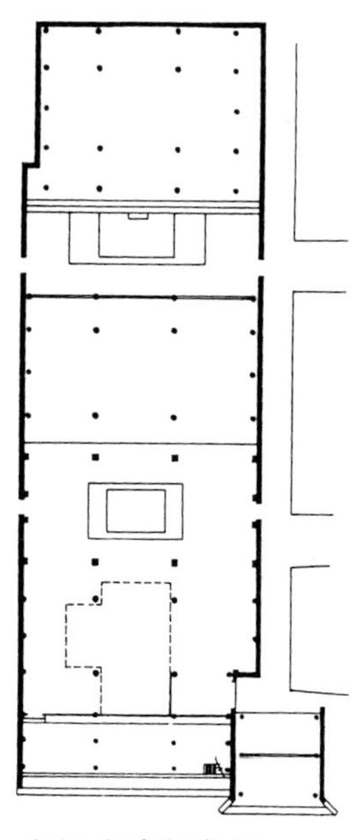

浙江省建德市新叶村有序堂平面

池，叫“砚池”。道峰山倒映在砚池里，就成了“文笔蘸墨”的风水格局，这种格局主文运亨通。恰好从道峰山到有序堂，其间有三道小山冈，风水术士说，这是三道诰命。后来外宅派凑巧果然出了三位重要人物，都受到诰命封赠。村民们说，是他们“带动了”整个外宅派的兴旺。而里宅派的总祠风水不好，终于没落，甚至可能已经没有后人，以致有序堂实际上代替了叶氏总祠的地位。

叶氏总祠和有序堂的风水固然是穿凿附会，但它也带来了实际的好处。为了保持风水，族中规定，不许在“明堂”里造房子，也就是不许在道峰山和有序堂之间以及三峰山和叶氏总祠之间造房子。这样一来，就把新叶村最好的农田保护下来了。而且，风水之说大大增强了叶氏族人在这块土地上居住下去的决心和信心。他们开渠引水，平整丘陵，兴办书院，终于建成了在这一带比较富庶的村落。

叶氏总祠在村外，对村落的布局的影响不明显，而有序堂对村落的布局则起了决定作用。由于要保护它面前直抵道峰山的一大片“明堂”农田不被占用，村里住宅和“厅”就只能造在有序堂的左右和背后。有序堂朝北，它和道峰山之间又没有房屋遮挡，所以有序堂从早到晚对着阳光灿烂的道峰山南面，阴阳先生说，这种风水叫“三阳开泰”，即对着朝阳、午阳、夕阳，大吉大利。

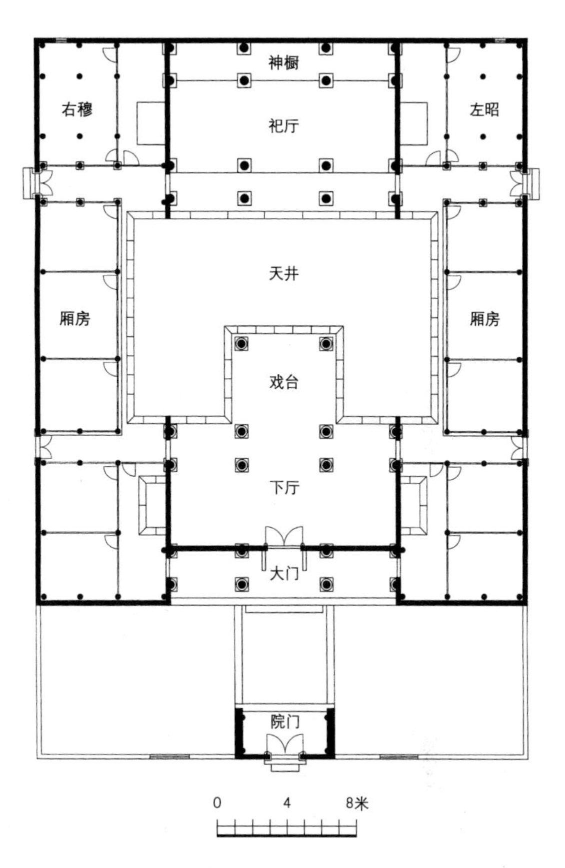

浙江省缙云县河阳村虚竹公祠平面

新叶村的西北，道峰山（文笔峰）和玉华山（砚山）之间，村子的水源地上有一座玉泉寺。村子的东南，低洼的巽位上，有一座文昌阁和文峰塔。有序堂的正面恰在玉泉寺和文昌阁的连线上。玉泉寺和有序堂都草创于元代，阁和塔则建于清代，可见，阁和塔的位置是由寺和祠的位置来确定的。

大宗祠和房派的分祠，也就是众厅和私己厅，对村子的结构布局有很大影响。分祠分布在全村，房派的成员往往簇聚在分祠周围居住，形成房派的团块。这些团块组成聚落整体，它们依各种方式与总祠联系。于是，聚落就有了以总祠为核心的团块式结构。新叶村和诸葛村便是这种格局。新叶村各个团块之间的边界成为村中的主要巷子，比较宽，中央铺一道石板，曲曲折折，都通向外宅派总祠有序堂。团块内的小巷子中央没有石板，和主巷明显区别开来。诸葛村不如新叶村紧凑，它的领域分属孟、仲、季三大房，各以房祠崇信堂、雍睦堂和尚礼堂为核心。它们又各有分祠。不少房祠和分祠在初建时候便沿左右侧墙造一条巷子，巷子外侧建一排院落式住宅，大门对着祠堂，如尚礼堂、滋树堂、乡会两魁祠等等。乡会两魁祠的左右小巷各有天圆地方的砖门，分别有砖额镌刻“东林”和“西园”。

江西、福建和广东，有不少地方，农村聚落在大宗祠两侧各建一条顺墙的巷子，在巷子外侧再建几条横向的笔直的小巷，小巷边造整齐一致的标准化住宅，朝向和祠堂相同，形成一个很像兵营的村子。这种村子一般只有一个总祠，没有房派的分祠。例如江西省吉水县的双元村和广东省开平县的一些村子。

江西省乐安县流坑村，嘉靖年间对全村做了一次大调整、大改造，统一规划成七条东西走向的巷子和一条南北走向的巷子，大体上每条巷子住一个房派，在巷口建一座分祠。后来因人口增加，住户发生社会分化，而且祠堂由于各种原因大增到83座之多，这个布局被突破了。

在浙江省农村，大小宗祠前面多数有个泮池，半月形，直径和宗祠的宽度相等，居民在这里浣洗、取水，但不许洗秽物，也不许家畜、家禽走近，更不许它们下水。泮池外侧，早年通常是绿地，种些花树。祠堂两旁或背后也常有绿地，甚至有精致的花园。这些房派祠堂作为住宅团块的核心，把水面、树木或花园相当均匀地分布到全村，不但方便日常生活，而且给住房密集的村落以一些开阔的空间，使村落疏密有致，景观变化多，让人感到舒畅，不再憋闷难堪。宋代袁寀著《袁氏世范·治家》中写道：“居室不可无邻家，虑有火烛无人救应；宅之四周如无溪流，当为池井，虑有火烛无水救应。”宗祠前的水池起着救应火灾的作用，它们也能和绿地一起缓解密集的村屋造成的热岛效应，改善小气候。

这些小空间成了人们交往的场所。浣衣女相互聊些家常；大树下摆几块石头，老人们拄杖而来，坐下谈古论今，找老兄弟们下几盘五子

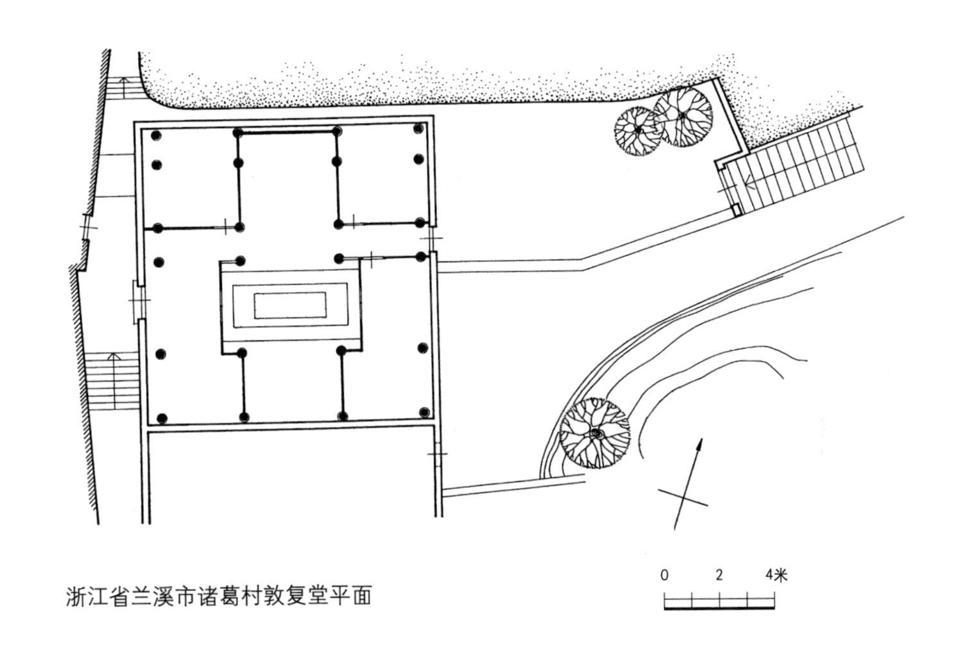

浙江省兰溪市诸葛村敦复堂平面

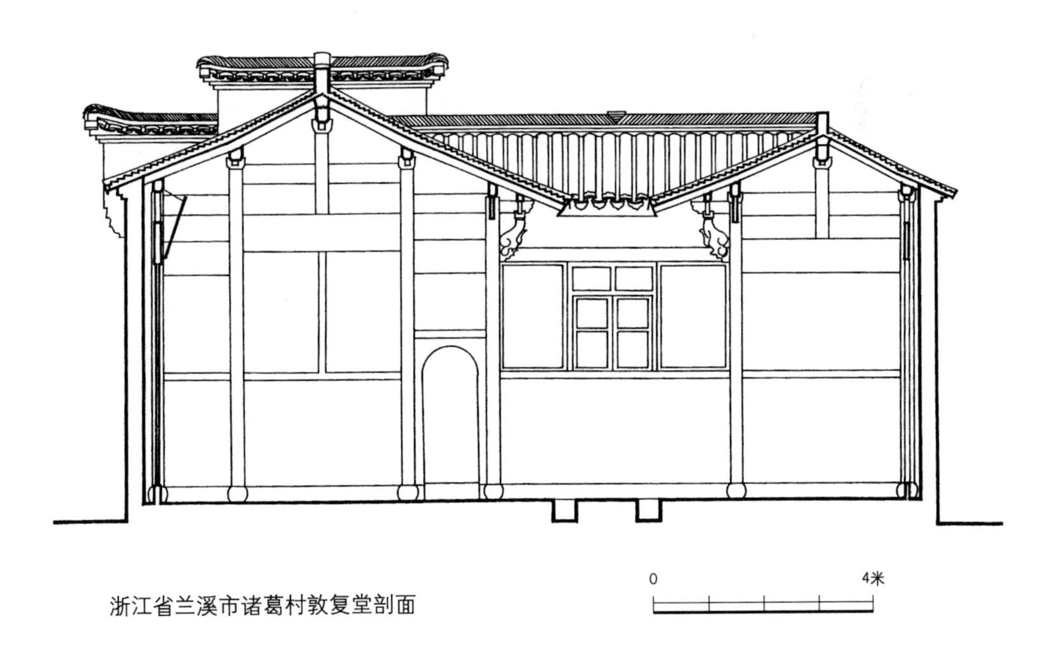

浙江省兰溪市诸葛村敦复堂剖面

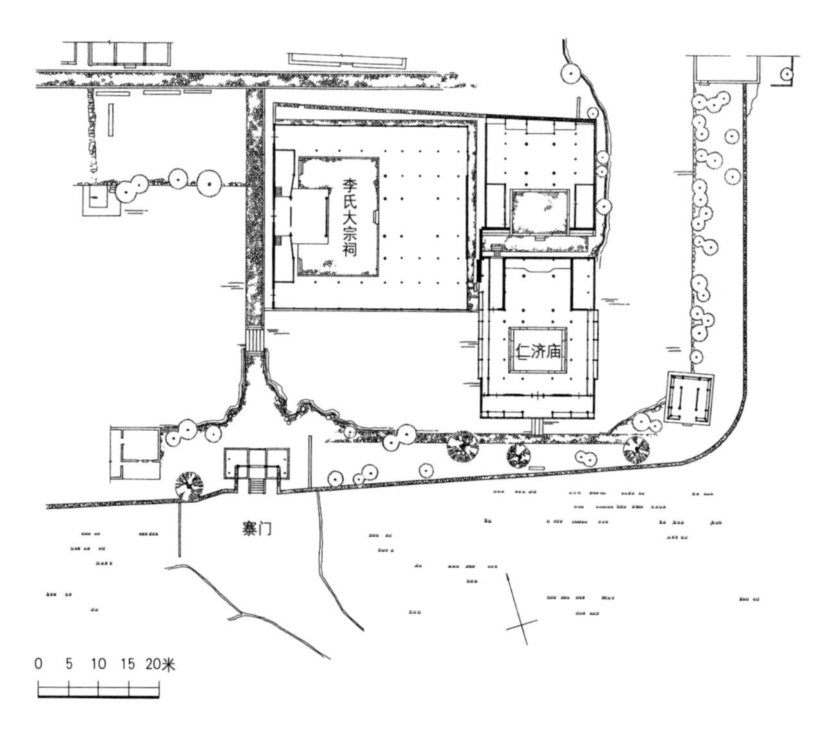

浙江省永嘉县苍坡村寨门、李氏大宗祠、仁济庙总平面

棋。向阳的墙根下冬日里总挨着一帮男女老少们晒太阳。巷子口上通风，则是夏夜乘凉的好地方。平日里祠堂前就这样充满生活气息。年时节下，演戏多在祠堂里；龙灯、抬阁，都要巡游到每个祠堂，在祠堂前大大舞弄一番，从而把欢乐带遍大街小巷，家家户户。

祠堂前也是村子建筑艺术的重点，居住团块的构图中心。祠堂大门，或者有华丽的门楼，或者有庄严的门廊，小型的也有雅致的雕砖门台。族人有了科举成绩，举人以上便可以在宗祠大门前立一对杆子，叫“桅”。举人桅杆上装一只斗，进士的便可以装两只了。大门是精雕细刻，金碧辉煌，桅杆是轻盈挺拔，喜气洋洋。它们是宗族的脸面，向人炫耀宗族的繁庶和成功，激励子孙们努力向上。诸葛村《高隆诸葛氏宗谱》里有一幅“高隆族居图”画着45座各级祠堂，其中竟有14座竖立着功名桅杆。可见当年这个村子的景观非常生动蓬勃。

建筑形制

宗祠是一种严肃的礼制建筑。它的形制从住宅演化而来，住宅在生活中由于种种条件而千变万化，宗祠虽然也有变化，但变化不大，保持着一种由于功能而程式化的主要空间和一副庄重、整齐的格调。它的变化甚至比庙宇还少。

宗祠是举行祭祀的场所。祠祭要严格按照《朱文公家礼》规定的程序进行，以致宗祠本身，尤其是它的中央主体部分，是有一定程式的。一个宗祠，主要有三部分，从前到后，一是大门门屋，二是拜殿，或者叫享堂、祀厅，是举行祭拜仪式的地方，三是寝室，是从《礼记·王制》里说的那个“庶人祭于寝”的“寝”字引发出来的名称，专为供奉祖先神位。光绪《合肥邢氏家谱》道：“家庙者，祖宗之宫室也，制度即隘，亦少不得三进两庑，前门户，中厅事，后寝室。”四川《云阳涂氏族谱·祠堂碑记》则说：“上建龛堂，所以安神主而序昭穆也；中树厅事，所以齐子孙而肃跪拜也；前列回楼，所以接宾朋而讲圣旨也；左右两庑，所以进子弟而习诗书也。”它把各部分的功用都说齐了。这说的是一般规模的祠堂。这三进房子之间是两个院落，院落左右有廊庑。有的把后院廊庑发展成厢房，也用作寝室，分“左昭右穆”，或作宗族办事用房，如谱房、账房或长老们的议事室。而《云阳涂氏族谱》里则规定它的用途为书塾。除了这个核心部分之外，附属于宗祠建筑的常有后花园、义塾、义仓、义厝等等，少数的如浙江省武义县俞源村的俞氏宗祠甚至有孤儿院、养老院等等。简单一点的祠堂，把祖先神位供奉在拜殿后墙前的神橱里，免去专门的寝室，甚至没有前进和两庑。复杂一点的，在门屋里造一个戏台，面对拜殿，而前院两侧的廊庑成了看戏人的位置，有的是在演戏时由小贩摆各种食品摊。

江西省乐安县流坑村，相传为汉儒董仲舒后人的聚落，董氏大宗祠是一座少有的大型祠堂，建于村北的陌兰洲，距村落住宅区约两百米。坐北朝南，面对村落，背靠自南而北再向西转弯的乌江。从大宗祠入村要通过寨墙上的拱宸门。大宗祠建于村外，背对村落的朝山，任乌江在后面流过，这种布局不合堪舆术的教条，在非常重视堪舆之说的江西省，流坑董氏大宗祠的这个位置会有一些说法，但没有留下记载。

董氏大宗祠和一左一右的另外两座房祠形成建筑群，三幢建筑并列，东西宽约九十米，南北纵深七十多米，共占地七千平方米。大宗祠位于中央。东侧是桂林祠，祀董氏十六世祖董季敏，西为桂岩祠，后称文馆，祀孔子和文昌帝君。三祠前有一个共有的公共空间，形成宽敞的横向院落。院中央有一口长方形的“墨池”。院子东西端均有三开间砖坊一座。西坊书“优入贤关”（外）和“簪缨世第”（内），东坊书“理学名贤”（内）和“科甲联芳”（外）。这两座砖坊初建于康熙年间。大宗祠前为三间牌坊式砖门，重檐，中央正面书“德厚流光”匾，背面书“文献世家”匾。次间各有石狮子一座。门前有墨池，池南有坊名“追远”，表示对祖先的怀念。池东西各有一座木坊相对，和外墙上“优入贤关”“科甲联芳”两座砖坊在一条直线上。东木坊书“累朝师保”，西木坊书“奕世科名”，炫耀仕宦和功名的成就。院正面南墙有影壁，书“累朝世家”四个大字。

进入“德厚流光”门，在前院的左右还有钟楼、鼓楼各一座。

大宗祠共三进，第一进为“育贤楼”大厅，三开间重檐，中央一间额“宋赠大司徒董公大宗祠”，东间额“祖孙台部”，西间额“三世尚书”。第二进大厅为“敦睦堂”，三开间重檐，匾额书“万殊一本”。第三进为五开间，中央三开间为两层，上层额“敕书阁”，下层明间有匾额书“孝敬堂”，左右按昭穆次序为“彰义堂”“报功堂”“宗原堂”“道原堂”，均有额。育贤楼和敦睦堂两侧有厢房，东侧祀“忠”“廉”，西侧祀“孝”“节”。按昭穆次序应是忠、孝、廉、节。宗祠犹如一座家族忠臣义士节妇贞女的纪念馆。孝敬、彰义、报功三堂先落成于嘉靖四十年（1565）。明人董燧写《彰义堂记》说：“中题曰孝敬堂，所以祀爵也；左题曰彰义堂，所以祀义也；右题曰报功堂，所以祀功也。三堂之外，总题曰敦睦堂，所以序昭穆也。”孝敬堂祀仕宦，报功堂祀堪舆家杨筠松、曾文辿和廖瑀。董氏宗族一直认为本族的发达全由于他们给祖坟和聚落寻了好风水。“彰义堂”是专祀那些捐钱捐田助建宗祠和助祭的族人的，标准是十两银子一位。敦睦堂祀合族历代祖先。宗原堂和道原堂后建，万历九年（1581），董燧在《宗原道原两堂簿引》中写道：“道原堂特祀仲舒公，溯吾董道学之原也。……宗原堂特祀清然公列祖……重其始也。”仲舒公是汉代的董仲舒，被尊为董姓始祖；清然公是董姓迁江西省宜黄县的始祖。大宗祠又是一座家族传统教育的展览厅。纪念和教育，都与流坑的历史特点相符合。敦睦堂有一副对联，“以祖宗之心为心，自求多福；若先王之法不法，入此何颜”，更揭示出宗祠的教化作用。

但特别值得注意的是 “彰义堂”，它所说的“义”，就是向宗族捐款、捐田，彰义堂里供奉的就是些这样的大商人或大地主，就像不必读书应考，靠捐纳便得到什么“大夫”“司马”的虚衔一样，靠捐纳也可以进入专祠，永享殊荣。单凭财富，便可以大大提高一个人的社会地位，这情况反映着明代晚期长江中下游地区商业经济发达的历史性变化。这变化在意识形态上的表现之一，便是突破了封建宗法制度的伦理观念。明代晚期，流坑村许多人就因经营漕运和木材而致大富。

宗祠格局变化少，但也有些变体。广州市的陈氏宗祠除中轴上的一路厅堂以外，左右还各有一路院落和厅堂，每路三进，一共九厅六院。三路之间只以敞廊相隔，最边处才有厢间。厅堂、厢房和斋房一共18

浙江省宁海县岙胡镇胡氏宗祠门廊色彩绚烂的卷棚轩

浙江省兰溪市姚村大宗祠

座，总面积竟达13200平方米。宗祠的空阔开敞也是少有其匹。浙江省永嘉县岩头村的桂林公祠，由书院改成，享堂前有大水池，中央立方亭一座，由一道桥从仪门经方亭再到享堂。仪门前又是一座水池，进大门后，绕水池方得抵仪门。这些都很有个性。

大宗祠门屋里一般都有戏台，有些房祠和支祠也有戏台。门屋里的戏台主要有三种，一种全部都在门屋的明间里面，一种有一半凸出于明间之外，第三种则是全部凸出，前面高高翘起一对翼角，而后台则在门屋明间里。第二、第三种做法，观众可从戏台三面看戏，台上台下的隔阂比较小。前两种做法，戏台挡住了宗祠的大门，平日，包括演戏的日子，只开左右次间的侧门，特殊的日子，例如祭祖，例如奉安神主，便把戏台中央一溜活动台板移开，空出一条通道来。第三种做法，在中央正门进入，分左右绕过戏台向拜殿。

化妆室通常设在门屋次间的夹层里，有小木楼梯从戏台后的候场处上下。

候场处与前台之间设一道板壁，叫“守旧”，上面大多画一幅“唐明皇游月宫”图。唐明皇就是唐玄宗，他精通音律，好歌舞，曾亲自在宫中梨园里训练戏班子，所以被戏剧行业奉为祖师爷，叫“老郎神”。唐明皇游月宫是一则很浪漫的故事，叙述明皇在“安史之乱”中仓皇出逃四川，中途在六军逼迫下杨贵妃自尽，“君王掩面救不得，回首血泪相和流”。乱平返都，明皇日夜思念贵妃，“夕殿萤飞思悄然，孤灯挑尽未成眠。迟迟钟鼓初长夜，耿耿星河欲曙天。”道士叶法善便作法引导明皇到月宫里去，和已经升仙住在月宫里的杨贵妃会面。二人相誓“在天愿作比翼鸟，在地愿为连理枝”。游月宫的情节极富戏剧性，所以经常用来画在这个板壁上。

“守旧”的上方挂一块横匾，大都是赞扬演出的，不出“金声玉振”“作古振今”“翻风弄月”之类，以套话为多。

“守旧”的两侧是上场门和下场门，门额上大多写“出将”“入相”

两个词。台子左右和前沿，有纤小的高仅盈尺的栏杆，保护演员。栏杆小柱头上蹲着木雕的麒麟等等瑞兽。有些宗祠，如浙江省永嘉县芙蓉村的陈氏宗祠，在戏台一侧附一个小小的台子，供乐队专用。

戏台往往是小木作、木雕和彩画作的精品。首先是戏台上方为拢音而多用藻井，而藻井的样式极多，木工师傅们争奇斗巧，别出心裁地进行创作，频出精品。如浙江省永嘉县各村宗祠的戏台常用八角覆斗形藻井，镏金斗栱沿八个阴角线和八面中线层层上挑，长栱如流云，如灵芝，婉转曲伸，非常生动。浙江省宁海县农村，戏台的藻井各式各样，变化很多。最生动的叫“百鸟朝凤”（“鸡笼顶”），图案呈螺旋形上腾，蓬勃的动势和戏剧的热烈相呼应，珠联璧合。有些藻井整个覆满鲜艳的彩画，“开光盒子”里的戏剧场景画得很精致逼真。其次是戏台台面前沿，大木枋子前贴着一条通长的木雕，雕刻的题材都是戏剧情节。这幅雕刻也是雕花匠大展身手的地方。四川省各地把这幅长长的雕花板叫作“照面枋”，意思就是说它面对观众，专供大家品评，所以制作格外精心。江西省乐平县，村村祠堂有戏台，甚至有些村几个祠堂都有戏台，全县保存下来的戏台有三百多个。乐平戏台的形制并不特殊，但雕梁画栋，穷极艳丽，几乎是无处不雕，无雕不贴金箔，一派耀眼的灿灿金光。

戏台前檐的一对柱子，叫“台柱”，台柱上必挂楹联。有一些是即景而写的，比较浅显直露，如“看去俨然如是，想来或者有之”；有一些带有感慨，如“一曲商音，演成千古兴亡胜负；数声越调，点出百年离合悲欢”。台口上方也有横匾，大多书“普天同庆”“盛世纶音”之类的喜兴话。

看戏的观众，按祠堂里规矩，一般是男的在院子里，女的在拜殿前檐下，自带凳子。院子两侧的廊庑里也是妇女们看戏的场所。有些祠堂，山西、江西和四川等诸省都有，厢廊上有楼，左为“男看（居）楼”，右为“女看（居）楼”，专为“有身份人家”使用。

明清两代有些道学腐儒，认为演戏有伤风化，如明代劳宜斋在《瓯

浙江省宁海市岙胡镇胡氏宗祠戏台藻井

江逸志》里批评道：每逢演戏，“十余日昼夜游观，男女杂乱”。清代道光、咸丰年间永嘉县令汤成烈在县志稿里也写道：“报赛侈鬼神之会……士女游观，靓妆华服，阗城溢郭，有司莫之能禁。”想禁又禁不住，很不满意。社会上层的这种封建意识，当然会影响到农民，所以祠堂里演戏要划分男女观众的位置。

一般村落，戏台只建在总祠里，每逢演戏，邻村的人都会来看，而且四方小贩，卖小吃食的，卖零杂货的，也都会赶来在祠堂前或戏台前两侧廊庑里摆摊，形成临时的闹市。为了保护村落内的秩序和宁静，是大多村落把总祠建在村边而不建在村子核心区的原因之一。

新叶村智字房的崇仁堂，它的戏台是可拆卸的。木架构件平时收在祠堂里，用时取出搭在大门前的泮池水面上。这种戏台叫“雨台”或“露台”。

南方多雨，有些戏台前往往建大堂或敞厅，为观众遮雨。如江西省抚州市的万寿宫，一座大堂占满了院子。浙江省宁海县有些宗祠，戏台前的院子里建高大的敞厅，沿院子中央纵向延长，少的两间，多的三间，每间顶上做一个藻井，非常复杂精巧。

有些宗祠把戏台造在门外广场边，如福建省永安市西垟福庄的邢氏大宗祠。

祠堂的第二进是拜殿，或者叫享堂、祀厅。庶民的祠堂，拜殿一般的遵制都是三开间，特殊人物如诸葛亮的祠堂则为五开间。安徽省歙县呈坎村东舒祠的享堂也是五开间，总面宽26.5米，进深22.5米，非常宏敞。在南方地区，拜殿的前檐完全敞开，这里是举行祭祀仪式的地方，也是最要壮观的地方。大堂高爽，木构架都很粗大，而且以雕刻装饰。梁枋上挂满了大匾，内容都是歌颂功名、德行、寿考等等的。柱身上都有楹联，内容比较驳杂，但必有一副长联，上联统叙列祖列宗的功业、懿德、声名，下联颂扬始祖播迁以来，落根本地的经过等等。如诸葛村大公堂的楹联："溯汉室以来，祀文庙，祀乡贤，祀名宦，祀忠孝义烈，不少传人，自有史书标姓氏；迁浙江而后，历绍兴，历寿昌，历常村，历南塘水阁，于兹启宇，可从谱牒证渊源"。浙江省永嘉县鹤垟村谢灵运后人宗祠叙伦堂的楹联："江左溯家声，淝水捷书，勋绩于今照史册；瓯东绵世泽，池塘春草，诗才亘古重儒林。"也有些颂扬宗族繁荣、富足，村子祥和、有序等等的闲话联，如"左昭右穆，喜宗支蕃昌灵爽凭依；春露秋霜，看蕴藻流芳焕彩频繁"之类。明间的后下金柱之间大多有樘板，可以启闭如门扉，在恭请祖先神主或奉安祖先神主的时候因为要出入后院的寝室，把樘板打开。每逢祭祀则关闭樘板，在樘板上悬挂始祖和杰出祖先的画像，有些地方称为"祖容"，北方则称为"图"。樘板上方多挂祠堂的堂号匾，如"敦睦堂""德馨堂"之类。那副主题性的长联便悬挂在樘板左右的后下金柱上。那里光线暗淡，联、匾上的字贴了金箔，闪闪发亮，非常庄重肃穆。浙江省和江西省有的大宗祠拜殿明间的前后金柱分别用柏、梓、桐、椿四种木材制作，谐音“百子同春”，讨个子孙蕃衍发达的吉祥。江西省婺源县黄村黄氏大宗祠明间左右第一榀前金柱下分别用青石和白石做磉墩，象征“左青龙、右白虎”。这做法殊不多见。

拜殿的两个次间，前下金柱和前檐柱之间的轩顶下，架着钟鼓。左钟右鼓，在祭祀时应仪式而敲响。也有些祠堂，如江西省婺源县汪口村的俞氏宗祠，把拜殿两侧次间前檐局部向前扩大一点，分别悬挂钟鼓。再向前便与廊庑相接，有一只檐角向侧前方挑出。浙江省兰溪市诸葛村诸葛亮丞相的祠堂则在寝殿前左右各建一小间为钟鼓楼，上覆卷棚顶，用拉弓式硬山封火墙。江西省乐安县流坑村的董氏大宗祠在大门内侧建造了独立的钟鼓楼。

浙江省兰溪市境内，流行一种很独特的拜殿形制，叫“中亭”，专建于宗族的总祠（大宗祠）内。这就是，把大宗祠的拜殿建成一个面阔、进深都是三开间的近于正方的建筑，几乎满满地塞在大院子里，四面与其他建筑如前面的门屋、后面的寝室以及两侧的廊庑都没有连接，而且面面开敞如亭。例如诸葛村的丞相祠堂，里叶村、新叶村的叶氏大宗祠，上唐村的李氏大宗祠，洞源村的赵氏大宗祠，西姜村的姜氏大宗祠等。这种中亭式的拜殿只供举行隆重的仪式，不设神橱，所以必有第三进寝室。

拜殿后檐墙为砖砌，中央明间设门。从樘板两端下金柱后面的“耳门”可以达到樘板后面，再从这道门出去通向后院。后院的正面是“寝室”，专供祖先神主。为了保护神主的绝对安全，有些宗祠在后院的中央砌一道横墙，为的是防火。放神主的神橱往往是小木作的精品，花格细巧，雕刻生动。橱的上方正中经常挂匾额，写“彝伦攸叙”“祖德流芳”之类的颂词，金光灿烂。神橱前置香案，上陈烛台、香炉，香案前放些拜垫，气氛肃穆庄严。神橱有门或无门，正中坐始迁祖的大神主牌，有升降龙镶边。在它左右，直至两个次间，有几层台子供历代祖先神位，有时也建神橱加以装饰。神主多了，就在两侧的山墙前建台。再多，则把两厢都改作寝室。一个宗族在一处定居很久，历代人丁兴旺，就会有许多神主，这种情况下每隔若干年就要把晚近几代的神主改写，合并十位左右先人在一块神主牌上，以减少神主牌总数。这个仪式叫作“祧”，和各家各户把高祖以上的神主送进宗祠合并统祭一样。

绝大多数的宗祠，始迁祖左右的神主都按昭穆次序排列。少数宗祠，如福建省福安县楼下村的刘氏大宗，则沿两边山墙按房派分建神橱安置各房祖先神主，一房一个，另外不建房祠。还有一些祠堂，在始迁祖左右设专龛供奉“功宗”“德祖”或者有特殊贡献的，如建造或维修祠堂时捐献过银钱或者烝尝田的人。福建连城县培田村的吴氏宗祠报德堂和敬承堂等，始祖神主右侧供奉“杨公先师”即江西派风水祖师杨筠松的神主。比较特殊的是江西省乐安县流坑村，董氏大宗祠五间寝室里竟以西次间为“报功堂”，专门用来设龛奉祀杨筠松、曾文辿和廖瑀三位风水大师的神主。按照万历年间董氏宗谱的记载，流坑村董氏的发达，首先是因为杨、曾二人给老祖宗选了上好坟地和上好村址。对风水师的礼敬感恩，这可能是最高的了。

神主多了，寝室容不下时，除了采用“祧”的办法外，还有些宗祠建两层楼的寝室，如江西省婺源县黄村的黄氏大宗祠“经义堂”，安徽歙县呈坎村东舒祠的宝纶阁。有的在两侧附建小院，如浙江省兰溪市桐山后金村的仁山书院（以元代大理学家金仁山书院名义而建的金氏大宗祠），附院的门上分别嵌石匾阴刻“左昭”“右穆”额。

江西省乐安县流坑村，董氏大宗祠寝室楼上为“敕书阁”。董氏在宋代出过三十名进士，并有一名状元，御赐敕书当不在少数。有些宗祠，寝室楼上设雅斋，为本村文士们办文会谈诗论艺的场所。但这种做法显然违例，祖宗神位上方本不允许有人活动。

小一点的宗祠，例如普通的房祠、支祠，不建寝室，而在第二进拜殿里建神橱。不足时再建在厢间里。

有些宗祠，在拜殿和寝室间沿中轴建一个宽宽的廊厅，使二者连接成工字形。如浙江省建德市新叶村的崇仁堂和相距不远的永康县的一些宗祠。浙江省兰溪市桐山后金村有两座金氏房祠形制极特别，拜殿和寝室连接成一个纵向的大厅，梁架和中轴线相垂直，完全与传统内部空间相异。连村里《金氏宗谱》都写上一笔，表示不理解。

宗祠是村落里建筑艺术的亮点。大型宗祠正面的形式很多而且华丽。一种是三开间的明柱门屋，平稳而深沉。脊檩下设樘板，当心间开门，门枕石上立抱鼓石一对。前檐柱间设木栅栏，由密排的竖向的木板条构成。板条很窄，顶上削成三角尖，形如签子，这种栅栏就叫“签子栏杆”。一种是砖牌楼式，有单开间的，也有三间三楼式的。用水磨砖贴在大门正面的砖墙上，大多逼真地仿木构做法，不但梁枋齐全，而且节点上麻叶头、雀替之类一个也不缺。柱子上部、枋子、垫板等处都布满浅浮雕，图案基本上仿彩画，把彩画立体化。檐下做细巧的砖雕斗栱或者多层镂空的细线脚，简单一点的做冰盘线，也有用四十五度斜出的砖砌成“狼牙”线脚的。江西省抚州地区，这种狼牙线重叠四五层甚至更多，而且“狼牙”变形为曲面饱满的莲瓣形，显得很丰满。复杂的纯装饰性斗栱大多交叉如网状。在江西省乐安县湖坪村和流坑村，有些砖牌楼用木材做斗栱，工艺上比较简易合理。这种砖仿木式牌楼的祠堂大门是族里出了有大功名的人物的标志，所以中央有“恩荣”二字竖匾，上下枋之间书“荷宠凝庥”之类的字。不过有不少并没有这种“圣眷”的荣耀，为虚荣而假冒，反正也没有人来查处。

更加华丽辉煌的是木牌楼式的大门，一般为三间三楼式。木牌楼形式上是独立的，其实却和门屋连成一体。比较复杂的有江西省婺源县汪口村俞氏宗祠的牌楼式大门，三重屋顶，上两重为歇山式，最下一层为硬山式。网式的斗栱斜出五跳。木构架上布满了浮雕和彩画，大多用说部或戏剧中的慈孝忠义情节为题材。檐柱间设签子栏杆。安徽省黟县南屏村叶氏宗祠也有一个三间三楼式的木构牌楼门。门道左右有抱鼓石一对，门扉上绘全身屹立的武门神。浙江省兰溪市诸葛村诸葛亮的专祠

江西省乐安县流坑村梅所先生祠立面

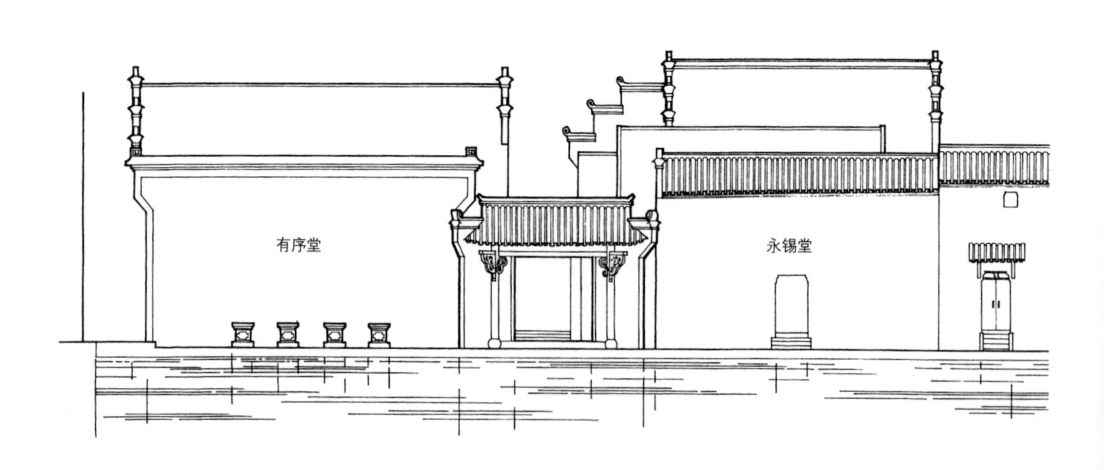

浙江省建德市新叶村有序堂、永锡堂立面

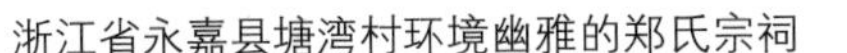

浙江省永嘉县塘湾村环境幽雅的郑氏宗祠

浙江省泰顺县四渎镇依山而建的汤氏宗祠

大公堂的门屋，在明间由两棵柱子架起一个歇山顶和两只翼角，檐牙高啄，非常生动。最庄重古朴的木牌楼式的大门是永嘉县花坦村朱氏雍睦堂（即“乌府”）的大门，三开间，木架斗栱十分雄健，真昂挑檩，做法与宋代《营造法式》的十分相似。

小型祠堂，如广东省东莞市南社村的一些，它们三开间门屋的前檐大多也用明柱。又有一些小型祠堂的大门，不过是个随墙门，上面略加一道砖门楣罢了。

宗族里每出一位举人、进士，就在祠堂大门前立一对桅杆，也叫“桅”。桅杆上装“魁星斗”，举人一只，进士两只。有些宗祠前隔前院有长长的照壁，这种情况下，桅杆会靠影壁而立，如江西省婺源县洪村洪氏大宗祠光裕堂有八对桅杆，七对贴照壁，一对在前院西门前。不过它们的桅杆石上刻的多是奉政大夫、朝议大夫之类靠捐纳得来的虚衔，只有一对是恩科进士的，地位也不高。

有些大宗祠大门前布局十分辉煌。如江西省乐安县流坑村董氏大宗祠，在重檐歇山顶的三开间门屋之前有一个长方形的墨池，池对岸有三间三楼式砖照壁（坊）一座。池的左右岸又各有一座三间三楼式木牌楼。它们的外侧又各有一座三楼式砖牌坊。门屋和这五座牌楼（坊）形成大宗祠前的广场，排满了将近一百对桅杆，仅进士的便有三十对出头，读书郎真正是“光宗耀祖”了。门屋内侧又有钟鼓楼一对。这个大门建筑群层次多，轮廓丰富，彩色灿烂，形体变化大而和谐，在农村中极少见。浙江省青田县南田镇的明代开国功臣刘伯温专祠“文成庙”，庙门正对一座很长的影壁，形成一个横长的小广场，广场左右作为入口各有一座三间三楼式木牌楼，东边的挂 “帝师”额，西边的挂“王佐”额，牌楼风格很凝重庄严，显耀刘伯温的身份地位。

福建省永定、永安等闽西各县和相邻的江西省赣南各县，有一些村子的宗祠门前立着一群“龙柱”。龙柱是石质的，或方或圆或多棱，形式多样。都是些纪念柱，纪念族中人物的功名成就。文武举人以上便可以各立一棵。近年比较随便，私人只要出资，借个名义便可以建立。这些柱子直径不过三四十厘米上下，高低参差，大约可及六七米至十米。它们密聚在一起，约距宗祠二十余米，给小小的宗祠以无限生机。最著名的是永定县塔下村张氏宗祠前的龙柱群，其中功名柱有17棵之多，近年的有3棵。龙柱的形制一般是，下有方形基座，座上一对夹杆石，夹住柱身，秀才的龙柱为四边形，举人的六边，进士的为八边形。柱身高度一半处，有个石斗，斗上柱身收分明显，又分两段，下段满身浮雕盘龙，上段全素。顶端，雕作毛笔尖的为文举人柱，作蹲狮的为武举人柱。柱主的事迹和立柱年月刻在夹杆石上。江西省修水县的一些宗祠前的石龙柱，一个功名人立一对，武举比文举矮一半，当地人说武举只能算半个举人。

宗祠大门上往往有匾。大宗祠一般没有名号而只书“某氏大宗”“某氏宗祠”或宗姓郡望，如“荥阳世家”“颍川世泽”之类。房祠以下叫作“厅”的，则多用堂号，如“尚礼堂”“敦本堂”“春晖堂”“文与堂”“叙伦堂”等等，都和宗族的团结、和谐、发荣、教化有关。也有少数不写堂号而只写颂词，如“福泽绵长”，也有的写本房本派历史上极光荣的大事，如“乡会两魁”。

在安徽、浙江、福建、江西等地，宗谱里都要图文并用，详细记录宗祠的位置、四至、占地面积、建筑布局、样式、始建和历次扩建、修缮所用的款项，如果宗祠所用的基地是私产，也要写明。

祭祀仪式

祠堂的基本功能是供奉祖先神位，定时举行祭拜仪式。徽州的《岩镇志草》说："徽郡祠祭为重，百世不忘其本，知尊祖也。尊祖故敬宗，敬宗故收族。族姓繁衍，必有宗祀以统一之，上报祖祢，下治子孙，风教之所关也。"祭祖仪式，攸关风教，其实是一种重要的教育活动。在这个活动中，通过缅怀祖先，加强血亲宗族的认同意识，培育宗亲间的感情，互爱互助，同心同德，致力于宗族的生存发展。祭祀的隆重庄严，唤起族人们一种类似宗教的情绪，使宗族共同体神圣化，以增加它的凝聚力和实际事务中的权威性。并且张灯结彩，鞭炮鼓吹，或共餐或散胙，欢乐的节日气氛浓郁，也有助于族人心情的愉悦而激发昂扬精神。这是沉闷而单调、劳苦而贫乏的农村生活中的兴奋剂。

祭拜的时日和仪式，虽然大多数宗谱都写明"谨遵朱子家礼"，但实际上有许多差异。以主要的祠祭时日而论，有春冬两祭的，冬季比较确定的在冬至日，而春祭则有立春、春分、元宵等几种；有春秋两祭的，并不确定日期，而由阴阳先生"择日"举行；也有的奉北宋伊川先生程颐的《祭说》规定：冬至祭始祖（"冬至，阳之始也。始祖，厥初生民之祖也"），立春祭先祖（"立春，生物之始也。先祖，始祖而下之祖"），季秋祭祢（"季秋，成物之始也"）。

此外，还会有一些次要的祭祀活动，如朔望、大年初一、清明节、中元节、祖先冥诞及忌日等。

主祭的人各地甚至各村有不同。有依古礼由宗子主持的，有依宋儒的主张由族长取代宗子的，有由值年长老主祭的。主祭者必须是行为端方、德行无亏的，“体貌不扬”的不能主祭，宗族很重视主祭者的“形象”。

参与祭祀的人的身份也有限制，女子不得与祭。有些村子，如安徽省歙县棠樾村有专门供奉贞、节、烈的女祖并主要由妇女祭祀的女祠懿德堂，福建省连城县上篱村的吴氏报德堂内也附有小小一座这样的女祠。江西省乐安县流坑村董氏大宗祠则在厢房内专辟一间供“节”妇、“烈”女的神主。这几个专供妇女神主的祠堂或寝室，并不着意于提升妇女的地位，而是给她们更有力地套上“贞、节、烈”的思想枷锁。参祭人员必须没有犯罪记录，近期没有大过，未成丁的不得与祭，等等。

大宗祠的大祭是宗族活动中最重要的仪典，族谱里都有规定：参祭者的行为举止、冠履、服装，必须谨严不苟。安徽省绩溪县《城西周氏宗谱·祠规》里说：

> 一、祭祖重典，理宜虔肃。与祭子孙，俱走旁门，毋许向中门阶直趋而进，亦毋许喧哗。违者罚跪。
>
> 二、衣冠不备，不敢以祭。宗子、主祭及分献老人，各宜衣冠齐整。阖族斯文穿公服，整冠带。与祭子孙，亦宜各整衣冠，毋得脱帽跣足。违者罚跪。
>
> 三、与祭子孙临祭时，俱在堂下，随宗子后分昭穆跪拜，毋得僭前及拥挤上堂。祭毕散票，亦依尊卑鱼贯而出，不许僭越。违者令头首随时记名，概不给胙。

这些规矩相当严厉。祠规中“斯文”为读书进了学和有功名的人，“散票”指发放领取胙肉的票证。

安徽休宁《范氏族谱》里规定得尤其细致具体而有趣：“临祭尤当

严谨，不得附耳私语、回头四顾、搔痒伸腰、耸肩呵欠。拜时必俟声尽方起，拜后勿遽拂尘抖衣，违者罚。”一副族中长老训诫子弟的口气，倒也亲切。

祭祀的过程也十分繁琐。伪书《朱文公家礼》规定，祭日前三天，男女主人分头率家中男女人等斋戒。祭祀前一天，设馔陈器。祭馔的名目和数量都一一有规定。祭仪很复杂，先由男主祭人奉始祖神主就位，然后参神、降神、进馔。进馔的时候行“三献礼”，即初献、亚献和终献。每献都要进酒，瘗毛血，一跪三叩。朱熹主张，庶人祭祀祖先的场所不过是“正寝”之东的四个神主龛，并非后来宗族的祠堂，所以后人“谨遵《家礼》”举行祭祀，还要另行补充许多规矩，以致做法更加复杂，而且参差不能一致。但大体又多相近似。祭祀时祠堂内外的装饰、陈设和整个仪式以及所陈的祭品品种、数量甚至容器一般都在宗谱里详细写定，必须严格执行，不可简慢草率。

由于仪式极为繁琐，祭品又十分丰富，所以，每次大祭，要预设许多执事人员，有些地方把他们统称为“礼生”，分别任司仪，掌管祭器和掌管钱物，诵祭文和康熙《上谕十六条》，捧水盆给奉馔的人盥手，维持秩序，负责把托盘里的牛羊毛血瘗埋掉，祭毕分发胙肉和酒，等等。另外还有一班细乐（丝竹）、一班粗乐（鼓吹）和一队仪仗（銮驾）。有些地方，规定在正式祭祀前一天主祭以下所有执事人员都要“诣祠演礼”，便是到现场预演一遍，以免临时忙中出错，那可是对祖先的大不敬。

祭祀当日早晨，宗族中当年轮值的“司年”（任职一年的管事人）派人遍村敲锣，招呼应该参祭的人着好衣衫准时赴祠堂。锣声一响，整个村子便热闹起来，过节般的祭日开始了。有些村落的宗族规定，参祭的人先到本房派的祠堂里集合，祭奠本房先祖，然后列队游行，趋赴大宗祠。这些队伍里，可以有乐队、高跷、抬阁之类。各房派成员兴高采烈，互争高低，实际是在比较各自的成就，因此得了科名的子弟便鲜妆丽服，意气风发，被簇拥在前面，为本房本支赢得光彩。这个游行，大大起了激励子弟读书上进的作用。农耕时代，读书进仕是农民攀登社会阶梯的唯一道路，所以历来提倡“耕读传家”。科名的成就不仅可以“光宗耀祖”，而且能给宗族带来许多实际的好处，所以，在祭祀祖先的队伍中，读书有出息的子弟便成了重要的角色。

祭祀仪式是隆重而严肃的，但它的最末两项，“散胙”和“分福”却充满了乐趣。散胙便是把祭祀用过的食品分发给部分参祭者，还加上另外专备的猪肉。分福则是分发祭祀用过的酒。分发方式有两种，一种是当场设席，参祭者按行辈分昭穆入席享用。另一种是由参祭者按“票”领取带回家中。有的大宗祠，如浙江省武义县俞源村，因为烝尝田收入多，又吃又带，一次消费不完，便在二月十五和八月十五再各办一次小祭，聚全族男丁大嚼。

散胙有奖励的意思，一般并不均分，而是论功行赏和敬重老人，只有为村子办公事出了力的、读书的、得了功名的、有义行的和年老的等等才可以分得。道光五年（1825），江苏丹徒《京江柳氏宗谱·宗祠条例》中规定：“进士、举人猪胙三斤，羊胙二斤，生员、贡监猪胙二斤，羊胙一斤。无职者猪羊各一斤。妇人及未成丁者不分。惟孀妇虽子未成丁，亦送猪、羊胙各一斤，重节也。及子既成丁，则不得以孀居复送。”浙江省武义县俞源村俞氏大宗祠则规定，五十岁以上的男丁都可以分到胙肉，六十岁以上、七十岁以上，每长十岁可以加倍多得。八十岁以上的，能背得动多少便拿多少，但以独自能背出祠堂大门的高高门槛为限。于是，耄耋老人便发挥出积了几十年的智慧，叫孙子们在门槛外候着，他们把胙肉背到门槛边，往门槛上一趴，肩膀出了门，孙子们便在外面接过去了。

四、庙宇

引子

有求必应的民间神灵

世俗化的自然崇拜

来自人间的神灵

神的居所

庙宇的形制

庙宇的建造

庙宇的公共功能

陕西省佳县香炉寺

引子

中国乡土社会中，在正常的历史条件下，民间流行的是泛神崇拜。这种崇拜是非常功利的，有所求才有所拜，求子息，求疗疾，求驱蝗，求降甘霖，什么都可以求。神们或是专业的，或是一专多能的，或是万能的，而在进香叩头的人心中，大多数的神是万能的，只要烧了香，跪下，叩了头，总会有好处。至少没有坏处，“神灵不烦烧香人”，叩个头又何妨。

神灵很多，有许多是地方性的，有许多身份不明，所以累积下来，多得不计其数。来历大约有两种，一个是自然崇拜，包括自然物、自然力和自然现象，日月星辰、山川草木、迅雷疾电，都可能影响人间祸福；一个是英雄和圣贤崇拜，甚至包括那些恶人，只要有力量，叫人害怕，也都可以安享香火。连佛教和道教，一进入民间，也混进泛神崇拜里去了，不论佛陀、菩萨，也不论天尊、星君，都同样是拯救苦难者。佛教、道教的教义弄不明白也不去弄明白，无非是“有求必应”而已。

因此，乡间的庙宇很多，品类也很杂。由大小只相当于一个单人凳子的土地庙、山神庙，到三进两院的中型庙宇都有。中型庙宇虽然初建时有主祀神祇，但经逐渐扩建或增祀常常成为以初祀神祇为主的杂神庙，可能有观音菩萨、太上老君、关公、药王、八蜡、豆花娘娘，或许还会有什么大王、什么夫人，各据一院或者各占一厢，甚至济济一堂，在一个神坛上比肩而坐，同享香烛礼拜。

按照风水术士的说法，庙宇属于“阴性”，不宜造在村里，所以多在村子边缘、水口和天门，甚至更远，因此，它们有机会和山水风景相结合。这种结合促使庙宇的格局和体形比较自由活泼，有一个神殿就成。楼阁亭台，飞檐翼角，参差变化，常常成为一处景致，引人游览。有些庙宇有客舍别馆，作为文人学子避世读书的幽境。

在一些宗法关系遭到严重破坏的地区，庙宇会代替宗祠成为村镇中最堂皇的建筑物。这种情况下，它们经常担负起许多世俗的公共建筑的功能。如每逢市集，庙宇会被当作各种专业市场，有卖药的、卖肉的、卖粮食的、卖茶叶的、卖小吃的，也有聚赌的，更重要的是演出地方大戏。这类庙宇多有正式的戏台。

身份比较高的神祇，每年都有一两个祭日，到了日子，要举行一天甚至两三天的庙会，那是乡土社会里最盛大的狂欢节。四乡八村的游行队伍都汇聚过来庆祝，条条村路上旌旗招展，鼓乐喧天，鞭炮火铳不绝。队伍中有高跷、抬阁、武术，甚至会有短折子戏，边走边演，相互竞比。一天尽兴，晚间散场，村路上又会游动起火把的长龙，归去的鼓乐声就零落而且疲乏了。青发人和白发人一起，边走边评议各村敬神队伍表演的短长，又筹划着下一场的节目了。所以乡间又把庙会叫赛会。

庙宇一般经募化建造，日常由村社管理，拥有农田作为固定的庙产，香火、市集、庙会、做法场、打醮捉鬼等的收入也不少。因此也有以股份制方式兴建的庙宇，按股分红。

在乡土社会里，功利性的泛神崇拜主要是世俗的文化活动，是“无情世界里的温情”，庙宇建筑也脱去庄严神秘的气色，华丽高贵有之，更多的是亲切的暖意。

有求必应的民间神灵

中国的农村到处都有庙宇。但在汉族地区，庙宇虽多，却说不上有宗教，或者说基本上没有思考抽象的哲理、追求有普遍意义的教义、充满了理想并且有教会组织的宗教。只有很晚才在中国传播的基督教还多少保留着作为一种宗教的特点，但它的流布范围很小，以沿海和西南边界为主，影响也不大。

汉族几个省的乡土社会中农民们有的只是泛神崇拜，即使列入官方“祀典”的，实际上也不过是泛神崇拜而已。泛神崇拜本来是世界各地文明早期的普遍现象，中国的特点，是始终没有形成宗教，而把泛神崇拜一直延续至今。《礼记·曲礼下》：“天子祭天地，祭四方，祭山川，祭五祀，岁遍。诸侯祭方祀，祭山川，祭五祀，岁遍。大夫祭五祀，岁遍。士祭其先。”《国语·鲁语》：“凡禘、郊、祖、宗、报，此五者，国之祀典也。加之以社稷山川之神，皆有功烈于民者也。及前哲令德之人，所以为明质也。及天之三辰，民所以瞻仰也。及地之五行，所以生殖也。及九州岛名山川泽，所以出财用也。非是不在祀典。”《礼记·月令》里，规定庶民只能祭五祀，即“户、灶、中溜、门、行”。早期的这种泛神崇拜就是实用主义的，两千多年下来，只不过无限制地扩大了神谱而已。泛神崇拜实在是非常方便，非常灵活，非常随意，也便是非常适合中国人的性格。

乡土环境的庙宇里供奉着各种各样的神灵。汉族的民间神谱是没有底线的，而且地方色彩很浓，除了在较大范围里崇祀着的一些之外，各地还会有自己的神。这种泛神的崇拜，大致包含着两个组成部分，就是自然崇拜和英雄崇拜。《礼记·祭法》说："山林川谷丘陵，能出云，为风雨，见怪物，皆曰神。有天下者祭百神。"这是自然崇拜。《祭法》又说："夫圣王之制祭祀也，法施于民则祀之，以死勤事则祀之，以劳定国则祀之，能御大灾则祀之，能捍大患则祀之。"这是英雄崇拜。这种崇拜也流传在乡土社会之中。自然力、自然现象、自然物以及各种传说人物和历史人物，凡受乡民尊敬和有乡民不能理解的"灵异"的，都加以神化，在崇拜之列。根本不可能弄清汉族农民崇拜过和崇拜着多少神灵。这些神灵都有两个重要特点，一个是人格化，源自自然的神灵也有人的形象和人性；一个是专职化，各位神灵都有他的"特长"。

汉民族文化的基本精神是功利主义的实用主义，这种精神也主宰着汉民族的泛神崇拜，使它极具功利色彩，有明确的实用目的，所求于神灵的，无非是趋吉禳凶，避祸求福，希望在生活和生产的一切方面都顺顺利利，万事大吉。"有求必应"是一切神灵的"价值"所在。这样的功利主义实用主义的文化精神甚至改造了佛教，在"中土"流行的中国特色的禅宗和净土宗，都不必去了解佛经的奥义，只靠矫情的"顿悟"或反复念诵佛号就可以进入极乐世界，摆脱一切烦恼。民间把佛教也纳入了泛神崇拜，最普及的是敬爱观音菩萨和畏惧阎王，一位是大慈大悲"普度众生"，一位是不留情面清算善恶。他们都是伦理型的，不是哲理型的；都是行动的，不是思考的。而道教在乡民中间也是实用主义的，泛神崇拜的，它的开放式神谱几乎网罗了绝大多数民间神灵，并给他们设计了各种神秘的祭祀仪式和祈求仪式，通称"道场"，把实用主义的泛神崇拜和巫术结合起来了。

功利主义、实用主义的"有求必应"，把世俗的社会性带入了泛神崇拜，佛、道两个神界，都有严密的等级制的组织，乡民们不但"把人的形象给神"，而且把人的喜怒哀乐、爱恨廉贪也给了神。神际关系和人际关系相似，神与人之间也成了一种社会关系。神可以人化，以至人也很容易被神化。

世俗化的自然崇拜

泛神崇拜当然包含自然崇拜，乡间人们普遍崇拜日月星辰（三光）、天地山川之类。因为它们显得崇高、庄严、永恒，异乎寻常的宏大和超乎想象的神秘，似乎很难认为它们在冥冥之中不会影响人们的祸福凶吉。天地日月，可能因为过于伟大，民间既不可能把它们人格化，更不敢用功利的眼光去赋予他们什么职责，因此反而常常被忽视。1930年前后，李景汉在河北省定县调查453个村子中有寺庙857座，只有一座天地庙，没有一座供奉日神或月神的庙宇。[①]在南方各省，如浙江、江西只在住宅堂屋香案上有“天地君亲师”的牌位，楼上当心间的窗前有个小小的香炉，每月初一、十五上香，供的是“天”。新人婚礼，便在堂屋阶前拱手“拜天地”，仪式很简单，虽然祭拜天地，作为皇帝的特权，受命的象征，在祀典里一贯占着最重要的位置。倒是星辰，容易被人们的想象力捕捉，常常成为一般神谱中的成员，如福德五星（五德星君）、太白金星、奎星等等。最重要的是紫微星，即北极星，尊称“北辰”。在中国大部分地区的天象中，北极星恒定不动，仿佛是天体布列和运动的中枢。从这一点看，它甚至比日、月都尊贵。宋代张君房著《云笈七签》里说：“北辰星者，众神之本也，凡星各有主掌，皆系于北辰。”还给它上了一个紫微北极大帝的名号，并且说它协助玉皇

① 李景汉：《定县社会概况调查》，中国人民大学出版社，1986年。

大帝执掌天经地纬、日月星辰，统管诸星和四季。不过，民间想得没有这么复杂，一般把它当作最高的吉星，只要“紫微高照”，就必定万事大吉。所以起屋上梁的时候，挂大红对联必称“上梁恰逢紫微星”。

天地日月之下，自然力和自然物都被神化并且同时人格化了，如雷公、电母、风伯、雨师；五岳大帝、泰山娘娘、四海神君等等。也有些自然神是“委派”人去担当的，如江神是屈原，屈原自沉于汨罗江，潮神是伍子胥，伍子胥投身于浙江潮中，更是真人真事了。

中国民间很早就有了对天官、地官、水官“三元”的崇拜。《魏书·释老志》说：“一切众生，皆是天、地、水三官所统摄。”但中国人的功利主义要求凡崇拜必能有具体的效益，于是，擅长于造神的道教把三官加以改造，宣称天官职司赐福，地官职司赦罪，而水官则专管解厄，职掌分明，直接关系到人的实际生活。后来中国人的习惯思维又把“三官”一步步更加世俗化了，

浙江省永嘉县芙蓉村凉亭兼作三官庙

河北省内丘县场神

明代徐道在《历代神仙通鉴》里说天官、地官、水官分别就是元始天尊口中吐出来的尧、舜、禹，“皆天地莫大之功，为万世君师之法”；清代姚福在《铸鼎馀闻》里说：三官是周幽王的三位谏臣；而《三教源流搜神大全》记载的民间故事则说三官是姓陈的同父异母的三兄弟，母亲分别是龙王的三个女儿，他们神通广大，法力无边。把最崇高的自然神降格为人之子以后，乡民们才理解了他们，接受了他们，以致地无分南北，“三官庙”遍及农村。但是，可能因为他们的职司过于笼统，不容易具体把握，所以待遇规格并不高，庙不大，而且经常和路亭、凉亭结合，成了田夫野老们的休憩场所，不过墙上的神龛往往十分精致华美，还见出一份敬意。同时，在赐福、赦罪和解厄三者之中，人们选择了更有积极意义和包容性的“赐福”，又把过于概括的有终极性气息的“福”具体化为农耕社会里人们最高的生活理想——长寿、多子、发财。所以天官最受尊崇，三官庙经常被称为“天官庙”，庙会叫作“天官会”。天官也就有了人间的形象，白面长髯，雍容华贵，端坐在一枚大元宝之上，一副农村大财主的模样。

泛神的自然崇拜经实用主义的浸润，走向了功利的世俗化，走向人化。汉族的神谱，大致就充满了这种功利的世俗的人化的神灵。异乎寻常、超乎想象而又无形无相难以捉摸的神在乡间并不很受尊重，或者说，乡人不懂得尊重他们。

来自人间的神灵

大多数民间的神来自人间，是人升格成神的。

汉族所崇拜或者说所信仰的神灵，绝大多数是和生产、生活直接有关的“有用”而且“用途”明确的人格化神灵。各方神灵呵护乡民，种植有神农氏、田祖氏、五谷神，晒谷场上有场神，谷仓里有仓神。仓神宫里神像两侧的对联写的是“年年取不尽，月月用有余”。养牛有牛王爷，养马有马王爷。马王爷黑面虬髯，相貌凶恶，长着三只眼，倒是养猪的猪倌圣像个白面书生。养蚕的蚕花娘娘是嫘祖，慈眉善目，长相聪慧。在闽东，还有专门拆解牛打架的神，叫“林四相公”。种庄稼怕旱、涝和虫灾，有龙王爷管旱又管涝。治水的还有二郎神，是李冰的次子，曾助李冰治岷江。消虫灾有虫王，叫八蜡。因为蝗虫太厉害，所以专有治蝗的神，流传比较广的是刘猛将军，而上海县附近地方性的驱蝗神灵叫金四娘。

手工和手工行业也有各自的神灵。炉匠和窑匠拜太上老君，因为太上老君会用八卦炉炼丹，是炉火之神。木匠和许多手工业匠拜鲁班，鲁班就是公输般，是春秋末期鲁国的能工巧匠，《吕氏春秋·慎大览》说：“公输般，天下之巧人也。”屠夫拜张飞，因为《三国演义》里说他曾在河北省涿州卖酒屠猪。染匠拜梅葛仙翁，这两位神灵出身农家，传说中他们是染料的发现者，也叫染布缸神。江西一带从事内河运输的拜

山西省临县农村窑洞住宅的窑腿上常做小龛，供奉天地神位。

浙江省永嘉县埭头村村民多从事木匠业，陈氏大宗祠兼作鲁班庙。

萧公，他本来是南宋咸淳年间江西临江府人，刚正自持，死后被乡人奉为神，元代立庙塑像，明代永乐年间被封为“水府灵通广济显应英佑侯”。浙江省兰江上游的船工拜周尚公。周尚公是个孝子，急急搭船去探望患病的母亲，中途被告知母亲故去，乃站立船头，“出圣”而死，感动了船工，被尊为神，永享香火。四川省的船工则拜“镇江王爷”。梨园和娼妓也都有行业神，梨园拜“老郎神”，就是唐玄宗，他精通音律，曾在宫中梨园里亲自调教过戏班子。演戏的艺人需要有一副好嗓子，所以还祭祀亮嗓之神清音童子。娼妓神之一竟是春秋初期的大政治家管仲，只因为《国策·东周策》里记载他在齐桓公宫中所办的“市”里可能有官妓；之二更奇怪，叫“五大仙”，是刺猬、乌龟、黄鼠狼、老鼠和蛇，说它们都有灵性，至于是什么样的灵性，则讳莫如深了。

此外，行医的拜华佗和孙思邈，病人也拜他们。看风水的拜“杨仙”，就是江西形势派堪舆术的创始人杨筠松。命相家拜的是鬼谷子。饼师的神竟是贵为天子的汉宣帝，传说他曾卖过饼。

日常生活场所也有神，南方各省在堂屋里香案下供福德正神，就是土地公婆。进门有门神，上灶有灶神[1]，打水有井神。如厕有厕神，就是刘邦的妃子戚夫人，被吕后残害死于溷厕中的，或者叫坑三姑，又叫三霄娘娘，即云霄、琼霄、碧霄三位娘娘，曾助商纣而拒周武王，因为所用的法宝"混元金斗"原来是净桶，所以后来姜太公大封诸神时候封她们为厕神。连上床都有神，是一对公婆，清顾禄《清嘉录》载："以酒祀床母，以茶祀床公。"甚至有一定的祭祀日期，大多在上元后一天，即正月十六日，有的在除夕，接回灶神之后。在北方各省，住宅有宅神，宅神竟是狐仙，有时现形为美女，有时变为白发老翁。传说狐仙就是黄鼠狼。

呵护人们日常生活的神更多了。农耕时代的日常生活虽然平静，但毕竟是人们最熟悉的，最经常的，直接关系人生幸福的，所以各地的人们都热衷于造出神来，以期提高生活质量。成人之后要婚嫁，有月下老人来牵线。结婚之后要生育，帮忙的神灵可就多了，有送子观音、送子娘娘这样的专职神灵，有天官、福神这样的兼职神灵，还有数不尽的地方性神灵。连汉代因通西域而功业显赫的张骞都参与这个助人生育的神谱之中，因为张骞从西域带回来了石榴，石榴是多子的，而且粒粒璀璨，所以被人们奉为送子的神。张骞的庙叫张仙庙。李景汉河北定县调查发现专司生殖的奶奶庙有45座。

婴幼儿和童年有各路保赤神，其中最有名的是福建的陈十四圣母，即陈靖姑。航海之神，福建的"圣处女"天后妈祖也兼管保胎助产。生下子女，母亲和儿童还会有许多困厄，妈祖都要解救她们，成为妇女和儿童的保护神。她手下还有一大帮娘娘，各具专长，从送生、安胎、助产、催乳、明目到祛疾，全都可以包办。连三霄娘娘也来助产，因为古时分娩，婴儿大多落在净桶之中，而净桶是三霄娘娘主管的。类似这样的妇幼保健群体，在全国各地都有，充分反映出农耕时代宗法社会中人们对传宗接代、宗族繁衍的极度重视。

---

① 郑玄注《礼记·曲礼下》："五祀，户、灶、中溜、门、行也。"

人生几十年，难免会患各种疾病，解难救厄的除了全科医神华佗和孙思邈，还有专科的祛病神灵如痘花娘娘和眼光娘娘等等。痘花娘娘主治水痘和天花，这是两种传染性很强、死亡率很高的流行病，所以痘花娘娘的崇拜遍及南方和北方，又称痘疸娘娘或痘疹娘娘。她的出身也颇多异说。在澳门有两座哪吒庙，人们相信哪吒能辟瘟疫，据说很灵验。其中一座就紧贴在“大三巴”边上，中西和平相处。还有许多神，各种类型的都有，他们的神座前签筒里可求药方，包治百病。

浙江省建德市新叶村玉泉寺所售“和合二仙”（木刻版）

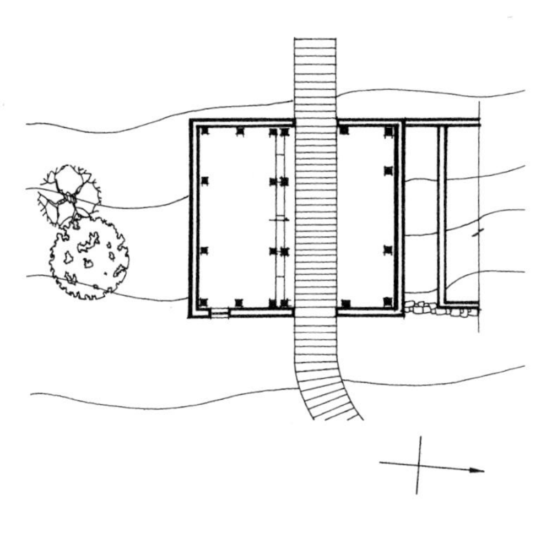

安徽省黟县关麓村山神庙平面及透视图

在农耕时代，有些职业是要舍生冒死的。山西黄河边上居民有谣谚：“炭毛埋了没有死，艄公死了没有埋。”炭毛是挖煤工人，矿洞一出事故，没有死便埋在里面了。艄公是黄河船工，过险滩一出事故，死了连尸首都找不到，何从埋起？所以，煤矿洞口有坑口庙，险滩岸边有招魂庙。一求保佑，一求收容浪涛中的亡灵。这些庙教人心酸。

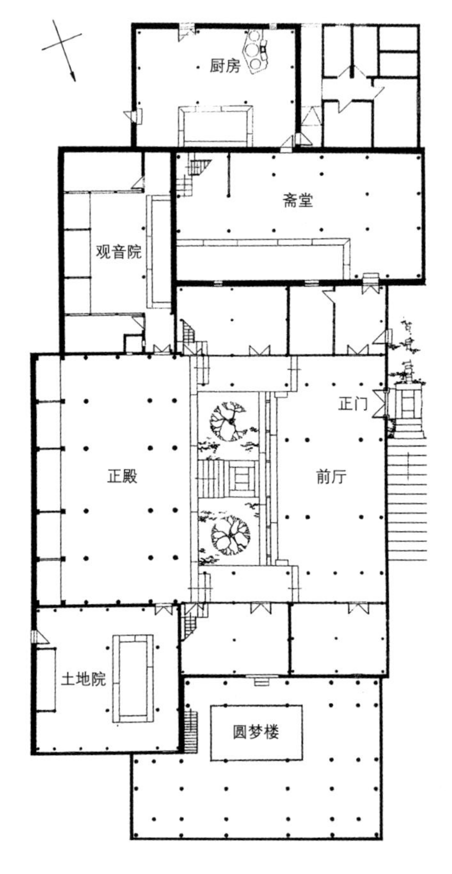

浙江省武义县俞源村洞主庙平面

避开了疾病祸殃，生存下来的人还企求发展，最重要的是提高社会地位，而农民们攀升社会阶梯的唯一办法是通过科举考试。于是，就有了文昌帝君或者魁星崇拜，也拜传说中造字的仓颉。孔子不赞成拜神，但他自己却几乎被神化，以“师”的名义刻上牌位和“天地君亲”一起供奉着。读书郎每天早晨都要拜朱熹，期望能通经书，长见识，一举登科。想经商，拜财神；想当官，拜禄星；想长寿，拜寿星。禄星和寿星都是星辰，后来为了适应农人们的思维习惯，也都人格化了，寿星即手捧仙桃的大脑门南极仙翁。想生活快乐，就拜喜神。喜神又叫吉神，是一种“方位神”，不同的日子和时辰位于不同的方向，阴阳家欺人的手段之一就是推算喜神的方位。有些地方把和合二仙当喜神，农村举办婚礼时常挂和合像，“和合”两个字是对新人们最好的祝福。又有些地方造出“招财”“进宝”两位“童子”，与和合二仙搭配。

等到大限来到，人就等待判官来“盖棺论定”。主要的判官是掌刑罚、掌善簿、掌恶簿、掌生死簿的四位。他们都在道教的神谱里，但民间相信，判官判定某人的善恶之后，却交给“上司”阎王去判刑惩罪，而阎王是佛教的。后来道教也把他收进神谱。在南方，如福建省，更把城隍菩萨封为阎王，阎王殿便设在城隍庙里，庙门上挂一只大算盘，用来清算每个人一生行为的善恶。民间信仰和崇拜就这样大大方方地不分彼此。

虽然大多数神灵都是职有专司的，但因为它们中有不少常常杂居在同一个神座上，农夫农妇们敬畏他们，有求于甲神的时候，随手也给乙神、丙神上一把香，“礼多神不怪”，“神佛不怪叩头人”，长期下来，一部分神的职司和法力渐渐增多、扩大，一专多能爱管闲事的神多了起来。南宋罗烨编《醉翁谈录》里的《王魁传》中，王魁和桂英结好，是在海神祠里刺臂出血祭神之后再交杯而饮的。王魁在海神前发誓：“某与桂英情好相待，誓不相负，若生离异，神当殛之。”大约是海神不善于处理爱情事故，以致后来王魁登第之后负了桂英，竟和豪门巨族崔氏缔姻。桂英悲愤而死，怨魂报仇，杀了王魁，也算是海神落实了“神当殛之”的恶誓，伸张了正义。

一个个神灵职掌具体，“用处”明确，有所能便有所求，有所求便有所应，没有抽象的说教、玄思和哲理，这就是中国式的神灵的特色，这特色就是功利主义和实用主义。所以，神灵都是可以理解的，甚至可以亲近的。这些神的产生，可以笼统称为英雄崇拜。

但即使在很单纯、很质朴的社会中，人们还是需要一种更高层次的神，他们不是直接为个人的生活和简单的生产所需要的，他们服务于整个社会，保护整个社会的和谐运行和发展。这也是人间社会结构的影射。

粗略地说，这种神灵有两大类。第一类是有些真实的历史人物，曾经经国治邦，功业显赫，而且品格高尚，大善大德，能为万世楷模的，人们经常把他们尊为神灵。例如在山西省普遍建庙奉祀的尧、舜、禹、汤。农民们崇奉他们，用意主要在为历代统治者树立榜样。不过他们既然都“爱民如子”，普通老百姓便也可以为琐细的私人小事去求他们。还有一位是在全中国都普遍被尊为神而受到热烈崇拜的关羽关圣大帝。关公无论在国家大事上还是在个人品格上，都被认为是完美的，而且他有高超绝伦的武艺可以去实现他的完美。他是忠诚、正直、爱民的美德化身，又被一切邪恶的妖魔鬼魅所畏惧。对百姓来说，关公是一位比尧、舜、禹、汤更容易理解的真正的全面的保护神。关圣大帝主要照顾大事，社稷、城池、村落等等“公事”，所以历代统治者也都要给他上尊号。明代万历三十三年（1605）敕封他为“三界伏魔大帝神威远震天尊关圣帝君”，清代康熙五年（1666）又上尊号为“忠义神武灵佑仁勇威显关圣大帝”。不过，受过“本处势豪”欺凌的关羽，当然不会拒绝小民的请求，他有司命禄、助科举、治病解厄、驱邪辟恶、保民安良、抗灾救难的本领，甚至是成衣店、估衣铺、绸缎庄、皮货店、煤铺、脚行等的行业神。关公受服装业的敬拜，大约和他爱读《春秋》有关。春秋两季家家要准备夏装和冬装。这里当然有讹借。煤铺敬关公，大约和他籍出山西有关，山西盛产煤炭，而且各地煤铺中多有山西人经营的。至于当上脚行的保护神，可能因为他曾经“千里走单骑”。关公又身为“武财神”，因为他“封金挂印”辞曹归刘的时候，留下了笔笔清楚的一本账。这位关公大帝真是法力无边的万能神祇，所以民间瞻拜也很热烈，地不分南北东西，到处都有关帝庙。赵翼《陔馀丛考》说北京的关帝庙，“香火之盛将与天地同不朽”。

又因为关羽和刘备、张飞结为异姓兄弟，“义薄云天”，传为千古佳话，所以，有些杂姓村落便建“三义庙”，表示虽然大家并非一个血脉，但如同刘、关、张誓结同心，永远和睦相处。

还有一位姜太公。他文武全才，助周武王伐纣，胜利之后，大封诸神，但自己却不居功，不上神榜而悄悄退隐到平民小百姓家里，帮他们看家护院，保佑平安康泰。他的功业和品德都高于关羽，却自甘寂寞，乐于同小老百姓相厮守，只接受他们的祭奉。三千年下来，姜太公没有

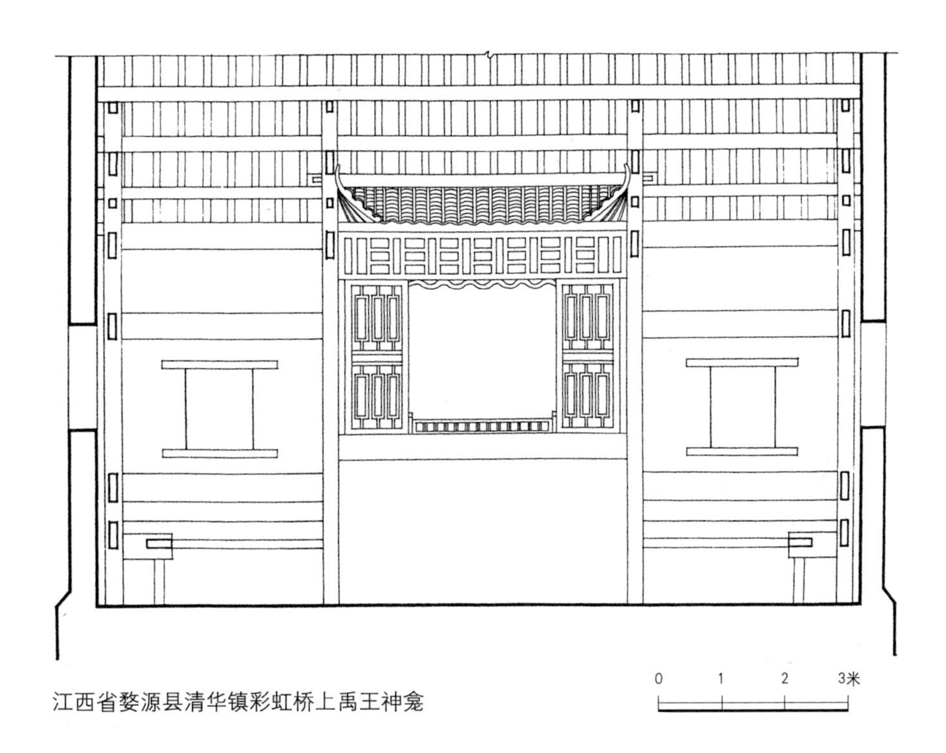

江西省婺源县清华镇彩虹桥上禹王神龛

官方诰封的显赫尊号，甚至没有庙，只是在民宅院落中央用几块砖头或者乱石砌一个小座子，叫“中宫爷”，就凑付着待下来了。有时还以小小石碑，刻上“姜太公在此”，略去下面“百无禁忌”四个有点夸张的字，根据风水术的要求，默默地蹲在路边，或嵌在墙角上，为住户禳解一切冲煞和不吉。姜太公是最平民化的大仁大德者，人民敬重他，但不拂逆他的心意造大庙建高阁，只以最亲切的方式把他长留在身边，起居不离左右。“中宫爷”只见于山西乡村，朔望上香，小石碑则遍布全国，并无香火。

第二类是“正宗”的宗教的神灵，如佛教的“（横）三世佛”和道教的“三清”。奉祀他们的“正宗”佛寺和道观在农村中极少，偶然有一座大抵还不是乡社所有。

乡民实在弄不清佛教和道教玄奥的教义，也弄不清那么多的佛、菩萨、罗汉和星君、大帝、娘娘等等的来历和能耐，只知道有苦有难就去

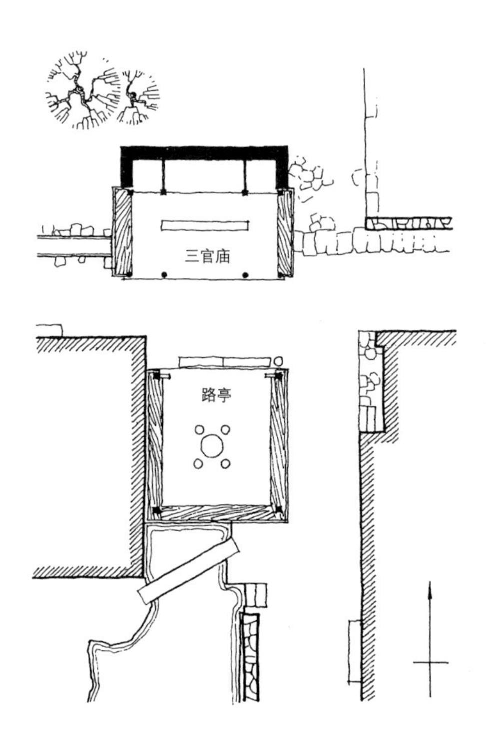

浙江省永嘉县花坛村三官庙平面

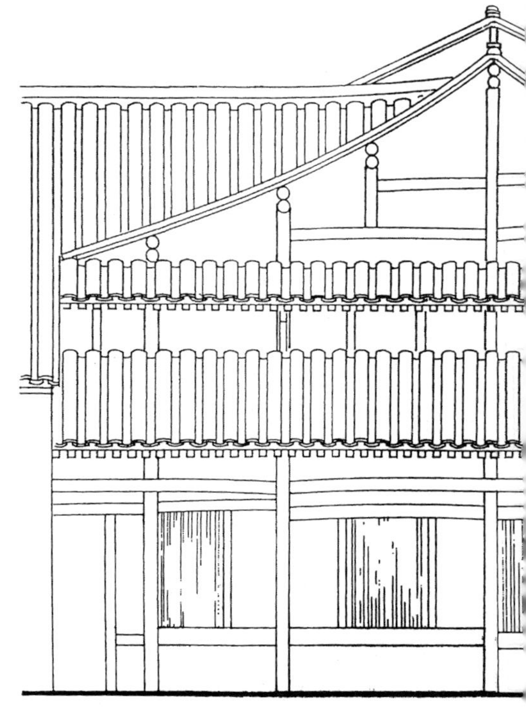

浙江省永嘉县西岸村内三官庙立面

烧香叩头求签，所以，有那么多“哲理”背景的佛教、道教“正宗”神祇，在农村里的身份和五显神、子孙娘娘之流也差不多，甚至农民对他们还有点敬而远之的心理。只有观音菩萨是人们最愿意亲近的救苦救难者。和尚道士主要靠打醮、放焰口、办法事、做道场这样的巫术来维持生活。在没有正宗佛寺道观的地方，就会有一些庄稼汉，作为职业，临时穿上袈裟道袍来演出一场打醮和道场。只有巫术仪式，不涉义理，这是中国泛神崇拜的一个重要特点。

乡土神祇绝大部分是“有求必应”的保护者，能赐福免灾。但有少数恶神，乡人们敬拜他们，只是为了求他们不要祸害百姓。这些恶神有水神、火神、山神、瘟神等几位，最有名、流传最广的是五通神。五通神好色，常淫人妇女。康熙年间，江苏巡抚汤斌《奏毁淫祠疏》里

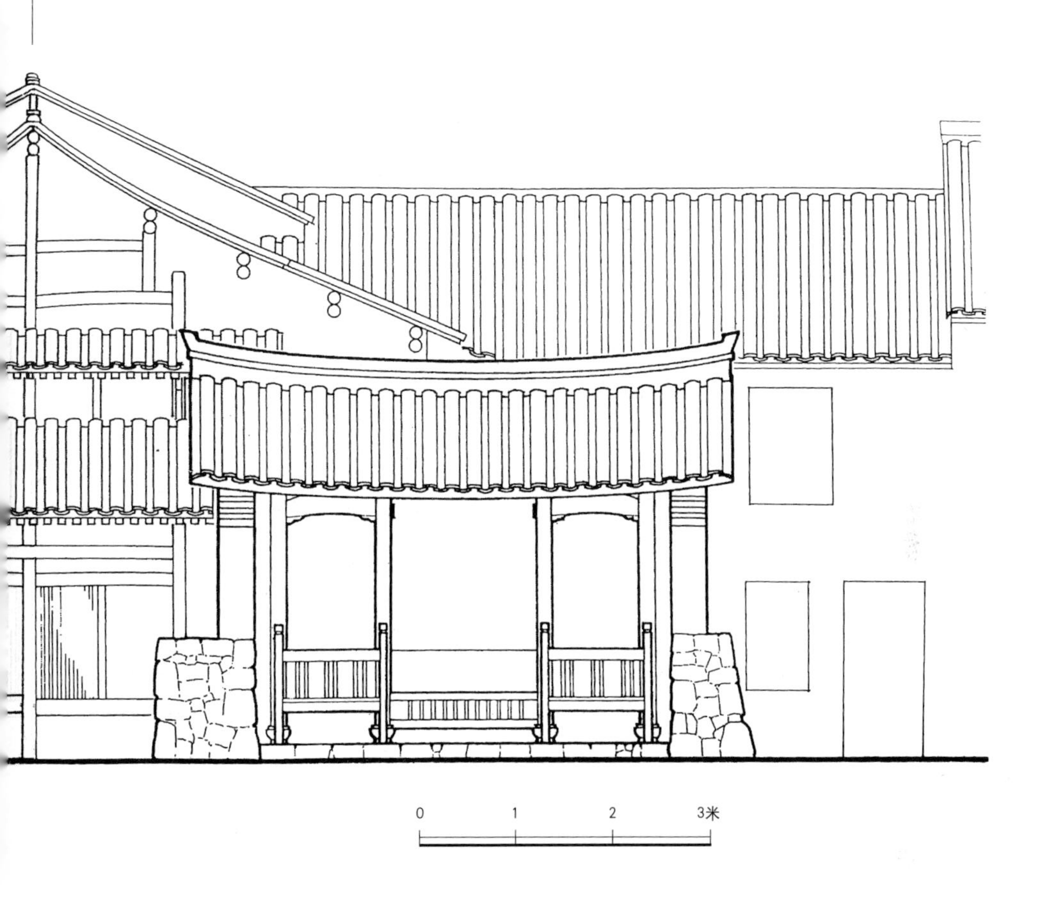

说："凡年少妇女有殊色者，偶有寒热之症，必曰五通将娶为妇，而其妇女亦恍惚梦与神遇，往往羸瘵而死。"河伯也有好"娶妇"的恶行，古时一些地方，如河北邺城，年年都要溺一个少女给他。山神就是狼，狼不但吃猪、牛、羊之类的家畜，有时也吃人，所以农民们，尤其是山区农民，只得祭祀它以求平安。火神是祝融和他的弟弟回禄。火是人类文明的必要因素之一，先秦时期人们因此敬拜火神，《国语·郑语》说他"天明地德，光照四海……其工大矣"！汉代以后，祝融、回禄成了火灾的象征，于是便只得恭恭敬敬地祭祀他，不敢怠慢。四川《青城县志》载："四月⼋日，火神寿诞，祀神演戏，士农工商无不相约进香，更有还愿演戏者。"

作恶而得享祀，同样也是中国社会情状的一种影射。一部《封神演义》，写周武王率领阐教众将和助商纣王的截教众将厮杀得死去活来，似乎有正义和非正义、善与恶斗争的意思，但到大局已定，姜子牙大封诸神，“助纣为虐”的截教众将也都一一成了神。姜子牙事后向周武王报告：“将忠臣良将与不道之仙、奸佞之辈俱依劫运，遵玉敕一一封定神仙，皆各分执掌，受享禋祀，护国佑民，掌风调雨顺之权，执福善祸淫之柄。”姜太公把“不道之仙、奸佞之辈”留用下来，加以改造，教他们给老百姓办好事了。人们最喜爱的财神爷赵公明便曾是截教中作恶多端的元帅。

善神、恶神，有些是全国都崇拜的，如关公、观音菩萨、土地、文昌帝君、玄武大帝、火神、五显神、瘟神等等。但中国幅员广大，自然和社会情况复杂，以致“百里不同风”，所以各地的神也有不少地方色彩。有些神在比较大的地区里被崇拜，如妈祖、陈十四娘在福建、浙江，萧公、许真人（许旌阳）在江西，胡公大帝和汪王在浙江、安徽，等等。还有一些神灵，管一件小事，“知名度”只限于很小的地区里，大多是人神，生前在村里做过点好事，死后受到当地人纪念，尊崇为神，甚至为他立庙，这些神最能突出汉民族崇拜的实用主义性质。如福建福安县楼下村的林四相公专管牛打架，广东梅县南口镇塘肚村的郑仙专管本村的水圳，浙江永嘉县林坑、上坳一带的焦岩爷专管狩猎，等等。林四相公有翠湖宫，郑仙有郑仙宫，宫虽不大，却香火不断。光绪《嘉应州志》卷五载：“郑仙高圳在南口堡，源出七娘峰河，沿流十余里，溉田数千亩，相传明代郑某开筑，今其故居号曰郑仙窝，又有郑仙宫……岁终报赛于此。”郑仙宫甚至年末还有迎神赛会。至于焦岩爷，则有一段奇怪的传说，这人原是个背信弃义、害友自保、劣迹斑斑的盐贩子，不知为什么“出圣”成了猎神，却“随祷而应”。乡民上山行猎之前给他点香烛祭拜一番，见了野兽打火铳，即使没有打中，那兽也会扑地而死，因此永嘉山区有他很多的庙。

这类地方性小神灵，数量上倒是最多的，简直难以统计。但是，就像专管牛打架的林四相公那样，由于影响范围太小，年代一久，就

山西省碛口镇黑龙庙戏台

没有人知道他们的来历和神迹了。然而敬拜却一如往常而不废，这便是传统。

又如浙江省永嘉县，有一位陈五侯王在楠溪江上游几乎村村有庙，香火很旺，但乡民们久已不知道他是个什么样的神灵。有人说他是陈十四娘的弟弟，曾经赤手空拳打死老虎救人。但陈十四娘是什么神灵，就是个谜，据不大可靠的传说，她就是福建的陈靖姑。又有人说，不是陈五侯王，而是陈五牛王，主管牛的繁育和健康的。芙蓉村的《陈氏宗谱》里有一篇写于明洪武二十一年（1388）的《宋陈五侯王庙碑记》。文中说：陈五侯庙“坐镇一乡，民居数千口，咸依密佑，多历年所，祈祷随而显应不可殚述”。但是，碑文又说：“其自出世代及侯爵之锡则未闻也。”这位陈五侯王的来历并不清楚，为什么被封为侯也不清楚。碑记里又说，陈五侯王“居小源”，而小源村人则有一个荒诞的传说：陈五是本村的贫苦农民，衣食不继，一天结伙上山砍柴，休息时告诉同伴，昨夜有神仙请他宴会，同伴不信而且取笑他，他就当场吐出一大堆酒肉来，同伴们大惊，传开之后，村人便敬他为神。这故事实在太荒唐。

在永嘉，这样来历可疑的神灵还有很多。在楠溪江中游有一位杨府爷，庙宇之多仅次于三官大帝，据县志引万历《温州府志》说："临海神杨氏，失其名，相传兄弟七人入山修炼，后每若灵异。"蓬溪村有座仙岩殿，据《蓬溪谢氏宗谱·蓬溪四殿记》说：过去"唯闻仙岩殿杂塑娘娘与杨府圣王、伏魔大帝、陈十四圣母娘娘诸神像。今仙岩殿三进，前进中置炉案而无神像，堂中两旁塑立功曹四，左边塑土地神，右边塑柴氏龙王像。中进中左塑孝祐夫人，足下踏虎，右塑石压娘子、毛氏夫人。后宫石室无梁柱。中进娘娘五，曰刘一、刘二、衰三、衰四、衰五尊神。相传神为斯溪刘进士之妹，衰氏是其嫂也，二月踏青，至大碏山上，因而出圣。……其神极灵，有求必应"。仙岩殿里神灵不但多而杂，增殖也很快。有一些人莫名其妙就"出圣"成神了，竟也能进庙坐下，"有求必应"。永嘉县埭头村卧龙冈上的小庙里居然有"陈八大王"和"段五大王"，好像绿林好汉的"神"在享受着香火。

永嘉旧属瓯越之地，晚唐诗人陆龟蒙在《野庙记》一文里把瓯越的巫风淫祀写得非常生动："瓯越间好事鬼，山椒水滨多淫祀。其庙貌有雄而毅、黝而硕者则曰将军，有温而厚、晰而少者则曰某郎。有媪而尊严者则曰姥，有容而艳者则曰姑。其居处则敞之以庭堂，峻之以陛级。……农作之氓怖之，大者椎牛，次者击豕，小不下犬。虽鱼菽之荐、牲酒之奠，缺于家可也，缺于神不可也。一朝懈怠，祸亦随之。耋孺畜牧慄慄然，病疾死丧，氓不曰适丁其时而自惑其生，悉归之于神。"

这种荒诞的情况其实不限于瓯越。中国农耕时代数不尽的神灵大多数都从这种荒诞中产生出来，千百年的感恩戴德，顶礼膜拜，是农民愚昧的精神状态的表现。连全国普遍供奉的五通神究竟是何方神灵都不知道，清代的大朴学家俞正燮写了好长一篇文章考证，结论是弄不清楚。

来历不明的神太多了，见怪不怪，最后把佛教、道教也都裹到了这笔糊涂账里去。

这个松松垮垮的泛神崇拜包含着万物有灵的自然崇拜，所以，除了天、地、山、川、风、雨、雷、电之外，在农村里可以见到，古树、巉崖、怪石、长蛇、老龟，甚至灾害性的蝗虫等等都可能成为崇拜的对象。陕西、宁夏一带，清明节砍树之前，先要在树上贴一张红纸条，上面写着“树神回避”，打个招呼，以免伤了和气。

自然崇拜的最近于“系统化”的表现是“风水”术数。它的基本论点主要是自然环境能通过阳宅、阴宅的“形局”决定家族吉、凶、祸、福的命运。风水术最关心的首先是家族子息的繁衍，其次是子孙们的科举成就，也便是仕途。这两点，一个是家族人口数量的增加，一个是人口质量的提高。在无数可能的风水形局中，绝大部分都与这两点有关。“有利于”子孙繁衍的，有“美女献花”“螺丝吐肉”等，“有利于”科甲连登的，有“文笔蘸墨”“文房四宝”等。风水术数引导的方向是使乡民相信一切都决定于祖先坟墓和住宅的“择地”和“定向”。这种宿命式的“决定论”却是建立在方术的臆造之上的。从它所依据的认识论和方法论来看，风水术数是一种彻头彻尾的迷信。它所起的作用是使村民更依赖于土地，更依赖于祖先，从而加强宗族的凝聚力，使乡村社会更稳定。在农耕时代，在万物有灵论的泛神崇拜之中，风水术数在全国广泛流行。不过，除了闽粤赣一带把形势派风水大师杨筠松当作“杨仙”供奉而偶有小庙之外，风水术数并没有它的庙宇。它是纯粹形态的自然崇拜。

中国民间大量的神，包括佛道两教的神，虽然芜杂、混乱，有不少来历不明，但由于他们“有求必应”，“救苦救难”，却很人性化，有人情味，很能安慰乡民们渴求帮助的心。穷人富人，事无巨细，也无论为公为己，都可以向神诉求。因为神们正是为了这种感情需要而被人们自己造出来的。

除了少数恶神，不论出身来历确实有证的还是荒诞不经的神，大都是正直、公正、善良、爱民而有奉献精神的。如福建的陈靖姑、浙江的胡公大帝、二郎神、福德正神、王母娘娘、月下老人等等。

山西省高平市王报村二郎庙大殿柱础

神像也和戏剧脸谱一样，程式化地表现他们赐福降祥、解厄祛灾、保黎安赤等等的性格和能力。他们大多慈眉善目，让百姓们一看就又敬又爱而且无限信仰。如三官大帝、灶神、药王。至于除妖降魔、镇宅守门的神，不免有点凶相，如八蜡、钟馗、门神、玄武神、刘猛将军等，不过他们的凶相是对“敌人”的，所以善良的人们并不害怕。关公大帝则赤面长髯、卧蚕眉、丹凤眼，忠义、刚正、威严之气上干云天。一些至高无上的神，如佛教的三生佛、道教的三清，法相庄严，深沉而慈悲，睿智而洞明一切，真是到了极致。至于制造灾殃的恶神，如瘟神、五道神，往往塑成蓝面赤髯，可憎又可怖。民间方士的相术在神像塑造上起了作用。

山西省高平市王报村二郎庙大殿斗栱

主婚姻生育的神、妇女儿童的保护神、有关于家庭幸福的神，则大多为女神，如高禖神、送子娘娘、痘花娘娘、陈十四娘，她们使妇女感到特别亲切，因为这些事大多由妇女们来求告祝祷。本来无性的观音菩萨，由于他普度众生的大慈大悲，便被塑造成母性的典范，美丽而亲切，眉目间洋溢着无比阔大的爱心。

这些尊神除了必不可少的灵异之外，在人们心里大多还被赋予人间的世俗性，具有人的喜怒哀乐。他们好听谀辞，计较香火礼数，接受人们有贿买之嫌的“许愿”和“还愿”。山西省临县碛口镇卧虎山上的黑龙庙身后有一座不小的关帝庙，它的建造就是因为清代永宁州驻碛口的一位巡检的太太得了病，求医问卜都治不了，巡检急了，就许愿心，说如果太太病愈，就给华佗造一座庙，规模和黑龙庙一样。后来太太的病果然好了，于是巡检就还愿造了这座庙，初时叫华佗庙，后来乡人们把它改成了关帝庙，因为关帝是武财神，而碛口镇是个繁华的水旱码头，财神比医神更重要。在民间还流传着许多讲述神们以托梦的方式索取待遇的故事，大多和修建庙宇有关。浙江省武义县俞源村的洞主庙，村民传说就是宋代一位牧牛人在山上过夜，梦见七岁救母的沉香埋怨没有庵庙栖身，醒来后下决心募化而建成的。这座庙后来就以求梦的灵验闻名，还特地造了一座圆梦楼。

人对神，也不一定总是诚惶诚恐，而常有狎侮甚至戏弄的举动。例如，监督民家行为举止称为“一家之主”的灶神，大概因为一天到晚在厨房里待着，和宅主熟悉得很了，“近之则不逊”，所以每年腊月二十三上天庭去汇报这户人家是非的时候，宅主就要弄被称为“祭灶果”的各色糖点请他吃，叫他嘴甜一些，在天庭多说好话。更有趣的是必定备一种很黏的麦芽糖，粘住他的嘴，不便于说话，以免他在天庭多言多语，不小心说了宅主的坏话。有更恶作剧的，甚至往神像的嘴上抹香灰，干脆叫他噎住说不成话。又例如，天旱了要求龙王赐雨，便抬着龙王泥像在田间巡游。如果几次求不下雨来，乡民们便会使坏招，把龙王放在大太阳下毒晒，“曝龙王”，叫他尝尝苦头。也有把龙王放在将要干涸见底的水塘里泡的。农民们情急生智，要龙王亲身体验一下他们生活中的水深火热。当然，在求雨之始是要先许下愿心的。四川省荣县荣梨山龙洞有一块宋天禧二年（1018）的《洞门亭子碑》，写的就是大中祥符八年（1015），“是郡春不雨，抵仲夏，土膏歇，泉脉绝，时将往矣，而耒耜尚停，农忧且泣。”于是太守皇甫公虔诚地上山到一座称为“渊龙之室”的山洞求雨，许愿说：“雨若足，吾当树亭洞门，用章神庥。”果然，连下了两天雨，旱情结束。“次年，公被诏归阙，留俸缗五百，付郡牧纪其事，夏四月，亭成。”据河北省《沧县志》记载，当地乡民遇天旱向关公求雨，抬着关公像接连“出巡”九天，如果下了雨，便演戏酬神。如果不下雨，便认为本村的关公像不灵，砸掉了拉倒，下次再遇旱情，就到别的村子去偷曾经有灵验的关公像来。类似的还有广东潮汕一带渔民的“摔神”，便是在每年渔汛之前，把供在庙里的渔业之神的泥塑像摔碎，便会得到丰收。这类做法似乎对神都是大不敬，却一直流行。

山西一带黄河上的艄公们则另有一种对待神灵的态度和方法。每当他们在航行中遇到风骤雨急、浪高波涌的险情，他们会在危难中向河神开海口许下大愿，如在庙里演一台大戏或者杀几头羊酬神之类。但待得平安到达目的地之后，他们没有能力花钱还愿，并且既然已经脱险，便想赖账，于是，或者到庙里趁大戏休场的时候自己上台没腔没调地吼三四句，或者趁别人杀羊献祭的时候用手指沾一点血向天一弹，便算还了愿，当然还得说几句求河神宽恕的软话。神嘛，总是慈悲为怀的，不妨采取“君子可欺之以其方”的办法对付。

人们就这样以幽默化解了神和人的界线，把神的世界同化到人的世俗生活里来了。

人们还用人的社会关系来设想神灵之间的关系。山西省武乡县的嘉庆六年（1801）《南神山赛会碑记》里说：“武邑南山神三月廿四日，城隍神五月廿六日，各作主人，请境内诸神宴会。供斯事者，崇仁、敦义两里，必聚数十百人，扬大纛，执长虹，旌旗耀日，甲马惊人，铙歌鼓吹，以盛其典……其来久矣。”原来神们也有社交应酬。更有人情味且颇有点诙谐的是人们常常给神灵配婚。土地有菩萨，土地菩萨有夫人，土地庙里供着的总是土地公和土地婆一对夫妇，笑容满面，享受着琴瑟和谐的乐趣。四川省合江县虎头乡后坝村，有一座土地庙，塑的神像是：土地公在膝盖上抱着土地婆的三寸金莲，土地婆则一把揪住土地公的胡子戏弄。对联写的是“两老皆有趣，一方岂无心”，横批“我是笑你”。瓯越故地以“淫祀”之多闻名，它的中心浙江温州，有庙祀“杜十姨”，又有庙祀“五髭须”，后来人们怕他们鳏寡寂寞，把他们配成了夫妻，合庙而祀。宋敞虎《蓼花洲闲录》记载：“温州有土地杜十姨，无夫，五髭须相公无妇，州人迎杜十姨以配五髭须，合为一庙。杜十姨为谁？杜拾遗也。五髭须为谁？伍子胥也。若少陵有灵，岂不对子胥笑曰：‘尔尚有相公之称，我乃为姨，何雌我邪？’”更可笑的是，信奉基督教的太平天国称天主为天父，耶稣为天兄，从而给他们配上天妈和天嫂。可以说，凡夫俗子们对神的关怀远胜于神对人的关怀了。

人间的统治者，有时也会忘乎所以，给神封官晋爵。例如后梁太祖朱温封越州城隍为崇福侯，不久，后唐末帝李从珂封杭州城隍为顺义保宁王，湖州、越州城隍也被封王。明代初年，太祖朱元璋封京都、开封、临壕、太平、和州、滁州城隍为王，正一品；各府城隍为公，二品；各州城隍为侯，三品；县城隍为伯，四品。洪武三年又去封号，只称神。（见清·赵翼《陔馀丛考》）

由于造神者的功利主义、实用主义的态度，所以，人对于神，也颇具势利眼。大多数神的“功用”不过在他专职的一两件事上，而孩子患痘花、大田里长蚱蜢这样的事毕竟不是岁岁常有，所以，用得着的时候，香烛牺牲，毕恭毕敬，用不着的时候，不免冷落在一边。于是就产生了一句口头禅，叫“无事不登三宝殿，有事急来抱佛脚”。人情有冷暖，神事一样有冷暖。世态炎凉，反映到人神之间的关系中去了。

功利性的实用主义泛神崇拜，根本谈不上哲理性的教义，连佛教的教义也撂在一边，而把佛、菩萨之类混同于各种杂神，本来就混杂不堪的道教就更加随意了。所以，中国农村里的神各守其位，各司其职，互相不排斥，不对立，和平共处，寺庙宫观之类，往往是众神罗列，而且善男信女可以随时塑个什么神的金身施舍到庙里祭拜，别人不以为非，并且也跟着上香叩头。浙江省永嘉县蓬溪村的关帝庙里，竟把调皮捣蛋的孙悟空的像和嬉皮笑脸的济公的像立在那位眯着丹凤眼正襟危坐夜读《春秋》的"武圣人"的像边。永嘉县的西岸村有一座关帝庙，后来改成了送子娘娘庙，关帝的像换成了娘娘的像，但关平、周仓的像没有改，原样不动地变成了娘娘的功曹，只不过各自去掉了手中的汉寿亭侯印信和青龙偃月刀罢了。

庙里虽然众神杂处，但一个地方，一个村落，总会有地理上或经济上的特色，慢慢地便在一堆神灵中显出这种特色来。例如，山西省临县碛口镇，是一座水旱码头性质的聚落，一边由黄河上用船把内蒙古河套一带和陕北三边一带的物资运来，另一边用骆驼和骡马把货物转运到晋中去。回程再运些别的东西。水旱转运业在碛口又刺激出了仓储业、过载业、驮畜的养殖业、多种手工业和饮食、金融等服务业。经济发达起来，街里街外建了几座庙宇，其中一座叫财神庙，主神是喜、贵、福三路财神，这是镇上各色人等都共同要敬拜的。其次是一位河神，主管河上运输平安，一位"圈神"，保佑旱路运输主力骆驼骡马等牲口的平安。再有一位"仓官爷"，是保佑仓储业的。往下便是多种手工业的保护神，例如染坊所祀的梅葛仙翁，焚金炉所祀的太上老君，给骡马打蹄铁的红炉所祀的尉迟恭。镇上繁华，经常演戏，这庙里便祀奉"老郎神"（即唐玄宗）。来往客商多，镇上有了娼妓，这庙里便增添了管仲。据《国策·东周策》："齐桓公宫中七市，女闾七百，国人非之。"明人谢肇淛《五杂俎》卷八："管子之治齐，为女闾七百，征其夜会之资以佐军国。"管仲因此成了娼妓的神。除了这些"应运"而祭的神之外，和财神一样被所有人都需要的还有一位医神华佗。碛口的河神庙，非常准确，非常鲜明又非常功利地反映出一个水旱转运码头的社会景象。

四川省万源县大竹河乡，于光绪二十八年（1902）重修“三圣庙”，并祀神农、川主、药王三神，恩贡生赖嵩山给它写了两副楹联：

其一：

神古时帝，主秦时官，师唐时医。各因其时而圣也，勿惑三子者同归一致；

农养民生，水兴民利，药除民病。有功于民则祀之，允宜百代下并祝瓣香。

其二：

或创于帝，或显于官，或隐于医，在昔农殖百谷，江分二水，方垂千金，莫非济世济人，一片婆心补造化；

以养民生，以除民患，以救民病，迄今都传曲阜，凿指离堆，山望太白，惟是报功报德，四时庙貌壮堂皇。

杂神混居共祭，就因为他们对人的关系是相同的，无非就是一个有利有用。

不但杂神可以混在一起飨祭，连正宗的释、道、儒都可以打破教义哲理的界限，来个“释道合一”或“三教合一”，混起来祭祀崇奉。《全唐文》里有一篇《三教道场文》，为四川资州史叱干公作，由李去泰记述。李曾为四川成都府广都县（今双流县）县丞。文中说：“法本无别，道亦强名，随化所生，同归妙用。故知二仪生一，万象起三，殊途同归，体本无异。”最后有一段准备勒石的词：“西方大圣，为法现身，不生不灭，无我无人。甘露洒雨，水月净尘，心澄智海，道引迷津。湛然不动，永绝诸因；混元难测，杳杳冥冥，恍惚有物，想象无形。九天辨位，四方居星，中含仙道，下育人灵。法传不死，空余老经；广学成海，焕文丽天，光扬十哲，轨范三千。获麟悲凤，赞《易》穷玄，首唱

山西省沁水县上庄村三教堂

忠孝，迹重仁贤。其道不朽，今古称先。”文中把释、道、儒并列，虽说可以“归一”，但论证实在不足。

明清以还，山西省和四川省合祀三教的庙渐渐多了起来。清代举人雷抟谦给山西省渠县三教寺写了一篇重修记，刻而为碑。记中说，渠县礼义城“绝顶处有祠，中如来，左孔子，右老君像，皆石刻，此三教所以名也。……今礼义城寺僧本属释门，乃重振三教祠宇，可见教门虽异，儒理实兼乎释道，不能易空虚寂灭之说而务亲义序、别返导引胎息之功，而事理乐农桑，俗习正，风化纯，儒、释、道三教一而三，三而一者也，其为世道计，岂小补哉！”作者把这些话叫作“三教合一之理”。三教堂尤以晋东南各县为多，如晋城市泽州县李寨乡的三教堂，规模不小，有戏楼，雕梁画栋，穷工极巧，非常华丽。

有的三教堂，在三间正殿里一家占一间，有的是三家在明间里并肩而坐。坐正中的或佛或道，各地不同，叫作“佛道斗法”，虽然论证

“三教皈一”的是儒生，但孔子总是敬陪末座，大约是因为他没有超自然的法力，空有学问而不能救危解难，所以不为乡民看重。连科举进仕，也要求奎星或文昌帝君相助，而不求孔子。“子不语怪、力、乱、神”，他自己当然不进神谱，以致虽然常常在大大的盘龙神牌上居“天地君亲”之后，被恭恭敬敬供奉起来，却属于“无用”者之列。“不谋其利，不求其功”，在实用主义的乡民们眼里是不行的。

民国年间，更有人倡议“五教合一”，把耶稣教和回教也弄到一起来，遭到耶、回二教的强烈反对，终于不成。这种情况，正足以说明中国人泛神崇拜观念之深和对事物的马马虎虎的态度。

万物有灵论的泛神崇拜起源于原始时代，日积月累，包括自然神和人格神在内，早早就有了大量的崇拜对象，杂而且乱。这种情况不利于逐渐强化的统治阶级的意识形态，他们的愿望是把泛神崇拜控制起来，使它有利于他们的统治。早在先秦时期，这种企图就制度化了，定出了所谓的“祀典”。

“祀典”虽然限定了祭祀崇拜对象的范围，但从本质上说，仍然是混合自然神和人格神的万物有灵的泛神崇拜，因此对平民百姓并没有产生多大的约束作用，“祀典”只是统治的官方的规范而已。不过，“祀典”的制度，毕竟和文化的各个领域一样，使泛神崇拜分化为统治阶级的和被统治阶级的两类。当然，这种分化是很宽松的，界线是颇为模糊的，后来连平民百姓最感亲切的土地神、社神甚至灶神也都列入了“祀典”，这“五祀”把祀典扩大到了从社会顶层到下层人们的日常生活里去了。

《礼记·曲礼下》又说：“凡祭，有其废之，莫敢举也；有其举之，莫敢废也。非其所祭而祭之，名曰淫祀。淫祀无福。”但老百姓崇神的心理，是只要不致反招祸殃，就不妨见神便拜，并不在乎“无福”。明代中叶戴冠在所著《濯缨亭笔记》里写道：“今世淫祠如观音堂、真武庙、关王庙、文昌祠之类，皆愚夫细人所为。至于迎神赛会，渎礼不经之举，非但糜费民财，亦奸盗所由起，为世道虑者，力加禁遏可也。”历代都有些封疆大吏和地方官员，如明代的永嘉县令文林和清代康熙年间的巡抚汤斌，死守儒家原则，雷厉风行地禁毁不在“祀典”之列的“淫祠”，但都毫无效果，徒然增加社会矛盾而已。

禁“淫祠”最凶猛的是唐代武周时期的狄仁杰。他曾“充任江南巡抚使，吴楚之俗多淫祠，仁杰奏毁一千七百所，唯留夏禹、吴太伯、季札、伍员四祠”。[①]但江南依旧是全国“淫祠”最多的地方。曾经极生动地描写过瓯越之地淫祀情况的陆龟蒙去狄仁杰不到两百年。戴冠又写道：“顾今之从政者，于此等事多阔略不省，间有愚懦不觉之徒怵于祸福之说，反从而助之，故邪妄之习日新月盛，可为叹息。”原来淫祠还“日新月盛”，那也只好“叹息”了。

淫祀的产生并且广为流传，自有它一定的社会历史条件和文化环境。只要这些条件和环境还存在，平民百姓还不能掌握自己的命运，那淫祀便一定会存在，有淫祀，便必有淫祠，毁淫祠就白费气力。而且，“祀典”里的祭祀和平民百姓的淫祀并没有本质的差别，同样是泛神崇拜。天子祭神和百姓祭神在文化意识上其实是一样的。所以历代都有一些神，主要是人神，常进出于“祀典”，有的是屡进屡出。

一些官员雷厉风行的踱扈，只不过浪费了作为文化资财的庙宇建筑和神像而已。

① 见《旧唐书》卷八十九列传第三十九“狄仁杰”。

神的居所

有神就得有神待的地方，有善男信女叩头烧香的地方。

极少数的神灵，只和日常生活发生关系，则多待在百姓家里，如灶神、门神、厕神、井神、圈神、马王爷、狐仙、仓官爷等等。简单一点的，只在红纸上写个神号，或买一张印在红纸上的木刻版神像，贴到他们各自职司所在的位置上。稍稍郑重一点的，则在这些位置上做一个小小的龛，大多是砖的，也有些雕刻得异常精致。龛里则大多只贴一幅木刻的神像，有些人家会放一尊瓷的或泥的塑像在里面，常常身份不明，只是有形有相，颇为庄严而已。神像前设香炉、烛台，都很简陋。

有些地方，如山西省的东南部和四川省的一些镇子，从事商业和手工业的人家比较多，则多在自家堂屋里墙上挂一个木龛祭本家从事的行业的保护神，鲁班爷、杜康、清音童子等等。有的还外加一个财神。

福建和江西，住宅堂屋中央太师壁两侧腋门上方设雕镂极精的神橱，一侧供高、曾、祖、祢四代祖先，一侧供神仙、菩萨。极少数人家，在太师壁正中设一个大大的神橱，里面供祖先也供神仙菩萨。太师壁，尤其是腋门上方，十分幽暗，敬神的烛光摇曳，贴金的神橱闪烁出光芒，很有神圣的气象。也是在这两省，左右腋门后常年有一个香案，一个祭祀鲁班爷，一个祭杨筠松。鲁班爷到这里受香火，不是因为他的技艺，而是因为他掌握一座房子的“小风水”，如大门的宽度和朝向、

浙江省永嘉县塘湾村山神庙大门神

堂屋和门屋的宽度、屋檐的高度等等。小风水和大风水一样，乡民们相信它会决定一个家庭的兴衰祸福。兴建宅屋之初，这两位大、小风水大师各以一根木桩为表征，被竖立在房基地中轴线两端，一南一北，作为房屋布局的坐标点。房屋建成之后，搬迁到左右腋门之后，永久奉祀。

经常在百姓家里供奉着的还有财神、寿星、观音菩萨和姜太公。前面三位大多有个瓷像或木雕像，所在位置不定。观音像的礼拜者大多是妇女，观音菩萨是她们最贴心的神灵，她们多把像放在卧室里，早晚点一炷香，拱手作几个揖。有些妇女还定期吃“观音素”。她们把这位本来无性的菩萨硬是塑成女相，因为女性更富有同情心，更细致，更能理解她们的苦恼和希望。而且把女性的像放在卧室里，随时诉说心曲，在那个时代也可以少一点疑忌。

姜太公为人谦和，爱护百姓，成了神还是这样。山西人在住宅院落中央用砖或石垒一个像方凳大小的墩子，就叫它为“中宫爷”，这便是姜太公的象征。朔望点香进馔。不许在中宫爷上坐，也不许踩踏，更不许向它倾泼脏物秽水。真正爱人民的，受到人民永远的敬重。中宫爷名称的由来，是因为乡间住宅四合式的布局正合乎“九宫格”的样式，院落便是中宫。福建闽东，有些住宅在正房屋脊中央用砖搭一个很小的亭子形的神龛，叫“太公亭”，那便是姜太公的岗位。亭子是空的，里面没有塑像，只是个象征而已。

山西民宅还有两处常设神龛，一处是大门内影壁中央，一处是门屋侧壁。影壁中央大多供赐福的天官，门屋侧壁的神比较杂，有的供门神，有的供土地。

在江西、福建和广东，住宅的正房堂屋中央、香案下方，有土地公婆的神位，正规的称号是“福德正神之位”。左右有对联，如“福与土并厚；德配地无疆”，隐括了“福德”和“土地”两个称号。在他们之前一步，便是这座宅子的风水穴眼。这套配置鲜明地反映出农耕文明时代乡民和土地的亲密关系。

绝大多数的神灵都祭奉在庙里。

庙有大有小，最小的庙供与人们的生活福祉最有密切关系的神，那就是土地庙和三官庙。土地庙和三官庙最多，分布也随意。四川、浙江等省，村里村外，街头田间，都可能有土地庙。小到高不过两尺，蹲在墙角，大也不过局促的单间。除了专门的庙宇之外，村子的各种庙宇里，大多会有土地公婆的一角位置，如浙江省武义县俞源村的洞主庙里有土地公婆一个偏院，山西省临县西头村西云寺的前院一边有个小土地庙。大多不过在神台边上有个座位而已。坐在小土地庙里或者大庙神台一角的，都是明清以后，由对本村本地有功的“好人”充当的土地神，职位很低，管辖的范围很小，只过问些琐碎的杂事，所以说“当方土地当方灵”。在皖南、浙西则有三间正殿带前院的社庙，近似土地庙，《公羊传》注：“社者，土地之主。”这种“社庙”，远承殷周时期以广阔的大地为神的自然崇拜的传统，那地位就远远高于后来的“土地庙”了。有些地方，如浙江省的江山县，江西省的丰城县，凡杂姓的村落，都以“社”为基本的社会单位。一个村分几个“社”，大约25户为一社，每个社都有社庙，社神是地方神，主管一方地面各种事务。社庙还要定期举行节庆活动和祭祀活动，一般为春社（春分后戊日）、秋大社（秋分后戊日）两次。唐末诗人王驾有一首著名的《社日》诗，写道：“鹅湖山下稻粱肥，豚栅鸡栖半掩扉，桑柘影斜春社散，家家扶得醉人归。”

诗把社庙和人们生活的关系写得很亲切。浙江省江山县三卿口碗窑村在水口黄氏大宗祠对面有一座社庙，三开间，做工很精致。每逢龙窑里装满了碗坯，点火之前，村民都要来祭拜，供猪头、鱼、鸡，点香烛，烧纸，放鞭炮。庙前楹联："坐落此地灯火万家，保护村民人财两旺。"这副楹联显然是近年新编的。

土地庙也有三间五间带前院的，那就常常同时供着五谷神，例如浙江省建德市新叶村的土地庙，也叫土谷庙。

庙宇多而不大，遍布村内村外的，还有三官庙，就是奉祀赐福的天官、赦罪的地官和解厄的水官的庙。这三位神祇的功力和职能涵盖了农业社会中乡民生活的一切需要和理想。或许正因为如此生活化，乡民们反而感到他们亲切而毫无神秘崇高的凛凛威风，并不用庄严巍峨的宏大庙宇来拜祭他们，只将他们小小的庙宇置于村里、田头或者妇女们经常浣洗的水圳旁边，融入人们生活之中。在浙江省永嘉县，凡给农人们遮阳避雨歇气闲聊的小亭子，绝大多数都供着三官大帝的神像，就叫三官庙。或者说，凡三官庙必有敞轩长椅美人靠，供人休息交谊。虽然散处田野之中，而且规模很小，但却颇为精致。神龛和藻井都是很高水平的杰作，如花坦村东门口的三官庙。庙里亭里还备有暑药凉茶、锅灶柴禾甚至崭新的草鞋，供过客免费取用，由村里宗祠的公费开支，也有的由稍稍富裕一点的人家作为为父母祈福的善事开支。这些措施体现出乡村人们相互间平淡如水而切实有用的关怀。

四川省合江县的尧坝镇，四周有九条山路进镇，每条路在进镇之前都有一道桥，每道桥头有一座高不过一米的石龛，供着观音菩萨，叫"桥头观音"。观音在人们心里也是很亲切的。

庙宇的选址常由风水术士决定。多数的庙在村落聚居区之外，照风水术数的说法，庙宇阴气太重，不宜和居民混杂。伪托朱嘉著的风水典籍之一《雪心赋》里说："所戒者，神前佛后。"就是说，不论阴宅阳宅，都不要靠近庙宇。注释说："其地既为神灵之所栖，则幽栖相触，钟鼓相惊，恐居之不安。"村聚不可能为建庙而搬迁，所以只好把庙建

浙江省武义县樊岭脚村水口关帝庙

造在村外。其实，把庙放在聚居处之外，应该是有很现实的理由的：一是庙中常有香火，容易引起火灾；二是每有庙会，或逢神诞日，香客拥挤杂沓，如庙在村中，则对村民的生活干扰太大。较大的庙还有戏台，每有演出，四乡八邻的人都来看戏，村中难免扰攘不宁且很不安全；三是把庙造在村外，还可以利用它们来起风水术数上增补或禳解的作用。

中国建筑绝大多数是木构的，中国农村绝大多数是聚居的，木构建筑聚而成村，最怕的是火灾。既怕火灾，就得造出个神来防火制火。《礼记·曲礼上》说：“（军）行，前朱雀而后玄武，左青龙而右白虎。”风水术士把这个军阵排场移植到聚落中来，中国的房屋、村落都以朝南为最佳，所以“后”就是“北”，于是阴阳家在“四象”说里把玄武定为北方之神。又据阴阳家“四德”的说法，北方为水德，玄武便成了水神。民间遂请玄武大帝来防火制火，玄武庙因而遍布全国。玄武庙一般都造在村落的后面，也就是北面。河北省蔚县，两百多座村落，村村围以长方形的土墙，一条路贯穿正中，北端起一个高台，台上造玄武庙一座。这便是企图依仗风水巫术来防火救火。

“朝为田舍郎，暮登天子堂”，是中国农民世世代代的梦想，而实现这个梦的唯一途径是通过科举入仕，所以千百年来，在经济条件稍好一点的地方，就盛行“耕读”文化。只苦读还不行，还要祈求文昌帝君或魁星保佑。于是便造文昌阁、魁星楼或者再加上一座文峰塔（文笔）。风水典籍《相宅经纂》说：“凡都、省、州、县、乡村，文人不利，不发科甲者，可于甲、巽、丙、丁四字方位择其吉地，立一文笔尖峰，只要高过别山，即发科甲。或于山上立文笔，或于平地建高塔，皆为文笔峰。”实际上多造文昌阁而少造文峰塔，就造在村子的甲、巽、丙、丁四个方位之一上，以东南角的巽位为多。例如浙江省建德市新叶村的文昌阁和文峰塔。

村子必有“水口”，就是溪河从村落所在的小盆地流出之处，必在村子的下游。水口最好左右有山夹峙，叫“狮象把门”或“龟蛇把门”，以致水道较狭且有弯曲，“紧如葫芦喉”，这样就可以使“去水曲折有情”。风水术上把水比为财，去水有情就寓意能保住财富不致流失。为了加强水口的关锁，又据《雪心赋》说，“坛庙必居水口”，注释道：“大约神坛佛庙，宜居水口，镇塞地户，以关锁内气为妙也。”因为中国全境是西北高而东南低，风水术士把这个整体地形叫作“天地之大势”，村落选址，喜欢选在西北高而东南低的地方，居于村子下游的水口因而也多在村子的东南方，也便是巽方，于是，宜于在巽位的文昌阁正好就是常常关锁水口的庙宇之一，经常和文笔、水碓、长明灯、风雨桥合称为“五生”。例如旧徽州六邑之一婺源县理坑村的水口和黟县西武乡黄村的水口。浙江省武义县郭洞村和樊岭脚村，因为水口不在巽位，便分别以观音庙（海麟院）、关帝庙造在水口。有一些水口建筑群是村落最美的建筑群，是建筑艺术和自然风光结合的杰作。

自然环境中比较容易出险情的地方，如河流急弯处位于“弓背”的河岸可能受“反弓水”冲刷而崩塌的段落，或者暴雨时节可能滑坡的陡崖下，常建关帝庙来镇住。例如浙江省永嘉县蓬溪村村口正对“反弓水”，就在岸上造了一座不小的关帝庙。关公既急公好义，又战无不胜，一切妖魔鬼怪都会在他面前逃窜，所以就借他的神威制服各类危难。禳解“凶煞”，也是风水术的招数。

庙宇也可以用来改善村落风水的不足或缺陷。在一个比较匀称的“形局”中，如左侧的“青龙砂”稍稍弱于右侧的“白虎砂”，为避免“白虎压青龙”的凶相，就在青龙砂的低处或缺处造一座庙来加强它。

村子的天门（上水口）来水不宜很曲折，以免象征“财”的水来得不很顺当，但如果水道过于无遮无拦直冲村子而来，也要造一个庙来“缓冲”一下，例如江西省乐安县流坑村天门岸边的三官庙。同样道理，如果有山路陡峭地直冲村子而下，则也要有一座庙挡一挡，风水上也说是防“冲”，如安徽省黟县关麓村背后山坡上的山神庙，因为在没有水路的地方，山路就代替水路而成为风水要素。这类野庙往往是村子的边界，能造成村子的领域感，多少代人别妻离子、送往盼归，它们便沉积了浓重的亲情乡愁。

相传由唐代形势派风水宗师杨筠松选定而由他的亲授弟子曾文迪和六传弟子廖瑀的后人居住的江西省兴国县三寮村（山寮村），被认为是中国的“风水祖地”。它四面环山，东有木形山峰，叫“木星降世”，南有火形山峰，叫“火星落槽”，西有金形山峰，叫“金星盖门”，而北面的“水星相依”山峰为水形。到明代晚期，曾、廖两姓的人通力合作，分别在它们的峰顶上造了东华庵、南箕庵、西竺庵和北斗庵四座庙宇，为的是强化风水的作用。后来三寮村的风水业大为发展，仅同治《兴国县志》里留名的风水师就有21位之多。乡人们把这个行业的兴旺归功于这四座庵。虽是迷信，却鼓励了一种巫术的传承。

有一种风水作用则是来自视觉形象的象征性。例如，如果山口左右的山坡舒缓而略近对称，而且坡形饱满，则山口往往被附会成女阴，这种情况下，就会在山口造个送子娘娘庙，或者再造一座塔，象征男根，以祈村子里人丁兴旺。例如关麓村后西屏山和武亭山之间西武岭上的西闲庵以及浙江建德市新叶村道峰山和玉华山之间山口上的玉泉寺和遥相对应的文峰塔。

有些位置在航路关节点上的大村或镇店，往往在高地上造庙作为它们的地标。流坑村的乌江东岸梅岭山上曾有东华寺，山西省临县黄河边的碛口镇则有卧虎山上的黑龙庙，都从很远便教艄公知道村镇已到，应该准备靠岸了。船上的旅客，也会站起来，把手掌搭在眉上，远望码头，仔细寻觅人群中的妻儿了。

南方各地大多是丘陵区，有山、有水、有木、有竹，风景绝佳，所以许多村子都有“十景”“八景”，而这些“景”里，总有一个甚至几个和庙宇有关。庙宇往往选址在山、水、林木的最美处，成为景区的主角。以它们玲珑的楼阁，粉墙青瓦、飞檐游脊，更丰富了自然的美。例如浙江省永嘉县林坑村的白鹤大帝庙和篁南村的陈五侯王庙。

由于大多要造在村子聚居区之外，又要有风水的讲究，所以庙宇常不免有扎堆的现象。如浙江省永嘉县岩头村的上水口“双浚头”，就有三圣庙、太阴庙和卢氏娘娘庙三座庙。庙的院子里又附有几个小庙。三圣庙里主祀从西域带回多子的石榴的张骞（张仙），卢氏娘娘庙即孝祐夫人庙。据乾隆《永嘉县志》载：“唐卢氏居卢岙，尝与母出樵，遇虎将噬其母，女急投虎喙，以代其母死。后人见女跨虎而行，遂祠祀之。宋理宗谥号孝祐夫人。”永嘉有很多孝祐夫人庙。

山西和河北有一些村子周边围以土墙而成堡寨状，庙宇就在堡门外或跨堡墙而扎堆。最典型的例子是山西省介休县的张壁村和河北省蔚县的西古堡，两村的布局模式几乎一样。张壁村北门有庙10座，南门有11座。南门跨堡墙而建的庙是“可罕庙”（主神传为隋末起兵的刘武周，一度自立为帝，被突厥封为可罕，曾占领介休县为根据地。但庙是否确祀刘武周，无证）；城门头上有“西方胜境庙”，应是佛教净土宗的寺庙；南门外的主庙是关帝庙，关帝曾在明代末年“显灵”帮村民在南门口吓走了一帮武装的贼寇。在这三座庙的里外旁侧，有观音庙、地藏堂、龙神庙等等。张壁村北门门头上有三座庙，正中是真武庙（即玄武庙），真武是坐镇北方的主水之神。它东侧是空王庙，《创建空王行祠碑记》说：“古佛系陕西凤翔府人，俗姓田氏，寄居在太原府榆次县原涡村。”他长任里长，因偏护穷人而受官府谴责，遂辞亲出家为僧，居介休洪济寺，曾命徒施雨救旱灾，后隐于张壁村南的绵山。乡民以他为司雨水之神，香火极旺。真武庙西侧为三大士殿，即观音、文殊和普贤三位菩萨，是佛教寺庙。北门外有瓮城，向东开门，门头上有吕祖阁。瓮城外正中轴线北端有规模很大的二郎庙，祭祀的是李冰的次子，帮李冰治水的李二郎（一说为杨二郎，但神像脚下无哮天犬，额上无立眼），因为张壁村南高北低，落差很大，南边山洪下来，穿过村子中心的“龙街”直冲北面而去，风水术士说，这样会冲走全村的财气，所以北面要有治水的李二郎来协助真武大帝抑制水势。在这些庙宇之间有不大的痘母宫等等小庙。北门内侧18米则有兴隆寺，正殿祀如来佛，这在农村中很少见。不过它还是并不单纯，在正殿两侧有姑嫂殿和阎王殿，这对姑嫂不知出于何典。

蔚县西古堡的情况大致也这样，南北堡门外各有正方形的瓮城，庙宇都在瓮城里，南瓮城有地藏庙、观音庙和一座戏台，北瓮城有真武庙、娘娘庙和一座已毁而失名的庙。两个瓮城内各自还有几个小庙。蔚县有二百几十座堡式村落，布局方正，正中一条道路直穿南北，北端高圪台上端立着北方之神玄武的庙。庙不大，但前面有大台阶，台阶上有牌楼，构成很庄严神圣的景象。

凡中等规模以上的寺庙，绝大多数是村落的艺术中心和文化中心。它们不单建筑高大华丽，飞檐走脊，而且总是包含着木雕、砖雕、灰塑、石雕等装饰，十分精美。山西省的庙宇，屋脊上的琉璃制品，包括“三山聚顶”、鸱吻、正脊等都是杰出的艺术品。戏台的藻井、照面枋和殿宇的牛腿，也大都是小木作和木雕的精品。寺庙里往往有许多石碑，它们是村落历史的重要资料。

庙宇的形制

寺庙宫观的形制虽然也有一定模式，但变化比宗祠多。这是因为：一、它们有一些在风景优美的山水之间，地形比较复杂；二、它们的组成也比较复杂，常常是除了有正神之外，还是各种神祇的小庙小殿的集合体；三、稍大一点的寺观，都有僧道们的生活区、香客们的寄宿区，甚至有专供读书人借住攻读的房舍以及碑廊、塔院、藏经楼等等。

除了小小神龛式的庙宇之外，最简单的庙是一间或三间正殿加一圈围墙，前面开一个随墙门。青山绿水之间，小庙也有很美的，如浙江省永嘉县林坑村的白鹤大帝庙、西岸村的关帝庙和篁南村的陈五侯王庙，都为环境生色不少。规模中等的，正殿三间，左右耳殿，两厢为配殿，前面倒座作杂用房。有的备一间香积橱，专为制备祭品并供斋饭。斋饭是给香客们吃的，吃一份就得交一份香火钱，当然比市值要高，这在庙宇是一笔收入，在香客是一份功德。有些庙有个侧院，供僧道住宿，香积橱和斋堂便在院内，并设公厕。《全宋文·修玉局院记》，作者为彭乘，写到扩建后的玉局观："东西长七十七步，南北长七十五步，中建三清殿七间，东厢三官堂、钟楼暨玉局祠屋，西厢九曜堂、太宗皇帝御书楼并斋厅、厨、库、门屋、周回廊宇，共一百三十五间。"这是很常见的庙宇格局，至迟起于宋代，一直沿用到近代。

再大一点，山门里造个戏台，戏台两侧建钟、鼓楼。台前院落，两

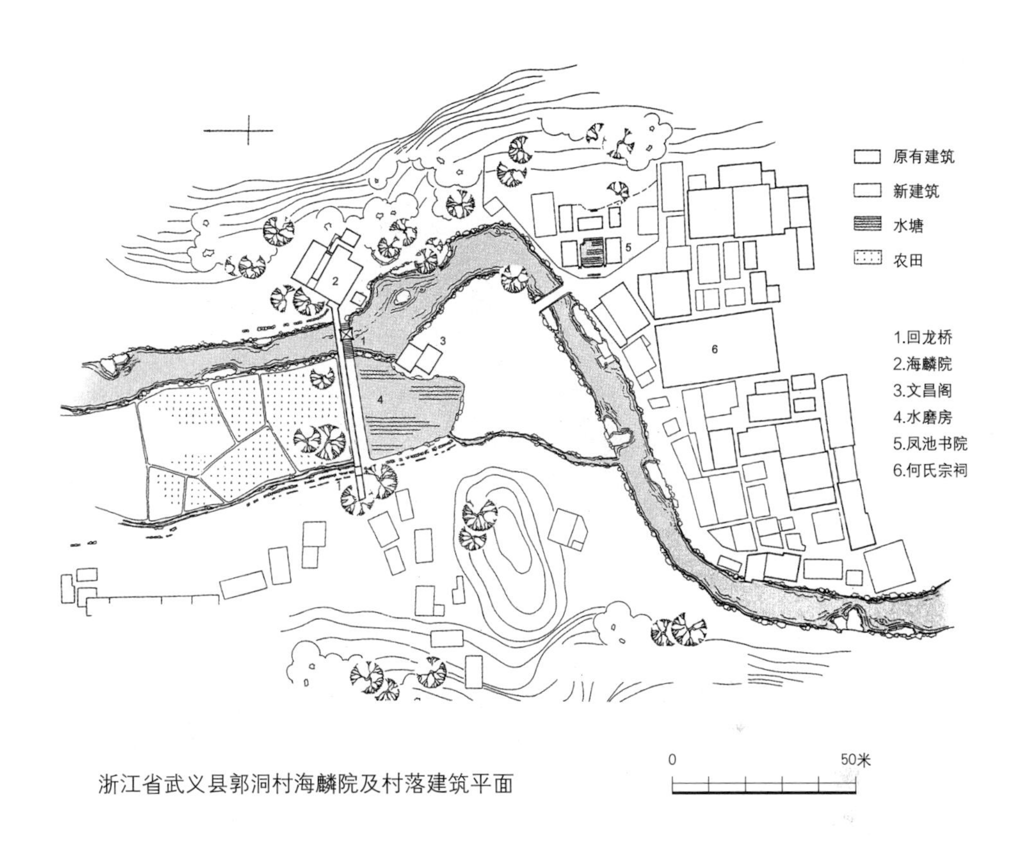

浙江省武义县郭洞村海麟院及村落建筑平面

厢往往建两层楼，楼上为士绅家男女看戏席位，就叫“看楼”，左为男看楼，右为女看楼。楼下及院落为普通乡民看戏的地方，男女不分。有些位于缓坡上的庙，院落和两厢分前后段，看楼造在两厢的前段，两厢的后段仍为配殿。配殿和正殿在高台上。山西省临县碛口镇的黑龙庙、阳城县郭峪村的汤帝庙和山西省介休县张壁村的可罕庙属这一类。（郭峪村汤帝庙正殿的规模很大，有九开间之多，这样的庙不常见。）

再大一点儿的庙，就有前后院。例如山西省临县西头村的西云寺，浙江省永嘉县卢岙村的圣湖庙。西云寺坐北面南，大门有三个窑洞。正殿是木结构的，三间，歇山顶。两厢各五间箍窑，平顶。正殿后又是个大院子，后殿三间，两层，底层是箍窑，上层是木结构，硬山顶，左右厢也是木结构，瓦顶起脊。庙门前街上左右有一对双窑洞的过街牌楼，偏南的窑洞上分立钟、鼓楼，都是十字脊歇山顶。两座过街牌楼之间，街南有一道墙，墙里大院子南端是朝北的戏台，看戏的人都在大院里。

西云寺正殿为单层，供关公大帝，周仓和关平侍立左右，两侧山墙根还有些兵士的塑像。后殿为两层，楼下是三清殿，供元始天尊、灵宝天尊和道德天尊。东耳殿叫“十和殿”，供十殿阎王，里面布置成十八层地狱。西耳殿供真武大帝。楼上三开间，中央是玉皇大帝的宝座，左右各有一位女神。两侧山墙前列着二十八宿的拟人像。

圣湖庙稍有不同，它的戏台照一般模式造在庙门。中央是大殿，供卢氏孝祐娘娘。后殿上了陡坡，也是两层楼房，底层中央供孝祐娘娘的母亲，专管帮人生育。神像前的台座上放满了小巧而精美的布鞋，求子息的人来进香并“偷”一双鞋回去，便能生育。生了，就做一双或几双小鞋送来还愿。楼上两端向前凸出一对方形敞轩，面对宽阔的河湾，闲倚美人靠，看蚱蜢舟轻盈地往还，在水面上划出一道道亮线，风光秀丽如画。

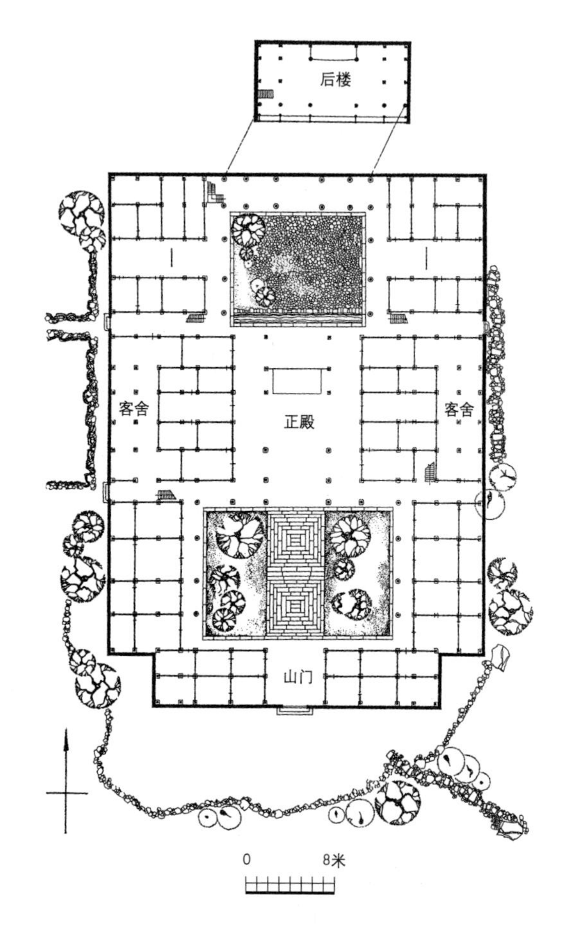

浙江省永嘉县普安寺平面

河北省蔚县重泰寺，形制比较规范。第一进为山门，第二进为天王殿，第三进前半为千佛殿，后进为观音殿（面向后），第四进为地藏殿，第五进为大雄宝殿。第六进比较特殊，是合并供奉释、道、儒

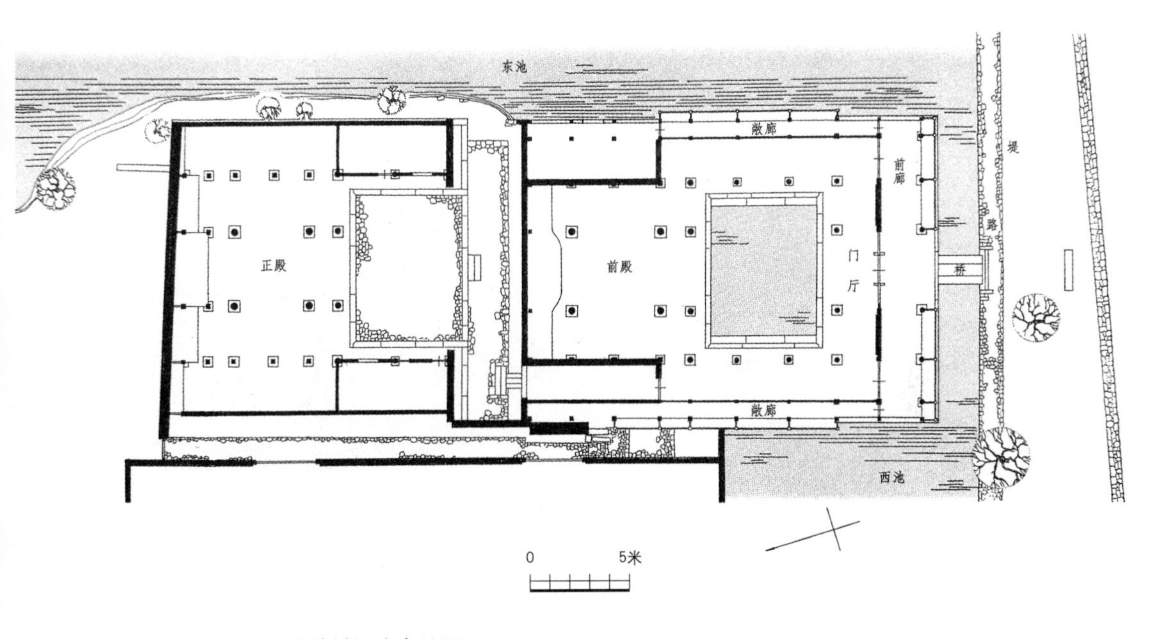

浙江省永嘉县苍坡村仁济庙总平面

四川省合江县尧坝镇东岳庙

的“三教楼”，楼台很高而阶梯陡峻，很有气势。楼后一溜是禅房。

四川省合江县尧坝镇的东岳庙，第一进为山门连戏台，第二进为灵官殿，第三进为东皇殿，第四进为观音殿，最后为川主庙。庙随山坡层层升高，前后高差达十米，天王殿前大台阶约六米高，在前面宽阔大院的衬托下，十分庄严。

大型的寺观，殿堂不可能都串在一条轴线上，就依几条轴线、几所院落安排。例如陕西省葭芦

陕西省佳县白云观戏台

堡（今佳县）的道教白云观，从正东的山门进去，沿东西向轴线经石牌坊、木牌楼，进入五龙宫大院，出院再经头天门、二天门，来到长长的点墨廊院落。廊之北有两条南北向轴线。东侧的依次排列着七圣楼、真人洞、三圣楼、娘娘庙和东岳庙，每个院子都有厢房陪伴着。西侧的排列着影壁、三天门、四天门、乐楼（即戏台）、真武大殿、三官殿、藏经阁、超然阁。每个院子也都有厢房。超然阁后面偏西又有南北向短轴线，东侧的先后为玉皇楼、五老庙和圣母庙，西侧是一所大四合院，正殿为三清殿，院门向南正对着养真楼。在这些殿堂之外，零散着的还有水神庙、财神庙、关帝庙、佛殿、文昌阁、元辰殿、玉皇庙和魁星楼，一共五十多座殿堂楼阁。

这座白云观始建于宋，扩建于明代万历年间。它前临黄河，背倚白云山，经七百多级石阶，把建筑一直牵引上山巅。自然景观和建筑景观都十分丰富、雄伟。不过它已经不是纯粹的道观了。

充分发挥自然景观的美，而且把建筑融合进去的，还有浙江省武义县俞源村的洞主庙、山西省葭芦城的香炉寺、福建省福安县楼下村的狮峰寺等许多寺庙。葭芦城的香炉寺不大，造在从黄河边沿笔直挺起两多米高的岩石陡坡上，有一间观音堂，竟屹立在一块将近二十米高的天然石柱顶上，俯视黄河奔流，惊心动魄。俞源村的洞主庙前有双溪汇流，后有山岳重叠，溪里水花飞迸，山上绿林如海。这些庙都不墨守寺观布局的陈规，随宜而行。

不墨守成规的还有采用了地方性的空间结构方法的一些庙宇。例如浙江省永嘉县岩头村的普安寺，不用抬梁式结构的独立房屋合成院落布局，而是用方格形柱网结构覆盖一大片空间，只留几个方格作为采光天井。在这空间里灵活分隔出各种活动区和功能区。这样的建筑在整个江南地区都是极罕见的。

由于历史条件不同，乡土性庙宇的规模和质量在各地也颇为悬殊。一般说来，江南各地的血缘村落，宗族势力强大，乡村庙宇的规模和质量普遍远在宗祠之下，甚至还不及一些大型住宅。如江西省乐安县流坑村和福建省连城县培田村。不过“级别”仍可能比较显赫，以致小小的庙宇会有斗栱、歇山式屋顶之类。在北方和四川，由于长年战乱，宗法制遭到严重破坏，以杂姓村落为多，村子里没有宗祠，或者只有很简陋的宗祠，庙宇的地位就大大高于一切其他建筑了。如四川省合江县福宝场、山西省阳城县郭峪村。前者有九座有模有样的庙，后者在村子西部有汤帝庙和文庙，东门外苍龙岭上有白云观、文昌阁和文峰塔，规模既大，质量更好。文庙经曲阜衍圣公府立案批准，汤帝庙的“规格级别”也很高，正殿达九开间，有戏台和钟、鼓楼。

在极特殊的情况下，也有把庙宇和宗祠建在一起的，如山西省临县李家山村。这是一个很偏僻的小村，村口上有一座关帝庙，庙里有一块清代的石碑，刻《重修庙宇碑记》如下：“盖闻镛钟铸于郊庙，古帝之功冠千秋；寺观立于中朝，先圣之芳流百代，是知尊神敬祇典至钜也。余李家山村，栖神虽有庙宇，献戏实无亭台，因而庙侧坡前，有余李氏宗亲之地一处，情愿施舍公社，为后修乐楼计也。迨至咸丰五年，村人共议，筮日动工。先修正面石窑三眼，又修下面石窑亦三眼。及同治五年，两廊竖石窑三眼，向北盖乐楼一座。重建关帝、观音之堂，补葺喜、贵、财神之宇，则神安人庆，永享其福矣。又东面向南，修石窑一眼，乃李氏独施钱六拾千文，以祀先祖，不与公社相干，是家庙也。原与陈、崔二姓公议，实为李氏一家私为，而且功程浩荡，殊非独力所能，即今告厥成功之日，谨将施钱信士之名勒石坚珉，以垂百世不朽云。大清同治五年九月二十八日立。”庙很小，碑文也不长，但文中所含的信息量却不少。不过它现在叫天官庙。

浙江省永嘉县埭头村是陈姓的血缘村落，有陈氏大宗祠一座，因村民以木工为世业，所以大宗祠又叫鲁班庙，同祀鲁班，即公输般，全国都奉他为百工的祖师。

庙宇的建造

乡间庙宇的兴建有几种常见的方式。一种是由一两个出家人立志募化费用（叫无妄费）而建，这是少数；一种是命官富户为祈福或还愿捐建的，这也是少数；还有些行业神庙则由各行业从业人出资；又一种由村中地缘性的“社”（如江西省、浙江省）或士绅和宗族里的长老出面组成专门的“会”（如徽州六邑）发动建庙；会又分两种，一种是负责组织募化，另一种是一些人见到建庙有利可图，实行认股集资，股份可以转让和继承；也有极少数的寺观庙宇由公帑修建，如道光四川《安岳县志》载：宋嘉定十二年（1219）县中重修天庆观，“自殿宇以及于肃客之所，悉更新之。竹木筒瓦石工廪费悉从官给，一毫弗以累民”。几乎所有的庙宇都有几块大碑，详细记录本庙为初建、扩建、修缮历次募化时出资人的芳名录，连捐十文钱的农妇的名字都不遗漏。碑末还有木匠、瓦匠、油漆匠、妆銮匠等的名字，当然也有负责全部工作的各种职司人和纠首的名字。

农村的庙，大多没有僧道等出家人，通常由在俗的一位庙祝（或香师）管理。小庙则连庙祝都没有，由社或会出资雇人定时上香、打扫。

寺庙的流水收入来自善男信女的香火功德和有事人家做法会道场、点长明灯、吃斋饭、求签圆梦占卜等等的布施。至于经常的收入，则多数寺庙都靠“香火田”。香火田在建庙时便有信士捐献，以后陆续由捐

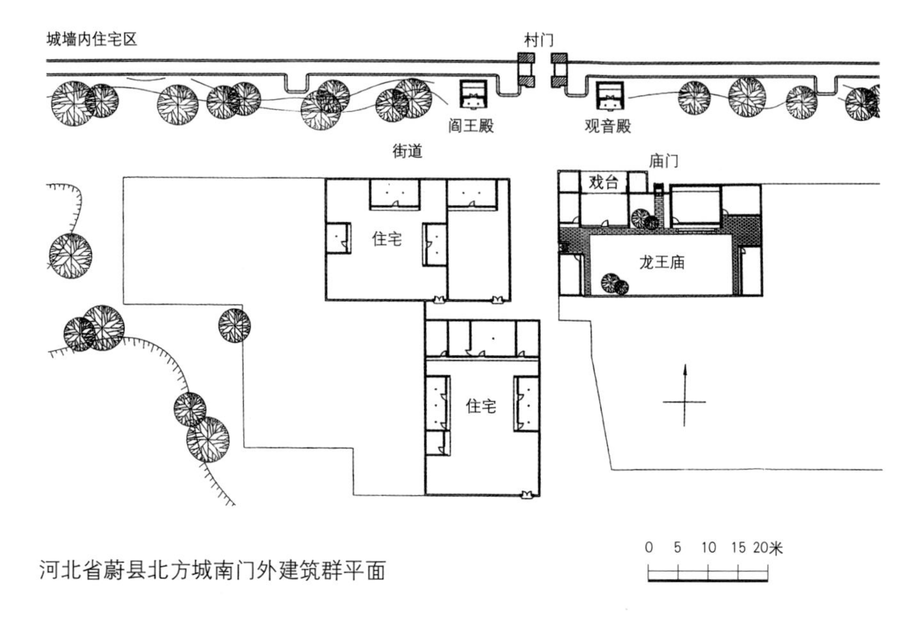

河北省蔚县北方城南门外建筑群平面

献而增加，一般都租佃出去，庙祝收租谷并保管备用。也有些寺庙拥有捐献来的房产和店面，收入便更富裕。

庙务的管理由村里的“社”或“会”来担当。山西省临县碛口镇的黑龙庙由“九社一镇”管理，“九社”是镇子下属九个地缘性的基层社会组织（另一种“社”是乡民为办某种公众的事务自愿组合的团体），“一镇”是街上的商会。这些“社”要出善款养活僧侣或庙祝、维修房屋、重妆神像、组织庙会等等，如逢灾年还要办好赈济。庙里演戏另外有专设的“社”负责。股份制的“会”则靠办各种迷信活动而获利，成员按股取息。为了寺庙能在经营中获得丰厚收入，各庙都会编造一些关于自己庙中神灵如何“有求必应”“应验如响”等等的神话传说。浙江省武义县俞源村的洞主庙，传说是应一个七岁神童，可能是救母的目莲（沉香），托梦给牧牛人而建造的，这个庙因此便以求梦之灵验闻名一方，庙旁还造了一座圆梦楼，专供求梦人租住。每逢神诞之日，不但圆梦楼客满，连两三里长的村路边都睡满了人。求梦人先要上香燃烛祈祷，得梦之后还要请庙祝解梦，这些“手续”都须付钱，庙里收入相当可观。所以洞主庙的股份不但可以作为遗产传承，还可以作为嫁妆。

庙宇的公共功能

庙宇的用途其实是多方面的，不仅仅用于崇祀或巫术迷信活动。正因为它们有许多公共性的功能，所以它们常常是很世俗化、很现实化的。山西省介休县新东内村有座观音堂，清代嘉庆《介休县志》里有它的雍正七年的碑记，里面说："维斯堂在百室之中，农人得憩夏畦，行旅获舒劳足。而且月朗风清，野老常于此话桑麻、论今昔。即有讼端，可以解纷，或有发召，可以集议。正不独夕梵涤我尘心，晨钟发人深省也。"这座观音堂成了村子里的多功能公共活动场所。其实这正是乡土社会中大多数庙宇的功能。同一份县志中又有一篇《新田堡净明寺记》更有意思，其中说：可以借造庙乃"种福田"之说，从悭吝的富人手中弄出点钱来造庙，使鳏寡孤独者能居住其中，或者在庙中削发出家，弄口饭吃而不致成为饿殍。接着又说："余思梵刹之设，虽以供养菩提，而吾徒每假之为鼓歌弦诵之地，忆里中先哲，曾于此中讲学论文而登甲第，不佞亦踵相接焉……则此选佛之场，即为鹿洞鹅湖，亦何不可哉。"所以历代官僚的"毁淫祠"是对乡土社会毫无了解而采取的野蛮暴行，终于无结果而收场。

除了这份县志所说的各种用处之外，寺庙还常被用作同乡会所，如全国各地，都有天后宫（祀妈祖）作为福建同乡会所，万寿宫（祀许旌阳真人）作为江西同乡会所，禹王宫作为湖北同乡会所，四川人则以川主庙（祀李冰）作为同乡会所，等等。同乡会所都叫“会馆”。这些庙，可以作为离乡背井外出谋生或赴考的乡亲们联谊之所，也可以为他们提供力所能及的救助，供应膳食和住宿，帮助谋职，办子弟学塾，等等。客死异地的还能在庙里暂厝灵柩，甚至还备有义冢。

有些庙宇香火田比较多，其他收入也丰厚，就办些慈善事业，如育幼堂、赡老所、义仓等等。山西省介休县绵山上的空王庙，便有规模不小的义仓。

庙宇也可以为村镇的商贸经济活动提供场所。如四川省合江县的福宝场，有一条两百来米长的商业街，街的一侧比肩有六座庙，每逢集市日，街上拥挤不堪，这些庙的院落就开放为专营市场，张飞庙是肉市，清源宫是粮市，五显宫里则摆满了小吃摊和赌摊，等等，这样就大大方便了集市贸易。庙里的“香师”也可以得些收入。清源宫里有一块道光年间的碑，规定了每个小贩应付给香师的实物数额，不过实际上并不那么精确，无非是卖肉的切一刀肉，卖粮的抓一把粮。

有些庙有闲院净斋供人居停。县衙里长官下乡公干，常住在这些场所，它们就会成为临时的公廨，折狱、放粮都可以在这里办理。过路客商、官眷、赴考学子也常常住在庙里。元代王实甫《崔莺莺待月西厢记杂剧》第一本“楔子”里老夫人说：“先夫弃世之后，老身与女孩儿扶柩至博陵安葬，因路途有阻，不能得去，来到河中府，将这灵柩寄在普救寺内。这寺是先夫相国修造的，是则天娘娘香火院，况兼法本长老又是俺相公剃度的和尚，因此俺就在这西厢下一座宅子安下。”第二折，张生为迷恋莺莺，想搬进普救寺居住，对长老说：“因恶旅邸冗杂，早晚难以温习经史，欲假一室，晨昏听讲，房金按月，任意多少。”长老回答：“塔院侧边西厢一间房，甚是潇洒，正可先生安下……老僧准备下斋，先生是必便来。”这段故事把普救寺的兴建、性质和经营管理的一个侧面写得很生动了。

庙宇又是乡间文化娱乐的中心之一。古时候文化娱乐最热闹、最重大、最欢畅的项目是演戏，而演戏主要在庙宇里（南方各地宗祠里也有戏台）。中等规模的庙就可能有戏台。山西省介休县张壁村，很小，但它的可罕庙、关帝庙、二郎庙都有戏台，叫“乐楼”或“舞楼”。临县的碛口镇，人口比较多，大约有三千人，镇里镇外几个庙，黑龙庙、关帝庙、河神庙、西云寺、观音庙，个个有戏台。过年、过节、神诞、庙会、各种祈福禳灾的还愿等等都会演大戏，一演就是几天甚至十几天，碛口镇上几乎天天有戏，有些季节甚至天天有几台戏。看戏是不付钱的，除了还愿戏由许愿的人家出钱外，其余演出由商家组织的“社”“会”支付费用。这样的演戏盛况，对促进碛口镇的市面繁荣大有好处，“社”“会”都乐于承担。

戏台多设在庙宇（或宗祠）里，也有历史原因。首先因为演戏起源于巫术，从傩戏演化出来。浙江省永嘉县的南戏，本来就是为了娱神的。唐代诗人顾况《永嘉》诗写道：“东瓯传旧俗，风日江边好，何处乐神声，夷歌出烟岛。”乐神的夷歌就是后来戏剧的源头。神是人根据自己的形象和性情造出来的，既然演戏能娱人，必定也能娱神，所以礼神的重要活动之一便是演戏。春祈、秋报、神诞、开光、雩祭、迎神、还愿、新庙落成等各种场合都要演戏。山西省沁水县南瑶村玉皇庙有一块《致祭诸神圣诞条规》碑，记载了山神、土地、高禖、白龙、龙王、五瘟、河伯、马王、牛王、风王、关圣帝君、三蚕圣母等圣诞的日子、祭品和摊钱方式，其中“四月初三日致祭玉皇大帝圣诞”，要“戏三台，猪一口，依地亩摊钱”。七月初三日又祭一次玉皇大帝，“戏三台，猪一口，依地亩摊钱”和四月的相同，再加“蜜食一架，依随神摊钱”。半个月之后，“七月二十日致祭风王尊神圣诞，戏三台，猪一口，依烟户摊钱，又面一斤□并水官……”一年里一共演三次戏，一次三台，费用靠摊派。

大概因为善男信女们挤着看戏，不免“男女杂沓”，又加上各种演出总要有“子不语”的怪力乱神和人间情爱，因此惹起“儒者”的非议，屡屡主张禁止。元代泰定二年（1325）山西省高平县米山宣圣庙内的《米山宣圣庙记》碑一开头就感叹：“泽潞里馆岁昵淫祀而嬉优伶，才乏俗浇，识者兴叹。”明代初年，《大明律》中有“禁止搬做杂剧律令”，禁演一批

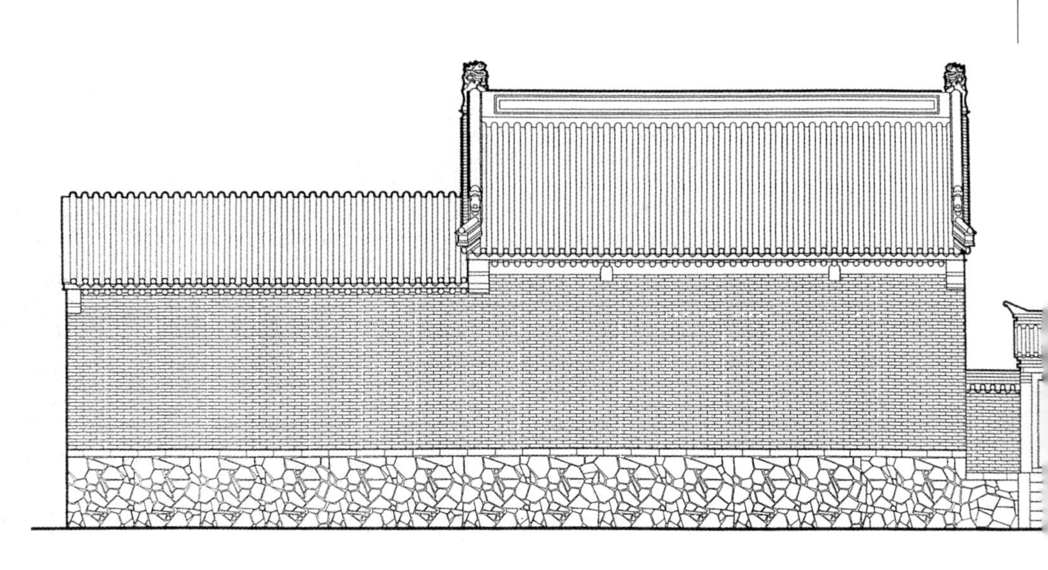

河北省蔚县北方城村南门外龙王庙戏台

剧目，而提倡一批宣扬忠孝节义的剧目。明末清初的大戏剧家李渔，竟被“世人腐儒”斥为“不为经国之大业，而为破道之小言”。[①]稍晚几年的清初学者刘献廷在所著《广阳杂记》卷二里写道：“余尝与韩图麟论今世之戏文小说，图老以为败坏人心，莫此为甚，最宜严禁者。余日，先生莫作此说，戏文小说，乃明王转移世界之大枢机。圣人复起，不能舍此而为治也。图麟大骇，余为之痛言其故，反复数千言。图麟拊掌掀髯，叹未曾有。”他的见解，见于这一条之前的一条：“余观世之小人，未有不好唱歌看戏者，此性天中之《诗》与《乐》也；未有不看小说、听说书者，此性天中之《书》与《春秋》也；未有不信占卜祀鬼神者，此性天中之《易》与《礼》也。圣人六经之教，原本人情，而后之儒者，乃不能因其势而利导之，百计禁止遏抑，务以成周之刍狗，茅塞人心，是何异壅川使之不流，无怪其决裂溃败也。”他很看不起这些“儒者”，反唇相讥道：“夫今之儒者之心，为刍狗之所塞也久矣，而以天下大器使之为之，爰以图治，不亦难乎？”

这种争论一直在朝廷和百姓之间进行着。因为“演戏酬神，例所

① 见康熙年间余怀无为李渔著《闲情偶寄》所作序。

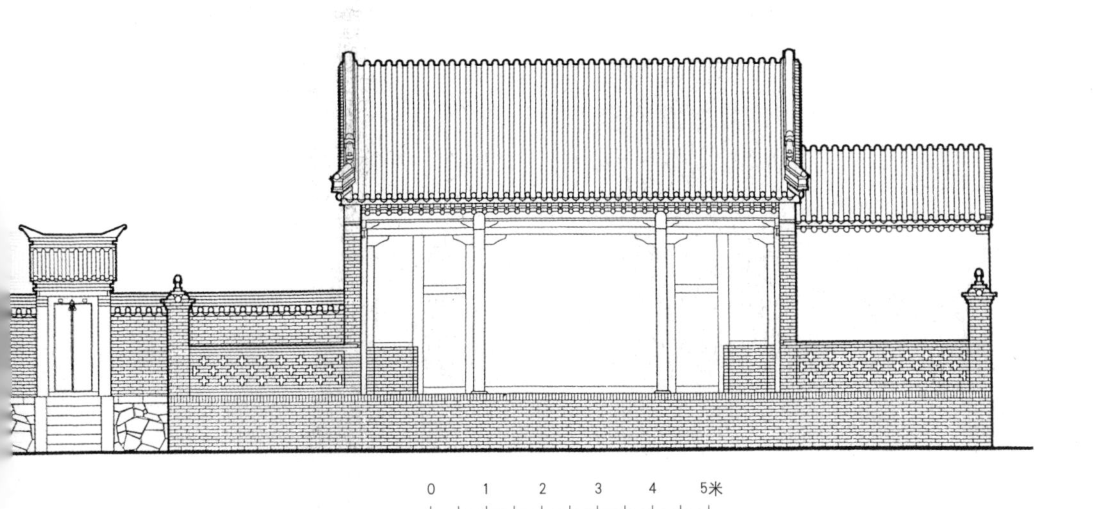

不禁”，所以各地官方开放文人的苏腔北昆，称作“雅乐”，而排斥民间地方土戏，称之为“花部”。“土戏亵神，谋献苏腔”，大概“土戏”常有涉于“淫媟”的内容。嘉庆三年（1798）清仁宗下诏禁演“乱弹”[①]，说它“声音既属淫靡，其所扮演者非狭邪媟亵即怪诞悖乱之事，于风俗人心殊有关系”，以至和梆子、弦索、秦腔等民间说唱艺术一起，“概不准再行演唱”（见苏州《老郎庙碑记》）。山西省蒲县柏山东岳庙里一块道光元年（1821）的碑上说，“旧规演乐，必须觅自外境”，就是觅“苏腔”。碑阴又说：“正日不用乱弹，恐亵神也……用土戏暂补者，不得动用公钱。”虽然不禁死“花部”，但不得不“遵旨”排抑“花部”。

也常有些心眼儿被刍狗堵塞的地方官们，对演戏心怀不满。清代中叶道光、咸丰间永嘉县令汤成烈纂《县志》稿便说：“报赛侈鬼神之会……士女游观，靓妆华服，阗城溢郭，有司莫之能禁。”不能禁而又心怀不满，不得已只好写在《县志》稿里，表个态，卸去心头负担。

往下直到民间的宗谱，也常常诫子弟不要耽溺于戏曲、小说。永

① 说唱艺术的一种。

嘉县谢灵运后代聚居的第一个村子鹤垟村的《谢氏宗谱》规定，在书院里要潜心读圣贤书，"小曲、谣辞、艳史等类，片纸不得留"。不过，演戏并不在禁止之列，原因就在演戏是演给祖先（宗祠戏台）和神灵（庙宇戏台）看的。从鹤垟分房出去而建的蓬溪村，它的《谢氏宗谱》里写道，建于明代中叶的大宗祠于清初乾隆四十年（1775）左右破败，便在残基上演戏，"道光初年，众修大宗，建前进，并建戏台，始在大宗演戏。春迎龙船山与关帝二庙神主至大宗，冬迎仙岩殿与陈十四圣母至大宗庆祀"。宗祠演戏不但给祖先看，还要邀请外村神灵来一起看戏。祖先和神灵都喜欢看戏，还可以借看戏联络感情，这就是皇帝和儒者都不可能禁绝演戏的原因之一。这座蓬溪谢氏大宗祠的戏台建造的时间大约就是汤成烈当永嘉县令的时候，或者稍早几年。

永嘉县渠川村《叶氏宗谱》里有一篇《重修渠川叶氏大宗祠碑记》，它说道：原来造于康熙癸辛（原文有误）年间的大宗祠，到光绪甲辰（1904）"旧建舞台倾圮，乃舍旧维新。越明年，乙巳（1905）谋于众曰：台之改作，勿以戏观，族人致祭，岁时伏腊，团结一堂，演剧开场，以古为鉴，伸忠孝节义之心，枨触而油然以生。"除了祖先和神灵爱看戏之外，演戏可以团结族众，可以伸张忠孝节义，这就是宗祠重建戏台演戏的最重要论据。

魏象枢在所著《庸言》（载《训俗遗规》卷三）里写道：看戏文的时候，"看得一个好人，好在何处，我当学他。看一个不好人，不好在何处，我不当学他"，不要糊涂到"终日笑花脸，自己当花脸"。看戏成了上品德课，那么就没有任何理由反对演戏了。

演戏既然首先为了神灵和祖先，而且必须在他们面前证明戏剧的内容是"健康的"，所以戏台必建在庙宇和宗祠里，至迟在北宋时代，在北方庙宇里就有了"舞楼"。金、元两代更加普及，山西省芮城县元大德元年（1292）《芮王庙记》碑里说："献有殿，舞有庭，戏有台。"演戏为酬神，所以戏台在殿前院子正中而面对正殿，因此也叫"南楼"。到了明代，舞楼就和山门结合，成了"倒座戏台"，从此大致在全国成为定制。乡民们不分男女都聚在正殿前的大院里看戏。北方干旱少雨，大院没有遮盖。南方多雨，有些地方就在大院里造“大亭子”，给观众遮雨。浙江宁海和江西抚州都有华丽的“大亭子”。

浙江省建德市新叶村每年农历三月初三迎神出玉泉寺。

士绅大户人家，重视礼数，为了严防“男女杂沓”，男子在左厢房的楼上看，妇女在右厢房的楼上看，所以宗祠、庙宇，凡有戏台的，必于两厢建楼房。山西省沁水县西文兴村，关帝庙两厢的楼梯设在庙外，大家妇女上下都不必经过男子汉拥挤着的院子，在院子里也上不了厢房的楼，加强了“男女之大防”。厢房楼下则是卖各色零食的挑子。

虽然防范严密，看戏时候，不论楼上还是院心，都是相亲、定情的好场合。楼上的互相遥望，院心的面对面挤来挤去，常常会像戏台上一样演出些有趣的故事。

少数宗族，根本禁绝妇女看戏。如道光山西《灵石何氏族谱·卷七·家训》里规定，妇女不许“闲览小说杂传”，更不许参加“春游、聚谈、观剧、看灯”。

少数寺庙把戏台造在庙门前广场上，还是面对神灵，也便是面对庙门，如浙江省永嘉县岩头村的塔湖庙。这个庙前广场，左右两边都有狭长的湖面，演戏的时候，男子们在广场上看，妇女只许在湖对岸远远地看个大概。

佛说：“众生平等。”善男信女一致把观音菩萨塑造成美丽的女性，因为他们知道只有女性才会真正的大慈大悲，救苦救难。但在实际生活中，就在神灵和菩萨的眼前，人们便如此欺侮妇女。

庙宇就在实现它多种多样的用途时，来到人间，卸去神圣的光环，世俗化了，现实化了。这才是真正中国乡土社会中的庙宇。

演戏的费用有的由宗祠出，有的由民间的“社”或“会”出，有的由行业或按地亩分摊，等等，也有的可用“罚没款”，如在神庙里赌博，在神庙地界里放牧，买卖有欺诈，卖淫嫖娼等都要罚款。山西省泽州辛壁村成汤庙有一块民国二十二年（1933）的《弹劾扣款自肥碑记》里面说到一个贪污公款的社首，“令其即行如数退出……将退出之款演戏三天”。乡土社会里，对贪污腐败行为也是深恶痛绝而且严厉处分的。

演戏不仅仅是庙里的事，它往往是一个盛大的迎神赛会节日的一部分。演戏也不仅仅是一座庙宇、一个村落的事，它往往是许多村落参与的事。庙宇在这个场合成了一个相当大范围里的民俗文化狂欢中心，所以这种节日叫“庙会”。山西省平定县元末至正十三年（1353）的“蒲台山灵赡王庙碑”很生动地记录了这个场面：

> 四月四日□享庙上，前期一日迎神，六村之众具仪仗引导，幢幡宝盖旌旗金鼓与散乐、社火，层见叠出，名曰起神。明日牲牢酒醴香纸，既丰且腆，则吹箫击鼓，优伶奏技。而各社各有社火，或骑或步，或为仙佛，或为鬼神，鱼龙虎豹，喧呼歌叫，如腊祭之狂。日晡复起，名曰下神。神至之处，日夕供祀惟谨，岁以为常。

就在山西省，晋东南阳城县润城镇东岳庙里有《润城社新制神伴仪仗记》这样一块乾隆三十六年（1771）的碑，碑文里说：

> 迎神祈泽，则大起众庶，鼓钲竞响。伞扇麾幢之属，夹道

而前驰。复有贝锦彩装，儿童杂剧，纷纭逻沓，填塞街衢，焜耀闾巷。而衣冠缙绅之族，亦往往相与揖让进退于其间。斯盖一时之盛也。

说的是润城镇当年社庙庙会的盛况。从“众庶”到“缙绅”，从“儿童”到“衣冠”，都热热闹闹忘情地参与进去，很富有群众性。这种敬神大典，其实各地普遍都有。浙江省永康县方岩的胡公（胡则）庙，一到秋后，几个月里庙会连绵不绝。不仅附近各县都有队伍来参加，甚至江西、安徽都有朝山进香的队伍过来。浙江省建德县新叶村的三月三玉泉寺—五圣祠庙会，至今依然年年举行。除了蒲台山和润城社这两块碑所描述的盛况之外，商贸活动也是庙会的重要内容。届时摊贩林立，出售各种生活用品，供应丰富多彩的小食品。大多也免不了有赌博，庙会期间开禁，放纵几天。山西省临县碛口镇，庙多庙会多，附近有些村民就以赶庙会为生。

农村生活艰辛、单调而闭塞，造就了乡民质朴淳厚的性格，但他们同样渴望欢乐、渴望宣泄。他们也有文化的创造，要求有一个展示他们才艺的机会。庙会是他们欢乐、宣泄和展示的场合。一种生命力冲破极端沉闷的生活环境喷薄而出，有点粗野，有点狂热，鞭炮火铳，锣鼓唢呐，震得四山回响。碛口镇黑龙庙里唱戏，黄河对岸的陕北小村都听得清清楚楚，乡人们一代又一代地记得这些，成为一生中鲜亮的一笔。

这又是泛神崇拜的庙宇在乡土社会中一个重要的功能作用，一个完全世俗化、生活化、人情化的作用。

庙宇作为泛神崇拜的祀神之所，小到古树下一个香案，悬崖边一个神龛，大到占地百亩，屋舍几百间，众神骈阗的宫观寺庙，是中国农耕时代乡土文化的博物馆。它是一种综合性的博物馆，展示着中国农民们对宇宙、对社会、对人生的认识，展示着他们对生活的态度，他们积极乐观的理想追求和无可奈何的落寞失望；庙宇也展示着他们的性格，他们的欢乐和焦虑，他们的忠厚和小心眼儿的狡狯；在庙宇里，也可以看到他们生老病死的痛苦和摆脱这种痛苦的努力。乡土社会的庙宇里，没有玄奥的哲理，没有悲天悯人的说教，有的是乡民们最真实的现世生活。庙宇又是一座展示乡村艺人创作成就的代表作，它是乡土建筑中最丰富多彩的，规格高，技术精，艺术上也很成熟，还综合了雕塑、绘画和书法等等当地的最好作品。把建筑看作一部史书，宗教建筑是其中最丰富多彩的一章，也最叫人感动。把庙宇看作一座博物馆，细细看去，人们可以从这里看到乡民们物质生活和精神生活的全部。

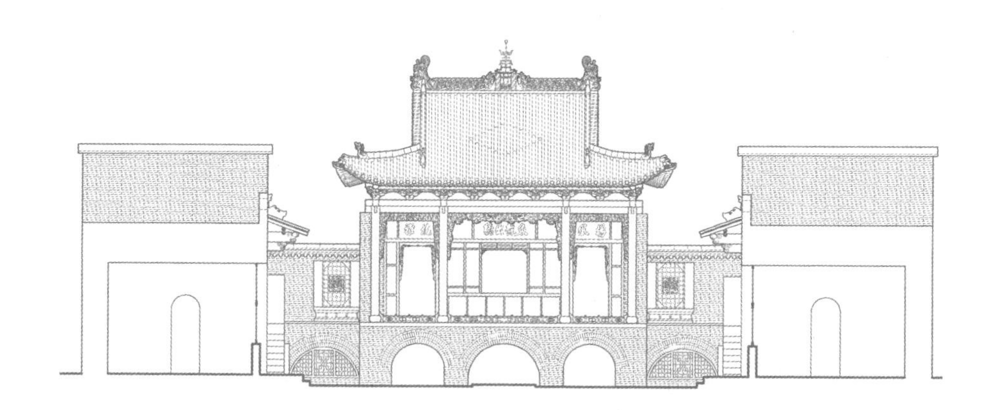

五、文教建筑

江西省婺源县沱川凤山村文峰塔

引子

科举制度是隋唐以后历代王朝采用的取士制度。在农业文明时代，这是一种最公平有效的制度，“取士不问家世”，它向平民，包括胼手胝足的农民提供了机会，是农民攀登社会阶梯唯一的也是可能的道路，从而调动了农民“读圣贤书”的积极性。牛角挂书，萤窗映雪，以致“十户之村，不废诵读”。“士大夫多出身草野”，形成了中国一千多年的耕读传统。

一人登科，整个宗族有荣也有利，因此实际上全面管理着农村的宗族便用各种制度化的物质和精神手段鼓励并支持子弟读书应试，向科举提供生源，从而从基层接续并完成了科举制度。

为了培养生源，宗族要兴办学塾，延聘明师，要给家境拮据的隽秀青少年经济援助，要给在科举道路上稍有一点成就的读书郎极大的荣耀。还要借用迷信，给村落营造一个“有利于”大发科甲的风水格局。

由于整个社会的停滞和封闭，造成了科考内容和方法的狭隘和僵化，并不是科考的内容和方法阻碍了社会的发展。科考对文化的普及是起到了推动作用的。

一代又一代，文化普及的物质表征便是遍及农村直至穷乡僻壤的文教建筑，它们品类之繁，数量之大，可谓惊人。主要有私塾、义塾、书院、书斋、学堂屋、文馆、学米仓（义学仓）、文庙、文昌阁、奎星楼、焚帛炉、文峰塔、仓颉庙、科名牌坊、世科牌坊、进士和举人桅杆、进士第、状元楼等等。其中有些是比较简单的，有些则很堂皇，在个别宗族制度影响很小的村落，如由仙霞关退役戍兵组成的浙江省江山市二十八都村，两座文昌阁竟代替宗祠和庙宇成为全村最辉煌的公共建筑。

在科举制度的带动下，农村里青少年读书的多了，而且科举成功在外面当过几任官员的长者退休后大都返乡安度晚年，还有一些饱学之士不乐仕进而成为乡绅，他们带动了乡土社会中一般文化水平的全面提高。有些是积极的，有些是消极的——包括宗法制度和君主专政制度下的纲常伦理和意识形态教化、宗族制度、村落以及环境的建设和管理、兴学助教、四时八节的时序礼俗和从幼到老的人生礼俗、社会秩序、对外部世界的了解和关切，直到建筑和手工艺及美术品的进步。大量文教建筑的兴建也主要由他们来提倡和实现。村落中文教建筑的兴建，需要村落有比较高的经济实力，需要宗族组织比较稳定，还需要由这些乡绅所代表的比较强的文化意识和传统。没有比较强的文化意识和传统，即使宗族组织稳定，经济实力雄厚，文教建筑的兴建还是不会发达的。历史上有许多地区、许多村落的实际情况证明，财富不会自动繁荣文化，有时候单纯追逐财富还会成为文化发展的障碍。

由于它们的世俗性和公共性强，由于它们的文化品位高，文教建筑大多富有外部的表现力。它们有一些追求园林化，有一些托身山水之间构成景点，有一些甚至成为村落的标志，如文昌阁、奎星楼、文峰塔和带有炫耀性的科名牌坊和相关的建筑物，所以文教建筑大多是艺术水平比较高的乡土建筑。

朝廷取士的科举制度

中国人热爱读书。无分南北，也无分城乡，稍稍整齐一点的人家，大门上最常见的一副对联是“忠厚传家久，诗书继世长”，堂屋里最常见的一副对联则是“数百年旧家无非积德，第一等好事还是读书”，条案中央常常供着一块朱漆描金的神牌，上面写的是“天地君亲师”，香火四季不断。撇开天地不论，现实世界上，“师”仅居“君”“亲”之后，地位很高了，他是读书的引路人。

激发中国人读书热情的，主要是科举制度，就是“学而优则仕”，一条大家都可以走一走的道路。

乡土社会中，文教建筑大多和科举有关。一类是教学用的，如社学、义塾、家塾、书馆之类，主要用于基础教育，而文馆则是读书人以文会友、切磋学问的场所；一类是旌表用的，明代以往，考中了进士可以立牌坊、树桅（旗杆）、造“进士第”，后来举人也可以树桅甚至立牌坊了；又一类是崇祀用的，如文昌阁、魁星楼、文峰塔、文笔、焚帛炉，用来祈求文运，少数村子还有文庙。稍大一点的庙宇多有几间房子或者一所别院给读书人住下安心准备考试。到州县一级，便有考棚或试场了，童生们在那里参加走科举之路的资格考试，取得了资格的便是“生员”，也就是“秀才”。一些村落有藏书楼、书斋之类，往往是功名有成，当了几年官，晚年致仕退食的人们造来读书作画待客用的。没有

浙江省建德市上吴方村文昌阁门头

科名的商人，老来也会造些小院幽斋作书屋，以颐养天年。个别地方偶然有书院，学者聚徒讲学，探究义理，不以科举为先。

文教建筑多的地方，就是科举成绩比较突出的地方，所谓文风鼎盛之乡，领头的是苏南、浙北，后面有江西、福建，再次是皖南、广东、两湖。这些地区，一来是经济发达，经济既是科学成就的背后支柱，也是文教建筑得以普及的依靠；二来是宗族结构和制度稳固有力。科举虽然主要是朝廷的取士制度，而且明代以后，措施十分完备，同时科举也是平民百姓进仕的制度，为了扶掖和激励本族子弟读书以登上青云之路，宗族用公产兴学、助读、承担赴考的全部费用，高低中了个功名，就给以很高的荣誉和实际的奖励。是宗族接续和完成了科举制度，助它普及并产生巨大的影响。乡土社会中的文教建筑，绝大部分是宗族兴建的。凡宗族结构破坏的地方，科举成就便很差，文教建筑也就寥寥了。

然而，经济发达和宗族关系稳定的地方未必就一定有比较高的科

浙江省龙游县鸡鸣山丞相牌楼

举成绩，如晋中和皖南，从明代起步，到清代出了一大批长袖善舞、经营四方的商人，但那里的科举成绩并不很好。甚至宗族制度还很有力的徽州，有一出地方戏，开头的唱词是：“前世不修，生在徽州，十二三岁，往外一丢，妈妈呀——”丢到市场上随父兄学做生意去了。《黟县志》里有一首诗写道：“新安多游子，尽是逐蝇头，风气渐成习，持筹遍九州。”所以从顺治四年（1647）到道光六年（1826）180年里，徽州府只出过519名进士，居全国五六位之间。晋中的商人，大多远涉沙漠，到关外蒙疆一带，读书的机会就更少了。雍正二年（1724）山西巡抚刘于义上奏：“山右积习，重利之念甚于重名，子弟之优秀者多入贸易一途，其次宁为胥吏，至中材以下方使之读书应试。”雍正皇帝批道：“山右大约商贾居首，其次者犹肯力农，再次者谋入营伍，最下者方令读书。”[①]到了清末，每况愈下，以致太谷风气“视读书甚轻，视商业

① 张正明、薛慧林：《明清晋商资料选编》，山西人民出版社，1989年。

为甚重，才华秀美之子弟，率皆出门为商，而读书者寥寥无几，甚且有既游庠序竟弃儒就商者。亦谓读书之士，多受饥寒，曷若为商之多得银钱，俾家道之丰裕也。”[①]竟至于出现应考的童生不足定额的现象。江西乐安县流坑村董氏，宋代出了26个进士，甚至有一个状元，明代以漕运和木业致富之后，虽然宗族制度依旧强大，却只出了一个进士，好在还有几个学者。到了清代，便既没有一个进士也没有一个学者。万历十年（1582）的《流坑董氏族谱·董氏大宗祠祠规》里写道：“行商坐贾，尽可谋生，诸技百工，尤为正务”，抛弃了“士、农、工、商”的四民观和以商为“末业”的传统。浙江省兰溪市诸葛村也是既富有，又有有力的宗族系统，它的《高隆诸葛氏宗谱》里给一个商人立传，有话说：“与其读万卷之书，孰若积千金之产。”把千余年的价值观颠倒过来了。经商有了钱还可以不经十年寒窗而花钱买个爵位。朝廷为了敛钱，“大夫”“司马”之类的虚衔，都有明码标价。福建省连城县培田村清光绪《吴氏族谱》多有记载，如十二世良辅公于万历四十二年(1614)“往本省布使捐吏，拨汀州卫所”。另有鹤亭公，“中年贸易刻苦自励，虽未读书，能知大义，家稍裕，援例入太学”，虽然没有买爵，却也弄了个以“同等学力”而当上了太学生。

吏和太学生还不算官，但在农村也很体面了。有了这条路，科举的积极性当然就下降了。浙江省武义县俞源村的《李氏族谱》中有乾隆六十年（1795）写的《李光地行序》，说光地“谢诗书而致殷富”，并拒绝捐国学道：“成名以荣一身，不如积厚以贻子孙。”福建培田的吴氏十二世翼明公“每念亲老，纵不获由科甲以显扬父母，亦必得禄仕以养二亲，因慨然叹曰：‘大丈夫贵行其志耳，何事寻章摘句作老蠹鱼为？’遂出游于外，茧足贩货。”打算将来发了财买个“禄仕”得了。

经济发达和宗族制度稳固是科举成就的必要条件，但商业经济的发达和宗族制度的稳固，不一定能促进科举的成就，甚至有可能降低科举的成就，除了这两个条件之外，还需要有明晰的文化意识和一个稳定有

① 清·刘大鹏：《退想斋日记》。

效的教育体系，并形成传统。苏南地区的文教科名领先，便是多方面条件的结果，不仅仅因为经济发达。

科举就是通过考试从读书人中选拔各级文职官员的制度。

隋代之前，两汉和魏晋南北朝时期，官员的选任完全由强宗豪门把持，弊端丛生。世袭的豪强不但有势力威胁最高统治者的地位，而且有碍真正人才的发现和提拔，形成社会阶级分野的僵化以致容易发生动乱。

为了克服这些弊端，隋代开始试行由地方荐举人才经中央考试之后再选拔官员的办法。唐代改进了这个办法，一是凡中央和地方学校出身的士人，都可以不经地方官员荐举而报名应试；二是只有通过礼部和吏部考试的士人才能担任各级官员。科举选士的原则基本确立，但执行不严，由其他途径入仕的仍占很大比例。宋代又改进了考试方法，采用弥封（糊名）法和誊录法，主考者既不能直接从署名知悉试卷的作者，也不能从笔迹或其他暗记辨认作者。同时，由礼部考试出身的进士在官员中所占的比例大大增加。明、清两代，考试的方式、程序和各种科场细节都已经十分严格缜密，保证了考试制度本身的公正。并且规定文武官员都由科举而进，除礼部考选的进士外，各省乡试中式的举人也可以做官，不过一般职位较低而已。明代为了使阅卷更为客观，采用八股文作为考试的规范文体，以后沿袭了近五百年。清代一仍明代的制度，不过有些旗人可以荫袭官职，多少破坏了取士的公正性。

明、清的科举制度非常复杂。极简略地说，可以分为三级：第一级由白丁考秀才，称县试或院试；第二级由秀才考举人，称乡试，在省里举行；第三级由举人考进士，包括在京进行的会试和太和殿前进行的殿试。另一种说法，科举只有两级，秀才不列为科名的一级，考中秀才叫“进学”，有资格入县庠读书，所以正式名称为“庠生”，也叫“生员”，不过是取得了参加第一级科举考试即乡试的资格而已。

科举制度的特点，也便是它的优点，就是把进仕的途径向全社会开放，公平竞争，避免了强势阶层对官职的垄断，而给弱势阶层以平等的机会。除了极少数“贱民”（如浙江的堕民，广东的疍民）、操“贱业”的人（如娼、优、皂隶、乐户）、犯了罪的人、居父母丧的人、罢闲官吏等之外，只要学历合格、户籍有据，原则上人人可以应试，而且考试的方法和对考试的管理又可严密防范不公平的事情发生。更重要的是，官员大多从科举成功的士人中选任，明初洪武三年（1370）五月，朱元璋下诏：“特设科举以取怀才抱德之士，务在经明行修，博古通今，文质得中，名实相称。”又说：“儒者知古今，识道理，非区区文法吏可比也。”因而确定“中外文武皆由科举而选，非科举毋得与官”[①]的基本原则，保证了取士制度的完整有效。以致有钱有势人家的子弟也必须读书，通过考试才能当官，所以明人王士性说：“缙绅家非奕叶科第，富贵难于长守。”[②]虽然由于社会制度的原因，人们之间存在着事实上的不平等，例如贫困人家子弟和落后地区士人，要在科举上取得成功实际上很困难，然而就制度本身来说，科举是很公平的了。

进仕途径向全社会开放，对专制统治者来说，第一个好处是虽然不能做到“野无遗贤”，朝廷毕竟得以网罗一些杰出人才担任各级官员，加强政府效能。隋唐以后，历代名臣贤相都自科举出身，所以唐代贞观初年，太宗李世民在进士放榜之日于皇宫的端门上观望，见新科进士陆续出来，对侍臣们说：“天下英雄入吾彀中矣！”[③]非常高兴。

第二个好处是打破了社会强势阶级和弱势阶级之间僵硬的壁垒，而使二者之间可能发生一定程度的交互流动，从而缓和了弱势阶级对统治阶级的敌意。

第三个好处是，把弱势阶级中的英才吸收到官员集团中来，还可以减少社会对抗尖锐时刻草莽中出现领袖人物的可能性，有利于保持皇权的稳定。

为了更好地达成以上好处，朝廷采取过一些补充措施，例如贫寒

---

① 王世贞：《弇山堂别集·卷八一·科试考》。

② 王士性：《广志绎·卷四·江南诸省》。

③ 五代·王定保：《唐摭言·卷一·述进士上篇》。

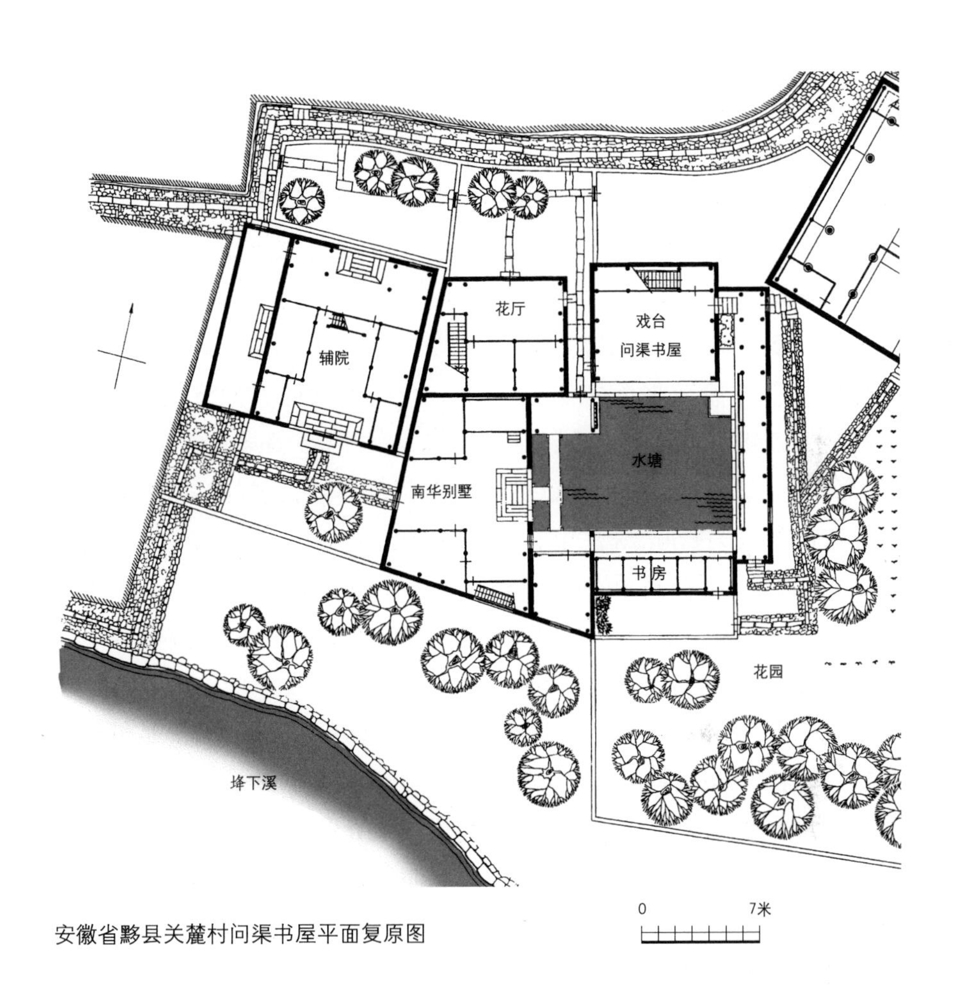

安徽省黟县关麓村问渠书屋平面复原图

子弟进官学读书可以有经济补助。明代初年，各地官学明伦堂左侧设“卧碑”。碑文说：在“天下府、州、县、卫所建儒学”，任命学官主持教学，供就读的生员“月廪食米，有司给以鱼肉”。[①]清代顺治九年（1653），补充《卧碑》说：“朝廷立学校，选取生员，免其丁粮，厚以廪膳。设学院、学道、学官以教之，各衙门以礼相待，全要养成贤才，以供朝廷之用。”[②]有志于学的子弟，机会就比较多了。清代，边远地区如云、贵、川、广的生员赴考可以由官府津贴川资和生活费。

① 《明史·选举志》。

② 《清会典》卷三十一。

凡举人赴京参加会试，一律由公舟公车接送，以致举人就叫“公车”。[①]各代因此都有一些杰出人才出身穷苦，北宋一代，就有张齐贤、吕蒙正、王禹偁、范仲淹、韩亿和李若谷等，都由庶民而登仕途。据南宋绍兴十八年（1148）《同年小录》，279名进士中父祖二代全无人做官的有157人，占56.3%。宝祐四年（1256）《登科录》中，进士家庭情况可考的有572名，其中平民家庭出身的有331名，占57.9%。贫富地区的差距也逐渐缩小，清代初年，顺治、康熙两朝共有状元29名，其中苏南22名，浙北4名，山东两名，湖北一名。到了中叶，江浙两省状元虽仍占多数，但嘉庆、道光两朝，27个状元来自12个省，湘、桂各出两名。到光绪年间，贵州出了两名状元，四川出了一名。

浙江省武义县俞源村培英书屋窗格上镶“读圣贤书”

向庶民开放的科举制度大大促进了全国文化教育的普及。读书成为一种社会风尚。“为父兄者以其子与弟不文为咎，为母妻者以其子与夫不学为辱”，[②]甚至有人提出了“读书人人有份”的主张。[③]科举制度大盛之时，正逢中国雕版印刷普及。雕版印刷从唐末成熟，宋代达于完美，有了这一项技术，书籍印制比较容易，比较廉价，更为科举推波助澜。

① 顾炎武［万历四十一年（1613）至康熙二十一年（1682）］在《肇域志》中提及，明末时的徽州人“短褐至骭，芒鞋跣足，以一伞自携”，徒步数千里进京赴考。这大约是明末或清初的事了。

② 《容斋四笔·卷五·饶州风俗》。

③ 施彦执：《北窗炙輠录》卷上。

早在北宋，诗人王禹偁的七律《寄题义门胡氏华林书院》前半首中描写的藏书家情况是："水阁山斋架碧虚，亭亭华表映门闾，力田岁取千箱稻，好事家藏万卷书。"纵有夸张，藏书也不会少，这就只有在雕版印刷到了相当发达程度才可能了。印刷术当然会用于为科考服务，南宋人岳珂写道："自国家取士场屋，世以决科之学为先，故凡编类条目、撮载纲要之书，稍可以便捡阅者，今汗牛充栋矣。"科举制度反过来也推动印书的发展，岳珂接着写道："建阳书肆，方日辑月刊，时异而岁不同，而四方转致传习，率以携入棘闱。"①建阳是福建省的雕版印刷中心之一。

科举考试吸引了大批社会精英，使他们埋头于官方设定的知识范围中皓首穷经，"两耳不闻窗外事，一心只读圣贤书"，以致整个社会都专注于科举考试，社会"科举化"了。北宋真宗皇帝写了一首著名的《劝学诗》，影响久远。诗道：

> 富家不用买良田，书中自有千钟粟。安房不用架高梁，书中自有黄金屋。娶妻莫恨无良媒，书中有女颜如玉。出门莫恨无人随，书中车马多如簇。男儿欲遂平生志，六经勤向窗前读。（有些书中第三、四联易位）

六经，指《诗》《书》《礼》《乐》《易》《春秋》六部书，都是儒家经典，以后将近一千年的历代科考，大同小异，不出这六经和四书，只是取程颐、朱熹等人不同的注释罢了。读通了这些儒家经典，就"千钟粟""黄金屋""颜如玉"都有了，出门还"车马多如簇"。"男儿"的"平生志"不过如此而已，天下当然太平。汉武帝时候董仲舒建议的"罢黜百家，独尊儒术"，经过一千年左右，直到科举时代才在"粟""屋""玉"的引诱下真正落实到全社会。孙承泽说："夫

① 转引自李弘祺：《宋代官学教育与科举》，台北联经出版事业公司，1994年，第23页。

科目之设，天下之士群趋而奔向之。上意所向，风俗随之，人才之高下，士风之醇漓，率由是出。”[1]通过科举考试，“上意”决定了风俗，当然也决定了士子们的知识范围和眼界。儒学里缺乏认识客观世界的科学精神，整个社会也就缺乏科学精神。这就是“读书做官”的科举之路带来的严重的消极影响。但深究起来，正是社会经济的停滞导致科举内容的僵化狭隘，而不是科举内容的僵化狭隘导致社会的停滞。“上意”本身归根到底也不过是社会经济的反映。所以，“代圣人立言”也就是“上意所向”了。[2]

“孤村到晓犹灯火，知有人家夜读书”，[3]孤村夜读，这是科举制度带来的景象。中国农耕时代的村民们处在社会的最低层，尝尽人间的艰难困苦，到活不下去了，就只好揭竿而起，造反。当了皇帝，封公侯、拜将相，又回过头来再压迫农民，如此循环不已。但科举制度给农民铺设了另一条攀升社会阶梯的道路，科举制度在一定条件下的公正性给他们以并不完全虚妄的指望。“三更灯火五更鸡”，彻夜不眠的读书会给山野孤村带来“朝为田舍郎，暮登天子堂”的好戏。于是，农民中便有不少才能出众的精英，宁愿寒窗苦读而不去铤而走险。唐末的黄巢、清末的洪秀全，都是先企图走科举的道路，只因为科场失利，才聚众造反的。

科举的成功首先是个人可以获得许多好处。明末清初的学者计六奇在《明季北略》中写道：“常见青衿子，朝不谋夕，一叨乡荐便无穷举人，及登甲科，遂钟鸣鼎食，肥马轻裘，非数百万则数十万，……彼且身无赋，产无徭，田无粮，物无税，且庇护奸民之赋、徭、粮、税，其人之正未艾也。”清代初年，吴敬梓写的《儒林外史》非常真实而生

① 孙承泽［万历二十一年（1593）至康熙十五年（1676）］：《春明梦馀录·卷四〇·礼部二·贡举》。

② 1370年，明太祖朱元璋规定八股文为科考主要文体，“代圣人立言，不可自行发挥”。1901年，清廷废止八股文。

③ 《晁具茨先生诗集·卷十二·夜行》。

动地刻画了这些好处。贫寒的范进，刚刚得了个学生身份的秀才，他的岳丈胡屠户就吩咐他："你如今既中了相公，凡事要立起个体统来，……家门口这些做田的、扒粪的，不过是平头百姓，你若同他拱手作揖，平起平坐，这就是坏了学校规矩，连我脸上都无光了。"按当时习惯，一般的"白丁"见了秀才要称"老爷"。他有事可以进衙门，见了知县不必像"小民"那样下跪。犯了事，官府不能对他用刑，非用不可的时候，必须先请学政褫去他的秀才身份。秀才可免除部分地方钱粮、差赋徭役。造住宅，大门口可以比白丁高出三寸，为七尺三寸。[①]在社会生活中也很有身份，常做些有体面的事，例如在祭祀和婚礼中担任赞礼，分胙肉的时候比没有进学的多几斤，等等。这些都是通例。《儒林外史》中还写道：等范进中了举人，"自此以后，果然有许多人来奉承他，有送田产的，有送店房的，还有那些破落户，两口子来投身为仆图荫庇的。到两三个月，范进家奴仆、丫环都有了，钱米是不消说了。张乡绅家又来催着搬家，搬到新房子里，唱戏、摆酒、请客，一连三日。"新房子有三进，很宽敞了。范进的娘子，"穿着天青缎套，官绿缎裙，督率着家人、媳妇、丫环洗碗盏杯箸。"这时候，刚刚中举的范进还没有做官。

明清时期，举人就是正途出身，已经有资格做官了，一般做个县里的官学教习之类，也有机会被"大挑"为知县。举人不但在社会上很有地位，很受尊崇，在宗族里可以主持祭祀，可以给人家点神主牌。进了县衙门和知县平起平坐。受人请托，有事对县官打个招呼就能办到。

一旦中了进士，就脱离了"百姓"阶层，享有许多政治经济特权，例如全家可免赋税、徭役。进士大多可任高官，唐代宰相368人中出身进士的有142人。明清时期，进士大多被选入翰林院，翰林院是高官的储备处，任中枢机构高官的，必出自翰林。明代172位宰相，有一百五十多位是翰林出身。清代，凡大学士必定从翰林中选任。另一部

① 齐如山：《齐如山全集》卷九，《中国的科名》，第十九章。

分到各部当主事，小部分下放地方任知县，不须候补，并有比较多的机会升拔。所以连督抚们对进士也都另眼相看，优礼有加。早在唐代，中了进士，有“雁塔题名”“杏园赐宴”等荣耀。杏园宴的第一次叫“探花宴”，派年轻而长相英俊的中榜者到长安各名园去采花，所以孟郊登第之后写过一首诗，有句：“春风得意马蹄疾，一日看尽长安花。”虽然他当年已经五十岁，未必有幸当“采花使”。这“探花宴”不仅是进士的荣耀，而且轰动整个长安城，热闹非凡。有记述道：

> 至期，上率宫嫔垂帘观焉，命公卿士庶大酺，各携妾伎以往，倡优缁黄无不毕集。先期设幕江边，居民高其地值，每丈地至数十金，或园亭有楼房者直至百金，先期住宿。是日，商贾皆以奇货丽物陈列，豪客、园户争以名花布道，进士骑马，盛服鲜制，子弟仆从随后，率务华侈都雅。[①]

家里有及笄女儿的人家，也在这场万人空巷的狂欢中，从新科进士里寻觅乘龙快婿。年轻未婚的新科进士，十之七八借机会成就了终身大事。

宋代周密《齐东野语》卷十六里记载：进士及第，荣归故里时，“旗者、鼓者、馈者、阗路骈陌如堵墙。既而闺门贺焉，宗族贺焉，姻者、友者、客者交贺焉”。甚至连“仇者亦知耻羞愧而贺且谢焉”。这一番风光，不及唐代那么有官方色彩，更多乡党味道，但都是人生之最。[②]以致南宋时人把“金榜题名”看作人生四大“得意”事之一。

明、清两代，科第高中，还更有一种长远意义的荣耀，这就是可以在家乡建牌坊、立桅杆。明初洪武二十一年（1388），任亨泰中了状

① 清·吴景旭《历代诗话》卷三十五引《蓬窗续录》。

② 齐如山《中国的科名》第十九章中写道，翰林见总督、巡抚，开正门进出，叫“硬进硬出”，中书见督抚，由旁门进，正门出，叫“软进硬出”，若员外主事则进出皆由旁门，叫“软进软出”。

元，太祖朱元璋下令用官帑在任亨泰家乡湖北襄阳起造一座牌坊以旌表他的成就。这大约是第一座这类牌坊，从此以后，科名牌坊就渐渐在各地流行起来，并且下及于举人。明中叶成化、弘治朝，甚至还给以前没有建牌坊的进士补建。[①]后来，进士们的父亲和祖父可以在获得皇帝诰封和貤封之后也造相同式样的牌坊。这些牌坊大多造在州县城里，以致到了明代晚期万历朝时候，许多州县城里已经是科第牌坊林立了。由于造牌坊的费用很大，从清代嘉庆朝起不再用公帑建造，科名牌坊数量从此大减。

据明人王世贞《觚不觚录》："士子乡、会得隽，郡县始揭竿于门，上悬捷旗。"沈德符在《万历野获编》里说：万历初年申时行入阁，吴县地方官府给他树立"状元宰辅"大旗，高高悬在他家门上。此后迅速传了开来，连"诸生出贡，皆高竿大旗，飘摇云汉，每入城市，弥望不绝"，而"鼎甲及得选庶常（入选翰林）者，复另植黄竿，另张大旗，比乡、会更加数倍"。[②]王世贞和沈德符都是嘉靖、万历间人，给中了举人、进士的在家门口立旗杆大约就起于这个时期。后来改为立桅杆，不悬旗。

一个"田舍郎"，经过刻苦攻读，取得考试的成功，便能登上"天子堂"，达到如此辉煌的境地，这是对每一个有读书可能性的人的极大诱惑，大大激发了平头白丁奔向举业。

宗族为了支持有志的青少年，也为了全族的共同利益，纷纷创办学塾，造成文化在农村的大普及。浙江省兰溪市诸葛村有一座南阳书舍，是"高隆八景"之一，王以璋有诗：

> 忆昔南阳有卧龙，于今遗迹许谁同，春风绛帐频施教，夜雨青灯好课功。坛杏飞红铺砌畔，泮芹分翠入轩中，朝经暮史伊吾

① 浙江省龙游县南宋绍兴十五年（1145）状元刘章的牌坊建于明代嘉靖年间。山西省沁水县西文兴村建有两座乡进士的牌坊。

② 建牌坊与立旗杆等均据李树著：《中国科举史话》，齐鲁书社，2004年，249—250页。

盛，习习文风播浙东。

文风所及，大大提高了普遍的文化水平，意义就不仅仅限于科举成败了。

这个“读书做官”的制度，在一定条件下公正而平等，不但大大调动了个人的积极性，也调动了宗族的积极性。在中国的农耕文明时期，宗族共同体结合紧密，有强大的内聚力。一个人中了举人进士，不但个人如“鱼跃龙门”，而且能给整个宗族带来极大的利益，所以，在科举时代，宗族总是鼓励和支持子弟们读书。

宗族鼓励和支持子弟读书应试，响应、接续和完成了朝廷创设的科举制度。宗族的实际支持是科举制度得以成功的重要条件，它几乎是这个制度的一个组成部分。

南宋淳祐十年（1250），浙江省温州昆阳凤凰山的《宜都陈氏家乘序》一开头就写道：

温之昆阳，大族为多，而门第之赫奕，子姓之繁昌，则未有加于陈氏者也。盖门第之赫奕实由于子姓之繁昌。借使徒繁昌而无贤哲之士，其欲门第之赫奕者，宁可得乎？陈氏自李唐迁居昆阳，其子姓登文科、武科、特科及补入太学、请漕试，与夫勉解、进纳、边赏、荫叙者不啻百有余人，此门第所以赫奕而非他族所能加也。

这个陈氏宗族之所以“赫奕”，重要原因之一是有子姓登科。后来平阳顺溪陈氏把这篇序全文录在新谱之首。可惜顺溪陈氏的科名成就并不高，只有“陈骙三代文元，陈梦飞父子生员”而已，都不过是秀才。

清光绪十六年(1890)安徽《寿州龙氏宗谱·家规》里有一项：

士农与工商，读书为第一。勿偷闲，勿贪嬉，愤发以前在勉力。

俸禄享千钟，黄金收万镒，皆从读书苦中来，一寸光阴宜自惜。

凡我族人，期于克振家声，宜从诗书上苦心着力。天下惟读书人不可限量！云梯千里，风翮九霄，上为父祖增光，下为子孙创业，岂独一身荣显已哉！切莫浮慕无实，图侥幸以获功名，庶为有志之士。

这一项的标题叫“务读书”，讲了许多读书可能获得的好处，其中很重要的就有“上为父祖增光，下为子孙创业，岂独一身荣显已哉”，所以“凡我族人，期于克振家声，宜从诗书上苦心着力”。从宗族的整体利益上着眼来衡量子弟读书的好处，许许多多的宗谱都有类似的教训和规定。安徽黟县关麓村汪氏支祠有一副楹联，写的是：“一水护田，常看秋敛春耕，俾小子先知稼穑；五经堆案，更喜夏萤冬雪，助后人永守诗书。”这是耕读社会中宗族对子弟的期望。

除了一般的鼓励，宗族采取了许多具体实在的措施，以支持子弟读书并参加科考。这些措施中最普遍的有：设村塾和义塾，聘明师，资助贫寒而有志的子弟学习，建文馆，定期举办文会，提供学子参加科举考试的费用，给科考成功的子弟以物质的和荣誉的奖励，等等。一切费用都由族中公有的膏火田（即学田）的收入来支出。这是民间对科举制度的呼应、补充和完成。

清代同治十一年（1872），浙江省镇海县方氏族内一些比较富裕而“家有余赀”的人，“慨然有志于赡族之举”，他们采取的赡族的办法是创办一所义塾。创办之初，订立了一篇《义塾规则》，写得非常具体详尽，连课程、科目、课表、作息、教学方式和程序、书法和诵读要求、行为规范、清洁卫生、同学关系等都有规定。比较重要的有：

一、本堂设立义塾，为族内无力延师者陶教子弟。其师由本堂聘请，修金即由本堂送奉。凡来就学者，概无须出赀。其有雅意敬师自愿少酬者听。

一、延请师长，必择其学行素优、精神强固者，庶子弟观摩有法，课诵勿懈。无得少徇情面，漫听荐说。

……

一、塾中有才质迈众、学可造就而其家或无力卒业者，本堂自当另行筹酌助给书资。其自能措办者不为例。

一、无力之家或并笔墨书纸等不能自具，先行告明登册，本堂备给。其愿自措置者听。

一、各家有子弟在塾，为父兄者就师谒设，亦礼所宜，但不得燕见闲谈，致闲课程。诸事尤不应琐碎烦渎。至师之亲友过访，即为供设茗膳。惟留过时，似亦有碍诵读，幸高明谅之。

义塾是宗族为贫寒子弟开设的，少数由富裕人家捐田创办。有钱人家自办“专馆”，就是一家人家延师设馆，专教家里的子弟。这些“专馆”的师资会好一点，多是在乡里有名气的老塾师。还有一种“散馆”，由几家人合资聘师教习子弟。还有“家塾”和“私塾”，或叫“座馆”，是老师在自己家里设馆，各家送子弟来学习，老师酌情收取学资。

家境比较宽裕的，子弟学习多以博取科举功名为目标，则一入学识几个字之后就学《三字经》，然后可以读到四书。待考上秀才（生员）后就入官办的县庠继续读儒家经典，学做八股文，准备乡试和会试了。家境困难的，虽有宗族资助，但自知难以长期坚持下去，就从《百家姓》《千字文》开读，识几个字罢了。这里就有了因社会原因而生的科举考试的实际不平等了。但这不是科举制度本身产生的。

凡参加科考的，宗族继续予以鼓励支持。例如同治十三年（1874）本《东粤宝安南头黄氏续谱·族规》里有详细规定：

一、童生有县名应府试者，每名给花银二两。

……

一、童生有府名应院试者，每名给花银三元。

……

一、生员有志科考等第，每名给花银二元。

……

一、文武生员及贡、监考遗才者，每名给花银二元。

以上是资助科考费用的。赴考乡试、会试的，往往在府县的“宾兴馆”（聚贤馆）集合之后集体出发，由府县出资补助。但大多数宗族仍旧自行出资补助，数额也写在《族规》里。

考试成功的，宗族有奖励。例如这个《东粤宝安南头黄氏族谱·族规》接着写：

一、游泮（即中了秀才）谒祖，每一名花红银伍拾元，真银花一对，重伍钱，马花红绸一匹。至是日，祠中酒席费用众出，花银四十大元，依每房一人同办。

一、廪贡谒祖，每一名花红银捌拾两；真银花一对，重五钱；马花红绸一匹。凡所有买桅、竖桅及酒席费用，俱是祠出。

一、文武举人谒祖，每一名花红银二百两，真银花一对，重七钱；马花红绸一匹。买桅、竖桅及酒席费用俱祠出。京费花银一百两。

一、文武进士谒祖，每一名花红银三百两，真银花一对，重一两。写花红绸一匹。买桅、竖桅及酒席费用俱祠办。翰林、部属、侍卫谒祖，加花红银三百两，余与进士同。鼎甲谒祖，加花红银五百两，余与进士同。

这时竖桅已经代替了以前的立旗杆。举人在桅杆中段设一斗，进士设两斗。这斗在浙江省叫“魁星斗”。这个族规是清代同治年间的，所以没有提建进士牌坊的事。顺治十五年（1658），还曾“赐进士彩花、

江西省乐安县流坑村文馆

牌坊银三十两，一甲三名各再加五十两”。[1]嘉庆朝起，朝廷不出钱建进士牌坊了，虽然宗族中还有建造的，但已不便于写进宗谱族规。有些旺族便建“世科坊”，造一座石坊，把本族历届的进士甚至举人，陆续刻上去。

类似的族规条文在清代的宗谱里非常普遍，不过这一份比较详尽罢了。有些宗族，把这些规定写在义庄、学田(膏火田)的规条里，因为费用都出之于义田。如清代咸丰十六年(1856)订立的江苏省常熟丁氏《义庄规条》里写道：“族中子弟赴考，县试给钱一千文，府试三千文，院试三千文，入泮加给钱三千文。岁、科试各给钱二千文，乡试给钱七千文，中式加给钱十四千文。会试给钱三十千文，中式加给钱二十千文。均临行支取，如支而无故不赴考，于月米内扣还，仍永不再给。”

有奖便也有罚。康熙三十五年（1696）毗陵《长沟朱氏宗谱·族范·祠规》里有一条：“立义学。族中贫不能延师者，俱送子入祠读书，

① 商衍鎏：《清代科举考试述录》。

福建省永安县西洋福庄邢氏宗祠前的举人桅杆

如幼童品质颖秀，其父甘于废弃，不送读书，罚银一两。有从旁谤议阻挠，不肯成人之美，定责二十板。”受罚的是为父者和谤议者。明代初年，浙江省浦江郑氏义门立《郑氏规范》，有一条是：“子弟未冠者，学业未成，不听食肉。古有是法，非惟有资于勤苦，抑欲其识齑盐之味。”义门是不分家而吃大锅饭的，所以可以办得到“不听食肉”。学业有成的便可以免识齑盐之味，大概是以为他们此生便可以不必识了，这便未免疏忽。同一份《规范》后面写道：“子孙出仕，有以赃墨闻者，生则于谱图上削去其名，死则不许入祠堂。”可见其实对学业有成而当了官的人更应该加强教育。

因此，有些家训、族规之类，谆谆教诫子弟读书首先为了做人，而不是为了做官。如《训俗遗规》引《昆山朱氏家训》里朱用纯写的一篇《劝言》，说：“圣贤之书，不为后人中举人进士而设，是教千万世做好人。”又说：“读书先论其人，次论其法。所谓法者，不但记其章句，而当求其义理。所谓人者，不但中举人进士要读书，做好人尤要读书。中举人进士之读书，未尝不求义理，而其重究竟只在章句。做好人之读书，未尝不解章句，而其重究竟只在义理。”《训俗遗规》里又收了王士晋写的一篇《宗规》，里面说：教育子弟“将正经书史，严加训迪，务使变化气质，陶熔德性。他日若做秀才做官，固为良士，为廉吏，就是为农为工为商，亦不失为醇谨君子”。安徽休宁《茗洲吴氏家典》则说：“族内子弟有器宇不凡、资廪聪明而无力从师者，当收而教之，或附之家塾，或助以膏火，培植得一个两个好人作将来楷模，此是族党之望，实祖宗之光，其关系匪小。”（黟县《鹤山李氏族谱》也有此段文字，只字不差）襄阳知府周凯在《义学章程》序言里说：“近因各乡村蒙馆太少，义学不义，以至风俗犷悍，好勇斗狠，轻生犯上，皆由蒙童失教之故。本府与诸牧令劝谕绅耆，就地设义学，以教贫民子弟成为安生良民。”[①]前引《江州义门陈氏宗谱·推广家法》说：“中人以下亦教之知理明义，使之去其凶狠骄惰之习。”

由此可见，即使在乡村，即使在科举盛期，读书亦并非一味只求功名富贵，更受重视的是培植“好人”和“君子”，重视教育对维护社会秩序的作用。于是，乡土社会里的文化教育，也和科举制度以儒学熏染百姓从而助君王统治“开万世之太平”的目标一致。宗族忠实地履行着它们作为专制社会基础的责任。

所以，一个人只要有点知识、学问，即使困顿场屋，也应受到尊重。元代浙江省温州盘谷《高氏新七公家训》里教导：“如其博学能文，虽遇处艰屯，族人不得藐视。况教化之隆、风俗之美，皆基于能文之士，尔其毋忽。”[②]

浙江省武义县郭洞村《何氏宗谱》里有清康熙朝秀才何允倕写的一篇《劝里人延师教子歌》，写的是：“书不读，礼义薄，纵有儿孙皆碌碌，若逞聪明去妄为，定损家声遭戮辱。浅通书信那得知，多开账目还

① 《内自讼斋杂刻》第三册《襄阳府属义学章程》，转引自王炳照、徐勇：《中国科举制度研究》，河北人民出版社，2002年。

② 费成康主编：《中国的家法族规》，上海社会科学院出版社，2002年。

难足。白昼如长夜，开睛如闭目。上流不可攀，下流甘鲁逐。一代绝书香，十代无由续，漫说无科第，也难居白屋。所省修脯能几多，长大痴顽可奈何，若是稍稍伶俐人，也应怨父恨亲哥。富者要安贫要富，急需教学莫蹉跎。延访名师隆礼待，还教代代佩鸣珂。”这首歌把当时读书学文的意义说得很完全了。

当然，对绝大部分青少年来说，在村塾里识得几个字，能应付日常生活、店铺经营，粗通文书便足够了。坚持到考中秀才的便不多，中了秀才还要上考的大约不到十之三四。

对读书者，宗族便出力支持，进了学，尤其是取得功名的，宗族就给予极大的荣誉。

只要中一个秀才，虽然没有官职，在乡土社会中就是头面人物。村里的公共事务，都要他们出头露面，俨然缙绅。宗祠大祭的时候，秀才可以不顾“在朝以爵，在乡以齿”的常例，大摇大摆位于前辈尊长之上，受到各种礼遇。清代道光五年（1825）《京江柳氏宗谱·宗祠条例》里规定，每逢宗祠大祭：

> 祭毕，管年者分胙，议定进士、举人猪胙三斤、羊胙二斤，生员、贡、监猪胙三斤、羊胙一斤，无职者猪羊各一斤。妇人及未成丁者不分，惟孀妇虽子未成丁，亦送猪羊胙各一斤，重节也。

事实上，进士一般都外出当官，举人也大多出任公职而不再在乡，村子里就只有秀才（生员、贡、监）是“博学能文”之士了。多分胙肉更重要的是一种身份、一种荣誉。

明代进士可以在州县建牌坊，后来举人也有建的，清代嘉庆朝之后取消了这种“恩荣”，但仍有人在村里建造。至于“进士第”则几乎是必建的。

至于进士和举人的“桅”，初时只建于宗祠门前，后来连住宅门前也建了起来。

总之，唐人牛希济在《贡士论》里写的登科的荣耀，“秋风八月，鞍马九衢，神气扬扬，行者避路。取富贵若咳唾，视州县如奴仆”，[1]这份神气，在乡土社会中都会一一落到实处，不论是唐是清。

从兴学、资助到荣耀，这便是宗族对科举制度的回应、支持和最后完成。因为朝廷眼里的取士制度在宗族看来是一个“进仕制度”，出于自身的利益考虑，朝廷有巨大的热情去实现这个制度。正是宗族组织，成就了科举制度一千多年的作为。[2]

① 《全唐文》，卷八四六。

② 1905年，朝廷废除科举制度，改行实学。

宗族完成了科举制度

用科举取士制度代替门阀世袭制度，对乡土社会来说，至少从两个方面大大促进了文化教育的大普及、大提高，并进而提高了乡土社会的整体建设。一方面是平民百姓都有了比较公平的进仕机会，激发了青少年为争取进入社会上层而努力读书习文；另一方面是当官没有终身制，到了年限，便要卸职致仕，其中不少人要回归田园，从而把知识和阅历带回农村，对农村建设和文化教育甚至经济发展做出大贡献。

中国农耕时代乡土社会里的文化教育状态，可以用浙江省永嘉县楠溪江中游的村落作为实例来考察。这是一个普普通通的地区，向来默默无闻，楠溪江主流长145公里，流域面积2429平方公里，村落二百余座。村民从事的是纯粹的稻作农业，由于自然条件很好，衣食无虑，但只靠日出而作，日入而息，经济难以发达（一直到20世纪90年代初，绝大多数村子里还没有小店，买点针头线脑、火柴蜡烛，都靠偶或一来的货郎担）。然而在“五日一风，十日一雨，帝力于我何有哉”的悠然生活之中，却不忘读书明理，也撇不开“朝为田舍郎，暮登天子堂”的科名追求。

永嘉开发很晚，西晋末年，中原大乱，南渡的中原士族用先进的文化改造了瓯越文化，楠溪江中游开始了新的历史。东晋时设永嘉郡，

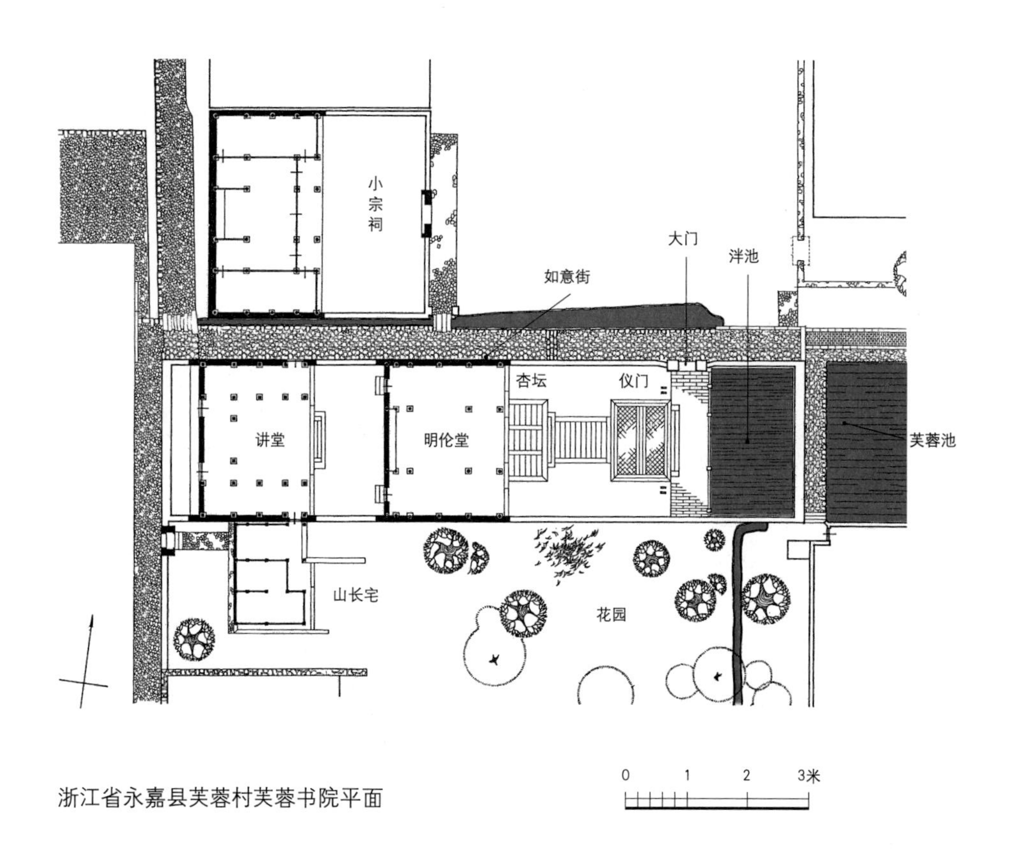

浙江省永嘉县芙蓉村芙蓉书院平面

楠溪江流域是它的辖区。由于一时人文荟萃江右，初建的永嘉郡，六朝时竟有幸得中国文化史上几颗灿烂夺目的星辰来任郡守，先后有东晋大文学家、大书法家王羲之，①注《三国志》的刘宋史学家裴松之，刘宋玄言诗人、赋家孙绰，诗人、骈文家、文论家颜延之，中国第一位山水诗人谢灵运，萧梁文学家、骈文高手丘迟。这些当时中国文化的精英，以"助人伦、成教化"为从政的最高理想。乾隆《永嘉县志》转引旧志说："晋立郡城，生齿日繁，王右军导之以文教，谢康乐继之，乃知向方，自是家务为学，至宋遂为小邹鲁。"又说："王羲之治尚慈惠，谢灵运招士进学，由是人知向学，民风一变。"王谢风流，培养出楠溪江

① 正史无此记载，但乾隆《永嘉县志》有记载说王羲之曾任永嘉郡守，且当地遗迹颇多。

浓郁的人文气息。明末清初诗人梅调元有永嘉《王谢祠》诗，写的是："前守推王谢，荒祠倚郡城，千秋传墨妙，六代擅诗名。沼古鹅还浴，塘春草自生。风流今古事，俯仰一含情。"

楠溪江最灿烂的文化高峰在南宋，中原衣冠又一次大规模南渡，像东晋一样，偏安之地人文荟萃，来守温州的如张九成、王十朋、楼钥和杨简，都是一时俊彦。张九成在《咨目》里写道："永嘉道德之乡，贤哲相踵，前辈虽往，风流犹存。"他们也都以礼乐教化为从政的第一要务。这对于提高永嘉的文化水平起了很大作用。乾隆《永嘉县志·学校》说："永嘉于宋，名贤辈出，登洛闽之堂者，后先相望，郁郁彬彬，至称为小邹鲁，何其盛哉！"永嘉在北宋有程门弟子13人，在南宋有朱门弟子16人。在国学里，先后有永嘉籍的元丰九先生和淳熙六君子，"俱以道德性命传程朱之学"。（见乾隆《永嘉县志·风俗》）南宋时形成的理学中的"永嘉学派"，以薛季宣、陈傅良、郑伯熊和叶适为代表。郑伯熊是塘湾村人，叶适童年时代在岩头村由金姓抚养并读书（见《岩头金氏宗谱》）。

溪口村戴氏家族，北宋时有戴述（元符三年进士）、戴迅两兄弟从二程学。到南宋，有戴述子戴栩（嘉定进士），是叶适的学生，著作《五经说》《诸子辩论》《东都要略》等。戴迅子戴溪（淳熙五年进士），据嘉靖《温州府志·人物》说他"由礼部郎中凡六转为太子詹事，兼秘书监。景献太子命类《易》《诗》《书》《春秋》《语》《孟》《资治通鉴》各为说以进。权工部尚书，除文华阁学士，卒赠端明殿学士，谥文端。太子亲书'明经'匾其堂，有《岷隐集》"。宁宗称他为"诸儒之宗"，叶适评戴溪说："少望天下奇才，于今世不过数人。"戴溪的亲侄子戴蒙（绍熙庚戌进士）曾从学朱熹于武夷，著作有《易、书、四书家说》《六书故》等。戴蒙长子戴仔，不乐仕进，著有《诸经补义》《通鉴补纪》《说林文集》等。蒙次子侗（淳祐辛丑进士），著有《六书设》和一些杂著文集。这戴氏一门，学术成就不同寻常，溪口戴氏大宗祠里有一副楹联写道："入程朱门迭奏埙篪理学渊源双接绪；历

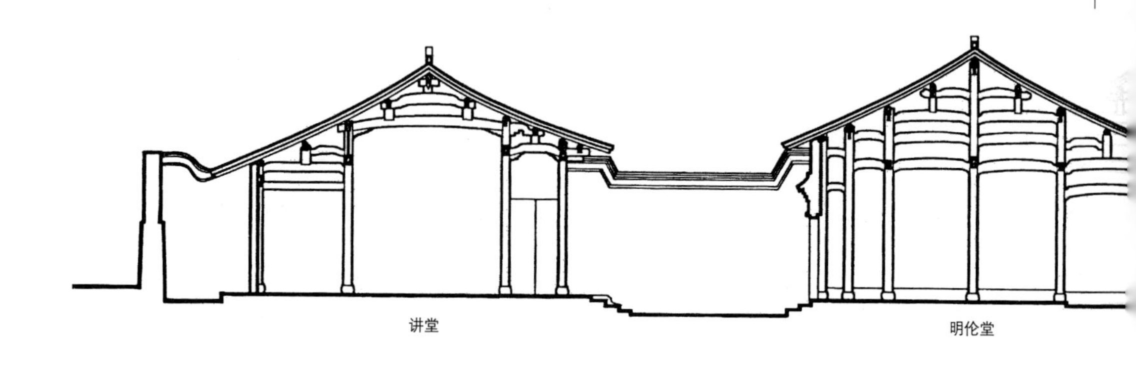

浙江省永嘉县芙蓉村芙蓉书院纵剖面

南北宋并称邹鲁春宫第甲六登墀。”

塘湾村郑伯熊三兄弟都是南宋进士。郑伯熊“德行夙成，尤邃经学，登绍兴第，历官国子司业，宗正少卿。乞外，以龙图阁知宁国府。卒谥文肃。绍兴末，伊洛之学稍息，复于伯熊得之。弟伯英、（从弟）伯海皆知名，由是永嘉之学宗郑氏。有《郑景望集》”。（嘉靖《温州府志·人物》）伯英是隆兴癸未进士，著有《归愚集》。从弟伯海是绍兴辛未年进士，设帐授徒，生徒常达五百人。全祖望《宋元学案》说：“乾淳之间，永嘉学者连袂成帷，然无不以先生兄弟为渠率。”伯熊弟子枫林人木待问为隆兴状元。

此外，岙底上湾村有陈揆，绍兴癸丑登陈亮榜进士，与叶适相善，有诗集20余卷、文集5卷传世。芙蓉村陈宝之，绍兴进士，从吕祖谦学，与陈亮为诗友，宗谱存《送陈同父》和《挽吕东莱》诗各一首。同村又有陈虞之，咸淳元年进士，与文天祥同榜，响应文天祥号召，起兵勤王，率全村义士八百多人据守芙蓉峰抗元，全部殉难。①

乾隆《永嘉县志》记载，朱熹任两浙路常平盐茶公事的时候，曾到楠溪江来访问当地的理学家，先到岩头村访门人“以理学鸣于世”的刘愈，说：“过楠溪不识刘进之，如过洞庭不识橘。”不巧没有见到，又去谢岙访门人谢复经，再访溪口戴蒙、戴侗及蓬溪村李时靖，并在蓬溪

① 事迹见《两浙名贤录》、万历《温州府志》、光绪《永嘉县志》。

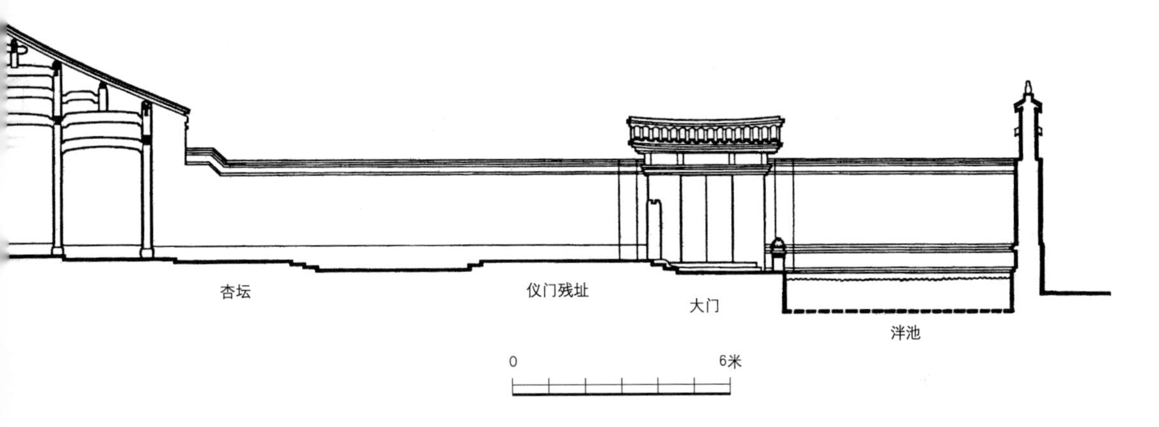

留下了墨迹。

楠溪江地区所处荒僻，却与当时的主流文化保持着这样密切的关系。

学术带动了科举和仕进。从唐代到清代，永嘉一共有过604位进士，其中宋代有513位，仅仅南宋便出了464位，可以确认为楠溪江村子中人的至少有五十多位。溪口村戴氏、豫章村胡氏、塘湾村郑氏、花坦村朱氏、苍坡村李氏、芙蓉村陈氏，都是“簪缨鹊起，甲第蝉联”的名门望族。田父野老引以为乡土光荣的，是宋代豫章村一门三代五进士，溪口村戴氏一门四代六进士，花坦村朱氏和塘湾村郑氏的兄弟进士，枫林村有南宋隆兴元年（1163）状元木待问。

科甲盛，当官的自然多。光绪《永嘉县志·人物》统计：永嘉县“自宋以来，位宰执者六人，侍从台谏五十余人，监司郡守百十余人，可谓盛矣”。其中芙蓉村在南宋就有过“十八金带”，便是有18个人在临安当过京官。

宋代楠溪江科甲之盛，虽然和当时朝廷扩大科考录取名额有关，但和晋、宋两次中原大乱，衣冠望族大量来到楠溪江流域安居更有不小的关系。

宋元、元明和明清三次易代都在楠溪江发生过战争，破坏严重，明代嘉靖之后，又遭倭寇侵扰。豫章村《胡氏宗谱》康熙三十四年

（1695）的“旧序”说：“至清鼎革，变起沧桑，兵燹之余，世家右族不无徙迁，集泽哀鸣，未能常聚。”在这种情况下，学术和科名成绩大大落后了。整个清代将近三百年，永嘉只有11名进士，值得一书的学术著述几乎没有了。不过，元明之间，鹤垟村出了个谢德瑀，他“博通经史，为时名儒”，著有《狂斐集》《家礼会通》等。同时的花坦村朱谧，著有《四书述义》《四书辅注》《太极图说》《西铭集》等，从祀郡庠。豫章胡氏、鹤垟谢氏、岩头金氏、花坦朱氏、溪口戴氏这些望族，在明清两代还有过一些科举功名的成就。明代，胡氏出过一位中书舍人，戴氏出过一位御史，谢氏则出过一位锦衣卫指挥佥事。清代，谢氏又出了两名进士，道光三十年（1850）的《重修鹤垟谢氏宗谱序》夸耀这件事道：“至今犹想见谢家之门第，即为溪山之生色者，历久弗衰矣！”[①]

耕读生活培养出来的乡村知识分子，科场得意的是少数，成为理学家的更是寥寥。他们大多留在村子里生活，自然成为上层文化的代表，与郡县官吏（如明代的郡守何文渊和文林、清代的县令汤成烈）一起，在乡里担起了“化民成俗”的责任。文林制定了“族范”，作为各姓宗谱里必有的家法族规的范本。汤成烈在咸丰《县志》稿里写道：“永嘉在宋有邹鲁之风，维时士大夫先达者多从二程朱子游，居乡恒以讲学为业，故能诱掖后进，式化乡闾，熏为善良，浸成风俗。户有弦诵，邑无巫觋，人怀忠信，女行贞洁，冠昏丧祭，厚薄适中，奢俭当礼。疾病不祷祈，婚配不听星命。岁时娱乐，弛张合宜，其于养生送死之制，盖秩如也。自元而明，去古渐远，风尚亦漓，轨物废而邪说行，儒术衰而异端起，奁资盛而女溺，宴食腆而讼繁。疾疠薄骨肉之亲，报赛侈鬼神之会。婚丧之仪非复曩制。至于上元灯火，端午竞

① 1992年，我们到楠溪上游山区只有十余户人家的小村岩龙调查，见到一座有戏台的季氏宗祠，居然门前安着一对狮子，作为有进士及第的标志。这村子在我们进去前五天才刚刚通了电。2000年我们又到了上游的林坑，早年这里不足十幢住宅，却有一座“读书楼”，楼很小，下层养牛，楼上为学塾。真正的“牛角挂书”。

渡，争奇炫彩，靡财奢费，略不顾惜。士女游观，靓妆华服，阗城溢郭，有司莫之能禁。”（见光绪《永嘉县志·风土》）他把过去风俗之好，归功于读书人向理学家学习，回家之后居乡讲学；把当时风俗之漓，归咎于轨物废而儒术衰。他寄希望于“士大夫”，也便是在乡知识分子来挽世风于既颓。①

这时候，楠溪江中游古来文化比较领先的村落，已经有人从商，有些人“权子母、量出入，铢积寸累，握算持筹”。但是，许多乡贤士绅，还是保持了引领读书风气的传统。例如《棠川郑氏宗谱》记载，乡绅郑公谔“旷达多才，好稽古，善词赋，筑美室，置图书，列古画玩物以供清赏。读诵之暇，惟以弹琴栽花为乐。遇风日晴和，则汲泉煮茗，拂席开樽，与二三知己，啸傲于烟霞泉石间，不复知有人世荣辱事。且课子有程，义方之外，更以诗书陶熔其气质”。明代嘉靖朝岩头村的金九峰，“性闲静，每日闲坐一室，凡经史以及诸子百家书无不娴，而尤究心于星学，陶情音律。至于制艺歌词，皆其余事耳。……设绛帐以诲生徒，春风四座，化雨一庭，询是师儒领袖”。（《岩头金氏宗谱·九峰先生五旬寿序》）明代花坦村的朱伯清，“丰神秀逸，嗜学有文，不乐仕进，志存林壑……家事付之诸子，惟以文墨自娱。凡石、树、虫、鱼、水泉、花药之会心寓目者，咸属吟咏其间。遇风和日暖，角巾鹿裘，从以弟子，徘徊乎水光山色，拂云坐石，手挥丝桐，目送飞鸿，逍遥自乐”。（《珍川朱氏宗谱·伯清公珍川十咏序》）同村的朱谧，“读书好古，淳朴自持，利欲不能移其心，荣禄不足夺其志，孝以事亲，友以处弟”。（《珍川朱氏宗谱·明义堂处士墓志铭》）以致《珍川朱氏宗谱》夸赞花坦村“秀士成群，多含英咀华之彦；古怀如晤，有庄襟老带之风。可谓文质彬彬，野处多秀者已。”

各村各姓的宗谱里所推崇的贤士们虽然都不求仕进而嗜学乐道，

① 中国社会科学研究院研究员王奇生在论文《民国时期乡村权力结构的演变》中说：“中国传统社会，约有90%的绅士居于乡间。由于他们耕读在农村，关心的事务也是农村，包括意识形态教化、精英分子的养成都以农村为中心。”

但这都是儒者“退则独善其身”的生活，而他们并没有忘记“达则兼济天下”的抱负。他们都关怀族中年轻人的仕途，不但自己设帐授徒，而且运用他们的影响力，促进宗族大兴办学之风。楠溪江大小血缘村落的族谱，都在“家训”或“族规”里规定子弟务必要读书。《岩头金氏宗谱·家规》写道：“每岁延敦厚博学之士以教子弟，须重以学俸，隆以礼文，无失故家轨度。子弟有质士堪上进而无力从学者，众当资以祠租曲成之。”在当时，读书的目的首先为了科考取功名。《茗川胡氏大宗谱·田川胡氏义塾规》说：“是以愿人文蔚起，高拔五桂之芳；门第常新，足兆三槐之瑞。……愿沼芹叠采，云路同登。”和各地一样，宗祠对子弟读书、赴考、中式之后各方打点等都由义田所出予以资助。凡科举有成绩的，都予以表彰。

读书主要为了进仕，但不专为进仕。《珍川朱氏合族副谱·如在堂记》写道：“使我拥书万卷，何减积粟千钟，然则后之子若孙，苟不忘此意，必将奋志诗书，骧首云达，上以绳其祖武，下以贻厥孙谋，无忝先世科甲之荣，丕振前朝理学之绪，则不惟有光于近祖，亦且善述乎大宗矣！”既要有科甲之荣，又要振理学之绪，目标比较宽阔。

除了科甲和理学，读书还有更大的目的。又是这个花坦村朱氏，在《珍川朱氏宗谱·族范盟辞》里写得明白：“不学则夷乎物，学则可以立，故学不亦大乎。学者尽人事所以助乎天也。天设其伦，非学莫能敦；人有恒纪，非学莫能叙。贤者由学以明，不贤者废学以昏。大匠成室，材木盈前，程度去取而不乱者，由绳墨之素定。君子临事而不骇，制度而不扰者，非学安能定其心哉。是故学者君子之绳墨也。”乾隆《永嘉县志·学校》说到教育：“此吏治所首重，民风所视以转移也。”对文化教育的这种既深又宽的理解和热烈追求，给楠溪江的村子笼罩了一层浓浓的高远的生活理念。

所以，楠溪江各村落对教育事业和子弟的要求很高。《鹤垟谢氏宗谱·义学条规》说：“义学之设，原为国家树人之计，非以为后生习浮艳、取青紫而已也。凡系生徒，务须以《白鹿洞规》身体力行……凡肄业弟子，必须一举足疾徐，一语言进止，事事雍容审详，安雅冲和。”义学是专为贫寒子弟办的公费学校，仍然强调取青紫之外还要讲究操守品行。要求身体力行的《白鹿洞规》，是南宋理学家朱熹于淳熙六年（1179）为白鹿洞书院订下的学行规范。淳祐元年（1241），宋理宗亲笔书写赐给太学生作为教规，于是通行天下，直至穷乡僻壤的农村义塾。它的纲领性内容是：

> 父子有亲，君臣有义，夫妇有别，长幼有序，朋友有信（五教之目）。博学之，审问之，慎思之，明辨之，笃行之（为学之序）。言忠信，行笃敬，惩忿窒欲，迁善改过（修身之要）。正其义不谋其利，明其道不计其功（处事之要）。己所不欲，勿施于人，行有不得，反求诸已（接物之要）。

这个规范完全是关于修身养性的。和这个《白鹿洞书院规》相似而更详而且严的，是明太祖给国子监建的“卧碑”，后来顺治九年（1653）又补充了一部分，在全国官学推行。所补充的有一条是：“军民一切利病，不许生员上书陈言，如有一言建白，以违制论，黜革治罪。”[①]贤才是不许论政的，只要说过一句议论，便是有罪，要开除学籍。这是统治者汲取了明末以东林书院为代表的书生议政的教训。

所以，农村的初级书塾具有两重性，一方面为求得科考成就，一方面为铸造未来知识分子的思想品格。这种教育的影响及于普通农民，乾隆《永嘉县志》记载，县丞何森为了平定民风强悍的楠溪江地区的动乱，在枫林村办了一所“楠溪义学”。宗族在“族规”里立的育人目标，和朝廷是完全一致的。为了育人，则郑公谔、金九峰、朱谧、朱伯清等人当然是在野知识分子的楷模，他们虽然无益于稼穑，至少无碍于朝廷，而且能带动文化的建设和普及。

① 见《清会典》卷三十一。

乾隆《永嘉县志·学校》说，永嘉“乡闾社学，本古党庠术序，亦较他州为多”。楠溪江村落的学校，最基础的是社学和义塾，几乎村村都有，有些村且不止一个。社学、义塾以学习识字、计数为主，读些初级启蒙教材准备升学。有些学行高卓的人，如明代岩头村的金九峰和花坦村的朱伯清，他们办的可能是私塾，既然以弟子从游于水光山色，并且“春风四座、化雨一庭，询是师儒领袖”，显然所教的已经不是蒙童。家塾、私塾所在往往是住宅的一部分，通常为一个别院，如芙蓉村的司马第，家塾在大宅前院一侧独立的小花园里。

比较高级的教育则由书院来承担。楠溪江最早的书院之一——溪口村的东山书院，是南宋进士、曾任太子讲读的著名理学家戴蒙辞官之后办的，由于成绩斐然，皇上赐额“明文”。明代主持朱垟村白岩书院的朱广文和主持花坦村凤南书院的朱墨臞，都是当地著名的学者，颇有著述。墨臞的学生王瓒于弘治九年（1496）中进士一甲二名，曾任两京国子祭酒、礼部侍郎，也有著作问世。明孝宗因此亲书“溪山第一”匾赐给朱墨臞。豫章村明代的石马书院也得退休的中书公胡宗韫来论学题诗。此外，花坦村还有西园书院，芙蓉村在村中心有芙蓉书院，等等。书院都有自己专用的独立建筑。

这些书院的水平，大都依主持的山长而变。一旦任山长的学者去世，后继乏人，便会沦落为普通的学塾。在康熙《温州府志》里，竟已将溪口村的明文书院称为菰田塾，“所以启童蒙也”。

书塾的建设和管理一般由宗族负责，乡绅们常常是主持人。《茗川胡氏大宗谱·东山书塾记》生动地记述了这种情况：“茗屿胡氏旧有读书楼，在居之东，极其幽静……尝延师以诲子弟，由是族属衣冠济济，威知以礼律身……（按：后读书楼废，文运遂衰）嘉靖癸丑仲至冬日，源泉、乔西二公谋于众曰：……今宜续建精舍，以陶后进，庶几书香不泯，愿克肖者听。皆曰善。于是改卜地于东山之屏……期年而舍成……望之岿然，名之曰东山书塾。量出田租若干石，以为累岁延师教育之费。”

浙江省武义县樊岭脚村水口文昌阁

和书院关系最密切的另两类文教建筑是文昌阁和文峰塔。

文昌阁祭祀文昌帝君，文昌帝君主人间功名，因此受到普遍祭祀。在楠溪江的廊下、花坦、岩头、水云各村，都曾有过文昌阁。它们通常和书塾、书院相呼应或内有堂庑作为书塾、书院的讲堂。①

因为关系到科举成就，也就是关系到宗族的兴衰，所以宗族都以兴建文昌阁为大事，这也成为乡绅们的善举之一。《珍川朱氏合谱·慎轩公传》记载朱光润捐资在花坦村“创建文阁……经营结构，鸟革翚飞”。主体是一幢两层楼阁，两庑用作书院讲堂，“珍川之胜，于此称第一焉”。

文昌阁大多造于村外的“水口”，即村子所在的小盆地内地表水聚合后流出盆地的隘口。由于风水迷信的影响，村子的选址多在隘口的西北，因而水口大多在村子的东南方，即巽方。水口往往山丘夹岸，树木茂盛，风景美好。如岩头村的文昌阁，创建于乾隆庚申年（1740），位于全楠溪江流域最大的乡土园林的南端、汤山的北麓，在园林主体建筑塔湖庙的北侧，前临智水湖，左傍一条水量丰沛的小溪。背后较高处有一座文峰塔。庙南侧是小小的“右军地”，池边有一座三开间的书斋，叫森秀轩。小溪的北岸则是一座规模颇大的书院，因有两口大水池而得名为水亭书院。

由于环境优美，所以村子的“十景”“八景”里常有一景是文昌阁或书院，为文人们吟咏的对象。溪口村的“蒙公书塾”是“合溪十景”之一，诗云：“宋第名儒系泽长，东山传有戴公庄，湾中书带草空绿，

① 楠溪江各村文昌阁均已毁去。

垄上龙鳞松尚苍。”鹤垟村的书院叫“环翠楼”，八景里有“环翠书声”曰：“幽阁崚嶒碧树荣，琅琅中有读书声，半空掷地金钱解，五夜朝天玉佩鸣。”花坦村的《十景诗》里有《文昌登眺》二首，其一为：“杰阁凌云起，溪山入眼奇……游身图画里，俯仰展须眉。”其二：“……竹疏风弄影，花暗鸟鸣阴，古树浮波静，空潭落月深……”

文峰塔起源于风水迷信，认为科甲不利的村子，在甲、巽、丙、丁的方位上造一座塔或立一支文笔，便可以振兴文运。一般以造在巽位上的为多，因为水口建筑群也大多在村外的巽位上，文峰塔和水口建筑群相表里，更为生色。楠溪江流域层峦起伏，都是火山流纹岩，经过亿万年的侵蚀，有不少圆锥形的山峰。风水术数上可以认它们为“文笔”，所以这里文峰塔不多。岩头村和塘湾村各有一座。岩头村的文峰塔是明代桂林公（金氏）于嘉靖年间建造的，和水亭书院、森秀轩同时。它位于文昌阁后面的山坡上，全用灰白色大理石砌，从残石看，塔可能为七层楼阁式，高二点五米左右。塘湾村的《十景诗》之一《咏巽吉山》云：“耸然特立一高峰，恰位东南秀气钟；巽吉更加崇宝塔，文风焕发笔游龙。”这座文峰塔是造在山上的，山也在村子的巽方，即东南方。①

村子里的文人们常在风景佳丽之地造幽斋读书。岩头村的金氏桂林公便把塔湖庙南侧右军池畔塔湖庙（孝祐庙）的斋堂改建成了书斋森秀轩，面对镇南湖。桂林公诗《题森秀轩·其二》中有两联：“门植垂堤陶公柳，院开洗砚右军池，谈棋石磴风频至，烹茗松轩月上时。”斋里的文化生活品位很高。

有些文士乡绅则在住宅里营造书香气。《鹤垟谢氏宗谱》记载，明代初年洪武、永乐间，鹤垟村有一位谢德玹，家里有一间书斋，濒临澄江。他自制《临水书斋》诗：“碧流湛湛涵长天，小斋横枕清堪怜，牙签插架三万轴，灯火照窗二十年。长日尘埃飞不到，常时风月闲无边。已知圣道犹如此，乐处寻来即自然。”同村同宗谢廷循，宣德年间曾供

① 可惜这两座文峰塔都已经没有了。

职于锦衣卫，在故乡旧宅里造了一幢静乐轩，宗谱写道："士大夫与之游者，皆为赋静乐之诗。"连宣宗皇帝也写了一首《静乐诗》赠他："暮色动前轩，重城欲闭门。残霞收赤气，新月破黄昏。已觉乾坤静，都无市井喧。阴阳有恒理，斯与达人论。"

谢廷循的朋友——豫章村的胡宗韫，宣德时任中书舍人，归田时同僚赠诗送行，有句："诛茆今日野，把钓旧时溪。晒药晴檐短，安书夜榻低。"（陈斌）以及"烟霞三亩宅，霜露百年心，黄菊陶潜兴，清风梁父吟。"（陈中）胡宗韫回乡后在故宅"中翰第"造了一座紫微楼作为闲养之所。《豫章胡氏宗谱》写他："植竹种花，终日坐卧其间，时临墨迹，随兴吟诗，优游自乐，或与密友笑谈、围棋、饮酒，如是二十余年。"

不曾出仕的乡绅也有类似的追求。《茗川胡氏大宗谱》里有一篇《碧云楼记》，详尽描绘了永乐间一位乡村士绅营造宅第的兴致和生活方式："彦通纯实谨愿，不为薄习，遇高人硕士，辄倾怀于觞酒间。乃度其所居堂之后，爽垲幽闲，宜楼居，乃构楼若干楹。楼之左右宜竹，而又植以竹也。重檐峻出，四窗虚敞，而朝云暮雨，散旭敷晴，则荫连溪碧，翠接山寒，夫楼中之佳致也多在于竹。彦通每于风朝月夜，携朋挚侣，施施然游息于斯楼之上以极其潇洒者，盖其襟度宏深，神情超畅，能不以天地间事物为心虑也。"

这些乡间知识分子所标榜、所追求的生活方式，超脱于物，求之在心，虽然不免是对主流文化的认同甚至谄媚，但这种态度，对乡土文化不可能不产生引领的作用。

楠溪江流域的文教建筑里，还有一种比较重要的，是牌楼。光绪《永嘉县志·古迹》里写到坊表，说："古人志厥宅里，树之风声，可法可传，政教攸系。"楠溪江人对牌楼的教化作用是很重视的，一般造得很讲究，位置在宗祠或村门近旁，成为村落礼制中心的一部分。

花坦村的牌楼最多也最壮美。明代英宗正统年间，在大宗祠敦睦堂前左右侧各建了一座牌楼，东边一座额"乌府"，西边一座额"黄门”，是为兵科给事中朱良暹立的。面对着敦睦堂，又有一座牌楼题额“奕世簪缨”，为明代嘉靖进士朱腆立。它和“乌府”“黄门”两座牌楼形成品字，在敦睦堂前围出一个小小广场，给大宗祠增添了气色。“黄门”牌楼西侧，沿大路又有“乡贤”牌楼，明代正德朝温州知府何文渊为学政朱思宁立。再西侧为“钟秀”牌楼，是嘉靖朝朱腆中举人时所立。再西为明嘉靖丙寅冬（1566）永嘉知县程文著为朱双溪立，题额“公直谅良”。再西为“翕和”牌楼，是乡绅西华王公为朱莲溪立，大约也在明代晚期。大路上最后一座牌楼是“溪山第一”牌楼，为乡进士知凤阳县令朱义川立，朱腆书匾。这座牌楼就是花坦村的西门。另外还有一座“宪台”牌楼，在村中央宪台祠堂大门前正中，是明代弘治乙丑年（1505）温州知府李端、永嘉知县刘经为工部给事中朱良以立的。在西园书院里又有“鸢飞鱼跃”牌楼，是中书舍人周令为朱幽独建的。以上这些牌楼，都是为表彰一些读书中了科甲又当了官的人，目的在于荣耀宗族，激励后人。另有邑令伍公为朱小山立的“为公宣力”牌楼（朱小山的身份、事迹不见记载）和明末崇祯己巳（1629）巡按使徐吉公为节妇邵孺人立的“松柏寒贞”牌楼，只见于宗谱，不知位置何在。

岩头村有一座牌楼，是明世宗赐给大理寺左寺右寺副、后来迁任瑞州知府金昭的。这座牌楼和花坦村的宪台牌楼风格近似，都是四柱四楼式，斗栱雄大，制度近于宋式，实在很难得。

楠溪江流域两千多平方公里的范围，文教如此发达，却又长期不闻于世，它提供了一个很典型的江南纯农业地区乡土社会文教状态的实例，也很典型地叙说了乡土社会文教建筑兴建的背景、动力、追求、环境和风貌。

书院·学塾·文馆·文峰塔·文昌阁

书院·学塾

在乡土社会里，书院和学塾两种称谓的区别并不很确定。不过，层次较低的学塾有称为书院的，而层次较高的书院却没有称为学塾的。但有的书院自称为“精舍”“山房”“斋”之类，求其雅而脱俗。元代的理学家吴澄便命名自己的书院为“草庐”。

书院和学塾的建筑形制变化很大，没有一定的规例。不过一般都有课读的教室和山长或塾师的住房而已。基地宽松一点的书院，常有一方水池，取朱熹“半亩方塘一鉴开，天光云影共徘徊，问渠那得清如许，为有源头活水来”的诗意。村子里一般都有几家学塾，其中最有地位的常和文昌阁或奎星楼造在一起，或并列，或为前后院。

老夫子坐馆授徒的私塾，一般都很小，通常在住宅的“别厅”即小跨院里。有些小康人家的家塾，也设在别厅里。别厅面向正院，堂屋居中，供朱子像，一间次间为课室，另一次间为塾师卧室兼书房。有个小小的吸壁天井，陈列几盆幽兰茉莉之类。书声伴花香，小小别厅也很清雅。

在经济发达、文风丕盛的地区，私塾和初级书院很多，江西省乐安县流坑村，据明代万历年董氏宗谱，有学堂26座，清代道光年宗谱记录有28座。福建省连城县培田村，以竹木生意而繁荣，有乡谚说它："十户一祠堂，五户一书院，三户一店铺。"看似夸张，其实并不夸张。皖南徽州六邑，村村有很多私家的"学堂屋"。其中黟县关麓村，只有43座住宅，却有17座学堂屋。这种独门独户的"学堂屋"，既可作为退休商人高朋雅集、过琴棋书画的休闲生活之场所，也可用作子弟课读的家塾，塾师也住在里面。学堂屋的尺度比住宅小一点，处处显得玲珑，而且装修和装饰很精致，布局自由，空间有变化，讲究情趣。婺源县（今属江西省）理坑村的一些学堂屋，沿村边小河参差比肩而建，从河里引水进院成小池，池边设曲廊、敞轩供人歇坐，书斋在内侧，凭槛可数池鱼。黟县关麓村的学堂屋多为独院小楼，三间两层，有前院、环廊，点缀些蕉叶、画卷等仿形门，门额和两侧的白粉墙上镶匾和联，所题的字或为清水砖刻，或髹石绿石青色。室内天花板上满布鱼藻之类的彩画，色泽和谐悦目。

这类学堂屋大都着意于园林趣味，如婺源县李坑村的智仁书屋，面南，三间两层，前檐通面阔为槅扇。旁边贴一间卧室。不宽的前院，满铺卵石，图案极精致。书屋前方是一条水量丰沛的三米左右宽的小溪，溪对岩的小山上竹木荫翳茂盛。书屋之北为一所大花园，宽十二米多，长约二十三米。东侧又是一座花园，宽十五米多，长约十米，园中央挖一个直径略小于十五米的半圆形水池，叫月池。书屋西侧小院是主人的读书厅，叫新轩，轩前一所花园，中央凿七米见方的莲池。再西侧，围墙外，又有一个约五米见方的水池，叫日池。

宗祠举办的义塾规模比较大一些，经费由公共财产的义田中划出若干"学田"来提供。这种义塾的形制还是没有定规，变化很多。比较简单的，如浙江省武义县俞源村的义塾培英书屋，是一个长长的院落，大门在西端，北边一排大房间，给低班学童用，南边一排小房间，是给高班学童用的。东端地势高，上台阶之后有几间居住用房，是塾师的卧室和书斋。南排有一扇窗子花格上镶着四个字——"读圣贤书"，所以村人把这书屋叫"家训阁"。浙江省兰溪市诸葛村有一所义塾，叫笔耘轩，也是长长的院子，不过是横向的，大门在南房正中，两侧各有四间，划分为很小的房间，据说仿科举考试的场屋，让高班的学童习惯它们。与大门相对的北房是文昌帝君的香火堂，它两侧各有两间大教室，给低班学童们上课用。

广东省河源市南园村有一座柳溪书院，规模不大，布局很紧凑，又很复杂。它面南有两圈正方形建筑，内圈正厅一大间，是低班学子的课堂，它前面有一座亭子式的方形敞轩，叫“杏坛”，仿孔子讲学的场所。一圈宽与正厅相等的方形围墙围住杏坛。围墙左右开洞门。墙的外侧，三面有狭窄的天井，东面为大门，南、西两面隔天井有房子，南面的房子是两层的，底层分为小间，给高班学子读书。楼上住塾师，西端一间是书房，坐在书房里，可以俯视正厅和杏坛里的情况。

浙江省永嘉县楠溪江中游芙蓉村中心，芙蓉池边上，有一座芙蓉书院。它的大门开在左侧墙的前端，靠村子的主街如意街。进门小院里左手有“半亩方塘”，右手有一道棂星门式的仪门，门前有旗杆一对。进仪门，隔院子是明伦堂，堂前有杏坛，仿孔子讲学处，坛宽3.2米，长6.4米，略高于地面。明伦堂的后院有一座讲堂。明伦堂和讲堂都是三开间的。这一路通长52米，布局很规矩。讲堂前檐廊右端开腰门通花园，山长的三间住宅在花园里。花园很大，有水渠，有土丘，有石假山，树木和翠竹长得郁郁葱葱。山长于其中把卷吟哦，情趣盎然。

义塾也有少数是富裕的“善人”捐出田亩来创办的。芙蓉村的近邻岩头村，有一座桂林公专祠，叫水亭祠。它本来是金氏桂林公在明代晚期建造的水亭书院。《岩头金氏宗谱·宗祠》说，嘉靖年间桂林公“原创水亭为子孙课业计，自兹文学振兴，叨膺科第，至今胶序蝉联，绳绳不绝”。进砖质三楼式大门之后，先见一方大水池（24.5米×21.4米），绕过这池水，中轴线上是仪门，进门，眼前又是一方大水池，（25.0米×21.4米）池正中一道石桥，可达池中央的方亭（4米×4米）。穿亭而过，又经一道桥引向后面的讲堂。讲堂面阔七开间，左右侧还有廊子。这座书院的布局构思奇特，极为少见。桂林公对岩头村的建设做出了全面的贡献，殁后族人把书院改为他的专祠。

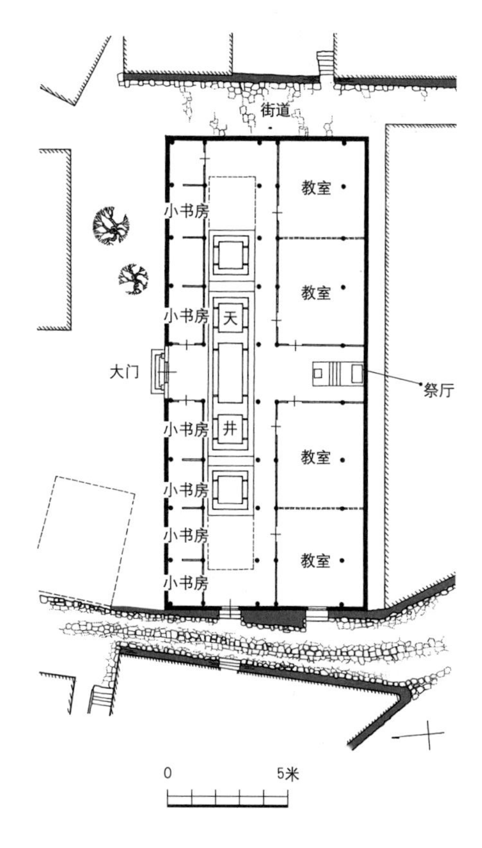

浙江省建德市新叶村官学堂

前徽州六邑之一的婺源县，汪口镇上深巷里有一座小小的院落，院门额上篆“掩翠”二字，正屋三间两层，前又有矮墙，小门上嵌“养源书院”额。前院里，四季香溢的月月桂下，侧墙上镶着一方青石碑，刊刻的是光绪十年（1884）婺源县正堂吴的告示，公布了“汪口封职俞光銮”的一则呈文，并明确予以批准和支持。呈文的主要内容是：“职少孤贫，成童后贸易江西，辛勤积累，随置田亩。因思承先裕后，励学为先，而励学则储田为要。除存祀田慰先灵、微派田亩为六子分析外，仍余之田另立户册完课，存为后人膏火之资。……惟恐日后弊生，或有不肖之子孙举此田而私废之，则励学将堕于半途，而砚田莫贞于悠远。为此，吁叩恩赏给示，以禁私废而杜私受。”这养源书院是一所义塾，用俞光銮捐出的田亩收益创办并维持。

由宗族公建而规模比较大或者层次比较高的书院，一般都选址在风景最佳的地方，有一些就造在水口。乡绅文人们为书院选择地址十分认真，浙江省永嘉县豫章村的石马书院，位于“渠口寨山之麓，后枕高岳石壁，下临溪流深渊”。塘湾村的甝甝书院造在屏风岩侧，“岩后百武许有小瀑布，……下有重磨岩”。因此，各地的“十景”“八景”，大多有一景甚至两景和书院有关系。

福建省连城县培田村有“南山书院”，创建于清代乾隆三十年（1765）。它位于卧虎山北麓，创始人吴锦江取陶渊明“采菊东篱下，悠然见南山”诗意，命名“南山书院”。“南山书院”是培田新八景之一，吴受仁有诗：

步上南山境僻幽，琅玕诵读韵悠悠。
蕉窗雨冷偏逢夜，竹院风凉又报秋。
金石一声天地震，简编万卷古今搜。
朝晴早起人倾听，鸟语书声乐唱酬。

南山书院由两座院落并肩组成。东院大门居中，为牌坊式，清人曾瑞春《南山书院记》说：“书‘德造庐’于门之外，‘培兰植桂’于门之内，‘朱子读书乐诗’于东西壁”。现在所见，大门内门额上书“南山书院”，门外两侧门柱上是裴应章尚书题的对联“距汀城郭虽百里，入孔门墙第一家”。门内墙上书朱子语录：“观古者圣贤所以教人为学之要，莫不使之讲明义理，以修其身，然后推己及后。”正房五开间，两层，底层当心间正厅供孔子牌位，次间为学生教室。西院比东院低七步台阶，是一所两层楼的四合院，西、南两面有前檐廊和美人靠，是当年塾师居住、读书的地方。东、西两院之间夹着一个狭长的小院，有小门向南通院外。书院前有一个半月形水塘，作为泮池，又叫“砚池”，与书院的朝山文笔峰相映成“文笔蘸墨”的风水。

浙江省兰溪市诸葛村，村北有南阳书舍，为八景之首。明代正德年间，陆凤仪写《南阳书舍》诗：

花竹绕庭除，图书万卷余，
云藏扬子宅，人识卧龙居，
景物随游惬，江山入望舒，
悠然栖息者，谁羡武陵墟。

书院不但藏书丰富，而且环境优美，江山景物望之舒而游之惬。在这样的场合读书，“春风绛帐频施教，夜雨青灯好课功”（王以璋诗），真是人生快事。

文馆

除了学塾、书院之外，江南各地村子里又常有一座“文馆”，北方也有而少见。文馆是“文会”的活动场所，文会的成员主要是村子里的文化人、读书人，包括致仕退食的官员、赋闲不仕的功名中人和困顿场屋但也曾熟读经书的人，等等。他们形成村子的舆论集体，有威信，有影响，宗族的大事常要请他们参议，族人有犯过失甚至涉罪的，先由他们问审，决定是否送官。不过他们日常的活动是到文馆里交谊，读诗论文，拨弦吹竹，品茶斗棋。村里的童生、秀才，每月两度到文馆，或携卷呈交，或命题当场作文，由这些文会中前辈评审、指点。同治安徽《黟县三志·艺文》有康熙庚寅知县李登龙写的《聚奎文会序》，他说：“黟县各都之设有文会，一以敦气谊，一以广观摩，诚美举也……余所望会中诸子，正其谊不谋其利，明其道不计其功，日有课，月有会……经旨有未晰者折衷而商订之，文义有未善者讲论而开导之……有过必折，有善必规。”许承尧《歙事闲谭·歙风俗礼教考》记：“各村自为文会，以名教相砥砺。乡有争竞，始则鸣族，不能决则诉诸文会，听约束焉。”黟县南屏村有叶氏文会，五都有集诚文会，关麓村有辅成文会和致中文会，等等。浙江省兰溪市诸葛村，在乾隆年间由族人殷实者捐田、捐银，建立了一个“登瀛文会”，诸葛氏宗谱里的《重整登瀛文会记》里说：“月数聚士子课制艺，优者给以膏火之费，乡会试赠以宾兴之资，从无间断。”黟县五都集诚文会也有“奖励后学以及岁、科、乡、会等试，咸量给资斧，以示优崇”。可见至少有部分文会掌握着一些资财可用于提携后生。

文馆的建筑都很精致。江西省乐安县流坑村董氏大宗祠的右侧，广东省始兴县东湖坪村的曾氏大宗祠左侧，都有文馆。它们的形制几乎和宗祠相同，三进两院，大堂高爽，常用的功能空间都在两厢里。江西省广昌县驿前村的文馆，紧贴抚江左岸，厅堂馆屋不做纵深排列而是横向沿江展开，并依江岸而微曲，只有大厅三间是以轴线向江的。从江上望去，长长一带粉墙上悬出几间敞廊，跌宕有致，典雅而洒脱。江水清清，隔岸便是千亩白荷。

文峰塔

书院学塾之外，最重要的文教建筑就数文昌阁和文峰塔了。

文峰塔是风水术的一种道具，以迷信的方式来安慰和鼓励牛背上的读书郎坚持学习，许诺他们必有出头之日。文峰塔的“作用”是改变村落原来的风水环境，使它合乎有利于大发科甲的风水模式。风水典籍《相宅经纂》说：

> 凡都、省、州、县、乡村，文人不利，不发科甲者，可于甲、巽、丙、丁四字方位择其吉地，立一文笔尖峰，只要高过别山，即发科甲。或于山上立文笔，或于平地建高塔，皆为文笔峰。[①]

“文笔”是一个垂直的实心的圆柱或多边形柱，顶上尖尖如笔端，很简单，一般也不高，三米上下而已。“高塔”指的就是文峰塔，多层，大的可以登临，小的也是实心的，但造型如多层的佛塔，楼阁式或密檐式，层层有檐子。

《相宅经纂》虽说文笔可在四个方位，但大多在巽位，即村子的东南方。这是因为村子一着手选址的时候，就要把村子和水口的关系定下。水口就是村子所在的盆地、谷地或平川地一定范围之内的地表水汇成溪河后流出这个范围去的口子。风水术上把水比作财，所以不希望水

① 甲，东偏北；巽，东南；丙，南偏东；丁，南偏西。

流直泻而去，而希望“去水有情”。于是，就一来要求溪河在水口处曲折，二来要求水口两侧有一对小山丘，一个峻峭一点，一个平缓一点，叫作“狮象把门”，三来最好再有一些亭阁之类的建筑物点缀一下，加强对水口的闭锁，文峰塔就是很合适的闭锁水口的建筑。中国的大地势，照风水术的说法，是西北高而东南低，宋代王洙等撰的风水典籍《地理新书》说道：“西北高，东南低，水流出巽，为天地之势也。”于是，村子的选址就常使水口处在村子的巽位上。水口既是众水的出口，地势当然就低，那就更希望在那里造一座塔“高过别山”了。

浙江省建德市新叶村在东南方（巽方）水口上有一座抟云塔，通高约三十米，砖砌楼阁式，正六边形，七层，层有檐，建于明代隆庆、万历年间。《玉华叶氏宗谱》里有主持建塔的白崖山人写的《抟云塔记》，记下了当年一位风水师的建议：“凡通都大邑，巨聚伟集，于山川赳缺之处，每每借此（按：指塔）以充填挽之助。虽假人之力以俾天之功，而萃然巍然，凌霄耸兀，实壮厥观。”于是，“友松翁暨弟侄辈拟于所居之东，叠级而层垣焉，使天柱之高标与玉华、道峰相鼎峙，以补巽方之不足也”。新叶村以外宅派总祠有序堂为轴心面向北，而玉华山又名砚山，在新叶村之西，道峰山又名卓笔峰，在村之北，建抟云塔与它们相鼎峙，企图用人工补足风水环境的不均衡。但塔的体量当然远远比不上玉华山和道峰山，所谓均衡，不过是风水术上的一种安慰而已。《抟云塔记》又说：初建的塔“凡高一百四十尺有奇，围得高之三一，外辟通明之户者三，内为升梯者六，下作周廊，视其周倍之”。“是役也，虽曰仿浮屠之制万一，堪舆之左券可执，则将来之题名纪捷者当籍籍乎其蝉联而骥附也。如是则古所称雁塔者岂得专其美于前耶？故兹之名抟云者亦曰于方为巽，取象则风，当夫秋飙迅发、彼鹍鹏起者负乘天之云抟扶摇而上九万里，将拭目俟之矣！”可惜，乐观的预言没有实现，叶氏后人渐渐转向商业，新叶村的文运一直不旺。

因为造价很高，有文峰塔的村落并不多，只有富而大的村才有，除新叶村外，如不远的龙游县有刹下塔、浮杯塔、湖岩塔等。原徽州六邑之一的婺源县碧山村（在著名的碧山书院侧）、李坑村、凤山村，江西乐安县的流坑村和广东始兴县的东湖坪村等等各有一座。山西省介休县焦家堡村的奎星塔，楼阁式，砖砌实心，六边七层，高23米。底层壸门塑奎星像，第七层有“文光射斗”匾，塔顶为葫芦宝瓶式琉璃塔刹。一般村落则用天然山峰而略近笔尖形的代称文笔峰罢了。而州县的文峰塔则在南方诸省多见，以“官办”代替“民办”来祈文运，也算是为官者的“德政”。因为州县辖区大，水口不见得能在巽位，这种州县的文峰塔的选址便甲、巽、丙、丁四方都有，如婺源县的就造在丁峰上，而塔形仍旧是“仿浮屠之制”。贵州省都匀市剑江岸边的文峰塔，“为明代万历年间一位姓桂的总兵率领乡人所建。原为五层木塔，后因年久失修而倒塌。清嘉庆五年（1800），都匀吏绅欲修复旧观，但因财力不敷只修了塔基而工辍。道光十九年（1839），都匀籍的甘肃按察使陶廷杰致书乡里，并捐银一千两，资助重建此塔。”[①]这座塔为石质，六边形，七层楼阁式，高31米。山西省介休县的文峰塔，建于城东南（巽方）20公里外的天峻山顶端，是一个石砌实心的平顶圆锥形建筑，形式很别致，高23.5米，始建于明代万历年间，由知县史记事主持建造。广州市小水口的赤岗塔也是一座文峰塔。

广州位于东南海滨，堪舆家素来把中华全国地形简化为西北高而东南低的“天地之大势”，所以，清代屈大均在所著《广东新语》里记录“形家者以为中原气力至岭南而薄，岭南地最卑下”，而广州“其东水口空虚，灵气不属，法宜以人力补之。补之莫如塔，于是以赤岗为巽而塔其上，觚棱峻起，凡九级，特立江干，以为人文之英锷”。这座塔不但是为了振兴广州的文运，而且是关镇水口的重要建筑之一。

又因为州县的辖区大，自然环境的选择范围也宽，所以州县的文峰塔多能造在风景很优美的地方，点缀风景的作用很大。有一部分文峰塔成了州县的地标，从山径上，从舟船上，往往远远望见一塔凌云高耸，给人以此地居民奋发有为的印象，这或许是以塔作为文运的象征的原因

① 见汛河编著：《布依族风俗志》，中央民族学院出版社，1987年。

之一。另一个原因，恐怕就是唐代新科进士都要到雁塔上留名的缘故。

文昌阁

科举时代另一种标志性文教建筑是文昌阁。文昌阁祭祀文昌帝君。《史记·天官书》里说："北斗之上有六星，合称为文昌宫，掌人间文运。"

四川省梓潼县旧有地方神名张恶子，唐代安史之乱的时候玄宗奔蜀，黄巢作乱时僖宗再奔蜀，传说都得到梓潼神的庇护，僖宗遂封张为"济顺王"，从而张恶子名声渐高。北宋时又传张助官军平益州兵变，真宗再度册封。中国民间信仰，神虽大多各有专司，但同时认为凡神必全能，宋代科举制大盛，四川读书人为取功名，便拜曾得唐宋两代皇帝册封的梓潼神祈求呵护。南宋理宗顺民情封他为"忠文英武孝德仁圣王"，从此梓潼神与"文运"发生了关系。元仁宗接受道士的进言，加封梓潼神为"辅元开化文昌阁司禄宏仁帝君"，从此梓潼神和文昌星合而为一，称为文昌帝君。道教的《大洞经》记载："文昌神姓张，讳善勋，字仲子，蜀之梓潼人，生而仁爱忠孝，遇神人授以大洞法箓，护国佑民，殁为神，主文昌宫事。"把民间的崇拜对象纳入自己的神谱，是道教为扩大影响的一贯做法。

文昌帝君主文运，就是主参与科举考试者的成败，而科举考试的成败又不仅关系到每一个读书人本身，甚至关系到每一个宗族的命运。因此，文昌阁的兴建就和科举的兴衰息息相关。宋元间人《道园学古录》作者虞集撰《四川顺庆路蓬州相如县大文昌万寿宫记》碑文里说："宋亡蜀残，民无孑遗，鬼神之祀消歇，自科举废，而文昌之灵异亦寂然者四十年余。延祐初，元天子特出睿断，明诏天下以科举取士，而蜀人稍复治文昌之祠焉。"虞集叹道："于戏，圣天子赫然兴科举，未及期月，万里之外，岩绝之邑，已有闻风而兴起者，信乎其神矣。"[①]相如县清

① 此碑文作于延祐初，距"宋亡蜀残"不过四十年余，只要"赫然兴科举"，征服者就成了"圣天子"。

泉乡慕蔺里也立即起造文昌宫。科举废则文昌寂然，科举重开，则复治文昌之祠，而且只要“读书做官”的路开通，则“宋亡蜀残，民无孑遗”的历史全可忘记。

到了明代，朝廷诏“天下学宫皆立文昌祠”，而且从学宫又普及到几乎所有村落。清代嘉庆六年（1801）仁宗颁上谕：“文昌帝君着海内崇奉与关圣大帝相同，宜列入祀典，同光文治。”每年农历二月三日文昌帝君圣诞，都要派官员祭拜。

文昌阁的形制，大体是一所合院，前后两堂，有厢房或无厢房而只有厢廊，甚至连厢廊都没有。门厅的上方有楼阁，供文昌帝君像。后厅常用为学塾的讲堂。由于楼阁在前面，所以文昌阁的外形高耸而轮廓活泼，又多用翼角翻飞的歇山顶，正脊两端则塑鲤鱼，因为民间以“鲤鱼跃龙门而化龙”比喻平民在科考中一举成功而改变身份。鱼尾变形为细细的龙须形状，几经大弯大曲向上冲腾，动感极强，这是象征“青云直上”，也是科场成功的常用比喻。浙江省建德市新叶村和上吴方村的文昌阁就取这种典型的形制。[①]

浙江省江山市廿八都村是仙霞关戍兵退役以后留居而成的村落，有一百四十多个姓氏，没有宗祠，也不建大型庙宇，而有两座文昌阁，都是三进两院，楼阁在第二进，因此外观比较沉闷。但进门之后，在前院中仰望位于第二进的三层楼阁，三开间，歇山顶，有腰檐，图景非常饱满丰富，气势很盛。且窗花很精巧，处处有细致的浮雕和壁画。这两座文昌阁成了全村最宏丽的公共建筑。它们两侧都有安静整洁的跨院，作为讲堂和山长住房。

小型的文昌阁则是一个独立的两层阁子。前徽州六邑之一的婺源县西武乡黄村造在水口上的文昌阁只有方方的一大间加一圈廊步，两层，攒尖顶，玲珑轻巧，像一座华丽的亭子。江西省广昌县驿前村，虽然曾是一座商旅云集的富村，文昌阁却只有很简朴的三间，有楼，两侧都拥挤着民宅。

---

① 新叶村文昌阁于近年修葺后鱼尾改得十分粗肥，大失原意。

也有文昌阁和比较高层次的书院等组合在一起形成一个建筑群的。可作为代表的是安徽歙县雄村的竹山书院，由曹氏宗族初创于清代乾隆年间。书院主体厅堂有前后两进，上堂三间，太师壁左右悬蓝底金字板联一副："竹解心虚，学然后知不足；山由篑进，为则必要其成。"右厢廊一侧有门通向内院。院内布局活泼，药畦花圃之间，有学生上课的教室和山长的书斋、住房。一条游廊引向一座花园，园内有轩名叫"清旷"，悬书法家郑莱小篆"所得乃清旷"匾。厅内有屏风，上书乾隆时诗人曹学诗的《清旷赋》。曹氏宗族立下了一条规矩，凡科举得了功名的子弟，可以在园里种一棵桂花树，以应"蟾宫折桂"的故事，这个清旷轩因此得名"桂花厅"。桂花厅东北方有文昌阁，筑于高台上，呈八角形，俗称"八角亭"。[①]这座竹山书院很清新脱俗，给求学的和教书的一个高雅的精神环境。

文昌阁与书院一样，环境的园林化是一个极普遍的现象。外借自然山色水光，内则种花栽草，如浙江省兰溪市诸葛村的文昌阁，据《高隆诸葛氏宗谱·重建文昌阁碑记》里描写："为堂三楹，架以杰阁，而奉帝座于其巅。……启窗则岩峦之秀出者咸若蜿蜒盘曲而环拱于其前，俯槛则桃李竹桂之属缤纷掩映于其下。"

乡村士绅知识分子很重视文昌阁的选址。浙江省永嘉县花坦村《珍溪朱氏合族副谱·改建文昌阁记》里记载，清初雍正年间，廊下村乡绅们集资建了一座文昌阁，"然其地卑下，树木蔽障"。邑庠生朱闻轩觉得不满意，邀朋友们登上桂松岭，到了"广可亩余"的一处山阿，"见潭水潆洄而涵影，秀峰耸拔以连云；文笔插其右，斗山踞其左；山川环绕，若绣若绮，因喜不胜曰：此真文昌阁基地，可以安神灵而聚风气矣"！于是在乾隆二年（1737）将原来的文昌阁拆迁到这块新址重建。新阁"门临水曲，地耸云端，拱群峰之突屹，面万木之郁葱，珍川之胜，于此称第一焉。登斯阁者，晨夕之赏心各异，四时之兴趣不穷，文思秀发，颖悟宏开。"（《珍川朱氏合谱·慎轩公传》）而文笔、斗山又

① 参见陈瑞、方英：《徽州古书院》，辽宁人民出版社，2002年。

合乎堪舆风水之术的要求，为文运之所寄。

一般情况下，水口是村子近处风景最好的地方，流水在这里弯曲，两岸山丘对峙，林木葱茏，数百年不伐。而且水口又是文峰塔、庙宇、水碓、亭桥等等的聚集之所，这些建筑形体活泼而变化丰富，又没有住宅之类的干扰，所以很容易形成优美的建筑群，于是，文昌阁也常常会厕身其间。文昌阁不但按风水术的要求参与了“关锁去水”，并且以它耸拔的轮廓、华丽的装饰，大大使水口建筑群生色。而文昌阁本身的建筑艺术也得以充分展示出来。福建省连城县培田村的水口文昌阁为“新八景”之首，有《杰阁吟风》诗：

> 一望云霄势欲冲，巍巍高阁插空中，披襟快我开怀抱，琢句惊人夺化工。檐际抑扬鸣铁马，天边往复送霜鸿。凭栏益壮凌云志，直拟扶摇万里风。

浙江省兰溪市新叶村的水口，文昌阁和名为抟云塔的文峰塔以及五谷祠（即土地庙）一起组成的建筑群在柏树林的衬托下非常生动。文昌阁、文峰塔和五谷祠的组合，是中国千年“耕读文化”的绝妙诠释。

奎星楼·文庙·仕进牌坊·惜字亭

奎星楼

和文昌阁相似的是奎星楼或魁星楼。奎星和魁星都是天上星宿，都被认为“主文运”，因奎与魁二字同音，民间把它们混同了。后来奎（魁）星楼和文昌阁也有混同现象，反正是科举时代祈求考试得意的地方。山西省沁水县西文兴村既有文昌阁也有魁星阁。文昌阁在村里街口，街上有两座乡进士牌坊，魁星阁就造在村子正门门洞上方，它的右侧是关帝庙，进到门洞里面便是文庙。关帝是武圣人，文武二圣在一起，也是常见的组合。西文兴村于清代嘉庆辛未年（1811）建魁星阁，《魁星阁新建记》碑里说道：“文庙功成而魁星阁未建，建章公曰：村之东南（按：即巽方）地势渐下，将欲修一阁以补之，祀魁星神。”它的选址完全符合风水术的要求，如《相宅经纂》所说，只消在聚落的甲、巽、丙、丁四个方位之一上造个高耸的建筑物便可以变“不发科甲”的地形为“即发科甲”。这座魁星阁造在巽位的村门之上，显然就是为了增加高度。阁两层，三开间，上层为歇山顶，下层有腰檐。它加强了村的表现力，使一进村子所在的小盆地的人抬眼便见它耸立于一个台地的边缘，魁星阁成了村子的标志。

文昌阁和奎星阁是村子里的公共建筑，营造费用一般是宗祠的公款，但也有私人乐捐的。前徽州六邑之一婺源县的延村有一方关于建造文昌阁的碑记，全文是："本村水口关帝庙左首，金霁坪自愿输租八秤，与众换田，独建文昌阁，为合里肇开文运，颇当大观。楼上恭奉神像四座，楼下恭奉神位二尊，计用费二千金。子孙笃志诗书，世守勿替也。嘉庆八年（1803）秋月霁坪金益亮记。"个人有了钱，给全村造一座文昌阁作为公益事业，祈求文运肇开，不论文昌帝君是否灵验，也确是善举。

类似的记载在婺源各村还有许多。

文庙

按例，只有县以上建置方可建文庙，但极少数村子有文庙，也就是孔庙。山西省阳城县郭峪村和不远的沁水县西文兴村各有一座，浙江省永嘉县的芙蓉村也有。文庙的地位高于文昌阁，按规定，它的"典籍官"要由曲阜的衍圣公府正式任命。[①]

郭峪村的文庙位于村内西城墙根。明代成化六年（1470），在这里的古代公用建筑废墟上复建了一座"里馆"，"选老人以掌乡之政令教化"，大约相当于一个村政府。万历初，张居正掌朝政时因改制被毁。"崇祯时始赎归里，焕宇王君（即王重新）议诸绅士而居馆废墟建庙焉"，这便是孔子庙，后来叫文庙。[②]到清代乾隆十二年（1747）重修时，将庙址扩大，等级提高，成为当地最壮观的建筑。

郭峪村所在的"里"，从唐代到清初，出了一百多位"乡贤"，本村在清代初年又出了文渊阁大学士、《康熙字典》总裁官之一陈廷敬，这大约是郭峪村得以建造文庙的原因。文庙有庙产十余亩，都是乡人捐赠。

---

① 郭峪村内至今尚存光绪十六年（1890）曲阜衍圣公府任命郭峪村奎文阁典籍官的文件。

② 见《里馆故墟建孔子庙碑》，清康熙二十五年（1686）。

清代所建郭峪村文庙坐北面南，四合院，面积大约四千平方米。地势北高南低，大门前要上十几级台阶。大门五开间，中央三间为明柱厦廊，正殿为大成殿，面阔五开间，正中供孔子坐像，两侧按昭穆分列颜回、曾子等七十二尊孔门贤人的牌位。大成殿有斗栱，前檐用槅扇门窗。大成殿前有月台，便是“杏坛”。大殿左右各有耳房两间，供储存祭仪用品，管理人员也住在这里。

云南省丽江市科贡坊（一门三举人）

东西配殿各八间，为乡贤祠，殿内供郭峪及附近各村（属郭峪里）的乡贤牌位一百多个，并有名贤碑7座。其中两座刻着自唐代至清代一千多年郭峪里考取功名者的姓名，有88位之多。乡谚说：“金谷十里长，才子出郭峪。”金谷是郭峪村所在的山谷的名称。

文庙内另有各种记事石碑一百余块。并有文昌阁一座。

大门的厦廊是科考张榜的地方，平日里孩子和闲杂人等不得在这里玩耍、喧哗，颇有点严肃之气。

每年春秋二季有隆重的祭祀，生员以上的文化人才有资格参加。参加祭祀的人必须长袍马褂、衣冠整齐、形象端庄，并且要洗脸剃头。参祭的人按品级年龄先在大门外排队，然后徐徐鱼贯进入庙内，在杏坛上举行隆重的典礼。杏坛上布陈祭品，人们焚香跪拜，行三献礼，燃放鞭炮。祭毕孔子，再祭拜乡贤。“大社”（按：乡间的行政组织，高于

“社”一级）出资做嫩豆腐，祭礼完毕，分给社中儿童吃掉。嫩豆腐质似脑髓，相信可以补脑，读书聪明，将来登科进仕。①

西文兴村的文庙也是附近西乡各村共祀。民国十年（1921）的《重修文昌阁、文庙碑记》写道：“春秋祀期，往之邑侯下临，或遣学官为代表，率西乡士子习礼讲学于其中，渐摩以诗书礼乐文化，故当时科举联翩，民俗亦为之敦厚。……自前清道光年间殿宇倾圮，呈请移此圣木主于县城文庙，嗣后父老子弟不复睹衣冠文物之盛，习礼讲学之风遂以中辍，而文风亦因之不振，迄今百有余年。”

这座文庙在村正门之内，正门上为奎星阁。文庙北邻为圣庙，内祀历代帝王圣贤的牌位。圣庙之北为文昌阁，文昌阁正位于村内正街东口，街内有乡进士牌楼两座。文庙的西侧有敬惜字纸的焚帛炉两座。这一组文教建筑占了全村不小的面积。②

福建省连城县培田村有“文武庙”，建成于清代乾隆己亥年（1779）。两层楼阁，上层祀孔子，下层祀关羽。《吴氏宗谱》里写道：“每修皆大发，诚敬必高升。”

仕进牌坊

中了科举功名，不但仕途通畅，而且光宗耀祖，自己更可以得到一份永久的纪念。明初洪武二十一年（1388），太祖朱元璋下诏用公帑给新科状元任亨泰在他的故乡建造一座牌坊。从此进士牌坊便流行起来，到了明代中叶成化、弘治朝，还给以前没有建牌坊的进士补建。不久，许多州府和一些乡村都可以看到壮观的进士牌坊了。③清代虽然自嘉庆朝起停止用官帑给进士造牌坊，但听宗族自建，并有些举人也造起了牌

① 文庙在1980年代初被公社某干部因取材建私房而拆除，并及文昌阁。

② 1985年春，西文兴村被定为省级文物保护单位。同年秋为建“小康文明村”，将奎星楼、文庙、圣庙、焚帛炉与宗祠等拆除，因为这些建筑“不文明”云云。同时将汽车路修建进村，文庙、圣庙基址成了停车场。

① 例如：浙江省龙游县南宋绍兴十五年状元刘章的牌坊建于明代嘉靖年间。

坊，不过数量不多。清初的雍正皇帝说过："四民以士为长，农次之，工商其下。"光绪年间编就的《大清会典》说："崇本抑末，载诸会典，若为常经，由来已久。"这些仕进牌坊，把"士"的首要地位形象地告示于天下。对牛角挂书的田舍郎，这又是一个有力的激励。

仕进牌坊以石材的为多，全木构的很少。因为纪念性建筑求耐久，早在元末明初，牌坊就已经基本上由石材的取代了纯木构的了。但石材的牌坊仿木材的，构件和做法等一如木构。牌坊有两大类，一类像门楼，由古代"衡门"发展而来，大约在宋代开始用作纪念性的牌坊；一类用冲天柱，由"乌头门"（或称"棂星门"）发展而来。乌头门式的牌坊大约出现于明代弘治、正德年间，明末盛行，到清代成为主要的形制。

牌坊的式样有双柱单楼或三楼，四柱三间三楼、四柱三间五楼几种。四柱三间五楼式牌坊是最华丽有气派的，最晚出，只有衡门式而不可能有冲天柱式，例子之一是安徽省绩溪县冯村的冯瑢进士牌坊。冯瑢于明代成化十四年（1478）考中进士，屡任福州推官、北京兵部车驾司主事，弘治二年（1489）致仕。牌坊建于成化十五年（1479），即中进士的次年。它四棵柱子的前后都有抱鼓形的"靠背石"增加牌楼的稳定性和厚重感。明间和次间之上的歇山式楼顶各有两攒斗栱，夹在中间的两个楼顶只各有一攒斗栱。斗栱出三跳，并有斜出的栱，很轻巧华丽。脊上的吻和宝瓶的尺度都很夸张，以致轮廓跳动而有喜欣的气息。明间的下枋上雕一对狮子滚绣球，这是民间抒写欢快而热烈心情的题材。次间的下枋上雕的是鹿，谐音"禄"，读书考进士为的是当官，也便是求禄。明间上下枋之间的"字牌"上镌刻"进士第"三字，它上方，有竖向匾额刻"恩荣"二字。恩荣二字表示牌坊的建造是由皇上恩准了的。也有些牌坊在这块匾额上刻"圣旨"或"敕建"等字样，是同样的意思。类似的四柱三间五楼式进士牌坊还有浙江省遂昌县独山村的进士牌坊和福建省连城县培田村武进士吴拔祯的牌坊。吴拔祯护卫慈禧西狩有功，所以牌坊立柱上刊刻对联：

世有凤毛叠荷宸慈颁紫绂；
身随豹尾曾陪仙仗列黄麾。

全木结构的牌坊已经很少见，浙江省永嘉县楠溪江中游岩头村的进士牌坊，是明世宗嘉靖年间为进士金昭造的，四柱三间三楼，但中央两棵柱子是石质的，断面为方形。每棵柱子也都是前后有抱鼓石式的靠背石夹住。这座牌坊的特点是结构近似宋式，斗栱雄大而且用真昂，最上面两层昂的后尾合力托住脊檩，它们下面一层昂的后尾又在中段托住它们。整个牌坊的造型非常刚健有力。通面宽8.46米，柱高4.4米，总高7.63米。它出檐1.65米，很飘洒。瓦脊的曲线十分柔和轻巧。虽然斗栱复杂但整体很简洁，没有装饰然而比例和谐。①

除了为个别的进士建造牌坊之外，宗族或大家族还出资造一种“世科牌坊”，就是造一座牌坊而把本家族或宗族历届举人以上的科名都刻在上面，集体荣耀。例如山西省阳城县黄城村和郭峪村都有这种“世科牌坊”，这两村都是清初《康熙字典》总裁官之一陈廷敬家族的，所以一对世科牌坊基本相同。郭峪村还有张好古“一门三进士”、张鹏云“祖孙兄弟科甲”等的世科牌坊。江西省乐安县流坑村则有“五桂坊”纪念董氏三代五人于宋仁宗明道二年（1033）同榜中了进士。

另有一种“集体性”的进士牌坊，如山西省阳城县城里的“十凤齐鸣”，纪念同一位老师的十名弟子于清代顺治丙戌年（1646）同榜高中进士。

作为一种旌表性的建筑，乡土社会里早在仕进牌坊前，大约从宋代起，便有牌坊，而且数量大大多于仕进牌坊。最多的是贞、节、烈、孝、慈这种专门用以束缚妇女思想的牌坊，其他还有彰义的和铭记功德的等等。又有一种和科举有很大关系的牌坊，就是揄扬仕途成就的，如“四世一品”“同胞翰林”“父子尚书”等等。这些牌坊的形式和进士牌

① 永嘉县花坦村的宪台牌楼和朱氏大宗祠（敦睦祠）的大门以及苍坡村的大门，都与这座进士牌楼的结构相似。

坊没有差别，而且常常造在一起，形成牌坊群。

仕进牌坊和牌坊群在村子里并没有一定的位置。常见的有：第一，在大宗祠门前附近，如浙江省永嘉县岩头村的进士金昭牌坊；第二，在村子的主街上，如山西省沁水县西文兴村的“丹桂传芳”和“青云接武”牌坊，于明代嘉靖年间为柳琭、柳遇春两位乡进士建立的。总之，牌坊的建造目的在于表彰个人、荣耀宗族、教化大众，所以总要选择在容易被乡人们见到的地方，以充分发挥它们的作用。有些贞节牌坊位于开阔的田野中，不免显得寂寞。这种选位初意是避免它们和陌生人接触。江西省乐安县流坑村则有把贞节牌坊影贴在山墙面上部的，“可望而不可即”，保持女性的“高”“洁”。一般也不许人从贞节牌坊下穿行，以致常用矮墙封住，或把贞节牌坊顺贴在路旁。

牌坊因为形式特殊，又有炫耀公众的意义，所以对村子的景观起很大的作用。当若干个牌坊组合在一起的时候，很能形成一幅壮丽的图景。例如安徽省歙县棠樾村村口大路上一溜七座石牌坊和浙江省永嘉县花坦村大宗祠前大道上的八座牌坊。

有一些地方，不少牌坊和大宅的正门相结合，实际上就是贴到房子正面，而以当心间框住大宅的正门。这种牌坊主要是一些不属于官方认可的“世科坊”或者贞节坊。北方的山西省阳城县郭峪村多以世科坊为门面，光耀一个小家族，例如陈廷敬伯父陈昌言建的大宅的门面，以及张好古、张鹏云的大宅等。郭峪村和它的邻村如上庄、中庄、下庄、郭壁下等村，这类牌坊门头上的牌坊斗栱有出七跳之多的。而南方江西省乐安县流坑村，则多以本来仿木牌楼式贴墙门面改为旌表个人的功名的牌坊。其中还有一座贞节牌坊，不合常规。[①]

类似于牌坊的旌表科名成就的建筑，还有独立的楼、门等等。如江西省乐安县流坑村的西主门“状元楼”，纪念南宋绍兴十八年（1148）

① 因为村里其他的贞节牌坊都严守不许人从下面穿过的规矩，所以，推测这座牌坊原来本是把牌坊式的大门贴墙门脸改为贞节牌坊，把门口封堵，另走边门。（村中另有一例）后来房产易主，又把原大门打开。

福建省连城县培田村旌功牌坊

董德元得中状元；又有东主门“翰林门”，是为被荐为明代翰林院编修、参与编纂《永乐大典》的举人董琰造的，门洞两侧有大学士杨士奇题的联。

惜字亭

乡土社会中还有一种重要的文教建筑，便是“惜字亭”，或者叫“焚帛炉”“仓颉亭”，是用来焚烧有字迹的废纸的。

文字是人类最伟大的创造。人类的智慧来自信息的积累和传递，而积累和传递信息的最有效的工具是文字。四川省民间流行的传单《敬惜字纸文》说：“千里之遥，付数言可以相通；万古产业，皆赖字迹为据。”[1]说的便是文字信息的传递可以突破空间和时间的限

① 原载《佛说三世因果经图解·附醒世诗歌》。

制。百姓把社会强势群体叫“识文断字”的人，说弱势群体“西瓜大的字识不了一箩筐”，是不是识字，识多少字，能决定一个人在社会中的地位。

文字既然有这样大的威力，人们采取的上策是努力学会识字，摆脱“睁眼瞎”，同时，又不禁油然而生对文字的敬畏之忱，甚至带一点神秘色彩。几乎普及于全中国的一种巫咒说：“凡脚踩了有字迹的纸张，必会瞎眼。”更不用说拿来作污秽的用途了。四川省同治《合江县志》有清代乾隆年间当地解元罗文思写的《惜字引》，说：“赤文绿字，无非天地精灵，鸟迹龙章，尽是圣贤心血。”于是有诗道：“世间字纸藏经同，见者须当付火中，灰送长流埋净土，后世子孙必昌荣。”把敬重成文的字，扩大到敬重零星的字迹，为了避免亵渎文字，就得把有字的纸烧掉，把灰送进河流中去或者掩埋于土中，以免被糟蹋。

四川省合江县福宝场惜字亭

民间广泛成立“惜字会”或“惜字社”，起名为“崇文”“广善”“德文”“拾遗”等等。会员自己身体力行，或出资雇人，背个篓子到处捡拾有字迹的纸，同时，向住户、商店、学校等处散发传单，呼吁敬惜字纸以积阴德。他们把收集到的字纸集中焚烧，为此募款建造专门的焚烧炉。焚烧字纸的炉子通常叫“惜字亭”，也有叫“焚帛亭”的，因为古人在纸张发明之前用帛写字，也有些地方叫“仓颉亭”，因为传说仓颉是中国文字的发明人，是“字祖”，“仓颉作书，功侔造化，启文明而有象，衍圣教于无穷，字之功用大矣！”[①]有些惜字亭就造在文昌宫边上，把仓颉和文昌帝君并列。

台湾《噶玛兰志略·卷十一》记载：“兰中字纸，虽村氓童妇皆知敬惜，士人于文昌宫左筑有敬字亭，立为惜字会，雇丁搜觅，洗净焚化。每年以二月三日文昌帝君诞辰，通属士庶齐集宫中，演剧设筵，结彩张灯，推年长者为主祭，配以仓颉神位，三献礼毕，即奉仓颉牌于彩亭，将一年所焚字灰，装以巨匣，凡启蒙诸童子皆具衣冠，与衿耆护送至北门外渡船头，然后装入小船，用彩旗鼓吹，沉之大海而回。”这段资料很生动地记载了捡字纸、洗净、焚化、积灰，并以隆重的仪式将字纸灰最后送入大海的过程。

惜字亭遍及全国城乡，一个村子往往不止有一座惜字亭，立在人们常到的地方。惜字亭的形式，多是小小一座歇山顶或者攒尖顶的砖砌小方亭子，是建筑式的，只有一米来高，下面再垫着一米来高的座子。另一种是瓶式的，圆腹，四面开圆孔，上面或者是攒尖式的建筑屋顶，或者叠几个连珠、莲花，总高也不过两米左右。这两种都做得很精致。四川省合江县许多村里都有一座石块砌成的惜字亭，为五层至七层楼阁式的塔，六边形，高度在六至八米之间，有一些在塔身上安两个小龛供仓颉和文昌帝君的像。它们或者起着文峰塔的作用。建造年代从明至清，以清代为多。有些塔身上刻一篇“序”或“记”，有些只刻“增福禄”或“天开文运”之类的吉祥话。福宝场的惜字塔，在字纸入口处有额书“字库”二字，左右一副对联：“双笔归杜库，一画入曹仓。”塔身上还刻着嘉庆年间重庆府训导邑人赵予际撰的一篇序文，是研究福宝场历史的重要文献。

台湾桃园县龙潭乡凌云村竹窗子段的圣迹亭，[②]是一座惜字亭，初建于光绪元年（1875），经光绪十八年（1892）和民国十四年（1925）的两度扩建，成了一个规模不小的建筑群，占地南北长46.7米，东西宽

① 清罗允猷《惜字炉碑文》，见同治《合江县志》。

② 关于此台湾圣迹亭，资料均采自台湾汉声杂志78期，《龙潭圣迹亭》，1995年。

21.7米。它坐北面南，圣迹亭居于北端，有正方形台基、八边形亭座、正方形炉身、六边形的上段，和葫芦攒尖顶几部分，总高6.92米。圣迹亭的核心是炉身，它的正面也便是南面炉门口，有两副对联，外侧比较大的一副刻的是“鸟喙笔峰光射斗，龙潭墨浪锦成文”，内侧一副小的是“文章到十分火候，笔墨走百丈银澜”。横批分别为“文运宏开”和“过化存神”。亭前面向南伸出中轴上的石板路，两侧铺草地。中轴路的北端，圣迹亭的台基前，有供台，南端有祭台。祭台之外是中门，门两侧有弧形云墙一段。云墙尽端各立一棵石质的“文笔”。再往南为头门，是比较简单的一对砖质方柱体。头门之外是1979年扩展的外院，它的轴线为东西向。东侧建四柱三间三楼式高大的砖质仿木构牌楼门，面向东，体量远大于圣迹亭本身，西侧则建三开间冲天式石质牌楼一座，它的又西侧建一座大照壁，上面书写圣迹亭建造的经过。这一个圣迹亭建筑群的规模之大是全国少见的。

惜字亭日常管理和祭祀仪典由村里的民间组织文会负责。

书院、学塾一般都有自己焚字纸的炉子，常见到的是嵌在墙上，像个壁龛。龛口镶一圈砖浮雕，上方再加一些如意云头或者毗卢帽式的装饰。福建省连城县培田村南山书院的化纸炉有联：“赐火曾传汉，遗灰尚憾秦。”

有些庙宇也有焚帛炉，甚至陕西省葭芦县王家砭乡旷野土山上一间小小山神庙前也垒着一个大如板凳的塔式焚帛炉。

对字纸的珍惜甚至敬畏，其实是对文化的珍惜和敬畏，更现实的考虑则是惜字纸者有好报应，而最好报应便是中科名。四川省合江县人罗文思在《惜字引》里说：“杨全善埋字而世掇巍科，实为盛事；王沂公捡废而子登鼎甲，最是美谈。”[1]对文化的珍惜和敬畏，其实也是很功利的。

---

① 罗文思《惜字引》见同治《合江县志·艺文》，本节关于四川省合江县的惜字亭资料均由合江县博物馆馆长王庭福先生提供。

六、小品建筑

亭
牌坊
桥
塔
水碓和碾子
枯童塔

浙江省武义县郭洞村节孝牌坊立面

亭

乡土社会里有一些常见的公益性小建筑，其中比较重要的是亭子、桥（桥亭）、渡头，等等。在浙江省永嘉县楠溪江两岸，在原徽州六邑的田野，还有江西和福建农村，处处都点缀着一些轻盈的、小巧的、形式活泼的小亭子供人休息。这些吴越稻作地区多雨，春雨缠绵，夏雨倏忽，在田间劳作的，在山路上赶脚的，在埠头待渡的，还有那些带着孩子挎着木盆在井边溪头浣洗衣服的妇女，都需要一个随时可以避雨的场所。于是，在这种地方就有了亭子。

亭子是村人们造的，作为一种公益活动，有独家捐钱的，有几家合伙的。有了点富余钱，就为乡亲们做点儿好事，这是农耕时代厚道的农人们的传统。有一些是出于许愿还愿，家里人病了，到庙里去烧香求菩萨，应允病人康复之后造一座亭子给大家。经济拮据的，只捐一根柱子钱也行。村里管事的会把钱存起来，待别家捐了，一凑齐了料就开工建造。还有一种“孝子亭”，父母老了，做寿的时候，儿孙们造一座亭子给乡亲们遮风挡雨，一来为了祈福，二来为老人留下一份念想，永远受人敬重。这当然也是子孙们的体面。本来是纯功能的亭子，在社会中存在，便渐渐浸润了丰富的人文性。

路亭的公益性使它们成为田野间最富有人情味的场所。在农耕文明时代，路亭里一般备有茶水，炊具和柴草也都齐全。年年从端午到重阳还供应暑药。到亭子里歇脚的过客，自己取灶头葫芦舀一瓢山泉，倒进锅里，烧几根现成搁在灶边的山柴，解开随身带着的米袋，便可以煮一顿喷香的饭。吃饱喝足，翻起脚底板看看，草鞋磨坏了，从容从柱子上解下一双新的穿上。这一切都是免费的，用不着谢什么人，回家去照样做一点这类关心人的事就是了。亭子里的费用或者由村人分担，轮值砍柴、打草鞋，或者由宗族公田拨出一份，固定以所产供应亭子日常所需。楠溪江边岩头村南门口的乘风亭，正面柱子上的一副对联，刻的是：

茶待多情客，饭留有义人。

殷勤的主人心地仁厚，把过路客叫作多情而有义的人，给离家外出晓行夜宿的人多少慰藉。这就是父老乡亲！

富裕一点的人家，会花钱雇一个人在路亭里做些关照过客的服务工作，备下碗、筷、盆、碟供过客使用，略有一点做善事的味道了。这种功能比较多的路亭通常在明间加一小间房子，向后凸出。

有一些亭子造在水口、村口，那里除了过客多，还经常有老人们聚会，他们已经不再劳作而安享余年了。几十年风雨中共度艰难岁月的老哥们儿，整天坐在亭子里的栏杆椅上，议论着天气和庄稼，话儿不多，从缺了牙齿的嘴里吐出几个模糊不清的音来，就彼此都明白了。亭子给他们以生活的温暖，他们给村子的人们一种和谐安宁的气息。

夏季雨水倏忽，田间劳动的农人，在风雨突然袭来的时候，总能有亭子可以躲避。

路亭的形制大体有两类，一类是穿心亭，多是三开间，三面或四面有墙，道路穿亭而过，从山墙进出。亭里有大木架在柱子间，供人坐下休息。另一类是路边亭，小的一开间，大的三开间，正面贴路边而且通面阔敞开。也有少数四面完全敞开的，柱子间也有大木横架作坐凳。亭子小，很朴素，但是按地方传统精心造来，封火山墙头曲线富有弹力，构架也用月梁。

楠溪江中游山路、田畔和村头的亭子最多，曾经有过至少两千多座，至今保存下来的尚有274座。[1]多用歇山式屋顶，飘逸洒脱的曲线屋面，中规中矩，风姿绰约。点缀得田野生趣盎然。

除了路亭，乡里的村落多有大大小小的公共园林，园林里大都有亭子。再以楠溪江流域为例，如芙蓉村中心芙蓉池里的芙蓉亭、溪口村莲池里的水心亭、岩头村丽水湖南端的花亭、埭头村卧龙冈上大樟树下的清风亭以及水云村的赤水亭等等。这些亭子形式都很华丽，对村落有很强的装饰性，它们在赞美村子的安乐和文明。

水云村的赤水亭还附带着戏台。北半部面对道路，供人休息，南半部是戏台，面对远处的溪流。演出时北边一半便是后台，观众在溪流和戏台间的空地上看戏。台柱上的楹联是："为奸为忠昭然明鉴；入情入理莫作闲看。"戏是教化人的，亭子也不忘教化。

村子的"十景""八景"之类常常有以亭子为主题的，如楠溪江畔溪口村《南山十景诗》有"水心亭"一首："亭榭俯横塘，盈盈一水长，柳丝披拂处，惊起两鸳鸯。"明代中叶，鹤垟村任职锦衣卫的谢廷循在村头溪边造了一座"临流亭"，他把亭子的图样上呈明宣宗御览，宣宗给他题了一首诗：

> 临流亭馆净无尘，落涧泉声处处闻。
> 半湿半干花上露，飞来飞去岭头云。
> 翠迷洞口竹千个，白占林梢鹤一群。
> 此地清幽人不到，惟留风月与平分。

在楠溪江流域，各类亭子里大多都有神龛供奉三官大帝。三官大帝是天、地、水三位帝君，他们掌管着农业生产的绝对命脉，尤其在稻作地区。楠溪江古属崇巫尚鬼的瓯越，所以既然乡野间、村门边有个亭子，就不妨顺例祭祀上三官大帝。那些亭子很朴素，但神坛却十

① 据1991年永嘉旅游局统计。

分精美甚至华丽。花坦村东门内一座这样的亭子，或者可以说是三官大帝庙，不但神坛精美华丽，天花上的藻井也十分精美华丽，竟是建筑艺术的上品。

乡村里也有另外一种感情的亭子。前徽州六邑之一黟县西武乡关麓村，是徽商的村子，北靠西武岭，半山上有一座穿心的三开间路亭被当作山神庙，有神像和祭坛。附近村里的孩子，跟徽州朝奉的子弟一样，一到十二三岁，便随父兄出去学做生意了。十七八岁，回乡娶亲，然后每年回来度一个月的假，假期满了，便穿一双草鞋，背一只包袱，提一把雨伞，再出去谋生。妻子从粉靥胜花到白发如霜，年年送丈夫到山神庙，怅惘地望着他一步步踏着崎岖的石板路走进密林中。在等待的一年里，她们每逢初一、十五，都会到山神庙来烧香、磕头，祈求丈夫平安，祈求明年还能顺利迎来丈夫。一代又一代的妻子们一年又一年的香火把山神庙的四壁都熏成了黑色。当年同为徽州六邑之一的婺源，有一个豸峰村，村外古道边也有一座“望夫亭”，讲着同样的故事。其实，这故事几乎在所有村落的下水口亭子里都在演出，只不过并不都叫它们“望夫亭”罢了。

乡土生活并不是单有“农家乐”式的恬静单纯，它也有自己的波澜。不但有个人的生老病死和躲避不了的天灾人祸，更重要的是有些波澜会和宗族兴衰社会治乱发生关系，以致引起祠堂和衙门的关注。于是，一种常见的教化方式是建造作为扬善惩恶之处的亭子，它们多造在村落中心，来往人多的地方，官定的正式功能性名称是“申明亭”。

本来，一般村子都会有一座或几座人们休息时候闲坐聊天的场所，大多是街亭，它们自然也渐渐成为舆论中心。湖南省会同县高椅村就有几座这样的亭子，其中有一座叫“世德亭”，亭内中柱上挂一对木板，用墨汁分别写着一首诗的上下阙：

不作长亭构短亭，乘凉多半属颓龄；
好将忠孝谈遗迹，嘱咐儿曹仔细听。

浙江省永嘉县坦下村村口凉亭（李秋香 摄）

浙江省武义县郭洞村回龙桥上的亭子，这里为村子的水口，是村落范围的标志（李秋香 摄）

浙江省永嘉县水云村白云亭，既是村民路人的休息之所，又是百姓供奉祭祀三官的庙宇（李玉祥 摄）

浙江省永嘉县芙蓉村的芙蓉亭，是村落的公共休闲之地，孩子们在此玩耍，老人们聊天，妇女们在池边洗衣（李玉祥 摄）

这种习俗由来已久，渐渐形成规矩，政府就顺势规定宗族或“社”把它们当做官方的“申明亭”。清代道光年间（1821—1850）的《徽州府志》说：“凡民有作奸犯科者，书其罪，揭于亭中，以寓惩恶。”另在城里县衙门附近则造“旌善亭”，这大概是因为当官的喜欢扬善，以表示自己政通人和的治绩。

安徽省歙县唐越村口的长亭，送往迎来就到此处（李秋香 摄）

江西省婺源县李坑村中心三岔路口有一座拱桥叫通济桥，桥边就有一座申明亭，大约五米见方，重檐。浙江省龙游县三门源村也存下了一座申明亭，也在村中心的一座拱桥边上。桥头长夏清凉，一般都是村人们喜欢会聚交谊的地方，自然成了村子的舆论中心。后来，大约因为只惩恶不大光彩，慢慢地，申明亭里就既惩恶也扬善了。惩恶扬善本是宗族的分内事，所以，凡宗族关系薄弱的地方，这种申明亭就很不成样子了，例如山西省阳城县郭峪村是个杂姓村，它中心的三岔路口，一处号称申明亭的，竟是贴宅墙半腰的一溜窄窄的瓦檐，像个布告栏，勉强能给“揭单”挡一下小雨而已。

虽然如此，历史上的这一件措施还是很有意义的。

牌坊

表彰性的和炫耀性的牌坊，在南北各地都很常见，尤其在东南部各个经济和文化都比较先进的省里。它们是一个村子的骄傲。凡建牌坊都要经朝廷审批，所以牌坊上部正中都有一块不大的竖匾，刻着“圣旨”“敕建”或者“钦旌”等字样，表示确系“奉旨兴建”，是正宗的牌坊。最常见的是为科名、宦绩、寿考、义举、女德等而建造的，[①]它们有单间的，也有三间的，都跨着街路。但表彰女德的牌坊，大都侧向造在路边，中跨还要用矮墙挡住。

经过破坏性极强的“文化大革命”，许多村落里大量建造过的文教类建筑在“破四旧”运动中遭到严重的破坏，但还有少数村落侥幸地保存了一些，其中就有江西省乐安县的流坑村。流坑村本来就是文化水平比较高的村落，宋代就“户户弦诵”。据道光庚寅年（1830）族谱记载，当时流坑董氏有83座大小宗祠，28所书院。据1989年《乐安县志》，董氏有著作三十余种刻板问世。村里的曾姓也创办了书院。董氏和曾氏都有著作收入《四库全书》。流坑村民于宋代在科举上成绩斐然，北宋时，流坑董氏有进士15人，南宋时董氏有进士11人，且有一位中了状元。和科名大振相应，流坑村建造了不少文化建筑，其中有董德元中了状元之后造的一座状元楼。这以后，流坑村居民转而以水运木材

① 科名、宦绩等牌坊参见《文教建筑》章。

为主业，收入大增，但科考成绩大落，元、明、清三代只有明代出了一位进士（成化二十年，1484）。读书人转向实用，以医术和阴阳堪舆之术闻名。但这时期仍有牌坊等兴建，不过所旌表的多为寿考、贞节之类。

流坑《孕昂公房谱》中记录了全村48座牌坊。其中有：一为科名类：状元坊，纪念八世祖董德元于绍兴十八年廷试第一；五桂坊，为宋景祐元年洙公等父子、兄弟、叔侄同登进士榜；奕叶天香坊，为进士四十人立。二为封爵类：累朝师保坊，为太子太保、太子太傅等立；子男封爵坊。三为贤德类：郡邑乡贤坊；七朝耆德坊，为明御史时望公立；丛桂流芳坊，为十六世祖季敏公立。四为学识类：道学源流坊，为祀乡贤仲修公立；文献世族坊；理学名贤坊，为二十二世祖燧公立。五为寿考类：齐泰坊，为二十世祖志杰公立；百岁坊，为二十二世祖光武公立。六为伦理类：慈孝坊二，贞节坊二。但经过近年的大破坏，上述近五十座牌坊中保存至今的只有“高明广大坊”“应宿第坊”“双寿坊”和“节孝坊”等几座了。

状元楼，现有的是村子的西门，上下两层，下层为拱券过道，上层有一座大厅，三开间，柱上悬联：“南宫策士文章贵；北阙传胪姓字先”。村子的东门为“翰林门”，东门口有对联“数封天子诏，当代帝王师”。门楣上有“少司戍第”匾额，落款为：“内阁大学士杨士奇为国子司业前翰林院编修董琰立”。门侧有金幼孜书联：

国史总裁望重一时锁闼；
英才乐育名高天下宗师。

女德，主要是贞、节、慈、孝，特殊情况下有“烈”。明初洪武元年（1368）诏曰：“民间寡妇，三十以前夫亡守制、五十以后不改节者，旌表门闾”。丈夫去世时还不到三十岁的妇女，在不幸寡居后，敬老抚幼，含辛茹苦，维持了一个安定的家庭，最后使“老有所终，幼有所长，废疾者皆有所养”，她自己正常死亡后，宗族可以向官方申请旌表，建造一座纪念物，这就是节孝牌坊。在当时的社会经济历史条件下，这样辛劳的妇女，确实应该受到尊重，得到表彰，她们维护了社会的安定。

节孝牌坊和科名牌坊之类的形式是相同的，以三间三檐的居多。不过节孝牌坊有一个特殊的要求，便是牌坊之下不可以容人穿行。[①]因此，它或者在开间中设矮墙、铁栅等障碍，或者背靠甚至紧贴在一座建筑物的墙壁上，所以它们都顺街巷道路沿边而造。有一些地方的贞节牌坊为了防人在它下面穿行，做了更加严格的防范措施。江西省乐安县流坑村有两座贞节牌坊，呈浮雕式，镶嵌在住宅山墙的上半截，而且位置很高，人们伸手也不能触及。为了减轻牌坊的重量，它们的体形尺寸比较小，而且很薄。可惜因为保护太差，坊上原有的刻字已经漫漶不清了。它们所表彰的女子的事迹，全村也已经没有人说得清楚了，倒真正是“质本洁来还洁去”。

在贞节或节孝牌坊明间的大小额枋之间，有一块石板，镌刻着“节凛冰霜”“劲节可风”之类的褒词，也有略述苦节的。总之，多少也能表示对艰难的守节生活的同情和对抚老育幼的辛苦的尊敬和感谢。

在某些特殊的历史条件下，妇女所受的摧残很痛苦。例如，皖南和苏南，太平天国战乱时期妇女遭难的很多，因此应该建造的贞节牌坊便很多，就只好建“节孝总坊”。清道光二十二年（1842）朱骏声为安徽黟县的总坊写了一篇“疏”，说：“《县志》所载，未旌孝节贞烈妇女共千九百十五，又新增采访已故贞节烈妇七百十九，现存孝贞节烈妇千三百二十三，共三千九百五十七”（见《黟县志》）。苏州也在清道光年间（1821—1850）造了一座总节孝祠，旌表吴郡三邑“应”受旌表的贞、节、烈、孝妇女三千四百多人。苏州知府李璋煜为总节孝祠题了一

① 安徽省歙县棠樾村著名的连续七座牌坊中有两座节孝坊，一座是乾隆三十二年（1767）吴氏的，一座是乾隆四十一年（1776）汪氏的，都违矩跨路而建，不知何故。

副楹联，说：

节烈阐孤寒，补五百年吴中阙典；
春秋崇享祀，慰三千人泉下贞魂。

关于这两地的“总祠”，长官们在诗与联中都提到“贞”“节”与“烈”，可见当时妇女所遭的压迫、束缚、摧残之重。

又有一种旌表性的牌坊，多是纪念“功宗德祖”或各种杰出人物的。例如，浙江省宁海县县衙门口的方孝孺纪念坊。方孝孺是明代初年的一位大学者和一位杰出的大臣。他在朱氏皇族的内斗中因为坚贞不屈于暴力淫威而惨遭杀害，甚至牵累了“十族”。在当时的历史文化条件下他持正不屈的精神也是应该受到尊重并且世代纪念的。

这座牌坊是木构的，三开间，额间特别用十分珍贵的柏木板做了一块大匾，匾上刻的是“天地正气”四个字。这四个字源自文天祥（1236—1283）《正气歌》首句：“天地有正气，沛乎塞沧溟。”不料，1964年，竟为了拆掉旧县衙门造新的办公楼而把这座几百年来受人敬崇的牌坊一起拆掉了，“破了四旧”。

浙江省永嘉县芙蓉村旁有一座陡峭且高的芙蓉峰，峰下有一座坟墓，是陈虞之的。陈虞之是宋代末年的进士，他响应文天祥的号召，带领芙蓉村的青壮年在芙蓉峰上扎营抗元，死守山头。[①]后来，抗元失败，他跃马跳岩死节。几百年来，村人都保护着他的坟墓，近年，这坟墓却因为无人照料而毁掉了。

一座家祠，一堆孤坟，它们都可能有历史的和文化的信息，有善恶的和是非的判断，把它们保护住，本来也是应该做的事。

旌表性的牌坊，在村子里常常建造在一起，或者相近的位置上，以求得更强的效果。例如，浙江省永嘉县花坛村，大宗祠前的横街上前前后后排了八座牌坊，木石兼用，各有不同的旌表主题。安徽省歙县棠

① 村中传说，坚守三年之久。

棠樾村的东门外，沿着有点弯曲的田间石板路，前后建造了七座石坊，受旌表的竟都是管理两淮盐务的鲍氏家族的。它们是鲍家贤尚书坊（明天启二年，即1622年建，乾隆六十年重修）；鲍逢昌孝子坊（清嘉庆二年，即1797年建）；吴氏节孝坊（清乾隆三十二年，即1767年建）；“乐善好施”坊（清嘉庆二十五年，即1820年建）；汪氏节孝坊（清乾隆四十一年，即1776年建）；慈孝里坊（建于明初，清乾隆1777年重修）；鲍灿孝行坊（明嘉靖年间，即1522—1566年建）；另外还有一座骢步亭（1736—1820年间建）。这七座牌坊都是纯石构，四柱三檐，其中有五座为通天柱式。它们相距不远，道路又有弯曲，所以显得疏密十分适宜，尺度也很和谐。

个体牌坊中最特殊的一座是安徽省歙县的许国石坊。它建于万历十二年（1584）。许国是“少保兼太子太保礼部尚书武英殿大学士”，地位很高。牌坊造在进城门第一个十字路口，竟采用了一种很特殊的构造：四面牌坊。它南北正面是两座牌坊，每座三间，两个侧面是两座单间牌坊。四座牌坊组合成一座四面围栏式的牌坊。它位于距南城门不远的十字路口，阔面朝南北，窄面朝东西。

这种四面坊极少见，安徽歙县丰口还有一座，得名为四面坊，每面只有一开间，共四棵柱子。它四面都没有路，立在荒野的、狭窄的河边陡岸上。它的存在使对许国石坊形制的解释更加困难了。

桥

南方雨量大，溪河密布，因此就多桥。桥有梁桥和拱桥之分，梁桥有木质和石质的，拱桥的结构主体均为石质。拱又分真假，假拱就是多少个单券平行在一起，用很多铁质元宝楔（又称银锭楔、燕尾楔）把它们联结成整体。不论木桥还是石桥，也不论梁桥还是拱桥，都有单跨的和多跨的。连续多孔的石拱桥上地面大多是平缓的，甚至是平的，两侧有石板栏杆。三孔以下的石拱桥则多呈虹形，而且往往还加高石墩，形成极美的侧影，刚柔相济却又轻快，如上海郊区朱家角村的虹桥、浙江湖州南浔拱桥和江苏苏州盛泽白龙桥，都极其轻巧挺拔。更美的是在桥顶再造一座轻巧玲珑的亭子，如浙江省武义县郭洞村村口的回龙桥。

郭洞村回龙桥是一座单跨石拱桥，初建于元至正年间（1341—1368），叫石虹桥，几度坍塌重建，清康熙年间第二次重修后，改名为回龙桥，至今良好。拱跨14米，拱高7米，正是个半圆。桥面宽3.7米。清乾隆十九年（1754）在桥顶上加建了一座方亭子，用四棵石质柱子。亭子平面三米见方，上覆四角攒尖顶，非常轻盈，尺度和桥的整体十分和谐。乾隆二十二年（1757）村人何孚惠撰《回龙桥石亭记》说："或以为古代桥必有屋，所以使桥坚且足为往来者所休息。"这篇文中认识到了亭子的重量对稳定圆形拱桥的重要性，它能"使桥坚"。自桥亭建成之后回龙桥就没有再坍塌，而亭子又为往来的人提供了休息交谊场所。何孚惠接着写道："吾族居民以耕凿为务，其有戴笠负锄驱黄犊而过者，于此详菽麦之辨，月夕风晨，有连袂袖书而来者，即于此续黄石一编，亦无不可也。"

离俞源村不远，武义县去宣平县的半途，有一个樊岭脚村，村子水口建筑群中有一座桥，桥上建着一座木构的大厅堂，很宽敞。这种廊桥在浙江、江西和福建很多，是村子的集会场、戏院和某种大型群众性活动的场所，也可用作集贸市场。在河段上方造这种场所，大概也会有两种考虑：一是少占农用地面；二是防火灾的蔓延，因为戏场、市场容易引发火灾。

梁式桥里最有乡土特色的是皖南、浙江、江西、福建的木质板凳桥。板凳桥是一种多跨桥，每一节像一只长板凳，不过桥板和板凳腿并不固定连接在一起，在两节桥板交接处只用一副板凳腿同时支承相邻两节。这板凳腿有的本身像一只板凳横过来放着，有四条腿；但大多数只有两条腿，在支搭的时候要扶住，两端都架上桥板之后就稳了。桥板是用七八根杉木顺向并联而成的。每节一丈或一丈三尺，一节一节地搭，边搭边用竹篾编的缆绳把相邻两节捆住，联结是柔性的。整体搭成之后，又用一根通长的竹篾缆绳（如今多改用铁链）串联各节，一端固定在岸边的石柱桩上或大树上，另一端自由。洪水暴发的时候，桥腿架就会倒塌，但是各节桥板和支架有缆绳连系着并不会被冲走，而是顺水势靠拢固定端一边的岸线漂着，摆动如蛇。待洪水退了之后，再捞回来重新搭架。山洪很快会过去，桥的架搭又很容易，农民自己就会，材料也现成，所以这种板凳桥的应用很普遍。长的板凳桥有达到一二百米的，如江西省婺源县城（紫阳镇）南、北、东三个城门口外的板凳桥和汪口村俞氏大宗祠前的板凳桥都很长。

板凳桥在宋画中就可以见到。"鸡声茅店月，人迹板桥霜"，那板桥大概就是这种板凳桥。

石质拱桥里最有乡土特色又最显功夫的是浙东一带用大块天然卵石干砌而成的，看上去似乎不大可靠，却也能历百年而依然牢固安稳。浙江省宁波市和奉化市相邻处的岩头村，村口外不远就有两座这样的桥，一座单跨，一座双跨。跨距大约有十米。单跨的完好如初，双跨的有一跨纵向裂开，半边垮坍，但剩下的半边上仍然可以过人。[①]

浙江省永嘉县楠溪江有些村子的村墙门洞也用这种干码的卵石拱，如廊下村。

造桥比较费钱，所以大多是宗族出资或者向众人募化的，浙江省永嘉县楠溪江畔岩头村《金氏宗谱·家规》里写道："桥、路、渡舟倾坏，子孙倘有余资，当助修治。"修桥铺路是第一等善事，宗谱和地方志也乐于记载，如道光《安徽通志·义行》有歙人余文义，经商而富，"构石梁以济涉，同邑罗芝之孙亦石箬岭建梁以通往来"。通常，桥头会有石碑详记建桥经过和捐钱人的芳名录。较大的桥有乡人捐赠的田亩，以其收入作为常年修桥的经费。小石板桥也有一种"孝子桥"，老人寿庆时候，子孙花钱修路造桥给老人积德祈福、延年益寿。家境较好人家，孝子独力造一座小桥；有些财力不济的人家不过一次捐一块石板而已，桥面是逐渐加宽的。光绪《婺源县志·人物·义行》载，明代富春村人吴裕，"慷慨好施，凡桥梁道路如吴村、善源、洪源、梅源诸处，独力建造，而工费浩大唯本村为最，且于其上盖亭、列肆、设义浆、施药饵，行旅赖之"。桥亭和路亭一样，也是施舍助人的地方，有柴火灶，四季清水和柴禾供应不绝。盛夏则有暑药、草鞋。

桥架在溪河之上，这里视野宽阔，景色多变，于是，顺乎自然，出现了廊桥或桥亭，能遮风避雨，所以又叫风雨桥，大多会成为一个社交中心。旧徽州六邑之一，江西省婺源县的村子，水口必有"五生"，即廊桥或桥亭、水碓、长明灯、文笔和文昌阁。郭洞村的回龙桥和樊岭脚的廊桥都是水口桥。

依"五生"的做法，桥常建于水口，水口又常有文昌阁，以致有把文昌阁建在桥上的。如江西婺源，据光绪《婺源县志·津梁》载，"灵

① 1986年浙江省武义县交通局调查，全县尚存大块卵石干砌的拱桥8座。2007年复查，此数未变。

毓桥、上溪头桥，有文昌阁。”“里仁桥，蕉源，上有文昌阁，吴文熙建。”类似的记载还有不少。浙江省也有些长桥在风雨廊中央设文昌帝君神龛，香火不绝。

水口“五生”各有特殊的体形，变化很大，而且并没有严格的功能限制，所以它们经常和水口山、水口林一起组成绝佳的风景。清人方西畴在《新安竹枝祠》中有句：

> 烟村数里有人家，溪转峰回一径斜，
> 结伴携钱沽新酒，虹梁水口看云花。

坐在水口桥上，一面和同伴饮酒聊天，一面看天阔野旷、白云变幻，那种浪漫的闲适，确是烟村人家的至乐。所以，张子房为黄石公着履，许仙魂迷白娘子，尤其是牛郎年年七夕喜迎织女，故事都安排在桥头。

村民把水口桥梁的命运与全村人的命运紧密联系了起来。看山西省阳城县郭洞下村回龙桥，何孚悦写的《重造回龙桥记》说道：“……及其既坏，村中事变频兴，四民失业，比年受灾，生息不繁。”而一旦修复，“顿还旧观，嗣是民物之丰美，衣冠之赫奕，当必有倍于前者”。这种比附虽然颇多迷信色彩，然而也透出村人们通过营建，改变环境，从而塑造自己命运的愿望和信心。

来往的人多，闲坐的人也不少，水口的风雨桥因此也成了村里树立乡规民约的石碑的首选之地。江西省婺源洪村小水口上的明代正德年间（1506—1521）建的居安桥里，便有两块石碑，一块是嘉庆十五年（1810）立的“奉宪永禁赌博”，还有一块是道光四年（1824）光裕堂的“公议茶规”，严禁在出售茶叶时缺斤短两，以次充好，“如有背卖者查出罚通宵戏一台，银五两入祠”。洪村出著名的“松萝茶”，这一条规矩不但维护了本村茶叶的市场品牌，更维护了世道人心。

江西省婺源县清华镇的西头有一座彩虹桥，五跨，四个桥墩是石头砌筑的，每个桥墩上有一座三开间的方亭，每跨桥身架在四根大木梁上，它们之间用四间或五间的廊子连接，共有桥廊36间，桥身全长一百四十米左右，两端还按例各有门屋。彩虹桥跨在浩淼的婺水之上，河水丰沛，水色澄碧，两岸平畴如带，远处青山层叠。桥上倚栏，望渔舟上下，每逢网起鱼跃，桥上人和舟上人便大声问答，共享欢乐。

彩虹桥东端第二个石墩的迎流“燕嘴”[①]上，曾有过一座经幢，灰白色石头制的；桥西端的小山岗上，有过一座十几米高的文笔，这两件文物都在“文化大革命”的时候被当作“四旧”而被“革命者”砸毁了。这东端第二个石墩上的长廊里，北墙上有一座神橱，供着三个神位，正中是“治水有功大夏禹王”，左侧是“募化僧人胡济祥”，右侧是“创始里首胡永班”。神橱的楹联是“两水夹明镜，双桥落彩虹”，上面的横批书“长虹卧波”。这座桥墩是1986年水毁后重建的，神橱也是新的，当初大概会有塑像。

彩虹桥东头门屋还有一副楹联：

> 胜地著华川爱此间长桥卧波五峰立极；
> 治时兴古镇尝当年文彭篆字彦槐对诗。

文彭是明嘉靖年间吴派篆刻家，他来访徽派篆刻家何震，同到彩虹桥游览，如今桥东端南侧的水边石矶上有摩崖石刻“小西湖”三个字，传说是他写的。彦槐姓齐，清代嘉庆进士，精书法辞赋，难得的是曾创造过多种农用机械和天文仪器，那块石矶上刻了他写的一首诗：

> 睢阳桥外一灯孤，五老峰前飞夜乌；
> 绝好荷花无一柄，月明空照小西湖。

诗写得有点凄凉，不知是为什么。

---

① 石墩迎流一端呈尖角状，称“燕嘴”，以利于分水而减少水对石墩的冲击力。

《清华胡氏仁德堂世谱》和《婺源县志》都说彩虹桥建于清代乾隆年间。《县志·义行》里记载："胡班，清华人，农于里之方头溪。溪当两源之冲，架木桥通行旅，山雨暴涨，则患叵测。班故贫，幼负贩供亲甘旨。尝夏月桥圮，阻不得归，誓成此桥，以济众危。自是修葺绋缅，视如己急。遇霜雪夜，辄披衣起，扫除之。如是者历二十六年。既又议易木以石，众皆首肯，推为部署，中遭洪水冲决，后督其成。"《世谱》的记载稍稍简略一些："彩虹桥在方头溪，原胡仁德孙建木桥。乾隆庚寅（1770），德公裔宏鸿，即林坑巷庵僧济祥，与里人永班募捐，建立石垛，架亭设茶其上，至今并设祀祭之。"两则记载稍有不同，但没有大悖。

彩虹桥的创建是由于一位贫穷的农民"誓成此桥，以济众危"，桥成之后又在桥上施茶，和路亭一样。乡情无处不在，远途的过客，能坐在这桥上歇一口气，不怕雨淋日晒，还能饮一杯茶，人与人之间的互助互爱便这样在他们心里滋长起来，代代传承。这就是乡谊亲情，就是为什么故土那么难离。

最华丽的廊桥（风雨桥）是贵州、湖南、广西数省苗族村寨里的。石质桥墩上垒起木垛，木料是顺躺着的，从下往上逐层放长，形成叠涩式的下小上宽的木垛，减小了跨度，然后在上架桥面，再建一层长廊。在长廊上依桥墩的位置分段矗立起木塔楼，飞檐层叠，非常华丽，非常生动。这些桥和鼓楼一起，成了苗族村落的标志。它们常常建在水口，也是人们纳凉闲坐的场所。

侗族风雨桥上的塔楼大体是方形的，也有不少是顺向比较长，横向稍窄一些。它们少则有三四层飞檐，多的有十来层。最上的顶子往往是方形锥尖的，远远高出于两侧的檐廊，仿佛当地村子里的塔楼。

长廊、桥梁和塔楼，以活泼的体形，出现在深山林壑里，因为它们所处位置和造型的特异，往往成了一个聚落的标志，所以它们的位置和形象大多是经过仔细而有创造力的设计的，它们也就成了一方的地标。

塔

世界各民族，在它们发展过程中，绝大多数有过对天空、天体和天象的崇拜。天空、天体和天象，最高、最远、又最广阔，却最直接地以寒暑、晴雨、昼夜影响着所有人的生活，既直接又可感，却又不可捉摸。所以，全世界各民族，都曾经最无保留地敬畏和崇拜天体和天象，认为它们直接关系着人们的吉凶祸福。世界上绝大多数民族，不论在哪个洲生活，都有过一种上接苍穹的愿望，为这个目标建造了各种各样的高耸的建筑物，它们都可以笼统地叫作“塔”，例如古埃及的金字塔、意大利的比萨斜塔、印度的库特勃塔和日本的五重塔，等等。

就中国人来说，地无分南北东西，在一个很长的时期里，家家户户都曾经在住宅的明间中央，恭恭敬敬地供上“天地君亲师”的牌位，晨昏礼拜。毫无疑问，这“天”是至高无上、居于第一位的。所以中国人也不例外地要造塔。

在中国，早期的塔依附于佛教，据《洛阳伽蓝记》记载，南北朝时期洛阳有了各种大小的庙宇1367所之多，按当时洛阳寺庙的规制，它们的塔的数量是很多的。当然，其中会有不少是小小的，矮矮的。

中华民族的文化习惯不接受抽象的宗教义理而倾向功利主义的信仰和崇拜。所以，塔也就蜕化成了一种功利主义的东西，携带着人们迷信的愿望。中国乡村普遍地、大量地造塔，起始于宋、辽、金、元诸朝，尤其盛于明、清两朝。这时期，佛教的势力已经在民间退潮，混进了中国传统的功利主义的泛神崇拜里去了。塔的“功能”完全世俗化了。塔的“用处”，主要是形成村镇某种有利的风水，这风水，主要是直接可以提高地方的科举成绩。所以，农村里兴建的大量高塔，几乎都是“文峰塔”。

文峰塔的风水作用是参与封闭村落的下水口，其实就是“避免”一个村落的自然范围内的水径直痛痛快快地流出这个范围去。但是事实上，地表水当然要排出去，不能也不该闭塞，所以，这个所谓闭塞便是象征性的，比如在流出一个村域的时候，适当地打个弯。如果打弯也不能，那就在下水口，便是地表水流出村域的地点，建造一座庙、一个塔，便可以“镇住”文运，不让它随水流走。文峰塔担当的就是这个责任。

这样的实例在我国东南诸省很普遍。例如，浙江省建德市的新叶村、安徽省黟县的碧山村等等。

新叶村的小水口在村的东南角巽位上，这是风水术的惯例。那里有一座文昌阁，阁的右侧便是作为文峰塔的抟云塔，建于明代初年（万历二年，1574）。它是六边形，共七层，可以借木楼梯上下，总高140尺（见《抟云塔记》）。底层曾有围廊，已毁（或未建）。楼板及楼梯也已毁，不能登临了。

那里的环境很开阔，巽位而无遮无拦，形成了所谓“去水无情”的形势，这在风水术上看来是不吉利的，因为水在风水术里又被认作财的象征，不能让它痛痛快快地流走。但是，只要照风水术的“道理”，这样一件“重要”的事情，造一座塔便可以一劳永逸地挡住。这措施彰显了风水术数的荒诞，但这样的“文风”塔，在东南各省很多，而且很美。“人总是按照美的规律创造一切的”，也包括了迷信的东西。

玉华叶氏十一世祖一清公（1507—1583）有一首诗写道：

一柱平蹲玉嶂东，亭亭直上插苍穹；

浙江省建德市新叶村抟云塔与文昌阁（李秋香 摄）

浙江省龙游市湖口县风水塔（陈志华 摄）

题名不羡当时雁，奋迹还期此日龙。
欲并鼎钟垂盛美，岂同竹帛纪遭逢；
胜散未必皆天设，人力从来赛化功。

村里的一位耆老，这样热烈地赞美自己的家乡，倒是很能动人感情的。从另一方面看，他们对风水的神奇，其实并不真的放在心上。“子不语怪力乱神”，有不少读书人是对风水术抱着不屑态度的。

但这些塔都值得称赞，它们在很大程度上美化了当年的农村。中国的农村，不分南北，占绝大多数的建筑是住宅，而中国的住宅高不过两层，平地展开，轮廓比较沉闷，所以偶然某户人家在二楼之上造一间阁楼，开几扇外向的雕花窗，就会在村口成了一个“景点”，人们异口同声叫它为“小姐绣楼”，给它编一个动人的故事。有些地方，例如广东，会在屋脊上堆砌大量琉璃装饰。但它们的影响也只有小小一个范围，而塔在村落建筑群中的“装饰”效用却大得多了。它们的体形打破了住宅所形成的平淡的村落轮廓，大大活跃了这个沉闷的村落建筑群。所以，在一些经济水平比较高的地方，山上或村子里的塔就很普遍。

有了塔，就有了村子里读书人的吟咏。打开村子居民的宗谱，这样的诗连篇累牍，生活气息十分温暖浓厚。浙江省的江山县，是浙江省、福建省和江西省的交通枢纽之一，它的水上港口夹岸有两座山，山腰上各有一座塔，东塔叫百祐塔，西塔叫凝秀塔，清代学人施闰章有诗诵《将至江山县书我见》，有句：“双塔夹崖口，丹霞照岭时”。塔在许多地方成了水上航行的标志。

可惜，“文化大革命”时期，这些文峰塔被判定为属于“四旧”，用炸药大量毁灭。江西省婺源县凤山村有一座文峰塔叫龙天塔，伫立在村口。塔建于明万历年间，37米高，七层，六边形，楼阁式。“文化大革命”时期，一位“工作组”组长在炸药已经堆满了塔底层，只待喊一声“万岁”便爆炸的一刹那，挺身而出，冒着很大的政治危险，勇敢地保护了这座塔。这是婺源县几十座文峰塔中唯一保存下来的一座。如今紫草花、油菜花，一茬又一茬地开在塔下，把村子装饰得好美。[①]

① 可是眼下，毁灭整个古村落的危险已成排山倒海的力量，一浪高过一浪，我们能怎么保护它们?

水碓和碾子

我国江南各省多丘陵，又多雨。雨水在丘陵里奔流，形成小溪。正常天气，溪水不大不小，流速不快不慢，可以控制起来利用。利用方法之一，便是造水碓，引水做工。浙江南部、福建北部，大致每个山村都有一座水碓房。大村可能有两座，一般根据水轮和溪水的相对位置叫作上水碓和下水碓。

乡人用不大的沟渠把山溪水引到水碓，控制起来。需要的时候，打开闸板，水便流动冲击一个水轮的木板翼片，推动水轮旋转。经过几个环节，除去稻谷的砻糠、细糠，便有了可以煮饭的米。

这种水碓，是村落公益性的装备，村民都可以使用。它的建造和维修大多由富户负担。村民都很爱惜它，有不少村子把它列入水口“五生”之中，因此，它往往有浓荫常绿的老树覆盖，并且成了村子“十景”之一。浙江省永嘉县的上坳村、武义市的郭洞村，江西省婺源县的清华镇和黄村，以及福建省的不少村落，它们的水碓至今还在使用。

在华北农村，有功能与南方的水碓相仿而形态大不相同的公共场所，这就是碾场。

一户人家稍稍富裕了一点，便会在屋子门外空地上安置一个大石碾盘，配上碾子，供乡邻们各家随意使用。因为所费不多，所以一个村子里会有好几个。家产更富裕些的，就再把它用屋子盖上，成了碾子房，

浙江省永嘉县上坳村村口水碓（李秋香 摄）

那就是“全天候”的了。

碾盘是一整块大石板，圆形的，直径两米上下。碾子是圆柱形的石块，中心有直通两端的圆洞。用一根木棒穿过碾子，一头套在碾盘中心的木轴上，另一头长出碾盘，人工推着碾子走圈子，就可以把碾盘上的玉米碾成细粒，叫棒子碴，这是当地的主食，相当于南方的大米。[①]

也可以套上小毛驴或骡子，捂上他们的眼睛，代替人力。

和南方的水碓一样，这些碾子旁也常常是邻居亲友们聚会的地方，主要是妇女们，抱着娃儿聊天。因为碾子绝大多数是露天的，没有盖房，所以靠边不能种树，以防虫鸟污染。

但也有大户人家出钱造个碾子房，不过，拉碾子的牲口不懂守规矩，所以房内气味很差，人们宁愿在露天操作。北方雨水不多，露天操作很好，就是要避开大风天。

---

① 长期以来有个误会，以为“南米北麦”，北方农民多吃小麦面粉。不对，他们吃的主要是玉米碴，很粗，不易消化。

枯童塔

在一个很长的历史时期里，尤其在农村，儿童的死亡率很高，因此，未成年的儿童，只有乳名，没有按宗族辈分而起的“正式”名字。未成年儿童不幸夭折，被认为“不吉利”，既进不了宗谱，也进不了祖茔。

一些管理比较好的宗族，这些夭折了的孩子有一个公有的集体坟墓，叫作“枯童塔”或者“宝童塔”之类，以免被野狗或者兽类吞食。它们有简单的包裹，却没有丧衣。

浙江省兰溪市的诸葛村，于清朝中叶在村南经堂山上造了一座枯童塔，于1936年重修，塔身为六边形，边宽1.5米，高3.5米，全身由青石板建成。北面塔身刻“枯童塔”三个大字，南面塔身有一个直径大约四十五厘米的洞口，作为弃尸之用。西面塔身上刻着“启骸门”三个字，用砖块封砌，下面刻小字：“此处下掘去泥即见砖门，启开便可取尸骸别埋”。这是送童尸和整理枯童塔时用的。

诸葛村的枯童塔用一块大青石板作顶，六边都出挑檐口于塔身之外，翼角微微上翘，中央矗立大石葫芦一个，高一米有余。塔身六面薄薄地浮雕着植物花纹。这座荒地里的小小公墓，造型水平很高，显示出父母对骨血儿女的怜爱。

浙江省永康县的厚吴村，也有一座为夭折孩子建造的公墓，叫“宝童塔”。塔建于清道光己酉年（1849），塔身六角形，由青砖砌筑，上

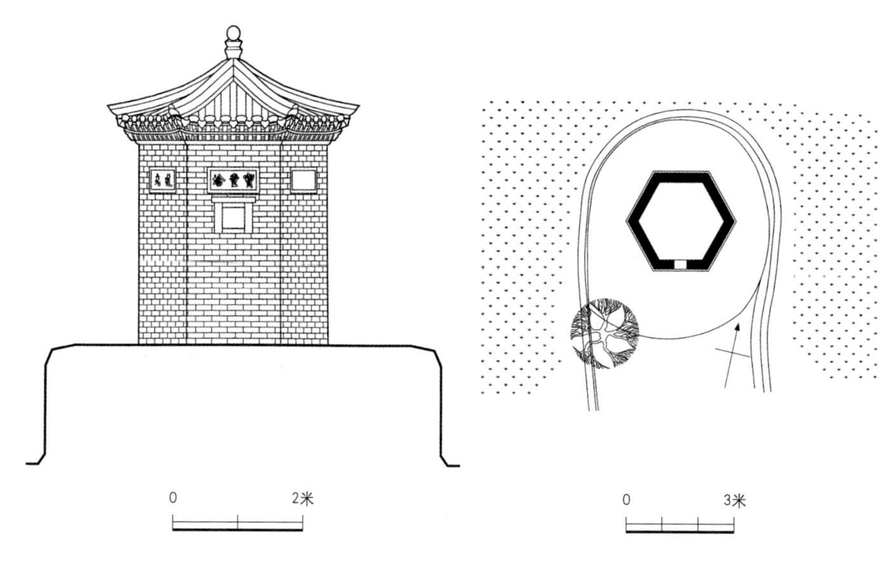

浙江省永康县宝童塔南立面图　　浙江省永康县厚吴村宝童塔平面图

部采用攒尖顶，出挑瓦檐下是层层叠涩，建造得十分讲究。塔大致方向为坐北朝南，略略偏东。南侧为塔的正面，塔身高3.26米，塔顶高4.68米，每边宽1.42米。六面体的塔身每一面墙的檐下嵌有一块匾额。正面刻着“宝童塔”三个大字，匾下面是弃尸洞口，距地面1.69米。从塔身正面顺时针旋转，匾额内分别刻有：“道光”“己酉”，为塔的建造年代。塔朝东一面的匾上写有“东门”字样，据说下面有取尸骸别埋时用的垒砖封闭的小门。

村里的老人说，宝童塔一直使用到20世纪五六十年代，为了给夭折的孩子们一个安宁、洁净的处所，让父母们放心，每年清明前后族人还要修缮和整理这个小小的公墓。孩子们虽然进不了祖茔，但从没有离开过祖先的庇佑，没离开过家族的关心和爱护。

附录1

请读乡土建筑这本书

从19世纪中叶以来，欧洲的一些思想家把建筑看成人类社会的编年史。有人说："建筑是一切事物中最神奇的了，人们把没有灵魂的石块、泥土和木头按一定方式搭在一起，它们竟说起话来了，而且说得那么生动、准确，远远胜过那些珍藏在雕花木柜里的文献资料。"这些话有点儿浪漫的文学气，不过也并没有离谱，倒是说出了一些很重要的意思。

有一位从海外归来的历史学家，从天安门进故宫走到了太和门，望着对面庄严巍峨的太和殿，兴奋地说："我读了那么多书，今天才真正懂得了什么叫封建专制制度。"这话也有点儿浪漫，不过，紫禁城确实向他说了话，像老禅师的一声断喝，立即使他积累了一辈子的书本知识有了生气，活了起来。他"顿悟"了。

人类的生存有两个必要条件，一个是建筑环境，就是草棚、住宅、村镇、城市等等；一个是社会文化环境。虽然可以把它们区分为两种环境，但它们是共生的，相互渗透，谁也离不开谁。社会文化生活只有在建筑环境里才能进行，建筑环境是社会文化生活的舞台。另一方面，建筑环境为社会文化生活而造，为的是保证它能顺利而有效地进行，否则建筑就失去了存在的前提。

因此，建筑环境就鲜明地反映出社会文化生活的种种特点，成了它们最重要的载体之一。年深月久，建筑环境里积累了许许多多的历史信息。在每一个独立的生活圈里，建筑环境的整体是一部综合的、全面的史书。

可惜，我们的历史学家们，虽然偶或也在著作里写一点历史中的建筑，却从来还没有写过建筑中的历史。历史学家们还没有想到要读一读建筑这一部丰富的史书。

文化有上层下层之分，历史也分帝王将相的历史和民众的历史。建筑环境所写的历史同样也有两部。宫殿、坛庙、苑囿、陵墓、府衙和都邑等等写的是帝王将相的历史，而民众的历史则由乡野间的村落和它们的住宅、祠堂、土地庙、义学、文昌阁、水碓、风雨桥和凉亭等等来细细叙述。

没有民众史的历史是残缺不全的。不研究民俗文化，就不可能了解我们这个民族，了解我们民族的文化心理。在释、道、儒的典籍里绕来弯去，找点儿根据来阐明民族文化心理，那离真正的事实是相去很远的。到灵隐寺烧香磕头的人，没有哪个知道佛教是怎么回子事情，知道的却又并不去烧香磕头。

而要研究民众的历史和民俗文化，便不可不读乡土建筑这本篇幅浩瀚的历史书。在祠堂和住宅里有香和火，在土地庙和五圣祠里有神和人，在义学和文昌阁里有耕和读，在水碓和凉亭里有利和义，如此等等。这部历史没有鸿门宴和华容道那么惊心动魄，但是它写普通人的生活和思想，他们的悲欢和追求，读起来格外亲切，常常能触动感情，就像热炕头上的夜话。

不久之前，有几位年轻朋友到南方去调查了几处乡土建筑。这给了我一个机会，读到了由乡土建筑环境写下的民众史和民俗文化的一页。

先从神和人的事说起：

他们在浙江省永嘉县调查过的26个村子里，一共有几十座庙宇，却没有一座是佛寺或者道观。这些庙供奉的是三官大帝、杨府爷、卢氏娘娘、陈十四娘、痘花夫人、张仙、送子娘娘、胡公、陈公、孝祐夫人等等。他们是人、是神，是出身于人的神，是成了神的人。这些“人神”各司一项专业：有管风调雨顺的，有管生儿育女的，有管男婚女嫁的，有管治病疗疾的。治疗疾病也还有更细的专业分工，有的管天花，有的管难产，有的管烂眼，等等。总之，村野细民们生老病死的一切问题都可以向有关的人神去祈求保佑。对这些人神的祭祀，毫无宗教色彩，只不过是一种很原始的崇拜，是从农耕生活中产生出来的纯粹功利主义的迷信，就像堪舆风水之术一样。差别只是一个由人神决定人的命运，一个由山川决定人的命运而已。所以，有些村子里，古树蛮石也成了崇拜对象，香火很旺。

适合乡民们的思维习惯，这些人神来历都很简单。例如卢氏娘娘，据《永嘉县志》：“唐卢氏居卢岙，尝与母出樵，遇虎将噬其母，女急投虎喙，以代其母死。后人见女跨虎而行，遂祠祀之。”在永嘉造得很多，数量仅次于崇奉与农业关系最密切的天、地、水三位大帝的三官庙，且香火很盛的，是杨府庙。这位杨府爷，据县志引万历《温州府志》说：“临海神杨氏，失其名，相传兄弟七人入山修炼，后每若灵异。”蓬溪村有座仙岩殿，《蓬溪谢氏宗谱》说：“中进娘娘五，曰刘一、刘二、衰三、衰四、衰五尊神。相传神为斯溪刘进士之妹，衰氏是其嫂也，二月踏青，至大碏山上，因而出圣。……其神极灵，有求必应。”

“有求必应”是这些人神的必备品格，只要有这个品格，就可以不究出身和成分，甚至可以不追查个人历史了。例如芙蓉村南有座宋陈五侯王庙，据洪武二十二年撰的碑记说：“陈五官庙坐镇一乡，民居数千余口，咸依密佑，多历年所，祈祷随感而应，灵显不可殚述。”但是“神之所自，及侯爵锡何时，庙额之所以为‘显应’，均已不可知”。人们满怀虔敬之心供奉了一千年的“神”，竟是个来历不明的。埭头村有座小庙，供奉的是陈八大王和段五大人，简直像是绿林好汉。

这些人神的由人变为神，都多少有一点儿灵异的传说，像卢氏娘娘和刘一、衰五那样。但香火最旺的，却是并没有什么灵异的胡公庙，在水云村陶公洞里。这位胡公就是北宋的胡则，浙江永康县方岩村人。《宋史》本传说他“果敢有材气，以进士起家”。他不是英雄伟人或者圣贤之徒，不过在他任户部侍郎的时候，曾上疏奏免受灾的浙东几县的民丁钱赋。老百姓减轻了负担，受到了实惠，就在浙东普遍造庙祭祀他，后来也附会了不少灵异传说到他身上。历来的老百姓盼望清官，实在盼到了可悲可怜的程度。

久旱祈雨要上龙王庙，而抗洪则求禹王、二郎神和李冰这些治过水的人神。楠溪江多周室灵王庙，也叫平水圣王庙。明初宋濂写的《周公庙碑》说："永康中，三江逆流……邑将陆沉，民咸惧为鱼。"这位周凯，"奋然曰：'吾将以身平之！'即援弓发矢，大呼，衔潮而入……俄而水势平，江祸乃绝。"很有点儿人定胜天的味道了。

这些人神彼此独立，既没有神谱的联系，也没有其他的瓜葛。但是，因为他们不属于任何宗教，也不成其为宗教性偶像，所以都没有排他性，可以共同相处在一座庙宇里，甚至一个神橱里。例如前面提到过的蓬溪村仙岩殿，供奉着的除刘一、刘二、衰三、衰四和衰五之外，还有杨府圣王、伏魔大帝、陈十四圣母娘娘、功曹、土地、柴氏龙王、孝祐夫人、石压娘子、毛氏夫人等等。一个五湖四海的大杂烩。一炷香敬了这么多神灵，原始迷信挺讲究经济效益。

这种原始的泛神论崇拜虽然很幼稚，但跟古希腊的人神崇拜十分相似，它有很强的人文性，关心的是现实生活中很实际的利害得失，既没有神学的玄思，也没有未来的空想。神和人的界线并不十分明确，神没有那种至圣的光环，不过是有了几招特异功能，发生了一两件奇事而已。

在这种崇拜中，也没有道德的感召和伦理的教化。它是十分功利的，实用主义的。神灵的"用处"很容易明白，求神的目的也很简单，"投入"与所希望的"产出"的关系是清清楚楚的。所以，虽然人神有点儿灵异，但庙宇建筑并没有欧洲教堂那种神秘性，那种"非物质"的精神力量。乡下的庙宇平平常常，三官大帝通常借凉亭栖身。下园村的广福寺，完全是民居的样子。这也和古希腊早期的庙宇相仿。

对民俗文化的研究，绝不可停留在书斋中的典籍功夫上。例如，中国人的“宗教”，论文已见不少，但隔靴抓痒的多，什么佛，什么道，其实都不是，不过是原始的自然崇拜而已。如果在乡村里造了佛寺和道观，塑造了“金身”，那也可以断言，如来佛和玉皇大帝的地位跟痘花娘娘、五通神之类是一样的。

在所调查的26个村子里，几十座庙宇的规模都不大，大都小于大宗祠，只有廊下村的太尉庙，规模与一般的大宗祠相近，而这座太尉庙，其实带有宗祠的性质，太尉是廊下村朱氏的一位先祖，不过很有点儿神异故事。

庙宇不但规模小于大宗祠，位置也远远不如大宗祠显赫。大宗祠往往占据村落里最重要的位置，形成一个礼制中心；而庙宇，按照堪舆风水的理论，要造在村外“水口”处。（见传朱熹著《雪心赋》）给它们的任务是关锁水口，不让“内气”散出。虽然这任务也很重要，毕竟规格档次低了一截。杂神崇拜实质上就是“怪、力、乱、神”崇拜，孔夫子是不屑谈的。所以“淫祠”只好靠边站了。

规模不很大，位置又不重要，这跟欧洲的教堂大不相同了。欧洲每一个村镇和城市，教堂都是最高大的建筑物，而且位于中心，成为整个建筑环境里的艺术焦点。

在浙江（或者说中国南方），村子里最宏大华丽的、占据最重要位置的，是大宗祠。宗祠是封建宗法制度的象征，是儒家伦理教化的中心。在永嘉县所调查的26个村子里，拥有庙宇最多的，如岩头村，不过4座。塘垮村也大致有4座。而宗祠，却往往很多，如芙蓉村原有18座宗祠。廊下村、花坛村也有十几座。浙江富阳县龙门镇竟有48座宗祠。

《珍川朱氏合族副谱》里，有一则《如在堂记》，其中写道：“为子孙者，睹规制之伟宏，则思祖德之宽远，见栋宇之巍焕，则思祖业之崇深。”祖先崇拜远远超过了杂神崇拜。

欧洲的教堂和中国的宗祠，两者在村落建筑环境里地位的相似，很形象地说明欧洲文化与中国文化的差异。

在欧洲，教堂里不仅有宗教活动，也有伦理教化。在中国南方村落的杂神庙宇里，只有迷信崇拜，没有伦理教化。伦理教化在宗祠和住宅里进行。

明代中叶，温州知府文林（文徵明的父亲）制订了一套“族范”，在温属各县推行。永嘉县农村的许多宗族都把它写进了宗谱。这份族范规定，宗祠除了“妥祖宗之先灵，序昭序穆”之外，还应该是一个以儒家思想“化民成俗”的场所：

> 凡遇春秋祭祀之时，朔望参谒之日，族长、族正以下，依次而坐，令弟子三人，北面而立，读太祖高皇帝《旧制》。其词曰：“孝顺父母，尊敬长上，和睦乡里，教训子孙，各安生理，毋作非为。”族属皆跪听。又读古灵陈先生《劝谕文》，曰：“为吾民者，父义，母慈，兄友，弟恭，子孝；夫妇有恩，男女有别，子弟有学，乡闾有礼；贫穷患难、亲戚相救，婚姻死丧、邻保相助。毋惰农业，毋作盗贼，毋学赌博，毋好争讼；毋以恶凌善，毋以富骄贫；行者逊路，耕者让畔，斑白者不负载于道路，则为礼义之俗矣。”族属立听。（见《岩头金氏宗谱》）

有些宗谱里还规定，朗诵每篇之前，都要击鼓三声，听的人有谈笑的，要当众受责。

这样的教化仪式，相当于欧洲教堂每礼拜天望弥撒的情况。欧洲教堂之所以在建筑环境里占那么重要的地位，大约关键并不是处女生子、死后复活和其他如医治大麻风病之类的神异，而在于它的伦理教化作用。从主要的社会作用来看，从在建筑环境里的地位来看，中国乡村里的宗祠跟欧洲教堂的教化部分是对等的，而庙宇则对等于教堂里也有的迷信崇拜那一部分，因此地位就差多了。迷信崇拜那一部分，虽然在欧洲中世纪曾经达到狂热的、甚至疯狂的程度，终于随着文明的进步而消退了，但教堂的教化作用至今还很有影响。永嘉农村里，情况恰恰有点儿相反，如今没有经常性的、新的伦理教化机制，而迷信崇拜却重新盛行起来。

宗祠的教化作用，除了定时的仪式之外，还有匾额、楹联、碑记等等。所调查的村子里，有个鹤阳村，是谢灵运子孙的聚居地。谢公祠的楹联之一为："江左溯家声，淝水捷书勋绩于今照史册；瓯东绵光泽，池塘春草诗才亘古重儒林。"楹联里既有为国立功，也有兄弟情谊，教后代长忆不忘。更有力的，是男女老幼人人都容易接受的戏剧表演。凡大宗祠必有戏台，"寓教于乐"，所以宗祠既是礼制建筑，又是娱乐建筑或者说文化建筑。渠口村的叶氏大宗祠有一块"重修大宗祠碑"，说到光绪甲辰，"旧建舞台倾圮，乃舍旧维新。越明年，乙巳，谋于众曰：台之所作，勿以戏观，族人致祭，岁时伏腊，团结一堂，演剧开场，以古为鉴，伸忠孝节义之心，棖触而油然以生"，于是重建了戏台。

其实欧洲的教堂，在中世纪的时候也演出戏剧，题材取自耶稣基督的受难故事。大概面对"愚夫愚妇"，光靠训诫是不大容易收效的。所以欧洲中世纪的教堂里，又有镶嵌、雕刻、壁画和玻璃窗彩绘，一起来宣传教义，称为"傻瓜的圣经"，便于不识字的人通过直观了解耶稣基督救世的精神。

不过，与欧洲教堂不同，中国南方宗祠里演的戏是世俗的。永嘉属温州，温州以南曲著名。虽然离不开忠孝节义，却没有纯粹的宗教戏。所以，水云村的戏台上挂的楹联是：

为奸为忠昭然明鉴；
入情入理莫作闲看。

明情理、辨忠奸，现实得很。宗祠的建筑装饰雕刻，题材也是世俗的，大多是吉祥的祝福，如喜鹊登枝，富贵花开，瓜瓞绵绵之类。宗祠里确实没有“怪、力、乱、神”的位置，纯是人文气息，它跟庙宇的区分是非常彻底和明确的。

宗祠以封建的伦理进行礼乐教化，所以它的形制很保守。在永嘉调查的村子里，一般的住宅很开敞，大都是外向的，而且很有个性，模式化的程度很低，依山傍水，做出种种变化。可是宗祠，布局千篇一律，依中轴线绝对对称，门厅、戏台、院落、正厅，加上两侧廊庑，这是大宗祠的格局。小宗祠没有戏台，甚至没有门厅和廊庑，代之以围墙和一个简单的大门。它们都是内向的，十分封闭，不管外面的环境如何。在外向、开放、富有个性的住宅群里，宗祠的保守、封闭、内向、没有变化，是非常触目的。这反映着正统文化跟民俗文化的对立，在对立中，显现出宗祠作为封建传统的捍卫者的作用。

在很有个性的、多变化的住宅建筑里，有一个不变的、相当定型的核心，这就是一般位于中轴线上的正厅，或者叫堂屋。这间堂屋其实是一个微型的宗祠。它是宗祠的延续和补充，把宗祠的功用日常化。

在南方，堂屋的前檐完全开敞，深处有一堵太师壁，壁前一张条桌，桌上供高、曾、祖、祢四代近祖的神主。也有在太师壁上部做神橱供近祖神主的（近年来比较现代化，神主大多没有了，代之以大幅的先人照片）。堂屋里没有宗祠里那种庄严隆重的仪式，但是，逢年过节的家祭、先人的忌日、老辈的寿辰、婚丧嫁娶，一年之中，礼仪也很不少。而且平日的用餐、会客等等，也都有严格的礼仪。当然还少不了在这里听听“庭训”。在所有这些场合中，年青的子弟们一次又一次接受着封建宗法制的教育，堂屋也就成了家族内聚力的象征。

大宗祠代表宗族，小宗祠代表房派，堂屋则代表家庭。所以，兄弟析产之后，新建的住宅，必定要有堂屋才算是独立了门户。这传统近来终于被中断了，因为宗法制大家庭毕竟已经没有了，相应的行为模式和思想模式也没有了。起祠堂作用的堂屋一取消，住宅形制从礼制的束缚下解放出来，就自由得多了，也就更讲究经济合用了。

建筑环境表现出来的耕和读、利和义也都很生动，往往能给我们一些新的启发。例如，学者们众口一词讨伐科举制度，范进和孔乙己的形象就把科举制度臭得提不得了。但是，深山老林中三家村里的几间破义塾，却会教我们想一想科举制度对普及文化的作用。像范进那样低贱的人也有机会“中举”，这当然能激起牛背上读书郎的热情和希望。科名失败了的孔乙己，虽然卑微，毕竟还有一手抄书的本事，会写四种变体的回字而且乐于教人，倒并非毫无意义。所调查的永嘉县村落，都在很偏僻的山区，大多有文昌阁和书院，有两个村子有文峰塔。再看其中有不少村子有进士第或者进士牌楼、宪台牌楼、给事厅甚至状元街，查一查宗谱，这些考中功名的大多出身于农耕，家世微寒，那么，科举制度怕也未必一无是处。

科举制度使读书人都成了封建统治的工具，都受到八股文的束缚，这是当然。但也要看到，在那个年代，村子的规划、建设和管理，农田水利和公共建筑的兴造，绿地的培植，生态环境的保护，以至修桥铺路造凉亭，这些事大多靠读书进学的人张罗主持，他们至少对农村的建筑环境做出过贡献，而且使农村的建筑环境富有文化气息。

乡土建筑能给我们许多正统史书中没有的信息，希望有朋友们对乡土建筑这部大书发生兴趣，来读一读试试。

（原载《读书》1991年第9期）

附录2

难了乡土情

——村落·博物馆·图书馆

六十多岁的人了，忽然放下研究了四十来年的外国建筑和园林，兴致勃勃地跟楼庆西、李秋香两位同事一起搞起乡土建筑研究来，有一些朋友觉得奇怪。“暮年变法”，学者之大忌，我是所为何来？说起这件事，话就很多，留待下乡，夏夜树底扑扇纳凉时再说。我倒愿意先说一说，我终于走出书斋，回到农村，去重温和暖的乡土风情，是因为我的心底，几十年来，始终有一个割不掉、化不开的情结。我是江南山地的孩子，多大了还没有见过一只真正的轮子，高中快毕业了，见到电话机，不知那是什么东西。但是，童年和少年时代的生活，在我心里装满了对农村温馨的情意。那时候，全民族正经历着一场鲜血淋漓的灾难，父亲和母亲很少展开愁眉，但是孩子们并不把困苦放在心上，仍然一天天欢乐地享受着黄金般的年岁。五六十年过去，往事都蒙上玫瑰色，连饥饿和恐怖都仿佛别有一番情趣。对农村生活的回忆，真是魂牵梦绕，缠住我不放。我从心底里知道，我总有一天会回去，回到我赤脚奔跑过的田野，搂着光屁股的儿时伙伴再跳进石拱桥底下的小河。因此，遇到了一个机会，我就回去了。

过了大半辈子了，真要回忆起什么来，如烟如雾，其实已经模模糊糊。不过，记得起来的，却并不只有摸鱼捉虾，挖笋偷瓜，倒也有不少民俗风情和田夫野老们艰辛而又宁静的生活，岁序更替，也常常闪出斑斓。每逢飞雪如诗、细雨如梦，窗前闲坐，便慢慢咀嚼这些记忆。滋味越嚼越浓，都堆积在心头，一研究起乡土建筑来，就一片片飞出，给工作染上了一层强烈的感情色彩。这色彩或许是科学研究不允许的，我时时担心着失足。但是我不能自已，多少有点儿沉溺。我请求原谅，我像一个饱经风霜的老人在怀念他的初恋。

回到阔别的乡下，朦朦胧胧，一时竟分不清什么是熟悉的，什么是陌生的。乍一看，村口的小杂货店和店门口绿色的邮箱是新的，家门口画个红十字又看病又卖药的土郎中是新的。祠堂改成了小学，背着书包上学堂的孩子们衣衫整齐，而当初，我和我的小伙伴，身上打着补丁，下雪天也不穿袜子。村前村后几个人合抱的大樟树砍光了。曲折的小巷依然如故，铺着卵石，雨天里，回荡着檐溜打在油布伞上清脆的声音，由远而近，又由近而远。只是已听不到牛皮雨靴的铁钉在地面响亮的拍击。住家可拥挤多了，天井显得更小，也不再有盆栽的花木婆娑弄影。檐廊还是那么宽，过去，是一家人活动的场所，吃饭、会客、读书、纺线，也在这里缫丝、打年糕。现在，被几家人占满，有的钉上了破破烂烂的树枝、木板和从田里捡来的塑料地膜，充作隔断。丝车早已没有，年糕也不再打。燕子仍旧穿来穿去，只是梁木将朽，不知明年是否还能筑巢。最教我感到亲切的，是老婆婆们还跟过去一样，坐在门口搓麻线、编锦带、打草蒲团。到巷口挑一块石头蛋坐下，满脸皱褶的老公公伸手握住我的胳膊，老茧和皴裂锉着我的肌肤，痒痒的一股暖流弥漫到全身！我知道，我是真的回来了！

少年时代的生活经历，使我一回到农村，就像鱼儿回到海洋，那么自由舒畅。但是，少年的记忆不足以支持我的研究工作，农村对我还是陌生的，我须要从头认识它，挖掘它的蕴涵，就像考古队员面对一座荒丘。

大漠旷野中，一座经千百年风雨侵蚀的荒丘，长着几茎瘦草，在寒风中簌簌发抖。没有人迹，牧童也懒得停留。一天，来了一队人，憔悴疲累，他们用磨起血泡的双手举起铁锨，挖开了封土。突然，好像有轰隆一声，一道金光直冲斗牛，被闪电照昏了的眼睛，看到了金缕玉衣、青铜编钟、数不清的竹简。人们惊诧，赞叹、礼拜，这光辉灿烂的文化宝藏，我们民族智慧的见证！激动人心的发现，不因岁月流逝而褪色，人们永远记得揭开秘藏的那一刹那，津津乐道。

在蛛网密封、灰尘厚积的阁楼上，破纸堆里淘出了宋刻元刊！在冶炼厂熊熊的炉火旁，废料里抢回了商鼎周彝！悬崖万丈、鹰隼筑巢的石窟里，灯光照亮了六朝壁画、琳宫梵宇，看不尽的恢宏气象。文化史上，记载着多少动人心魄的故事。

但是，饱学之士太过于钟爱那些墓葬、遗址、断简散帙，那些图书馆、博物馆和那些宫殿、庙宇了。不知为什么，一大批更丰富多彩的文化宝库长期被忽略了，它们就是遍布神州大陆的几十万个村庄。忽略了它们，中国的文化史就是残缺不全的，就留下了一半或者超过一半的空白。

在辽阔的土地上，一座座村庄，同样经历千百年风雨的侵蚀，灰头土脸，无精打采，引不起什么人的兴趣。只有炊烟，还含情脉脉地笼罩着破败斑驳的房舍。

像考古家发掘荒丘一样，来了一队憔悴而疲劳的人，他们在村里住下，一天又一天，进进出出一家又一家的农舍。地头、路边，跟父老乡亲倾心谈笑，接过旱烟袋带着唾沫塞进嘴里；墙脚、廊下，帮婶子大娘摔打豆棵，豆粒满地蹦跳；也会抱起孩子给他擦净屁股。终于，一座文化宝库渐渐被他们挖掘出来了。它没有斑斓的铜绿、璀璨的金黄，也没有纸墨幽香的稀世古籍，但它却有任何博物馆和图书馆都还没有过的珍贵文化积存。

农村是中国两千年封建社会的基础。它养育了这个民族，也培育了这个社会，同时以血液和精气滋养着辉煌的文化。乡间不但有千姿百态的民俗文化，也有绝不逊色的雅言文化，在农村做文化研究，你就会知道，中国的文化从来就是多元的，而不是单元的。你在山道上走，隔溪看见竹树掩映中一个小小的村子，不多几家蛮石墙的农舍散落在陡坡上。你小心翼翼一步一步踩着碇石渡过溪去，进了村，耆老拿出宗谱来给你看，原来这个似乎人迹难到的荒村里曾经出过多少进士、正史有传的名宦。你进了一道山沟又一道山沟，四周峰峦早早把天色遮得昏暗，你见到一座路亭，坐下歇足，却见楹联写得超尘脱俗，于是你赶紧进村，原来这村里曾经有过田园隐逸，筑楼贮万卷书，精研经史，闲来也吟诗作赋，竟有多少卷著作刊刻传世。不是说“礼失而求诸野”吗？经历多少动荡和劫难，许多乡村依然保存着一些宗法制度的思想习惯和行为模式，或许也可以叫作“活化石”罢。

不过，那些散处在山野之中的小村里，最有魅力的不是它们的雅言文化，而是它们独有的民俗文化。这些民俗文化，像满坡满谷的山花，数不清有多少种类，数不清有多少形态，也数不清有多少颜色和香气。它们从乡民们的生活里和心坎里涌出，又融化在他们的生活里和心坎里。从四时八节的风尚，嫁娶丧葬的礼仪，到一曲牧歌，一纸窗花，这里面有乡民们的聪明和灵巧、勤劳和勇敢、期望和追求，也有他们的爱和憎。因此，随手折一朵漫山开遍的野花，我们就能看到乡民们艰辛而富有创造的生活，看到他们淳朴而善良的心。我们不能不动情。一位满头霜雪的老婆婆在搓麻线，她对你笑笑，打一个招呼，你走过去了，她停下活计，于是，你意外地惊喜了：她垫在腿上搓线的那块瓦，为了增加摩擦力，上面刻了一朵牡丹花，刀工那么流畅，构图那么匀称，花有香气，叶有精神。一位细腰柔发的小媳妇挑着两只小巧的提篮过来，你瞥了她一眼，她红了脸加快了步伐，扁担颤颤悠悠活动了起来。于是你注意到了那根扁担，它乌黑发亮，侧边尖棱上一道细细的鲜红色，两头尖尖，翘得老高，还镶着闪光的铜刺，有三颗藤编的精巧的纽结，防止提篮滑下。你正陶醉在美的发现中，忽然传来热热闹闹的锣鼓声，循声走去，看到了迎亲的人群。新郎官把新娘子贴胸抱着走进村来，新娘子提着一布袋核桃，搭在新郎官背后，帮助他平衡身子。男男女女跟在新人的两边，嬉笑着抛撒彩花。老人们穿着整齐干净，咧开没牙的嘴，站在村口迎接，向送亲的人问候。他们抱来过妻子，也曾有女儿被抱走，现在喜洋洋祝福年轻的一对开始新的生活。过不了几天，就是重阳节，丰盛的宴会正为这些勤劳了一生的老年人准备着，祠堂已经打扫过一遍了。

你走遍全村的每一个角落，看到的，听到的，都那么新鲜有趣。单单把它们采集起来，就是一件多么激动人心的工作。但你还要思考，要理解它们，要阐释它们，要把它们构筑到我们民族文化的整体中去。

可惜，我很软弱，回到农村去转了几圈，越发现民俗文化的丰富和珍贵，我越感到无力，愚公也罢，精卫也罢，移山填海毕竟只能是神话。寥寥几个人，在民俗文化的高山大海之前，太渺小了，那是几千年的积累啊！但我那从少年时代形成的对乡土文化的情结，不允许我退缩，它逼迫我在晚年奋不顾身地扑向这高山大海，而不计我自身的渺小。

我当然只能从我的本行下手，于是我研究起乡土建筑来，然而我不是只为建筑而研究它，我希望，我和其他一些同行们一起，用我们的工作，把乡土文化宝库打开一个角落，释放出一点它璀璨的光芒，引起各行各业朋友们的注意，一起从各个角度工作，挖掘出更多的价值来。朋友们在博物馆和图书馆里已经耽误掉太多的时光了。再咀嚼《梦粱录》和《荆楚岁时记》之类，还能嚼出什么味道来呢？

民俗文化和雅言文化一样，漫山坡的鲜花丛里夹杂着腐草、朽木和毒菇，它们跟鲜花一起，构成我们民族文化的整体。看不见它们，或者佯装看不见它们，都很危险。不过，既然我们的文化里有清香四溢的兰花，也有麻痹神经的菌子，那么，为了全面理解和阐释我们的过去、现在和未来，采摘和剖析毒菌同样是重要的。博物馆和图书馆并不拒绝收藏含有毒素的东西，它们有它们独有的认识价值。我们也不必为了这样的毒素就把民俗文化放弃掉。当然，识别它们，不要去吮吸它们，那是需要时时刻刻清醒地记得的。说这几句话，不是为了敷衍，不是为了貌似全面，我们小时候上山采野莓，出发前哥儿们的第一条嘱咐就是千万要留神不可采了蛇莓，我牢牢记得这条嘱咐。我本来应该在前面说这些话，但是我的感情妨碍我，它忙不迭地要宣泄。我只好等它凉了一点再补上这一笔。所以我说过，我时时担心失足。

研究乡土建筑，路子不止一条。不过，大致说来，不外乎两条：一条是从建筑设计着眼，一条是从建筑历史着眼。我们走后一条路，它能比较充分地揭示乡土建筑的价值，尤其是它的文化价值。

建筑历史的基本形态是实证的叙述。历史的具体性、鲜明性，它的丰富多彩，它的雄辩的说服力和永恒的意义，就在于它是实证的叙述。它拒绝模式化、思辨化和问题化，以避免使它贫乏或者任意塑造它。实证的叙述要真实、准确、条理分明，就要研究者有严谨的科学态度，有理解力、鉴别力，还要有丰富的知识、开阔的视野和创造性的想象力。

但是，要研究乡土建筑，这些还不够，它要求研究者热爱生活，热爱真、善、美和那些真挚的、善良的，并且创造了生活中的许多美的人们，也就是那些满脸皱纹、指甲劈裂的农夫、樵子、渔翁、牧童和各种各样的手艺人。你要熟悉他们，同情他们，理解他们的思想和感情，你才能敏锐地感觉到他们创造的美的事物中蕴藏着的他们的愿望、追求，他们的爱好、喜悦，他们的聪明、灵巧和他们的辛苦、艰难。只有这样，你写出来的东西才会有他们的体温和汗气，才会有生命。也许还会有眼泪，我说的是研究者的泪。当你写到他们在贫困的封建时代，穿着破衣烂衫，吃着粗谷山蔬，却用简陋的工具，造出了那么精美的房屋，在梁上、门上雕出三顾茅庐的刘关张和跳跳蹦蹦的和合二仙，你能不流泪吗？

我想，一部好的乡土建筑研究著作，应该使读者激动，使他们产生要拥抱那些创造者的强烈的感情。

也许我说得太远了，出了格了，毕竟，研究应该是科学的。我还是擦干横飞的唾沫，冷静地说说我们在这几年里追求的工作方法为好。

我们希望以一个完整的聚落、聚落群或者一个完整的建筑文化圈为研究对象，不孤立地研究个别建筑物，把它们与历史形成的各种环境关系割断。

我们希望在整体联系中研究聚落中各种类型的建筑物和它们所组成的聚落本身，不孤立地只研究居住建筑一种。所以我们主张用乡土建筑研究来代替一向流行的民居研究。

我们希望在乡土文化的整体中研究乡土建筑，把乡土建筑放在完整的社会、历史、环境背景中，不孤立地就建筑论建筑，尤其不脱离有血有肉的生活去研究。

我们希望在动态中研究乡土建筑。这包括建筑的发展演变，也包括源流和地区间的交互影响。

我们也希望在比较中研究乡土建筑。通过比较才能更敏感、更深入地发现某处乡土建筑的特色，探索造成这些特色的原因。

要实现这些愿望太不容易了。除了要克服我们自己能力的局限之外，最大的困难是选题。至少要聚落还相当完整，不能改造得七零八落，面目全非。这聚落还要发育得比较充分，建筑类型多，各类建筑的形制也多。最好是这个聚落在一定的历史文化环境中有某种典型意义。再是要有足够的文献资料，如地方志和家谱。另一个困难是目前已经很难找到熟知村庄历史面貌的耆老和精通地方传统做法的工匠，我们在工作中甚至很难找到了解过去生活和风俗习尚的老人。确定乡土建筑的年代也十分困难：几乎没有可靠的记载；地方风格变化多端，常有历史的滞后现象；还有匠师流派的互相穿插和影响；等等。此外，要运用比较的方法，前提是要有相当程度的乡土建筑的普查，这在目前也是极大的困难。

因此，我们对自己做过的工作并不满意。好在任何研究工作都不可能完美没有遗憾，我们也只好在每次工作结束后留下深深的遗憾了。这倒激发起我们在下一次做得更好的愿望。

有时候，用我们追求的历史角度的研究难以处理的对象，却是设计角度研究的好对象，所以，我们希望采用的方法并不是唯一的方法。至于做类型学的研究，那当然又另有方法。不过，全面的研究，即使实行起来不能完全，总是能更深入地理解乡土建筑，它的内涵、它的价值。

我们在工作中感到，要推动乡土建筑研究到更高的层次，首先要在全国范围里做一次有相当规模的、有相当水平的普查，至少是在一些重点地区。这件工作当然不是几个人做得了的，也不是几个单位做得了的。由谁来发动和组织这件工作，从哪里得到经费，我不知道。我只能提出这个主张，告诉人们它的重要意义。这大概实现不了，但我把主张写下，留给以后世代的研究者们。当他们指责我们没有做好工作，以致造成无法挽回的损失时，让他们知道，我们这一代人，并不愚蠢，也并不是对民族珍贵的文化遗产不负责任，而是一种悲剧性的历史环境，斩断了我们的翅膀。罪人不是我们。

做了普查，我们才好做比较。凭一点儿零碎知识，就很难把比较工作做得实在。

做了比较，我们才能确定划分各个层次建筑文化圈和亚文化圈。像语言学者画出方言区地图一样，画出建筑文化圈地图，是研究的基础。

有了这样的地图，我们才可以比较有把握地探讨乡土建筑与地理环境和其他乡土文化领域的关系。这地理包括自然地理、历史地理、经济地理等等。我们曾经在浙江省永嘉县的楠溪江中游研究乡土建筑，这个流域的东缘是北雁荡山脉，西缘是括苍山脉。我们翻山越岭，一天步行六七十里，最后确证，过了这两道山脉的分水岭，乡土建筑立即明显地不同了，这个流域是一个特点突出的独立的建筑文化圈。在它的北缘，有两个村子，在分水岭的两侧，鸡犬之声相闻，一个村子说仙居话，一个说永嘉话，它们的建筑就很不一样，建筑文化圈和方言区重合。有些语言学家说，方言区的形成主要和唐朝以来行政区的稳定有关。那么，乡土建筑文化圈是不是也和行政区的稳定有关？但是，由于这里许多血缘村落是自唐至宋从闽北移民过来的，所以，它的建筑又跟闽北的建筑有很多相似之处。

为了划分建筑文化圈和各层次的亚文化圈，我们就得确定区别不同建筑文化圈的若干个定义性因素。我们根据什么因素说某两地的建筑属于一个文化圈或不属于一个文化圈？在寻找这些因素的时候，我们对乡土建筑的研究就不得不合乎逻辑地一步一步深入下去了。至少我们得找出一个地区乡土建筑的本质特征。平面形制上，四合院，天井式，是不是？结构方法上，抬梁式，穿斗式，是不是？这里或许就需要类型的研究了。

有了建筑文化圈的地图，我们才能够具体研究造成每个圈内建筑特色的基本原因。这些原因显然非常复杂，有时候它们的作用十分曲折和隐晦，以致我们现在面对乡土建筑的许多特色，感到惶惑不解。在浙江省，年年闹台风的永嘉县，房屋的出檐很大，又轻又飘；没有台风的浙西，房屋是封闭的天井式的，谈不上出檐。而两地的日照和气温几乎完全相同。在浙西的兰溪市，兰江以西，清一色的天井式住宅，兰江以东，则流行“十三间头”，一幢长排住宅，十三间，再多了就转折成曲尺形，连院落都没有。为什么有这样的差别？

过去解释一个地方乡土建筑的特色或者对比两个地方的特色，喜欢用地形、气候等等因素。这看来不常常对。现在有人喜欢笼统用“文化”来解释，这又没有说明多少问题，因为“文化”这个词儿太含糊，有时候无所不包，因此“文化决定论”也就说不明白什么。我们估计，造成某个建筑文化圈的特色的原因是综合的，包括许多因素，而这些因素中起主要作用的又并不恒定不变。有一些因素可能是非理性的，仅仅是传统的惰性，例如由于人口的迁徙，会把不适合于某地气候的特点从别处带来。建筑特点从行政中心或文化中心向外围辐射，使外围地区接受这些特点，也往往是非理性的。

工匠流派的特点就是地方建筑的特点，因此用工匠流派来解释某地区建筑基本特点的形成，通常是狗咬尾巴团团转圈。不过，用工匠流派来说明两个地区建筑的较低层次的差异，可能很有效。例如，皖南和浙西的建筑，分别属同一个文化圈中的两个亚文化圈。皖南的小木作极其奢丽，而大木作很简单；相反，浙西的建筑，小木作比较有节制，大木作十分精致，极富装饰性。类似的情况甚至会在相邻的村落间发生。

有一些民居研究者，用封建家长制、礼教等等来阐释建筑空间组织与社会制度的同构性，这当然也不错，但是，这种阐释，大而化之，只论证了大半个中国城乡建筑的共性，却不可能深入地揭示各个建筑文化圈乡土建筑的特性。因此，它经常失之空疏，而且千篇一律。产生这种现象，大多是因为实地调查工作做得少而浅，弄些书本子上的东西来套。中国的书本子虽然多，真正反映农村民俗生活和民俗文化的却像凤毛麟角。文人的传统，是只读圣贤之书，而圣贤所代表的只不过是上层的雅言文化。要研究乡土建筑，就得下功夫去了解农村的民俗生活和民俗文化，去掌握它们千变万化的个性。从笼统论述共性到具体剖析个性，研究工作就会深入一个层次。这当然也有难处，现在农村里知道过去农村生活各种礼仪、风尚、习俗的人已经很不容易找到了。

有了普查，做过比较，熟悉了工匠流派，掌握了各地建筑的基本特点和形成这些特点的主要原因，这样，我们或许可以做一点儿鉴定年代的工作，我们的历史研究法才能落到实处。

研究乡土建筑，尤其在闽、浙、皖、赣各省，一定会遇到堪舆风水术的问题。风水术是迷信，是泛灵论的自然崇拜，是封建统治阶级的意识形态，为巩固他们的统治服务。我们不承认它是一种科学或前科学，或有科学因素。但我们承认它在漫长的封建社会里对乡土建筑起过很大的作用，包括对聚落的选址、布局和各类建筑物的处理等等。为了正确阐释乡土建筑，就得了解风水术，否则我们说不清某些建筑现象，迷信毕竟也是一种历史存在。对阴阳八卦、“天人合一”、各种忌讳厌胜之类，我们也抱这样的态度。

我们也对跟房屋有关的礼俗抱浓厚的兴趣。一幢房子，从平基址、下料、上梁到最后落成，每个关键步骤，都有一些仪式。各地不一样，但都隆重、热闹。这些仪式表现出乡民对生活的珍惜，对家庭的热爱，对自己辛苦劳动、勤俭度日，终于能造起一幢新房子的那份自豪和满足。不了解房主人满面春风叼着旱烟管在仪式中张罗时的感情，你就不能了解为什么这些房子会造得那么精致，尽管当时的生活并不真正富裕。乡土建筑的精美，总是超过农村当时实际的经济水平，原因就在这种感情。

建筑是生活的舞台，为了保证生活得顺利、有效、健康，建筑必须适应生活，包括社会心理和行为方式。因此，我们常常要借助对生活的了解去了解建筑。建筑又是生活的史书，它身上积累着人们生活的历史信息。像读地方志一样，我们能从乡土建筑中了解一个地区千百年来的经济、政治、社会和文化。研究乡土建筑，不能不跟乡土的历史生活一起研究。在纯农业的浙江省新叶村，我们看到，从村落的布局、文昌阁和文峰塔的兴造到门窗槅扇上的小雕饰，都笼罩着牛角挂书、“朝为田舍郎，暮登天子堂”的耕读之梦。在离新叶村十五里的诸葛村，我们又见到，萌芽状态的商品经济怎样一步一步改造了农业村落的布局、结构，改变了它的面貌和住宅形制，直到各种装饰题材，甚至下水道口的石篦子。新叶村和诸葛村的原始结构都是团块式的，团块的核心是一个房派的宗祠，它两侧是这房派的住宅。十几个团块形成整个血缘聚落，以祖祠居中。这结构反映着封建宗族的系统组织。山西省介休县的张壁村，处于宋辽长期对峙的前线，它的结构就是一座军事堡垒。不但有厚实的外墙，连街巷都是壁垒森严。

在中国历史上著名的“晋商”和“徽商”的故乡，住宅都是极其封闭的。那儿土地瘠薄，人们被迫出外谋生，渐渐积了些财富。但他们仍旧逃脱不了封建农业社会的羁绊，不论族训还是行规，都禁止他们携带家眷，又禁止他们在外面纳妾。于是，积蓄的财富大量流回故土，可买的薄田又不多，只好起造住宅。它们围着高高的死墙，外表森严可怖，内部却精雕细刻，流露出炫耀的拜金主义审美观。它们是保护商人们财富的堡垒。同时，商人长年在外，很少回乡，因此对女眷就加倍防范。这种堡垒式的住宅就是最牢实的禁锢妇女的监狱。在流行高墙小院式住宅的晋商和徽商的故乡，贞节牌坊也最多，县志里节烈贞女名单一印就上百页。那样的住宅，那样的牌坊，是当时条件下晋商和徽商的经济活动和家庭生活的特殊产物。它们不是农村建筑，而是造在农村的城市型住宅，因而是畸形的乡土建筑，丝毫没有农民文化的淳朴、天然和开朗的性格。解剖一幢住宅，你就可以懂得自然经济下农村家庭的大部日常生活，或者初期手工业者和小商贩的大部家庭生活。

家具是房屋的补充，跟房屋配套，尤其是那些由特殊条件而产生的家具。皖南、赣北、浙西的住宅，天井式的，家居日常生活、小手工业、农副产品加工，都在宽阔的廊檐下，那里完全向天井空敞。冬季阴冷，住宅毫无御寒能力，聪明人创造了火桶。有供小孩站的，像个高高的圆锥台；有坐着劳作的，像凳子；有靠着休息的，像沙发；还有两个人相对而坐的，像一只小船。住宅能采用这种火桶，就因为它的空敞，可以顺利地排出一氧化碳。在楠溪江，住宅开阔，阳光直射到廊檐下，那里就没有火桶，而设长长的一条栏杆椅，给人晒太阳取暖。所以，我们把家具当作建筑的一部分来研究，或者还应该包括一些器物。

没有社会下层民众的生活，只有上层的政治、军事斗争和典章制度，这样的历史是不完整的。没有社会大众的民俗文化，只有李白、杜甫和佛典、道藏，这样的文化史是不完整的。同样的道理，没有乡土建筑，只有宫殿、庙宇、陵墓、府第的建筑史，说到冒头，不过是半部建筑史而已。乡土建筑，不但有聚落、聚落群和各种各样的房屋，如果我们注意发掘，还可能有一些没有预想到的资料，拓宽建筑史的领域。我们在江西省婺源县的县志上，看到有八十多篇碑记，记载县学始创和历次重建、扩建的缘起、经过。最早的一篇是北宋的，最晚的一篇写于清末。它们构成了前徽州六邑最大的一所县学的完整的建设史。其中大致有历代当政者建造县学的政治、意识形态和文化教育的目的，负责兴建的官员、士绅，筹款方式，觅址，建筑规模、形制、布局，使用情况，为维修而设的租田，历次荒废倾圮原因，等等。有两篇详细论证了棂星门和云路的意识形态意义，有一篇可以见到康熙时一所两进院子的造价。山西省介休县张壁村，至今还保存着三十几块石碑，记载着全村各重要部分的建造历史。这类资料，都可能成为中国建筑史的极有价值的部分。

从建筑史角度研究乡土建筑，应该包容从建筑设计的角度对聚落和房屋做分析研究。历史要评价乡土建筑的成就，它的真、善、美。评价要讲道理，这就走近了设计。评价不限于个体建筑物，而要从聚落开始。聚落与山形水势的配合就是一个很有趣味的课题。我们在楠溪江中游见到的坦下村、豫章村、廊下村、蓬溪村、鹤阳村等，真正都跟山水一起构成了最美的图画。那是立体的图画，你可以走进去欣赏，在各个位置，向各个方向欣赏。你读过的所有从六朝以来的诗、文和绘画，关于田园和山水的，那里面最美丽的，都会一下子涌上心头。你仿佛会觉得，文学史和美术史不必花那么多笔墨去追究陶渊明、谢灵运和宗炳为什么会迷恋山水田园。不为什么，就为它们美，这美是那么勾魂摄魄，不可抗拒。那一幢幢的房屋又何尝不是？它们构成的村景、巷景，千变万化，每一变化呈现出来的美，都叫你喜出望外。农民的创造启发了你对美的执着的追求，同时，你的眼力，你的品位，都会在荒僻的山村里磨炼得更精、更高、更富有浪漫的想象力和激情。这就够了，你不必考虑怎样去模仿任何一个片断。你熟悉了它们，也许，有一天它们会乔装打扮偷偷溜进你的创作园地，上帝会原谅你。

乡土建筑研究，这工作既艰苦又愉快。

这几年，建筑工作者很有机会先富裕起来。参加我们工作的学生都是五年级做毕业论文的，他们已经有能力赚钱，但他们却选定了乡土建筑这个课题，跟我们上山下乡。其他课题组的同学，乘飞机、住宾馆、吃大菜，还要装一口袋奖金；我们的学生，每次出去，要连续乘三十几个小时的硬席火车，住的是两块五毛钱一夜的小店，吃的是三块钱标准的伙食。没有奖金可分且不说，还要拼死拼活地工作。1989年中秋节，我们从杭州去楠溪江，一路上不是路断就是车坏，颠簸了足足20个小时，到达目的地，已经是后半夜1点钟。吃饭睡觉，天亮7点钟就给任务开始工作了。有一天，到谢灵运后代聚居的鹤阳村去，刚下过几天雨，溪水暴涨，小伙子们手挽着手，蹚过齐腰深的急流进村测绘。雨下多了，身上没有一件干衣服，两只脚泡得发白，还要在混和着屎尿的泥浆里踩来踩去。年轻人不容易适应水土，闹肚子，身上被各种各样的虫子咬出一片一片的红疙瘩，有一位女学生，连手指尖上都满是。白天出去调查、测绘，晚上回来整理资料、制图，往往要熬到深夜。

年轻的女教师，又要照料学生，又要照料我这样的老头子，家里还丢下一个上小学的孩子。每天傍晚回到住宿地，一身是土，像尊泥菩萨，连脸都顾不上擦一把，就进厨房帮助做晚饭。研究工作还要独当一面，不能含糊。

上了岁数的也不示弱，下了火车就上长途汽车，从来不找个去处休息一下。背着二十来斤的摄影器材，从早跑到晚，一天又一天。晚上在昏黄的灯光下检查学生的测绘和调查，密密麻麻的数字像蚂蚁一样，都要核对。也许，还得摸出口袋里装着的速效救心丸塞进嘴里。家里老伴担心着呐！

1991年夏季，我和一位研究生到楠溪江上游去，一天步行六十多里，翻越四道山岭。半路上见到对岸一个小村落很吸引人，想看一看，雨后溪水涨没了碇步，为怕万一跌倒浸坏了相机，干脆蹚着齐腿根深的水过去。在村子里绕了几个弯，我们失散了。研究生急焦焦地找我，一直到村后悬崖边还没有找到，她以为我已经跌下悬崖，葬身沟壑，于是惊呼起来，凄厉的叫声在山谷里回荡，久久不散。

那天，气温将近40℃，群山挡住了风，却又反照着灼人的阳光，我们像闷在烤箱里走。到目的地已经昏暗，村人又带我们在山间小路上走了很远，送到一座小屋里。漆黑的夜，没有灯，找不到水，我们连擦一把脸都不成，穿着一身早已被汗水浸透了几遍的湿衣服，躺下就睡。一躺下立即又冒出一身汗，大约会在地板上洇出一个人影罢。

但这趟跋涉很有收获，我们弄清了楠溪江乡土建筑文化圈的西部边界。

有收获就很快活。更快活的是我们始终工作在美丽与祥和之中，在青山绿水之间田园般的生活之中。在楠溪江，从我们住的小楼前院里，可以望见削壁千仞的芙蓉峰。早晨，阳光把它染成金色，转眼之间，流云又紧紧缠绕着它，旋转、升腾。它一会儿隐没，一会儿飘闪淡淡破碎的影子，偶然露出一角来，黛色深深，把流云反衬得雪一样白。待到流云疲倦了，又忽然散尽，芙蓉峰依然披一身金色的阳光。小楼后面是一带长林，一条小溪顺林蜿蜒。当阳光照上芙蓉峰的时候，溪上急速颤动着的一层层迷雾也变成金色。金色迷雾的深处，牧童赶着水牛慢慢从碇石上踱过。接着，姑娘们来到溪边，鲜艳的衣衫把水波映成七彩灿烂，跟雾气一起闪闪烁烁。在新叶村，我们住处的窗子正对着文昌阁和抟云塔，塔后是长满浓绿的橘树的小山。清晨推窗，看太阳从山背冉冉升起，先是把薄云染成片片红色的朝霞，边缘镶着耀眼的光。红霞衬托出宝塔和楼阁玲珑的剪影，呈紫色。塔顶的小树和阁背上飞升的细巧的鱼尾，在强光下朦朦胧胧，似有似无，塔和阁就笼罩着一身神秘。这时候，小山被霞光融化，失去了轮廓，仿佛也成了一片红霞。待到太阳升到塔顶，长空一碧，塔前铺满了黄澄澄的油菜花。到秋末，这里是火焰般的稻田，点缀着浓艳的乌桕树，红得像宝石。

至于人情的温暖，更叫我们陶醉。不论我们住到哪个人家，我们都会受到贵宾一样的接待。薄暮，敲开一家门，放下小小的背包，女主人立即就会量一盆豆子，泡上水，整夜推磨煮浆做豆腐。乡间没有小店饭馆，但我们随便走进哪一家，都能坐下吃个饱。有山芋苞米，也会有鸡鸭鱼肉，更难忘的是香气扑鼻的“老酒汗”，不干一杯，老农决不肯罢休。午餐后，躺在老成了紫红色的竹椅上眯一会儿，农妇把孩子们轰出老远，不许来闹。那位研究生曾经在一位即将结婚的姑娘的房里睡过一觉，铺的盖的竟是她里外三新没有用过的嫁妆。那姑娘还一直坐在床边摇扇子给她赶苍蝇。

乡民们高高兴兴请我们吃喜酒，或者抱来婴儿要我们给起个名字。有好多次我们被邀参加敬老会，连年轻的学生们也被安排在首席。父老们把学生当子侄爱护。赶上季节，我们的住处瓜果不断，秋天，整担的橘子，熏得一屋子喷香，临走还要背上几大包。每次离开住宿的村子，都有许多人来送行，挑的挑，抬的抬。有些姑娘会痛哭失声。这时候，我们的行囊里被塞进茶叶、粽子、干栀子花，甚至有针脚密密的布鞋，心灵手巧的姑娘早就在眼角一瞥之下估量了我们脚的大小。

工作中的帮助更不用说了，在浙江省新叶村，将近七十岁的退休老乡长和老会计，扛着七八米长的特大梯子给学生们准时送到工作地点，一次又一次。他们带着我们到附近村子去考察，一天走几十里路，从来不推辞。天天晚上摸黑来看学生，解答各种各样的问题。在浙江省兰溪市诸葛村，我们的工作遭到省里和市里一些人的阻挠，他们还对热情接待我们的人施加了很大的压力，村支部书记甚至当众辱骂了一位七十多岁的老人。但父老乡亲坚定地对我们说："不要怕，他们不欢迎我们欢迎，他们不支持我们支持。"有一天，我们不顾威胁，到相距十里的一个村子去考察，那村子的干部是坚决执行省、市那几个人的旨意的。走到半路，诸葛村六位七十多岁的老人气吁吁追了上来，陪我们去，怕我们吃亏。他们带我们从村背后进去，村民们很友好地招呼我们。从村口出来时，见到村子的书记等好几个人严守在那里，他们大声呼叫轰赶我们，诸葛村的父老们掩护着我们回来了。

1989年，我们在新叶村工作的时候，离我们五六里路的李村，有两个美国纽约州立大学的教授在调研乡土建筑，离我们二十几里路的姚村，有一组日本人在工作，他们已经是第四次到姚村了。美国人和日本人，有最新的装备，摄影、录像、拍电影，黑白的、彩色的一起上，像扫描一样地记录。我们很穷，拍照片一张一张掂量着，重复了一张就心痛得不得了。但我们知道，在学术上非打赢这场国际竞赛不可。在这之前，1988年秋天，我们在浙江省龙游县，也遇到一组日本人。他们见了我们的寒酸相，对龙游县的文化局长说："你们不必做这工作了，要资料可以到东京来，中国乡土建筑研究中心将来在日本。"1990年，我到台北，在台湾大学介绍我们的工作，提到美国人和日本人，我说，我们一定要玩命地干，一定要使乡土建筑研究中心真正建立在中国，绝不能在日本。几百位台湾大学的师生长时间地热烈鼓掌。散会之后，许多人围住我表示支持，有不少人想直接参加我们的工作。1992年初春，我在台北的书店里见到了日本人和美国人写的书。我敢于向同胞们保证，我们赢得了这场竞赛，我们工作的学术质量远远胜过了他们。但是，有两点我不能不说：第一，摄影资料的详尽恐怕大不如他们，说不定还真有一天要向东京借用那些资料；第二，我们的工作能坚持下去吗？又穷又苦，谁来干？即使万幸坚持下去了，这样一点点的规模有多大意义呢？

乡土建筑正像雪崩一样迅速消失。1989年春，桐花烂漫时我到楠溪江的芙蓉村，那里一幢明代的书院，规制严整，还附有一座花园，园里三间山长住宅。我没有带广角镜，彩卷也不够，心想，秋天我们就来测绘了，到那时再说罢。不料，我离开之后不到一星期，书院就失火烧掉了。1991年秋天，我们到兰溪市的山泉村去，听说那里有一座形制特殊的宗祠，居然还保存着85块历代的匾额，在别处，匾额早就没有了。走到山泉，一看，焦土一片，宗祠烧光了，几根柱子成了炭，还冒着袅袅的余烟。

我们工作的规模不足以抢救乡土建筑资料于万一。那么，是不是像引进外资办企业一样，我们也要请美国人、日本人或者其他什么国家的人来研究我们的乡土建筑呢？如果是这样，研究中心就很可能不在中国，而在东京、华盛顿、巴黎或什么地方了。回想我在台湾大学说的话，也许太幼稚了，那些鼓掌的朋友们，也未免太冲动了，是吗？

哎！我的父老乡亲！

哎！我的乡土情怀！

哎！那几十万个像博物馆和图书馆一样蕴藏着我们民族文化几千年积累的村庄！

（原载《建筑师》第59期，1994年8月）

附录3

说说乡土建筑研究

一

我们建议：就学科的界定说，现在应该用乡土建筑研究代替民居研究了。乡土建筑研究包容民居研究、其他各种建筑类型研究、聚落研究、建筑文化圈研究，也包容装饰研究、工匠研究、有关建造的迷信和礼仪研究，等等。这些专题研究是乡土建筑研究这个大系统的子系统，它们之间应该形成一个有序结构。

民居研究，这概念是在什么条件下提出来的？当时如何界定？我们没有追溯过，不大清楚。但是，顾名思义，民居，总会教人认为专指的是民间的居住建筑。过去几十年里，民居研究的实践，确实也限于居住建筑。大陆已经正式出版的民居专著，从以“中国”为名的到以各省区为名的，内容都清一色的是居住建筑。散见于期刊中的论文，有的略略提到商店和祠庙，大都并不认真加以研究，重点仍然在住宅。近年来，民居研究的内容逐渐丰富，突破了居住建筑的框框，例如，华南理工大学的一些年轻朋友，在陆元鼎老师的指导下，就聚落研究做出了很好的成绩。于是，民居研究这个概念显得很局促了。

有人注意到了民居概念的局限性，企图在解释上下功夫，加以“广义”化。但是，一种在历史上形成并且沿用了很久的概念，是不宜于随意重新解释或者“广义”化的。这样做不仅会造成概念本身的混乱，而且会扰乱有关的语言体系，这个体系是经过各种概念的长期磨合之后才能正常运作的。

概念的内涵会随着实践发展，当内涵发展到不能为原来对概念的界定容纳的时候，应该及时地另立概念。科学史中这种情况是很多的。

现在到了用乡土建筑研究代替民居研究的时候了。这当然不是否定过去民居研究的成绩，恰恰相反，是经过了几代人辛勤工作，民居研究本身的经验积累、领域扩大、眼界开阔之后所达到的时机，是民居研究的发展成熟否定了民居研究这个旧的学科概念。

过去有一些只着眼于民间居住建筑的民居研究，舍弃了大量与居住建筑共生的、一起形成人们物质生活环境的多种建筑物，因此，就建筑对乡土生活的对应来说，它不可避免地是片面的、零散的，缺乏系统性和整体性。乡土建筑研究则以乡土环境中所有种类和类型的建筑物为研究对象，在乡土文化的总体观照下考察一个生活圈或建筑文化圈范围之内乡土建筑的系统性，以及它与生活系统的对应关系，对乡土建筑做总体的研究。对民居和其他类型建筑的专题研究，也应该在这个框架内进行。

乡土建筑研究，可以和我国的文化史研究“联网”。我国传统的文化，大体包含庙堂文化、士大夫文化、市井文化和乡土文化几个方面。建筑文化也同样有这几个方面。乡土建筑研究正好与乡土文化研究对位，它们之间应该沟通和可以沟通的地方很多，不妨说乡土建筑研究是乡土文化研究的一个组成部分，一个十分重要的部分。乡土文化研究中，建筑所占的地位，远大于庙堂文化、士大夫文化和市井文化中建筑所占的地位。没有乡土文化的文化史研究是残缺不全的，没有乡土建筑的建筑史研究也是残缺不全的。乡土文化的研究离不开乡土建筑，乡土建筑的研究也离不开乡土文化。

一向沿袭的民居研究概念则不能充分阐明建筑在乡土文化中的地位。

二

乡土建筑本身需要界定。

它是乡土环境中各种建筑的总和，是一个完整的系统。

什么是乡土环境？第一，它是农村，是稳定的农业或牧业地区；第二，它在封建家长制社会之中；第三，它处于手工农业时代。

这第一点，主要在划清乡土建筑与市井建筑的界限。城市住宅和商店等等一般不在乡土建筑之内。而多年来所谓的民居则通常包容城市住宅，因而划不清乡土建筑与市井建筑的界限。只研究民间住宅，尤其孤立地、零散地研究民间居住建筑的时候，不区分乡土建筑和市井建筑，关系并不很大。但是当把一个生活圈内或一个文化圈内的各种建筑作为一个完整的系统进行整体研究的时候，乡土建筑与市井建筑的区别就很重要了。村落和城市的结构布局的原则不一样，它们所拥有的建筑种类不一样，各种建筑物的形制不一样，相互关系也不一样，总之，它们的历史文化内涵不一样。这些不一样，跟乡土文化与市井文化的区别是一致的，而且是这种区别的一个内容。

一切界定都并非绝对干净利索，都不可避免地有模糊边界，乡土建筑与市井建筑之间也有难以断然划清的界限。主要是农业地区内的商业中心和集镇之类，甚至有一些小县城都很不容易定位，需要一一按个案考虑。好在农业地区内的商业中心，大多是从纯农业村落发展而来的，如果它的商业、手工业以供应农民的生活资料和生产资料以及收购农副产品为主，如果它还基本保存着封建家长制度下血缘村落的结构完整性，那么，它便仍然属于乡土建筑，是乡土建筑系统的一部分。

那第二点和第三点，主要在划清乡土建筑与现代农村建筑的界限。划清这个界限，是为了在特定的时代背景下全面地、系统地研究一个生活圈或一个文化圈内的建筑。这也就是一种分类法，使研究便于操作，并使这类研究具有直接的可比性，从而促进认识的深入。建筑具有明显的时代性，乡土建筑不但有地点的规定性，也有时间的规定性。现代农村建筑与乡土建筑，产生于完全不同的历史条件下，具有完全不同的社会文化意义。它们在聚落格局中的关系，它们的形制和材料、结构等也都完全不同。乡土建筑是传统的，生长在特定环境中的，现代农村建筑是非传统的，有突破环境制约的倾向。传统的血缘村落中大多是有机的整体，村落的结构布局反映着宗法秩序，宗族对村落整体和个体建筑的位置、大小、高低，都有一定的管理，而现在的农家新住宅则相当随意地扰乱原有的整体，有些地方，新造几幢住宅便破坏了聚落几百年来有效的排水系统。现代农村建筑当然值得研究，但研究乡土建筑与研究现代农村建筑，意义和目的并不相同，因此要加以原则的区别。

这里也有一个模糊边界的问题。主要是怎样给土地改革之后，也就是封建家长制被粉碎之后，农村里按传统方法和形制建造的房屋定位。这个问题在实际的研究工作中并不重要。因为如果把乡土建筑当作一个与乡土传统生活方式相对应的大系统来研究，则土改以后新建的传统式样建筑并不占什么地位，它们已经失去了真正传统乡土建筑的历史文化内容，失去了与血缘村落的内在联系，所以可以忽略不计。在仍旧保存着传统的生活方式的少数民族地区，如果它们仍然反映了那种生活方式，那么，它们便应该被归入乡土建筑中去。

以上三个界限，大体划定了乡土建筑研究的对象和范围。但是，当然不能把乡土建筑从社会整个的建筑大系统中割裂出来。大系统内部各子系统之间存在着交流，乡土建筑与市井建筑和士大夫建筑有千丝万缕的关系。士大夫文化不但强烈地影响了乡土文化，它也强烈地影响着乡土建筑，尤其鲜明地表现在农村的礼制建筑、崇祀建筑和居住建筑上。这种影响，也是乡土建筑研究的内容之一。不能孤立地、封闭地观察乡土建筑。

三

以乡土建筑研究代替民居研究，能大大拓展研究的领域，丰富研究的资源，使一些长期被忽视的建筑类型受到注意，避免大量历史信息的遗失。例如，乡土建筑系统里的一个子系统，交通建筑，就有路亭、邮驿、关隘、渡头、道路、路灯、碇步、桥梁尤其是风雨桥，等等；另一个子系统，慈善建筑，就有惠民药局、养济院、育婴堂（恤孤堂）、厝柩所、义冢、枯童塔、井亭、水龙会、常平仓，等等。文教建筑则有书斋（花厅、别厅）、家塾、学堂、义学、书院、儒学、文会、藏书楼、尊经阁、文昌阁、文峰塔、文笔、朱子祠、圣庙等等，也可以计入贡院和考棚。或许，还不妨把申明亭、旌善亭、牌坊、戏台、乡贤祠等等也归到这一类中去。像这样的子系统，细细统计起来，至少有十几个之多。把这许多建筑种类排除在中国古建筑研究视野之外，则我们对整个中国古建筑的认识是十分支离破碎的、十分贫乏的，既不能充分认识它的丰富性，也不能充分认识它与社会生活系统相应的系统性。

当然，这并不意味着所有的研究都要以一个完整的系统为题。在具体选题的时候，或者由于一定条件的限制，或者基于特殊的目的，或者出于某种设想，通常都有意识地把研究范围缩小，例如，限定在民间居住建筑上，甚至更缩小到民居的装饰上，或者只研究戏台、书院等等特定的建筑种类。在学术实践中，这种做法不但是可以允许的，而且往往是必要的，是普遍采用的。不过，从战略上说，我们要着眼于整个的乡土建筑系统。这就好像研究庙堂建筑，不妨以太庙、天坛或者斗栱、彩画为题，但是在研究时必须把它们放在庙堂建筑的整个体系之中。

并不是所有这些乡土建筑类型都已经成熟到了具有自己独特形制的地步。有一些类型借用着比它更有历史的建筑类型，但确实有不少类型的建筑已经有了自己的形制，有些则正在形成之中。研究这些独立的功能形制的形成和分化过程，是很有意义的。例如，早期的学塾和商店都是普通的住宅。后来，学塾有了塾师宿舍和教室，教室又再区分为蒙童的大教室和童生们精习的单间，当然就有了专门的供奉朱子或文昌帝君的香火堂。还有一些学塾增加了学生宿舍，便有了食堂。小院里设精致的炉子，焚烧字纸并祭祀仓颉。连种的树木都有特色，一般都有一棵桂花、一棵玉兰，为的是讨个“兰桂齐芳”的吉利。初期经商的就在家里的堂屋做买卖，后来临街打开窗子，再后来，在南方，小百货和烟酒之类顾客多的商店采用了排门式，而药店、绸缎店和钱庄、当铺（暂时把它们放在商业类里）则往往仍旧采用石库门式的住宅而加以改造，拆掉了明间和次间之间的隔板墙，装上柜台。有一些比较富裕的，更造了地下金库、防火梯和更楼。太师壁前不再供家祖而供上了财神爷。建筑的装饰题材也不大一样了，住宅中常用的“渔樵耕读”“九世同居”“百子同春”“梅兰竹菊”之类没有了，多的是“聚宝盆”“金玉满堂”“刘海戏金蟾（钱）”之类的题材，元宝（银锭）和古老钱甚至长长的钱串，处处可见。

对各种类型建筑和它们形制的形成过程的研究，毫无疑问，能够大大深化对中国传统建筑和它的文化内涵的认识。如学塾和商店的这种发展变化的历史过程，不但有建筑理论方面的意义，而且有文化心理学等等多方面的价值。这是我们建议在学科界定上用乡土建筑研究代替习用的民居研究的重要原因之一。

四

如果以一个生活圈或一个文化圈为单位，全面而系统地研究乡土建筑，也有一些困难。第一难在选题。经过半个世纪以来剧烈的社会动荡和变化，许多很有价值、很完整的村落建筑环境、建筑系统遭到了破坏。在传统的农业地区，封建宗法时代，往往一个村落便是一个生活圈，若干个村落便是一个亚文化圈，所以乡土建筑研究，通常以村落或若干个村落的群体为基本对象。我们做过的课题中，浙江省楠溪江流域二百多个村落形成了一个建筑文化圈，江西省婺源县是皖南建筑文化圈之下的一个亚圈。我们做的浙江省诸葛村、福建省楼下村、陕西省十里铺等等，都是很有特色的生活圈。但这种传统的生活圈和文化圈未经破坏的已经很少了。近年由于农村经济好转，农民有了钱，为造新房子而拆掉旧房子的事天天大量发生，老村落的破坏速度更快，规模也更大了。我们在安徽省黟县工作，那里有许多村落，过去它们互相间牌坊、水口建筑群、祠庙、路亭等等络绎相接，现在只剩下一个个村落的本身遥遥相望了。要按理想地研究它们当年的乡土建筑系统已经不大可能。好在中国土地辽阔，民族众多，到现在还幸存着一些比较完整的村落和村落群，即使不免总有残破，还可以想见它们极盛时期的大致面貌。因而短期内还能做些研究工作，虽然不很理想。当然，如果能有一个相当范围的普查，就会好得多。这个困难又向我们提出紧迫的要求，要求我们加快工作，尽可能地赶在乡土建筑全部破坏、消失之前抢救下一些资料。

第二个困难是，现在已经很难得到关于村落的口述史料和乡土文献，因而几乎不可能完全地、准确地、深入地了解村落和宗族过去的生活和历史。乡土建筑是乡土生活的舞台，是乡土历史、文化的载体之一。要阐明乡土建筑的文化内涵，不能不先了解村落和宗族过去的生活和历史。包括先祖的迁徙、定居、繁衍，宗族的形成、分支和组织管理，以及村民的生产劳动、家庭、经济、风尚、习俗、文教、娱乐、节庆、信仰、天灾人祸、语言、俚词民谣等等。因此，我们每次着手一项研究，都要先访问当地耆老，收集当地的乡土文献。可是，知道一些旧时代情况的人已经凋萎殆尽，幸而健在的早过了古稀之年，而且大多没有受过教育，本来所知就不多，加上记忆衰退或者混乱，偶然说出来的一些东西很难当作口述史料。乡土文献包括宗谱、家族文件、阄书、地契、账本、来往书信、笔记、日记、文稿、碑铭等等。但是，经过这半个世纪的变化，早已零落散失。宗谱残存的还比较多，但它们按例不载生活习俗和住宅建设等等。其他的乡土文献便很难见到了，偶然见到一些断简残帙，便像精金宝玉一般珍贵。我们到安徽黟县关麓村工作，前后去了三次，每次两三个星期，在农民家住，在农民家吃，跟农民建立了亲切的友谊，这才在第三次快要离开的时候，得到了一批乡土文献。一位农民朋友从一只瓷缸里拿出了三本虫啮鼠咬的绵纸本子，是他曾祖父在同治年间写的笔记，所记的内容很广泛，从家庭史到日常生活琐事，从祭祀的十六品到买婢女的文书，从修桥造亭到被人殴打，一一都很详细。另一位老人家给我们复印他收藏的乾隆年间的阄书，嘉庆年间的房地产账，道光、咸丰、同治年间几位徽商的信件、短笺、题画，洪宪年间的田粮税票，以及各种发票、账单等等。一位中年人把他当年任义塾塾师的祖父写的村史手稿给了我们，还给我们看了他的祖先受封“奉政大夫”时的皇帝诰命。小学校长则把他家古老的赊购猪肉账的折子给我们拿了来。我们的房东，到邻村朋友家串门，见到厕所墙洞里的卫生纸中有几页关于旧时婚礼全过程的文书、祝词、仪式等等的笔记，也高高兴兴地要回来给了我们。我们这一次真是大丰收。

但我们多年来只遇到过这一次。

要获得某些特殊的口头史料，也必须跟村民建立亲切的友谊。我们在福建省福安市一个村里工作，天冷，访问老人的时候，钻进他们的热被窝聊天，聊了几天，一位老人终于隐隐约约透露出祖先跟倭寇之间的暧昧关系，还说出了祖先靠种鸦片发家的经过，帮我们弄清楚了这个深山沟竟能建造一批豪华大宅的原因和过程。

但这样的机遇也很少。

第三个难点是，老工匠或者多少懂一点老式建筑制度的人已经很难找到。乡土建筑的地方性很强，不同的建筑文化圈有差异，同一个建筑亚文化圈里，隔一个村的建筑就不完全一样，甚至会有很不一样的部分。造成这种差异的原因很多，但地方工匠传统无疑是重要原因之一。我们从楠溪江乘车翻过雁荡山到乐清，见到许多用大块花岗石板造的墙壁，就像钢筋混凝土预制板一样。到温岭，房屋进深很大，以至屋面很宽，而且多变化和穿插，成了建筑风格的主导因素。到了黄岩，又见到很大很大的大块毛石垒成的墙，石块十分粗犷，几乎没有什么加工，房屋有一种强劲的蛮风。车过天台，粉墙青瓦马头墙的天井式民居又渐渐多了起来。这些县份，相距不过半小时的车程，自然条件没有多少差别，恐怕建筑文化圈的区分和工匠传统的关系更大一些。又例如距诸葛村只有两里路的前宅村，村民也姓诸葛，和诸葛村同谱，那里房屋的牛腿上大多有一块类似盾牌的装饰物，而在诸葛村竟一例都没有。这显然也是工匠传统造成的。中国建筑的特点之一是单体房屋横向展开，面阔几个开间，进深一个梁架。但浙江省兰溪市的铜山后金村，三个宗祠的空间都是纵深延展的，轴线穿梁架而过，宛若西方的天主教堂。我们没有在别处见过这样的建筑。兰溪市境内还有一种宗祠形制，即“中庭”式：廊庑、后寝和门厅组成一个方形院子，正中放一个方方的仪典大厅，叫中庭。这样的宗祠形制仿佛也只有兰溪地界才有。我们在兰溪找不到一个了解这些形制产生的原因的人，只好停留在如实的记录上。这对研究工作者来说是个很大的心病。

黟县关麓村和它附近的一些村子，厅堂、卧室和书房等都有精美的彩画。构图和题材千变万化。有千军万马的壮烈的战斗场面，也有年轻妈妈抱着婴儿；有肥硕的鲤鱼荷花，也有小巧的粉蝶兰草。它们的艺术水平或者并不下于达·芬奇和拉斐尔的作品。我们打听是什么人画的，一位老人说，是油漆匠画的，又补充了一句：早年齐白石就是画这种画的。但是，现在连一个能画彩画的油漆匠都没有了。我们只能欣赏一番，写些表面文章了事。

其他如大小木作，砖、石、木雕等等也大致这样。

就说风水罢，我们在农村找到的几位风水师，都是些混事儿的，拿个罗盘骗骗人，一问三不知，什么也说不清楚。风水术固然是迷信，但它有一套说法，一套做法，对过去村落的选址、布局等等有些影响。现在已经很少有村民知道了。楠溪江芙蓉村素有“七星八斗”之说，现在村民们连什么是斗，什么是星，都已争论不休。

我们在广东梅县工作的时候，认识了一位老师傅，他的曾祖父、伯父和父亲都是当年建造围龙屋的工头。他跟我们先后谈了三个半天，给了我们许多知识。谈到造屋时的种种禁忌，种种祈福求吉、避祸禳凶的措施、仪式和符咒等等，他笑了，他说：当年泥水匠是“下九流”，工资很低，于是就故弄玄虚，生造出许多“说法”来，以便向屋主讨红包。为了次次都讨得成，这些禁忌、措施、仪式和符咒不能墨守成规，要有些变化，还要装模作样算屋主的生辰八字和流年等等，好教人摸不准、看不透，很神秘。骗得外面人风风雨雨，其实不过是工头的小诡计而已。看“地理”的风水先生也不过如此，这是一种混饭的职业而已。我们只好不去深究。

因此，我们抢救式的研究工作便在不很如意的情况中进行。俗谚说：人生不如意事常八九。我们不敢奢望占那只有一二成的如意。不过，抢救乡土建筑或者它们的资料不是我们自己“人生”的事，这是我们国家文化建设的事，难道就让乡土建筑和它们的资料，这样在不如意中完蛋大吉？

五

我们建议最好以一个生活圈或一个建筑文化圈作为乡土建筑研究的对象，但限于人力和财力，我们自己实际做的大多只是一个村落，也便是一个基本的生活圈。以一个建筑文化圈为对象是最理想的研究方式，然而机遇难得。我们在楠溪江流域做的，包括了33个村落，历时两年，十几个人去了三次，个别人去了五次，花了一大笔钱。在婺源做了13个村落，做得比较浅。以生活圈为对象，仍嫌过于局促，有些解答不了的问题。例如：某种建筑形制和形式的流行范围，它们的来龙去脉，等等。我们到广东省梅县研究了一个村子，那里客家的典型住宅围龙屋很多而且整齐，但我们无法弄清围龙屋分布的界域，也无法弄清它的形成过程和对其他地区的影响。在回程的火车上，过了兴宁，见到“烂柜翻底”式的大宅多过围龙屋了，我们心里好不惆怅。但要弄清这两个问题，岂是我们区区几个人在一两次调查中做得到的？即便是我们下狠心去做，谁给我们开发车钱饭钱？

以一个建筑文化圈为研究对象，便意味着要弄清某种建筑形制和形式的地理范围，这个范围便是文化圈。但要做这样的研究，工作的规模就必定会很大，远远超出我们当前条件的许可。而且，研究了一个建筑文化圈，要弄清源流影响仍然不大可能，那需要着眼于更大的范围，更长的时间。我们只好把它放在梦中去实现。我们这一代人，劫后余生，能在迟暮之年做一点工作，已经是喜出望外了，岂敢再图什么理想的工作条件。

但我们愿意给后来人留下一句话：需要做一定程度的普查工作，需要大协作，需要成立有稳定的专业人员和经费的机构，需要有计划一代代地积累资料、成果、知识和方法。怕的是有朝一日这些条件都可能具备的时候，研究的对象，乡土建筑，已经没有多少了。

所以我们现在只好着重于抢救些聚落的资料，尽我们的力量。这种聚落资料积累多了，自然也能解答一些面上的问题。不过，孤立地研究一个一个的聚落，没有适当的参照系，没有对聚落所在的建筑文化圈大略的了解，研究工作不大容易做得很深入，会漏掉一些有价值的信息，对一些现象不能做出准确的判断。我们在婺源工作的时候，在理坑和李坑都见到几座很别致的小型房子，雕窗玲珑，开轩面对池沼花木。村人都叫它们为“鱼塘屋”，我们判断为一种雅舍别业。后来到了黟县工作，才弄清楚那是“学堂屋”，当年读书或者课徒的地方。于是，它们的社会文化性质才得以确定，它们在乡土建筑系统中的地位才得以归正，我们对几百年前小小山村的耕读生活又增加了一份敬意。拿纯农业的浙江省新叶村与相距不远的商业发达的诸葛村对照，我们才决定把诸葛村商业区的形成和商业建筑当作研究要点之一，同时也敏感到诸葛村建筑形制和装饰题材的一些重要的特点，反映着具有拜金思想的市井文化的生长。远一点，比较江西省乐安县流坑村和广东省梅县寺前排村的民居，则对向海外开放所带来的外洋影响的进步意义有深刻的印象，它大大改善了民居内部的空间组织，增强了开敞的半室内空间的作用，功能更完备，舒适度大大提高，以至现在新建的“豪华”民居，依旧可以汲取它的某些特点。而流坑村的那种民居，则已经僵化到了发展的尽头，不彻底抛弃旧的传统，便不能继续适应生活的需要了。

散点式的聚落乡土建筑研究的偶然性和局限性虽然很大，但这种方法至少可以帮助我们避免纯书斋式的工作方法，以空泛而固定的观念来套死各地有明显差别的民居，例如，恐怕不可以把北京四合院的堂屋和闽粤一带住宅的厅堂等量齐观。它们固然有一些相同的功能和文化内涵，但它们的差异更大。用古老书本上概念化的条条框框把它们混为一谈，完全抹杀了活生生的实际内容，那也就失去了研究工作的真实意义，不过是查几本老书旧文章，发一通议论而已。这样，反倒把客观事实弄糊涂了。理论诚然重要，但理论追求一般性，而当前似乎更应该发掘中国乡土建筑领域中丰富的特殊性。

许多年以来，我们建筑学术界的价值观有一个误识：重视或者喜欢炫耀读书的数量之多，广征博引，其实大多是重复罗列一大堆二手货资料，一律以为足可征信。别人也以为如此方可称为“深入”。实际上，在中国的历史文献里，关于建筑，尤其关于乡土建筑，根本没有翔实可靠的记载。所有的，虽然似乎上可以关系到经世济邦，下可以关系到诚意正心，却都不过是些千篇一律的教条或泛泛之谈。这是中国封建文人的通病。用这些东西来概括中国建筑，尤其是乡土建筑的“道”，学术工作就走上了死路，走不下去了。因此，必须改变一向的价值观，要真正认识第一手的实地调查研究资料才是最宝贵的，最有恒久意义的。即使只是一份乡土建筑的陈述性调查报告，只要真实、详明、全面，那么，它就比在图书馆里查出来的一些古老资料更有价值。只要努力去发掘每个生活圈或文化圈的特点，这种调查报告就不会像古书那样千篇一律，就必有千姿百态、血肉丰满、生动活泼的内容，就能充实我们的知识。

所以，在目前的条件下，我们把实证研究放在第一位，即使只能做些孤立的村落的研究，我们也竭尽全力，我们工作的主要宗旨之一就是要赶在乡土建筑消失之前，尽可能地抢救下一些资料。

六

一些朋友急切地问：你们的乡土建筑研究对建筑设计有什么用处？民居、祠堂、书院，我们怎么借鉴？借鉴哪些？怎么才能使我们的设计有地方色彩？这是一个老问题了。

过去有些"民居研究"，就因为太热衷于直接回答这个问题，以致路子越走越窄，方法单一，答案也单一，而且容易停留在浅表的层面上。

我们当然很愿意看到乡土建筑研究能够立竿见影地提高我们的创作水平，但是，尽管我们也要对民居、祠堂、书院之类做建筑艺术的分析，以便于设计工作者借鉴，我们却从心底里认为，那种急功近利的幻想是不可能实现的。我们不能直接地回答那些问题，也不打算简单地回答那些问题。

那些问题，正是建筑创作中的问题，不是研究中的问题，应该由创作者来回答，不应该由研究者来回答。创作，这就包含着善于借鉴，这不能靠别人来替你完成。这样的问题，不但可以提问乡土建筑研究，也可以提问现代建筑研究：应该从赖特汲取什么？应该向戴念慈、贝聿铭、罗西、福斯特学习什么？这些大师的研究者也只能回答你一些原则，一些梳理得整齐漂亮的条条，它们究竟怎么体现在你的作品里，还要看你自己的消化，你自己的创造。

只有创作过程才能使一切知识生动活泼、千变万化。研究者只能提供这些知识和一般化的建议。

研究者酿出了香飘万里的美酒，创作者喝下去是像李白那样写出千古不朽的诗篇来，还是像鲁智深那样烂醉如泥提着狗腿去打山门，那就看各人自己了。

熟悉古今中外的知识，懂得天文地理、音乐绘画，那只是一种修养，建筑师的一种素质。我们经常听到建筑师本人说，干建筑这行，需要广博的知识，包括人文、社会、文艺知识等等，但为什么一谈到乡土建筑研究，就那么功利，非要研究者立马答复“有什么用处”不可？既然肯花几千元甚至上万元去买高档音响，听迈克·杰克逊的流行歌曲，那么花几十元、最多几百元去买一本乡土建筑的书看看就不至于多余。

关于乡土建筑的深刻而全面的知识，能够帮助建筑创作者充实和提高文化潜质，这便是一切。马头墙和燕尾脊能不能用到现代作品上，那是创作者的事。这便是我们对那个问题的回答。我们注意那些问题，但我们小心翼翼避免落入那些问题所形成的圈套中。

（原载《建筑师》第75期，1997年4月）

附录4

乡土建筑研究提纲

——以聚落研究为例

我们的乡土建筑研究成果都不得不在台湾出版，大陆上见不到，因此有些朋友建议我们把我们的工作内容和方法向大陆的建筑学术界汇报一下，以便于听取意见，修正提高。我们感谢这些建议，把我们给学生讲课的提纲整理出来，求正于关心的人。

为了适应杂志的篇幅，我们在提纲里没有举例论证我们的各种想法和做法，请朋友们读的时候费一点神。

一、乡土建筑研究对象

我们所研究的乡土建筑，指的是乡土社会中的建筑。所谓乡土社会，就是自然经济的封建宗法制度下的以手工农业为主的乡村，这在中国大致就是20世纪中叶土地改革以前的农村。

我们的研究，以现存的和虽已损毁但尚可确认其遗迹的建筑为主。我们的研究包括与乡土生活相对应的各个种类的建筑，这些建筑的存在的基本形态是形成社会的、文化的、生活的和空间结构的整体——聚落。所以我们从研究聚落下手。

二、乡土建筑研究的目的

乡土建筑研究的目的，在于开发乡土建筑本身蕴涵的价值。乡土建筑是农民、手工业者、早期商人和在乡知识分子的生活环境，他们千百年来在那里辛苦劳动，过着自己平静的日子，正是他们丰富多彩的生活，他们的劳动创造，赋予乡土建筑巨大的价值。乡土建筑是他们智慧和感情的结晶。

乡土建筑有多方面的价值，主要的是：使用价值、认识价值、审美价值、情感价值和启发建筑设计者在内的一切人的智慧的价值。乡土建筑是极其丰富的文化宝库。

乡土文化是中国传统文化的"另一半"。没有乡土文化的中国文化史是残缺不全的，没有乡土建筑的中国建筑史也是残缺不全的。开发乡土建筑价值的第一步，便是力争给它们留下完整而深入的记录，然后加以系统的研究。

乡土建筑中有相当大的部分还可以继续使用，只要稍稍加以改建便能大幅度提高使用质量，以适应生活现代化的要求。当前在农村中普遍的拆旧房造新房的现象，有些固然是由于必要，有些则不过是农民的观念问题和一些技术问题，实际造成财富的很大浪费。

认识价值，指的就是建筑作为"石头的史书"的作用。人们用各种各样的方式造各种各样的不同功能、不同形式的房子和它们的群体，是为了社会生活、政治生活、经济生活、文化生活和家庭生活的需要。这些需要，不论是为生存还是为发展，是现实的还是幻想的，都是在一定的历史条件下，一定文化环境中的需要。因此在生活和作为生活的舞台的建筑环境的相互磨合塑造过程中，建筑就携带了大量的某个历史时期各个领域的信息，成为史书。这部特殊的史书对人类历史的认识作用是不可替代的。中国有几千年农业社会的历史，要认识中国，必须先认识中国的农村，要认识中国的农村，不能不读乡土建筑这部大书。

农村是中华民族的摇篮。直到近代，绝大多数中国人与农村有千丝万缕的联系，中国的传统文化基本上是农业文化。中国人普遍对农村保持着亲切的记忆，这是一种有深沉历史感的记忆。这些记忆不能不和作为生活的舞台的建筑发生关系。而朱颜虽改，门间依旧，这些乡土建筑往往成为当代许多中国人感情的寄托，寄托着对父母之邦和父老乡亲的血肉感情。

乡土建筑在几百年上千年的岁月中，经过无数代人的千锤百炼，凝聚着他们的心血。当代建筑师和一切从事文化创造的人，凡善于观察、体验和思考的，都能够从乡土建筑得到智慧的启发。

乡土建筑的价值是多方综合的，不仅仅是建筑的，它理应受到全社会而不仅仅是建筑师的关怀与珍惜。

乡土建筑研究的目的就是认识和开发这些价值，也理应受到全社会的支持。

有少数的机会，乡土建筑研究是某些乡土建筑保护工作的一个组成部分，作为它的前期工作。大量保护乡土建筑是不可能的，也没有必要。但如果一点也不保护，任这些千百年世世代代的文化积累、这些无比珍贵的宝藏带着它们全部的价值不留丝毫痕迹地在地球上灭绝，那是太可怕了。那是比任何一个物种的灭绝更严重得多的损失。古人说："国可亡而史不可亡"，作为历史见证的乡土建筑岂可以消失得一干二净！我们乡土建筑研究者应该选择一些精品聚落，推荐它们作为历史文化名村或者各级文物保护单位，力争把它们保存下去。

乡土建筑研究也包括对它们的改进提出方案、建议。有不少乡土建筑经过改善是可以在现代生活水平上继续使用的，并不需要花很多的钱去造新房子。有些村庄自建的房子，反而破坏了环境，浪费了资源。专业的研究者可以帮助乡民们。

三、聚落研究在乡土建筑研究中的意义

聚落是乡土社会的基本单元。它蕴涵着宗法时代乡土文化和乡土生活的几乎所有各方面的内容。乡土建筑，作为乡土文化的重要成分和载

体，作为乡土生活的舞台，几乎无例外地不是孤立的，而是属于一个聚落，它们集合成聚落而存在，并且形成聚落的有一定外部范围和一定内部结构的系统性整体。聚落因此是人居环境的基本单元。

聚落研究是乡土建筑研究的基本方式。这是一种中观的研究，它并不排斥微观的或宏观的乡土建筑研究。但它比微观的研究视野宽、容量大、蕴涵丰富全面、有整体性，而且能与乡土文化研究整合。它比宏观的研究更具有现实的可行性，更生动活泼，更能揭示其内容的千变万化、丰富多彩。而且如果没有大量的类型性的聚落研究做基础，宏观研究会流于空疏、模糊甚至片面、不准确，失去科学的意义。

绝大多数的聚落都是由多种建筑按一定规则组成的有序系统。它们的整体功能特征不同于各个种类建筑的功能特征的简单总和，并能赋予各个种类建筑在单独存在时不可能具有的系统特征。各类建筑在聚落中的整合不同于机械的相加，聚落以系统整体的丰富性赋予各类建筑或各幢建筑在孤立存在时不可能具有的文化素质、社会意义和价值。一个聚落所有的历史文化含量大大超过任何一类建筑所含有的，也超过各类建筑的历史文化信息的总和。

同样道理，乡土建筑作为一个部分（或子系统）整合在乡土文化的整体（或大系统）中而具有了更加丰富更加深刻的意义。因此，研究乡土建筑必须与乡土文化相联系，而聚落是乡土建筑与乡土文化的结合点。

在40年代末至50年代初的土地改革之前，一个聚落往往就是一个完整而基本的生活圈。在宗法时代自然经济条件下，农民的全部生活几乎都局限在一个聚落里。有些农民甚至终生没有离开过范围很狭隘的乡土环境，妇女没有出过村的更不在少数。遍布于东南各省和在其他地区也大量存在的血缘村落，又是宗法共同体的完整而基本的单位。宗法共同体有完整的组织，有很高的权威，它维持宗法的和社会的秩序，保护成员的共同利益，管理成员的公共生活，也会在一定程度上监护个体成员的利益，干预他们的家庭生活。宗法共同体对绝大多数聚落的形成起着决定性的作用。各种类型公用建筑的建造、它们之间的契合以及聚落整体的布局都是由于宗法共同体生存和发展的现实的或幻想的需要。个别农民的住宅，在宗法意义上说，是延续和扩大宗族的繁殖场所。聚落的乡土建筑系统是与乡土文化系统和乡土生活系统相对应的。聚落空间结构往往是宗法社会结构在一定的地理和历史环境中的映照。聚落因此是研究中国长期宗法制社会中乡土建筑的最理想的切入点。从这个切入点最能揭示建筑与宗法制度的相互作用。这对中国建筑史和中国文化史的研究都是很重要的。地理和历史环境对乡土建筑的影响也首先并最鲜明地表现在聚落的整体上。

聚落作为乡土建筑的系统性整体，它的认识价值、情感价值、审美价值、使用价值和启发智慧的价值都大过于各类建筑的价值的简单总和。但要充分地、完整地认识它的各种价值和意义，还必须认识它的各类建筑的价值和意义。因此，聚落研究需要研究它的各类建筑，如民居、祠庙、学塾、牌坊等等，但一定要在聚落整体的观照中研究，而不要孤立地研究。孤立地研究，则它们本身的价值和意义便不能充分而完整地揭示。

在乡土建筑研究中，也可以以一个建筑文化圈或亚文化圈为对象。由于建筑文化圈中，聚落仍然是人居环境的基本单元，而且在这样一个大范围中，聚落之间没有内在的必然的结构性联系，所以，建筑文化圈研究仍然必须以聚落研究为基础。聚落的类型性分析在文化圈研究中占着重要的地位。

总之，乡土建筑研究以聚落研究为主，是由乡土建筑以聚落为系统性整体的存在单元这个事实本身所决定的。任何一种学术研究，采取什么方式，第一决定于研究对象的特点，第二决定于研究的主观条件。至于常说的决定研究方式的研究目的，也是由对象本身所具有的研究价值决定的。

四、聚落研究的基本内容

1. 聚落的起源、形成和演变，选址的决定因素。主要有：自然地理环境，包括山、水、农地、林木、气候（雨、风、日照）等等；人文地理环境，包括交通、物产、政区沿革等等；历史因素，包括移民（逃荒）、战争（避难）、屯垦等等；此外还有风水，包括来龙、水势、明堂、形局等等。这里有聚落分布的规律。

聚落演变的历史过程，它们的动因和方式，人口和经济的因素往往起主导作用。战争、社会的动荡、自然的剧变等在一定条件下也能成为主导的因素。

2. 聚落的结构布局和它的成因。聚落结构与社会（宗族）结构的对应关系；与外部环境的关系：自然条件（地形、风向、河流等），交通（陆路、水路），经济（农业、手工业、沿过境交通线的商业服务业、物资集散等等）；与内部各因素的关系：各类建筑物的性质、数量、形制、规模，供水和排水系统，街巷，休闲及文化娱乐用地，水塘，绿地，公益及公共生活设施，它们之间的社会与空间的结构性关系；风水对聚落结构的影响。

3. 各类建筑的社会文化意义，它们的典型形制和它们的变格。各种建筑形制与它们的基本功能的关系，它们与自然条件、经济水平、建筑材料与结构的关系，它们与社会结构、宗族制度、时节礼仪、生命礼俗等风尚习惯的关系。对于住宅，还要特别注意婚姻形态、家庭组织、生产劳作、日常起居，尤其应注意妇女的地位。可能条件下追溯各种形制的起源和流布范围，这就涉及了建筑文化圈和它的定义性因素。

4. 各类建筑的各种形制的空间组成、艺术形式和风格、装修、装饰、材料质感和色彩等等，住宅的防火、防盗、防暑、防寒等做法，家具、陈设、日用器皿等等。所有这些方面的研究都要注意尽量与生活方式、社会形态联系。例如：装修的作用、装饰的题材、防盗、家具陈设等都有很鲜明的社会文化含义。

5. 建筑工匠、工匠制度和工匠流派。样式和则例，施工程序和方法。工具和手艺，名称和术语，各种禁忌和祈福仪式，它们的社会文化意义，工匠流派的地理分布。

6. 聚落建筑的管理。宗族的管理职能，宗法共同体的公产在聚落建设和管理中的作用，村规民约对聚落环境的保护（林木、水源、水质）和村内卫生管理（定期打扫、家畜家禽的圈定、垃圾与废污水排放、渠水的合理使用、水井的清沙、水塘的清淤），公用建筑与公益建筑的建造（祠堂、庙宇、牌坊、文昌阁、文峰塔、学塾、凉亭、桥梁、道路、坝岸、码头、厝柩所、坟地等等），私有建筑（民居）房基地的核发与买卖限制，住宅的规模、高度、形式等的规定。

7. 聚落中现存古建筑年代及现状的鉴定。乡土建筑的年代鉴定很困难，不要轻易下结论。不要简单地与官式建筑做比较，乡土建筑中常有风格和做法滞后的现象，而且多是地方性传统。不要轻信村民判定建筑年代的标志和方法，它们常常基于传闻，而且互相矛盾。现存乡土建筑绝大部分建于明、清两代，明代以前的极少，清代的占最多数。由于乡土生活的发展极为缓慢，乡土建筑在五六百年间的变化微乎其微。在研究的许多方面，乡土建筑的年代鉴定并不很重要。如果探讨建筑形制的起源、演变和相互影响交流等问题，无法确切知道建筑的年代顺序就很难下手。但这时也不可勉强，宁可存疑也不做不可靠的揣测。

8. 作为研究对象的聚落在所属建筑文化圈中的地位和类型意义。弄清这一点也比较困难，需要对该建筑文化圈有一个大致全面的了解，也就是要有一个粗略的普查。但目前这往往不容易做到。

以上所列八点聚落研究的基本内容，并不是在每一个个案研究中都能一一做到，或者都必须做到。在能做到的一些研究内容中，也不是一一都同等重要。能做到多少，能做到多少深度，不仅仅决定于研究者的主客观工作条件，也决定于研究对象的状态。一般说来，每个个案研究都有所侧重，有所简略。侧重什么，简略什么，这就是每个研究课题的特点之一。每次研究，都应力争在初期就抓准这个特点，以保证人力物力的应用最有效益。对所有的研究都提出千篇一律的要求，不依实际情况有所变化，是不适宜的。

五、聚落研究的方法

作为基础性的个案研究，方法是史学的而不是哲学的，重在认识基本事实和它们间的联系。

（一）实证的　以对聚落进行深入的田野调查为根本方法。调查的基本内容便是前述聚落研究的内容。

1. 选题。每次研究的对象可以是一个或若干个聚落。选择研究的聚落是整个研究工作所能达到的水平的关键之一。选择之前应对它们所在的建筑文化圈有大致的了解。所选的聚落应能典型地反映这个文化圈的类型性特征。聚落中建筑种类多，有特色，质量比较高。聚落整体和古建筑要大致完整地保持着原状。历史文化积累深厚，有丰富的地方文献资料的聚落尤为理想。选题具备了这些条件，研究方能有深度，有新意，方能出精品成果。但乡土建筑研究不是专门为了出精品，它要着眼于类型的完整，十分贫穷落后的农村，也是一种类型，在系列化的研究中不应该偏废。

2. 测绘和摄影。测绘最好有整个聚落或聚落的某些典型局部的大平面，以记录聚落的空间结构。个体建筑的测绘，选题一要考虑不同的建筑种类（宗祠、学塾、文昌阁、凉亭、村门、民居等），再要考虑建筑的典型形制（三合院、四合院，一进、两进等），还要考虑个别建筑的特殊意义和艺术价值。个体建筑的测绘图力求完整成套。有一些装饰细部的测绘可以用拓片辅助。轴测图、轴剖图、比较图和分解图是很有用处的。个别对研究起关键作用的聚落局部或个体建筑，如果可能，则可以作复原图。但必须确实可靠，不要臆测。有些则可做示意性复原。

摄影的基本目的是记录，不要单纯追求摄影艺术本身的趣味。

在测绘选题时和测绘进行中，要深入地考察聚落和建筑。从聚落空间结构直到房屋的排水、防盗、防火等构造细节。同时要考察村民日常生活以及节日、婚丧等活动与建筑空间的关系。测绘过程必须同时是考察过程，这时的考察会比一般的入户调查深入而细致。

3. 征集。征集的对象主要是乡土文献资料，包括地方志、族谱、图籍、碑铭、地方文人的著作（刻本或抄本）、笔记、信件、文书、房地契、田亩册、债券、账本、阄书、婚帖、喜报、讣告、匾额、寿序、楹联、上梁文以及各种仪典的祝词、祷文等。乡土文献资料是了解聚落历史文化背景的重要依据，是村民生活的生动见证。建筑工匠的传家秘本更是宝贵。阴阳师（地理师）的典籍也应该采集。但是，有些文献不可尽信，如族谱往往会因攀附贵人而伪造族源、族史。

民谣、俗谚、俚词、迷信神话、旧闻传说也要征集，它们往往含有重要的历史文化信息。

4. 访问。对各种人的个别访问是调查的重要部分。在当前中国农村，问卷调查不能采用，座谈会的效果一般也不好。访问村干部，可以了解聚落的政治、经济、社会、教育的基本情况（村委会年报资料有一些项目不可靠）；访问老人、中小学教师、退休干部等，可以了解地方和宗族的历史，宗族组织、活动和管理制度，生活习尚、礼俗；访问过去特殊身份的人物或他们的子女，如佃仆、佃农、雇工、丫环、女佣、媒婆、轿夫、吹鼓手、僧道、地主、族长等，他们可以从各个侧面描述乡土生活的生动场景；访问过去某些职业的人，如商人、菜馆或饭铺老板、小贩、手工业工人、走方郎中、船夫、警察、保甲长等等，他们的社会见闻比较广，也比较注意各种事情；访问各种地方历史性事件的见证人；访问民歌手、民间艺术家、戏子等，征集民歌、地方戏文、俚俗谣谚、乡言村语等等。当然，访问大木匠、细木匠、泥水匠、雕花匠、漆匠有特殊重要的意义。目前，精通传统匠艺的师傅已经很难找到，如果有幸遇到，甚至可以专门为他设立研究课题。阴阳地理师也应该访问，从聚落的选址布局到个别建筑的格式做法和施工，都与风水迷信有关。风水迷信起着加强宗族凝聚力的作用，祖坟和宗祠的风水形局好，能使宗族成员对宗族的未来充满信心，有安全感和归属感，不愿轻易外迁。这是一种保守因素，但对聚落建筑很有影响。

5. 观察。观察有两个基本方面。一方面是空间的聚落，从它的山水形势、农田林木到一个范围里的聚落分布方式，聚落相互间的关系，所研究的聚落与邻近聚落的关系，它的布局，再到个体建筑形制和相互关系，直到家具陈设、日常用品。要发现研究对象的特点和类型性，发现它们多方面的价值。另一方面是聚落中的生活，包括经济生活、社会生活、文化生活、宗教生活和家庭生活。要注意村民生活与聚落建筑系统的相互关系，生活如何形成了建筑环境，建筑环境又如何反过来影响了生活。对生活的观察应该更宽泛，以期能够更具体地复原乡土社会中乡土建筑与乡土生活的和谐相契的图景，以加深对乡土建筑的认识。虽然不大可能像文化人类学研究要求的那样直接观察春夏秋冬三百六十五天的生活，但应力求全面。最好是做春秋两季的观察。在四季里，聚落和建筑的空间功能是不完全相同的。例如，江西婺源，到秋收时，在村中的或村边的小河水面之上满搭杉木平台晒谷子。福建福安农民则在屋外搭平台晒谷子，平台与二楼地板齐平，因为谷仓在二楼。江西和安徽南部，春末雨季从二楼窗台外挑出一排长长的杉木，晾晒受潮的食物和衣被。如此等等。

在访问和观察中，要特别留心妇女在历史上的情况：她们在家庭中的地位和作用；她们是否参加农业劳动，如何参加；她们有怎样的社会生活；婚姻制度；与妇女有关的各种风俗习惯；等等。妇女的情况，往往与乡土建筑有明显的关系，尤其与住宅的形制和装修、装饰、家具陈设等等的关系很大。

6. 参与。田野工作最好是参与式的，争取与村民生活在一起。不要急急忙忙地“抓紧工作”，完了事就离村回家。其实那样往往并不能真正“完事”，会错过许多资料、情况，失去深入思考的启发性线索。要生活在村民中间，真诚地尊重他们，跟他们交朋友，乐于花时间跟他们谈天说地，把酒共论桑麻。要争取参加他们的婚丧喜庆、年节庙会、祭祖扫墓等活动。这样不但可以得到一般调查得不到的资料和情况，而且可以在一定程度上体验和理解乡土生活，甚至感觉到自己的短暂的居留已经和村子几百年的历史相融洽。这种亲切的体验、理解和感觉不但有助于一个课题研究的深入，还能有助于坚持在十分困苦的条件下继续做乡土建筑研究，而且必定会表现在研究成果上，使著作富有真诚的感情色彩。乡土建筑的研究，应该是洋溢着感情的，这是对养育了整个民族、创造了民族文化基础的勤劳而淳朴的人们的感情。

7. 第一手资料最宝贵。要十分珍惜田野工作中获得的第一手资料。把第一手资料作为研究工作的出发点和基础。实际是生动活泼、千变万化的，切忌把实际简化、变形，塞进一般化的书本知识的模子里去，范制成论证某种传统、观念、原理——如礼教——的实例。田野工作最重要的是发现所研究的聚落的个性特征。只有在大量的个案研究的基础上，才可能概括出比较合乎实际的理论。即使得到了某种层次上的理论，个案研究的成果依旧是一种丰富的智慧源泉。

乡土文献也属于第一手资料，应该努力发掘。

（二）整体的、系统的　以聚落研究作为乡土建筑研究的基本方式，是因为聚落是乡土建筑的系统性整体。所以，聚落研究必然应该是整体的，是系统的。

这种整体的、系统的观点在研究中还有更多的含意。要把聚落放在自然环境中研究，放在建筑与自然的对立统一中研究。要把聚落放在建筑文化圈中研究，研究它在文化圈中的共性和个性。要把聚落放在乡土环境的大背景中来研究，研究它与历史、社会、经济、文化、信仰的全面联系。当然，更要把乡土建筑与村民的宗族生活、家庭生活和农业劳作等各方面的生活联系起来，与建筑材料和工匠技艺联系起来。

乡土建筑是乡土文化的一部分，由于建筑本身的综合性，它又是乡土文化的重要载体之一。从聚落整体到建筑的细部都可能渗透着民俗文化和神秘文化。（例如，有些地方，双扇实板门，每扇必是五块木板拼合，寓意“十全十美”；有些地方，大门前台阶每步提高半寸，寓意“步步高”。）乡土建筑的历史文化蕴涵十分丰富，研究乡土建筑的目的之一，便是开发它的历史文化蕴涵。乡土建筑研究是乡土文化研究的一个有机的部分。因此，乡土建筑的研究成了一个跨学科的学术领域，研究者需要熟悉多种学科的知识、理论与方法。要运用多学科的综合优势，才能获得比较全面的成果。除了建筑学之外，主要的相关学科是：

历史学、文化史、文化人类学、社会学、民俗学。研究者还应该能熟练地阅读古汉语文献，有丰富的文史基本知识。

（三）动态的、发展的　要研究聚落的起源、形成和演变的历史，从迁基祖的选址定居开始，历代的筑渠引水、规划街巷房基、建造大小祠庙、陆续兴建住宅和各类公用建筑，到近代商业兴起，交通开发等引起的聚落面貌的改变。也要研究各种类型建筑的形制的发展变化，研究它们功能的逐步完善。要研究结构和构造的进步。

尽可能把这种演变过程放在社会环境和自然条件的演变中来考察，与社会一般的历史背景和技术进步联系起来考察，也要考虑其他地区和工匠流派可能的影响。聚落本身的人口增加、经济发展（成了水陆码头、多少人外出经商等）、科举成就（有人得了功名而当官）等等，常常是聚落演变的重要原因。

在对聚落整体的动态研究中，房屋建造年代的鉴定就很重要。但这工作很难。乡土建筑的演变十分迟缓，要判断两幢房屋相差一二百年的先后，只靠对房屋本身的考察几乎是不可能的。因此需要运用各种旁证。宗祠、庙宇、牌坊、比较大的桥梁等的建造年代或者写在梁坊上，或者有碑，或者记载在族谱中。但它们往往经过多次增建、改建甚至重建，而宗谱中对这种后继工程的规模和性质的记载大多很不清楚。有的夸张，有的草草提过，往往受修谱人对那些工程的主持人的态度左右。住宅的兴建不见于谱牒，大多只能从私人的笔记、信札、阄书、寿序、诗文、房地契中搜寻一点痕迹。或者从族谱中查找建造人的生卒年，但多数族谱并不记一般人的生卒年而只记行辈。所以，民居年代的鉴定更难于公用建筑，不可以轻易下结论。

（四）比较的　任何一种认识都离不开比较。比较的方法几乎无处不在，但在研究过程中，有时需要更自觉地、更有目的地、更规范地使用比较的方法。在乡土建筑研究的聚落研究中，比较的方法主要被用来确认所研究的聚落的类型性特点和它的主要建筑种类的类型性特点，进而确认它所属的建筑文化圈或亚文化圈的类型性特点，确定这个文化圈的定义性因素。

确定了聚落和它的主要建筑种类的类型性特点，就易于抓住研究的重点。没有一个研究真正能做到面面俱到，都不免有所侧重，这就需要寻找重点，类型性特点是寻找重点的主要依据之一。

一个聚落和它的主要建筑种类有几方面的类型性。聚落的自然环境、经济状况、内部空间结构、风水形局等都可以赋予它某种类型性。建筑的空间结构、材料构造、外部形式等也都可以赋予它某种类型性。并不是所有的类型性特点都同时有同样的重要性。判断它们的重要性要根据每个聚落的总体情况和研究的具体目标。可能在这一次研究中是重要的，在另一次研究中就是次要的，甚至是可以忽略的。

确定聚落和建筑的类型性特点时，不要停留在表面的、单纯形式上的，要力求挖掘比较深的层次。

六、关于写作

1. 个案的研究，史学的方法，研究报告的写作基本上应该是陈述性的。首先应该把聚落和它的各种建筑的历史和现状完整地、系统地、实在地、具体地陈述出来。应该重视理论、观点的探索和哲学性思考，但要建立在客观事实的基础上，而且在写作上不要妨碍对聚落的历史和现状的陈述，使它变得模糊和零碎。当然，理论的表述同样也不应模糊和零碎。不要追求那种脱离实际、脱离生活、卖弄玄虚、故作深奥的所谓理论。不要把聚落研究变成某种理论、观点和哲学性思考的注释，甚至变成一般化的书本知识的印证。更不要简单地归纳到几个滥俗的条条中去，如“因地制宜”“就地取材”“轮廓多变”“虚实得体”，或者“礼制教化”“长幼尊卑”之类。那样会使研究的对象失去整体面貌并失去特点。

2. 每一个课题的写作都不可能包含乡土建筑研究的全部各项内容。每个课题都可能有它的侧重点、简略点和空白点，这决定于研究对象的状况和研究工作本身的条件。面面俱到、滴水不漏的研究报告是没有的，也不必如此追求。但是，应该写出这一个课题的特点，这是写作的重点。这特点不是在调查完毕进入案头工作时才弄清楚，而应该在调查之初就有相当明确的认识并在工作中逐步加深。写作又应力求以小见大，以特殊见一般。着手虽在小处，着眼却须在大处。眼界要宽，思路要活。这样方能使研究成果具有比较大的意义，并有利于在适当时候参与到更高层次的理论概括中去。

3. 写作的形式和风格可以是多样化的，采用什么样的形式和风格也同样取决于课题的状况和研究工作的条件。不论采取什么形式和风格，都应有根有据，而且要把根据交待清楚，要遵守学术性写作必须遵守的规范。

乡土建筑研究报告中，经常要大量引用调查所得的口述资料，或者私人的日记、信件、诗文等等，但很难确定它们的可靠性。它们需要各种资料多方面的交叉支持。除了在调查的时候应该注意之外，写作的时候更要细心在大量资料中发现这种支持。如果没有足够的说服力，则在陈述时不要做决定性的结论。在有些问题上，连族谱都不一定可靠。神话、迷信、无稽的传说，都可以写进研究报告中去，但只能把它们当作民俗文化的资料，从中找出折射的历史，切不可径直当作史料。但神话、迷信和传说往往鲜活地反映着乡民的性格、理想和感情，所以要珍视它们，努力发掘它们的意义。乡谚、俚语、民谣往往含有重要的历史文化信息，要重视利用它们。

4. 乡土建筑服务于最大多数的人，是为最大多数的人创作的，它的创作者的数量也是最多的，而且都是最质朴的人。写作它的研究报告也要反映这个特点，力求让尽可能多的人读懂，甚至爱读，读起来像民居一样亲切。如果可能，要努力写出当年生活的景观来。要避免枯燥烦琐，更不可晦涩艰深，甚至摆出文化贵族的架子，玩弄小圈子习气，装腔作势，把本来几句大白话可以说清楚的事情和理论，用一些奇奇怪怪的概念词句包装得莫名其妙。把事、理说明白才是真本事，说得人家不懂不是真本事或者是没有本事。

（原载《建筑师》第81期，1998年4月）

后记*

《中国乡土建筑初探》，这是一本远远没有完成的书。

我不可能完成它，连起码的架子都搭不成。这倒并不是什么大事，可惜的是，我怕，我怕我们这个几千年历史的农业大国，已经永远没有人可以完成那本书了。我们的祖祖辈辈，曾经以他们的勤劳和智慧，用大量乡土建筑写就的我们民族的半部文明史稿，将永远不能完整地传递下去了，因为乡土建筑已经被破坏得七零八落，残缺不堪了。对乡土建筑不加选择地盲目而又粗野的破坏还在继续，还在扩大规模、加快速度，甚至还受到一些“开发商”和“理论家”的喝彩。而抢救呢？只有一点点游丝般的气力， 连土地庙里的香烟都吹不倒的气力，何况还遭到阻碍和奚落。

我母亲是纺织能手，但不识字，甚至没有名字，只叫“大丫头”。我幼年时候， 母亲告诉我，我是我父亲在“湾”（水塘）边一锄头挖出来的。但在我出疹子的那些日子里，她在床边给我唱了许多民歌，都那么有趣，那么好听，到现在我还能背出几首。整个八年的抗日战争，我都在深山老林里的流亡学校里读书，高小和中学。衣食不周的饱学老师教养着我们，勤劳慈善的山村大婶怜爱着我们，我一生最记得牢的一句白话诗是艾青写的：“为什么我的眼里常含泪水，因为我对这土地爱得

* 此部分为《中国乡土建筑初探》“后记”。

深沉！”这土地上，有生我养我的父老乡亲，我忘不了他们。

为了这个爱，我把干了大半辈子的学术工作都扔掉了，一退休，当年就决心上山下乡，邀上年富力强也曾在农村生活过的李秋香老师去调查祖国的乡土建筑。一度还有楼庆西老师合作。“暮年变法，学者之大忌”，我却没有半点留恋和动摇。我不能忍受千百年来我们祖先创造的乡土建筑、蕴藏着那么丰富的历史文化信息的乡土建筑被当作废物，无情地大量拆除。有些竟是整村整村地拆除。我们当然有能力造出更舒适、更安全、更方便的崭新的农舍来，但我们，我们任何人，造不出几千年的历史、造不出古老的文明、造不出先人们的奉献。忘记祖先，不等于进步；进步不能以鄙薄祖先为标识。哪一个人，敢忘记老祖母脸上的一块疮疤，更何况那其实是一粒美人痣！祖先们发明了钻木取火，那智慧远远大于你使用电脑。你开着最新的汽车在高速公路上飞跑，对人类文明进步所做的贡献却远远不及祖先们驯服了一匹野马。我们现在当然要电脑，要新式汽车，要用功夫去创造更先进得多的东西，但我们要记住祖先们是怎样含辛茹苦、坚持创造和进步的。我们要懂得感谢。我们还要明白，一切伟大的发明创造，依靠的都是从钻木取火和驯服野马之类的成功点点滴滴积累起来的。

好在世界没有在空前的进步大潮中失去理性、鄙薄过去，相反，进步提醒了人们尊重过去，是过去的人创造了今天人们享受着的进步，于是，几乎全世界都掀起了汹涌的保护历史文化遗产的浪潮。保护古建筑和古建筑群体成了世界性的群众运动。这场运动，按时代说，比人类登月还要更新鲜。它是向前探索、向前开拓的回应。它一点也不拖累前进的脚步，它的追求是保证一切向前的运动只会使人类的文明更丰富、更有活力、更深入每个人的胸怀，而不是逼迫人们忘记历史，失去对文明创造者的尊敬之忱、感激之心。这样的思想感情，会是人类进步的障碍么？

一个民族，如果失去了对先辈们劳动、创造和斗争的尊重和感谢，对他们的生活毫无兴趣，更不屑于欣赏和借鉴他们的成就，这个民族会是健康的么？

因此，我们高高兴兴接受了朋友们的建议，再编两本记录我们民族在乡土建筑领域里的创造，普及性的。一本删去早先出版的《乡土瑰宝》中的测绘图，重写一大半文字，补充一些内容，更适应非建筑专业的朋友们的需要。另一本大概将是摄影集。

我们所用的资料基本上都是我们自己和我们同学们二十几年的工作成果，所以，它们远远不能涵盖我们国家无比丰富的乡土建筑，尤其是自成体系的藏族、维吾尔族、蒙古族和其他兄弟民族的特色鲜明、五彩缤纷的建筑。因此，这本书的名称很难拟定。如果我们拟得不好，请读者朋友们给我们一个建议，以便以后改正。

我们盼望同道朋友们越来越多，不仅仅是摄影和写作的，最好还有奋身投入乡土建筑的保护工作中来的。请朋友们原谅，我用了“奋身”这个词。我敢告诉朋友们，退休之后，也便是我们乡土建筑调研工作开始之后，除了住过几次医院，二十二年来，我天天都在工作，包括现在这个除夕夜，窗外正闪烁着烟火，炸响着鞭炮。当然，我还是要为我们工作的粗疏和知识的欠缺向朋友们道歉！

陈志华

2011年春节大年三十夜

图书在版编目（CIP）数据

中国乡土建筑／陈志华著．—北京：商务印书馆，2021
（陈志华文集）
ISBN 978-7-100-19863-9

Ⅰ.①中…　Ⅱ.①陈…　Ⅲ.①乡村—建筑艺术—中国—文集　Ⅳ.① TU-862

中国版本图书馆 CIP 数据核字（2021）第 071928 号

陈志华文集
中国乡土建筑
陈志华　著

商　务　印　书　馆　出　版
（北京王府井大街 36 号　邮政编码 100710）
商　务　印　书　馆　发　行
北京中科印刷有限公司印刷
ISBN 978-7-100-19863-9

2021 年 10 月第 1 版　　开本 720×1000 1/16
2021 年 10 月北京第 1 次印刷　　印张 27¾

定价：139.00 元

（一）

"建筑是石头的史书"，"建筑是艺术的最高峰"。十九世纪，这两句话在欧洲很流行，已经很难确凿地说是哪位聪明人先提出来的了。总之，十九世纪，欧洲人已经认识了建筑在人类文化中的地位了。

建筑在文化中的地位，决定于它的性质、作用和它达到的高度，技术的和艺术的高度。它不是[illegible]纪念碑，它是Monument，这就是它的性质。

从黄土地上的窑洞，到小女孩温馨的闺房，到豪华的宫殿，到金字塔、圣母教堂、万神庙，到万里长城，建筑性质的多样和变化的幅度之大，包容了整个的人类文化。人类没有第二种作品，有建筑这样的气魄，丰富、豪华、精致，有性格、有感情。

建筑是人类历史的文化档案。它记录着人类为创造世界而付出的一切，真实、生动、准确地记录着人类文明的发展和成就

IRLANDE

St Patrice, a été esclave en Ir. pendant six ans.
Il a fait ses études à Marmoutiers et à Lérins.
Accompagne St Germain d'Auxerre en Angleterre.
Pape St Célestin lui fait évêque d'Eire. 33 ans là-bas

Ste Brigitte.

St Colomban 515-615 Entre l'abbaye de Bangor.
Il se trouve à Annegray, Faucogney (Hte Saône)
Puis, il se fixe à Luxeuil, qui est aux confins de Bourgogne
et de l'Austrasie.
Encore, il fonda Fontaines, et 210 autres.

Sa contemporaine, la reine Brunehaut fonda
St Martin d'Autun, qui fut rasée en 1750 par les moines eux-mêmes
Elle a expulsé St Colomban de Luxeuil après 20 ans.
Il a allé à Tours, Nantes, Soissons, ...
et commence sa vie de missionnaire. De Mainz, il suit
le Rhin, jusqu'à Zurich et se fixe à Bregentz, sur lac Consta[nce]
Son disciple est St Gall.

Brunehaut est maintenant la maîtresse de Constanz.
Le St passe en Lombardie. Il fonda Bobbio, entre Gênes et
Milan, où Annibal a eu une victoire.
Il meurt dans une chappelle solitaire de l'autre côté de la Trebbia.

LUXEUIL: 2e abbé St Eustaise. Il a toute coopération
du roi Clotaire, seul maître des 3 royaumes francs.
Il est aussi la plus illustre école de ce temps. Evêques et 27
saints sont tous sortés de cela.

3e Abbé Walbert, ancien guérrier